Theodor Weyl

Anlage und Bau der Krankenhäuser

Handbuch der Hygiene fünfter Band

Theodor Weyl

Anlage und Bau der Krankenhäuser
Handbuch der Hygiene fünfter Band

ISBN/EAN: 9783744632218

Hergestellt in Europa, USA, Kanada, Australien, Japan

Cover: Foto ©berggeist007 / pixelio.de

Weitere Bücher finden Sie auf **www.hansebooks.com**

ANLAGE UND BAU DER KRANKENHÄUSER

NACH HYGIENISCH-TECHNISCHEN GRUNDSÄTZEN.

BEARBEITET

VON

F. RUPPEL,

BAUINSPEKTOR IN HAMBURG

MIT 304 ABBILDUNGEN IM TEXT

HANDBUCH DER HYGIENE

HERAUSGEGEBEN VON

DR. THEODOR WEYL.

FÜNFTER BAND ERSTE ABTHEILUNG

JENA,
VERLAG VON GUSTAV FISCHER

Inhaltsübersicht.

Seite

A. Allgemeine Krankenhäuser 1
1. Geschichtliche Entwickelung des Krankenhauswesens 1
Litteratur zu Abschnitt 1 10
2. Ärztliche Anforderungen an Krankenhäuser 10
Litteratur zu Abschnitt 2 14
3. Systeme des Krankenhausbaues 15
a) Das Korridorsystem 15
b) Das Pavillonsystem 16
4. Ermittelung der Zahl der in einem Krankenhause aufzunehmenden Kranken 17
5. Grösse des Krankenhauses 18
6. Größe, Lage und Beschaffenheit des Krankenhaus-Grundstückes 21
7. Das Bausystem 25
Verschiedene Arten von Krankenhäusern, Sonderung der Kranken, Raumbedürfnisse, Wahl des Bausystems.
8. Allgemeine Anordnung der Krankenhaus-Gebäude und -Räume des Korridorsystems und des Pavillonsystems 66
9. Die bauliche Ausführung der Krankenhausbauten im allgemeinen 75
a) Die Fundamentierung 76
b) Die aufgehenden Mauern 79
c) Die Zwischendecken 81
d) Das Dach 81
e) Die Treppen 83
10. Die bauliche Herstellung des Krankensaales 84
Grundform, Stellung der Betten, Bettenzahl, Luft- und Flächenraum pro Bett, Decken und Wände, System Tollet, Fußböden, Thüren und Fenster
11. Die Heizung der Krankenräume 109
12. Die Lüftung der Krankenräume 118
13. Das Kleiderzimmer 125
14. Der Tagesraum 131

Seite

15. Das Wärterzimmer . . . . 1[illegible]
16. Die Badestube . . . . 1[illegible]
17. Die Teeküche bzw. Spülraum 144
18. Der Abort 145
19. Ausgußbecken, Abwurfschächte, Aufbewahrung schmutziger Wäsche 147
20. Aufzüge . . . . 14[illegible]
21. Der Operationsraum 148
22. Die Verwaltungsräume 154
23. Die Kochküche mit ihren Nebenräumen . . . 158
24. Die Waschküche mit ihren Nebenräumen . . 163
25. Die Desinfektionsanlage . . . . 1[illegible]
26. Das [illegible] 177
27. Das [illegible] 180
28. Das [illegible] . . . . 18[illegible]
29. Das Leichenhaus 189
30. Die allgemeine bauliche [illegible] . . . 191
31. Das Koch- und Maschinenhaus 192
32. Die Wasserversorgung . . . . 19[illegible]
33. Die Kanalisation 194
34. Die Nebenanlagen 196
35. Das Mobiliar 197
36. Bau- und Ausstattungskosten . . . . 20[illegible]
Literatur zu den Abschnitten 1–36 207
B. Isoliergebäude und Spitäler für ansteckende Kranke 209
1. Notwendigkeit der Isolierung Infektionskranker . . 209
2. Besondere Anforderungen an Isolierspitäler . . 210
3. Art der Absonderung 211
4. Allgemeine Anordnung der Isolierspitäler . . 212
5. Innere Anordnung in den Isoliergebäuden . . 2[illegible]
6. Die bauliche Gestaltung des Krankensaales . . 2[illegible]
7. Temporäre Kranken-Unterkunftsräume . . . . 2[illegible]
Literatur zu den Abschnitten 1–7 . . . . 2[illegible]
Verzeichnis der Abbildungen 276
Register . . . . 27[illegible]

A. Allgemeine Krankenhäuser.

1. Geschichtliche Entwicklung des Krankenhausbaues

Die Geschichte des Baues von Krankenhäusern reicht nicht, wie diejenige der Heilkunde, bis ins hohe Altertum hinauf. Von den Griechen und Römern sind uns Nachrichten von eigentlichen Krankenhäusern nicht überkommen. Die Kranken konnten in der Nähe oder in den Vorhallen der Aeskulaptempel, wie auf den Straßen den Rat der Aerzte erholen, wurden aber nicht in besonderen Gebäuden gepflegt.

Nur von der Insel Rhenea wissen wir, daß dort öffentliche Gebäude bestanden, nach denen sich die gebärenden Weiber von Delos begaben, um daselbst ihre Zeit abzuwarten.

Auf dem Boden der staatlichen Verhältnisse und des patriarchalischen Familienlebens der alten Kulturvölker (Aegypter, Griechen, Römer u. s. w.) konnten öffentliche Zufluchtsorte für Kranke und Sieche um so weniger entstehen, als die Notwendigkeit hierfür schon infolge des milden Klimas der südlichen Länder kaum hervortrat.

Einrichtungen, wie die Xenodocheen, Nosokomien und Hospitalia der Griechen und Römer, waren Hospize oder kleine Gebäude, in denen Gastfreunde aufgenommen, zuweilen auch Kranke gepflegt wurden. Ferner gab es in Rom, und zwar schon zur Zeit des Konzils zu Nicäa (325 n. Chr.) Häuser, die tabernae meritoriae, welche zur Aufnahme von Siechen bestimmt waren.

Alle diese Anstalten und Gebäude waren ebensowenig wie die bereits in den ersten Jahrhunderten n. Chr. errichteten und später meistens mit Klöstern verbundenen Hospitien oder Herbergen für Pilger, Notleidende u. s. w. Krankenhäuser im Sinne unserer Zeit, wohl aber Vorläufer von letzteren.

Die Anfänge des eigentlichen Krankenhausbaues liegen in den ersten Zeiten des Christentums, das durch seinen Grundsatz der Nächstenliebe sowie durch ein stärkeres Gemeindebewußtsein zu einer geregelten Armen- und Krankenpflege und bald auch zur Errichtung von Wohltätigkeitsanstalten und Krankenasylen führte. Solche wurden auch infolge des vielfachen Elends, das mit der gewaltigen politischen und religiösen Bewegung der ersten Jahrhunderte verbunden war, zu einer sozialen Notwendigkeit. Sie entstanden hauptsächlich unter dem Einfluß und unter Leitung der Kirche bez. der Häupter derselben und durch die Unterstützung einiger angesehener, wohlthätiger Personen, die sich oft selbst der Krankenpflege widmeten. So errichtete im Jahr 370 n. Chr. der heilige Basilius, Bischof von Kappadocien, zu Cäsarea die berühmte Basilias, ein sehr umfangreiches Hospital mit Armen-, Verpflegungs-, Zufluchts-, Krankengebäuden u. s. w., welche letzteren von den übrigen Gebäuden getrennt waren. Ebenso wurde um jene Zeit von Johann Chrysostomus auch ein Hospital in Konstantinopel erbaut. Berühmt war ferner das gewaltige Orphanotropheum in Konstantinopel, welches 1080 von dem Kaiser Alexius errichtet wurde und für 10000 Hülfsbedürftige und Kranke aller Art bestimmt war.

In Rom bestanden im 9. Jahrhundert bereits über 20 Hospitäler. Das daselbst befindliche aus dem 8. Jahrhundert stammende Hospital San Spirito wurde von dem Papst Innocenz III (1198–1216) musterhaft umgestaltet und für 1200 Betten eingerichtet. Dasselbe hat vielen ähnlichen Anstalten in Deutschland, die z. T. noch heute als Heiligengeistspitäler ihrer ursprünglichen Bestimmung dienen, als Vorbild gedient.

Zu den ältesten Hospitälern Frankreichs gehört das aus dem 7. Jahrhundert stammende Hôtel Dieu in Paris, welches 1195 durch Adam, den Geistlichen des Königs Philipp August, sehr erweitert wurde. 1153 wurden in Angers und Chartres Spitäler erbaut, welche große dreischiffige Säle bildeten und mit Kreuzgängen verbunden waren. Eine ähnliche Anlage war der für 100 Betten bestimmte Totensaal zu Ourscamp. Das von Margarethe von Burgund zu Tonnerre 1293 gegründete Hospital enthielt an den Längsseiten eines Saales 40 Einzelzellen, die von Gerüsten umgeben und für je 1 Bett eingerichtet waren.

Für die Einrichtung der Hospitäler bestanden kirchlicherseits keinerlei Vorschriften, nur wurde auf dem Konzil zu Aachen bestimmt, daß diese Gebäude in der Nähe der Kirchen erbaut werden sollten, um der Geistlichkeit die Ueberwachung zu erleichtern. Auch sollte eine Kapelle mit den Krankensälen verbunden werden, sodaß die Kranken dem Gottesdienst von ihrem Bett aus folgen konnten.

Diese Bestimmungen wurden bei der Anlage von Hospitälern bis zum 18. Jahrhundert im allgemeinen noch befolgt.

Ein sehr gutes Vorbild für Hospitaleinrichtungen, Anordnung und Verteilung der Gebäude nach ihren Zweckbestimmungen, für Seelgröße, Absonderung der mit schädlichen Ausdünstungen verbundenen Gebäude u. s. w. wurde in dem trefflichen Plan des Klosters von St. Gallen gegeben, welchen 820 der Mönch Eginhard aufstellte. Dieser Plan hat auch vielfach für die Errichtung von Benediktinerklöstern als Muster gedient.

Als durch die Kreuzzüge der Aussatz nach dem Abendlande gekommen war, wurden die Kranken- und Siechenhäuser in allen Ländern außerordentlich vermehrt. Zur Absonderung der Aussätzigen sowohl wie zur Aufnahme der zur Nachtzeit ankommenden Fremden wurden vor den Thoren vieler Städte Häuser (Leprosorien) erbaut, die anfänglich meist in leichten, hölzernen Hütten bestanden, später aber z. T. zu eigentlichen permanenten Kranken- und Siechenhäusern umgewandelt wurden.

Auch im 14. und 15. Jahrhundert, als die Pest Europa heimsuchte, wurden oft ganze Kolonien solcher Hütten für die Pestkranken errichtet. Die furchtbaren Epidemien des Mittelalters führten allmählich zu der Erkenntnis, daß die Errichtung von ständigen allgemeinen Krankenhäusern allein schon zum Schutz der Bevölkerung eine Notwendigkeit sei.

Dieser Aufgabe nahmen sich schon seit den Kreuzzügen viele Krankenpflegerorden an, namentlich waren es die Hospitaliter (Johanniterorden), welche sich der Armen- und Krankenpflege widmeten, und die auch als die eigentlichen Gründer des geregelten Hospitalwesens zu betrachten sind.

Die Krankenhäuser des Mittelalters waren jedoch im Allgemeinen dumpfe, finstere Gebäude, wo die Kranken in großen Sälen übermäßig zusammengehäuft waren und die Sterblichkeit infolge dieser Krankenanhäufung, der mit derselben verbundenen schlechten Luft, der vorherrschenden Unreinlichkeit u. s. w. einen sehr hohen Grad erreichte.

Diese Zustände dauerten selbst bis in das 18. Jahrhundert hinein. Sollen doch beispielsweise in dem großen und berühmten Hotel Dieu zu Paris, das sogar unter dem unmittelbaren Schutze des Königs stand, in der letzten Zeit seines Bestehens oft 5000 Kranke, darunter 300—600 in einem Raum und oftmals 4—6 Erwachsene oder 6—8 Kinder in einem Bett untergebracht gewesen sein, so daß dieses Krankenhaus durch den menschenunwürdigen Zustand geradezu gemeinschädlich wurde.

Von den in Deutschland bis zum 18. Jahrhundert errichteten Hospitälern waren von hervorragender Bedeutung das im 15. Jahrhundert zu Cues bei Trier von dem Bischof von Brixen, Nicolaus v. Cusanus, gegründete und nach französischem Muster eingerichtete Hospital, ferner dasjenige in Lübeck, das um 1600 von dem Bischof Julius gegründete berühmte Juliusspital zu Würzburg, die 1710 von Friedrich I. gegründete Charité zu Berlin, das katholische Bürgerspital zu Heidelberg (1734) und andere.

In Italien nimmt das 1456 unter Francesco Sforza entstandene großartige und gut angelegte Ospedale Maggiore zu Mailand unter den mittelalterlichen und späteren Hospitälern eine erste Stelle ein, während von den in England hauptsächlich durch Privatwohltätigkeit entstandenen älteren Anstalten das 1102 von Rahere gestiftete Bartholomews Hospital (1553), das Westminster Hospital (1719), das Guys Hospital (1722) u. a. besonders hervorzuheben sind.

Während alle vorgenannten Krankenhäuser mehr oder weniger einheitliche, große Baukomplexe nach dem sog. Korridorsystem bildeten, wurde 1756—64 zum erstenmal von dem Architekten Rovehead unter dem Einfluß des Engländers John Howard zu Stonehouse bei Plymouth ein Hospital für alte Seeleute errichtet, das aus einer Anzahl gesonderter Krankengebäude (Pavillons) und besonderen Gebäuden für die Kirche, Magazine, Wohnungen u. s. w. bestand und in welchem die Kranken in beschränkter Zahl in den einzelnen Pavillons untergebracht wurden (Fig. 1, S. 4).

Mit dieser Hospitalanlage trat in der Folge im Krankenhausbau ein Umschwung ein, der sich zuerst in Frankreich weiter Bahn brach.

Nachdem hier in Paris bereits seit 1772, in welchem Jahr das alte Hôtel Dieu durch eine Feuersbrunst teilweise zerstört wurde, eine bessere Wiederherstellung desselben angestrebt worden war, wurde 1786 von der Akademie der Wissenschaften eine aus 7 Mitglieder (Tenon, Lavoisier, Laplace, Coulomb d'Arcet u. A.) bestehende Kommission eingesetzt, welche die Aufgabe erhielt, die großen Schäden des Hôtel Dieu zu untersuchen und Vorschläge für einen Neubau zu machen.

Die von dieser Kommission in den Berichten vom 22 November und 3 December 1786, sowie vom 12 März 1788 gemachten Vorschläge, die sich z. T. auf ein von M. Le Roy bereits im Jahr 1777

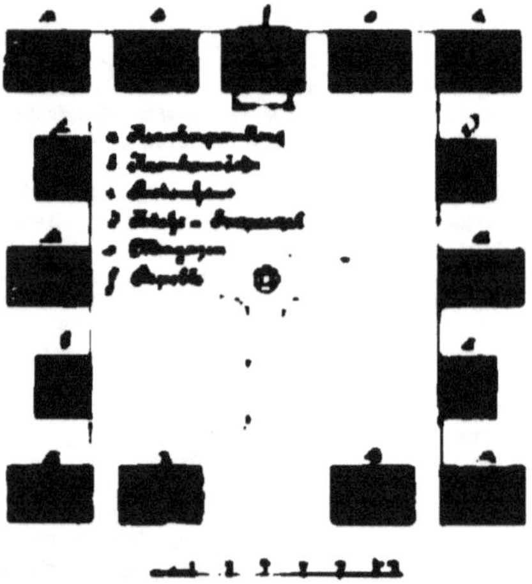

Fig. 1. Plan des Hospitals zu Stonehouse bei Plymouth.

der Akademie der Wissenschaften vorgelegtes Gutachten stützten und von einem Plan für ein neues Hospital (Fig. 2, S. 5) begleitet waren, gipfeln in folgenden Punkten.

Nach dem ersten Berichte wird vorgeschlagen, anstatt eines neu zu errichtenden Hospitals für 5000 Kranke 4 Hospitäler für je 1200 Kranke an 4 Enden von Paris zu erbauen. Die Kranken sollen in einzelnen parallel zu einander gestellten und isolierten Gebäuden (Pavillons) untergebracht werden. Die letzteren erhalten ein Erdgeschoß für Rekonvaleszenten, ein 1. Stockwerk für Kranke und ein 2. Stockwerk für den Dienst. Es wird ferner vorgeschlagen, die Gebäude von Osten nach Westen zu richten, damit die Säle durch die nach Norden liegenden Fenster im Sommer erfrischende Kühlung, durch die nach Süden gelegenen Licht und Wärme erhalten.

Bezeichnend ist die Forderung, daß jeder Kranke sein eigenes Bett haben solle.

Von gewölbten Decken wird abgesehen, weil dieselben zu starke Mauern und deshalb zu große Kosten erfordern, dagegen sollen vorspringende Balken vermieden werden, weil sie die Beseitigung der schlechten Luft erschweren. Die Fenster sind bis zur Decke zu führen, damit die oberste und schlechteste Luftschicht einen freien

Abzug erhalte. Die Treppen sollen offen sein, sodaß die äußere Luft frei in der ganzen Höhe zirkulieren kann.

In dem ergänzenden Bericht der Kommission vom 12. März 1788 wurden, nachdem die Mitglieder Tenon und Coulomb die Kranken-

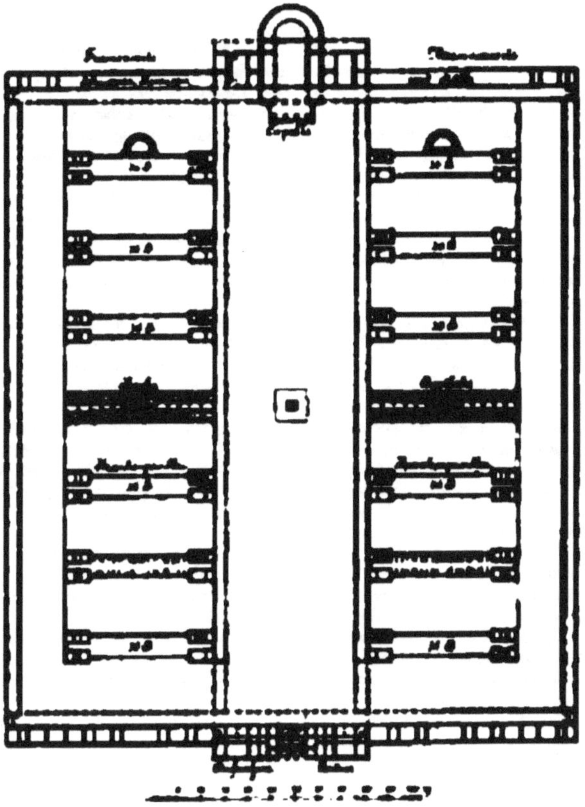

Fig. 3. Krankenhaus-Projekt nach dem Bericht der Kommission der Akademie der Wissenschaften zu Paris (1788).

häuser Englands und namentlich dasjenige von Plymouth besucht hatten, folgende Anordnungen vorgeschlagen:

„An der Vorderseite des Hospitals sollen alle Nebengebäude und solche, welche den Zugang und die Aufnahme der Kranken vermitteln, stehen. Das Hospital wird in 2 Hälften, eine für die Männer, die andere für die Frauen, getheilt.

Die Pavillons erhalten eine lichte Breite von 24' (= 7,8 m), bei einer Länge von etwa 28 Toisen (= 54 m). Die vorspringenden Enden nehmen die Nebenräume der Krankensäle auf, welche letzteren etwa 18 Toisen (= 35 m) lang sind und 36 Betten in 2 Reihen enthalten.

Die Höhe der Säle beträgt 14—15' (= 4,5 — 4,8 m), während die Fenster, welche über den Betten angeordnet sind, in einer Höhe von 6' (= 1,95 m) über Fußboden sich bis zur Decke erheben. Die Pavillons sollen 3 Säle übereinander erhalten, von denen derjenige im Erdgeschoß hauptsächlich für Reconvalescenten und diejenigen im 1. und 2. Stockwerk für die bettlägerigen Kranken bestimmt sind, während im obersten 3. Stockwerk das Dienstpersonal und die Magazine untergebracht werden.

Jeder Saal erhält 34—36 Betten und demgemäß jeder Pavillon deren 102—108. Bei jedem Saal sind Aborte nach englischer Art, ein Waschraum, eine Kocheinrichtung für Speisen und Thee, ein kleines Badezimmer und ein Raum für die Schwester oder Krankenwärterin vorgesehen. Es ist wichtig, daß letztere neben jedem Saal schlafen, damit sie in der Lage sind, jederzeit für ihre Abtheilung zu sorgen und die Nachtwache stets die etwa nöthige Hilfe in der Nähe hat. Alle 3 Säle sind ganz gleich herzustellen.

Jeder Pavillon soll von dem benachbarten durch einen Raum oder Garten von 12 Toisen (= 23,4 m) Breite auf der ganzen Länge des Gebäudes, also auf etwa 28 Toisen (= 54 m) getrennt sein. Dieser Raum erhält keine Bäume und dient als besonderer Spazierhof für die Kranken dieses Gebäudes, der geschlossen und keinem anderen zugänglich ist. Man kann also die Reconvalescenten von den verschiedenen Kranken, wie diese selbst, nach Wunsch sondern. Die verschiedenen Gebäude sollen indes durch einen bedeckten Gang verbunden werden, welcher längs um den inneren Hof und an dem Fuß der Treppe jedes Pavillons vorbeiführt. Derselbe soll sich nicht über das Erdgeschoß erheben, um nicht die Circulation der Luft zu hindern.

Die mittleren Pavillons enthalten die Apotheke einerseits, die Küche andererseits, beide mit ihren Nebenräumen. Indem diese dem Mittelpunkt möglichst nahe liegen, unterstützt man die Bequemlichkeit des Dienstes und eine gewisse Regelmäßigkeit des Geschäftsbetriebs.

Die Kapelle soll im Hintergrund und am Ende des inneren Hofes stehen. An dieselbe schließt sich einerseits die Wohnung der Priester, andererseits das Amphitheater für die anatomischen Vorträge, rückwärts das Leichenhaus an.

Der Friedhof soll entfernt von jeder menschlichen Wohnung und deshalb außerhalb in einer erheblichen Entfernung vom Hospital liegen. Die Galerie soll eine allgemeine und bedeckte Verbindung aller Räume des Hospitals vom Eingang bis zur Kapelle bieten. Für den täglichen Dienst würde der Weg um den Hof vielleicht etwas lang sein zwischen einigen Pavillons und der Küche wie der Apotheke, aber nöthigenfalls kann man den inneren Hof ohne Bedachung durchschreiten. Ueberdies kann ein Quergang hergestellt werden, um von der Apotheke nach der Küche zu gelangen. Hierdurch würden die beiden Pavillonreihen in der Mitte ähnlich wie an den Enden derselben verbunden.

Diese ganze Pavillonanlage mit der Kapelle soll von einer Straße von 12 Toisen (= 23,4 m) Breite umgeben sein, auf welcher die Todten unbemerkt nach dem Leichenhaus, dem Amphitheater oder dem Friedhof gebracht werden können. An dieser Straße soll eine Reihe von Schuppen für Remisen, Ställe, Holz- und Kohlenmagazine sowie andere Nebenräume des Hospitals angeordnet werden. Nur die Gebäude der Küche und der Apotheke sollen Keller erhalten."

In dem letzten Bericht hatte die Kommission für die Pavillons 4 Geschosse vorgeschlagen, während nach dem ersten Bericht deren nur 3 sein sollten. Dadurch erhielten die Gebäude eine ungefähre Höhe von 23 m bei einem Abstand von 24 m untereinander. Wenn dieser Abstand verhältnismäßig auch noch größer war als derjenige bei den 3-geschossigen Gebäuden des Hospitals zu Plymouth (10,30 m), so wurde doch der Wert der Hospitalsanlage durch diese Aenderung wesentlich herabgesetzt. Indessen glaubte die Kommission mit Bezug hierauf, „daß alle Anordnungen ihre notwendigen Grenzen hätten".

Wie dem auch sei, die Grundzüge des Programmes der Kommission, welches einen außerordentlichen Fortschritt in der Einrichtung der Krankenhäuser herbeizuführen, ja eine neue Epoche im Hospitalbau einzuleiten geeignet war, sind bis heute mustergültig geblieben.

Das Programm brach endgültig mit dem bisherigen System der Anhäufung von Kranken in willkürlich, ohne Berücksichtigung der Raumerfordernisse, der Himmelsrichtung und anderer sanitärer Forderungen aufgeführten Gebäuden von geschlossener Form und setzte an dessen Stelle ein System der Krankendecentralisation, das bis heute die Grundlage der Hospitalshygiene geblieben ist und nur im Laufe der Zeit in seinen Einzelheiten eine weitere Ausbildung erfahren hat.

Leider fanden die vortrefflichen Reformvorschläge der Kommission lange Zeit keine praktische Anwendung, ja sie gerieten während der Wirren der Revolutionszeit fast ganz in Vergessenheit. Erst im Jahr 1829 wurde in Bordeaux das erste Pavillonhospital nach den Prinzipien der Pariser Kommission durch den Umbau des alten Hospitals St. André hergestellt. Diesem folgte dann das 1839—48 in Brüssel erbaute Hospital St. Jean, sowie die Erweiterung des alten Hospitals Beaujon in Paris (1844) durch 4 neue Pavillons.

Zur allgemeinen Anwendung gelangte jedoch das sog. Pavillonsystem erst seit dem Bau des Hospitals Lariboisière (1846—54), bei welchem jedoch mehrfach gegen wichtige, von der Kommission aufgestellte Grundsätze verstoßen wurde. Die eingeschossigen Verbindungsgänge zwischen den einzelnen Gebäuden blieben nicht offen, sondern wurden geschlossen, ferner wurde der Raum zwischen den Pavillons teilweise zugebaut, [illegible] entsprachen die Treppenanlagen nicht den Forderungen der Kommission und anderes mehr.

In den nächsten Jahrzehnten wurden in Frankreich und England alle größeren Hospitäler nach dem Vorbild von Lariboisière angelegt. Es bildeten sich jedoch mannigfache Variationen des Pavillonsystems heraus.

In Frankreich blieben die Krankenpavillons nach Art des Hospitals Lariboisière meistens mit den übrigen Gebäuden für die Verwaltung und Oekonomie in einem zusammenhängenden Baukomplex vereinigt, während dieselben in England als selbständige, nur durch bedeckte Gänge verbundene, Bauten aufgeführt wurden. Verwaltung und Oekononne wurden dann entweder in den letzteren selbst oder ebenfalls in besonderen Gebäuden untergebracht.

Zu denjenigen Hospitälern Frankreichs, welche Lariboisière am nächsten stehen, gehören u. a. das 1874 eröffnete Hospital St. Eugène in Lille und das Hospital Ménilmontant in Paris (erbaut 1878—78). Eine mit großen Mängeln behaftete Hochebauung war ferner das 1868 begonnene und 1878 eröffnete neue Hotel Dieu in Paris.

Trotzdem letzteres mit einem seltenen Aufwande erbaut ist und viele gute Detailausführungen aufzuweisen hat, so ist doch die Gesamtanlage [illegible] und steht gegen diejenige von Lariboisière erheblich zurück. Bei dem Hôtel Dieu wurden, abgesehen von einer beengten Fläche und der ungünstigen Beschaffenheit des Untergrundes, die Grundsätze des Pavillonsystems, namentlich hinsichtlich der Isolierung der Krankengebäude, wie der einzelnen Kategorien von Kranken selbst, ferner hinsichtlich des freien Zutritts von Licht und Luft zu den Gebäuden so wenig beachtet, daß schon während des Baues die Pariser Spitalärzte und Chirurgen forderten, das Hospital solle wegen der den elementarsten Grundsätzen der Spitalhygiene widersprechenden Dispositionen wegen zur Unterbringung von Kranken nicht benutzt werden. Eine wesentliche Verbesserung wurde wenigstens dadurch erzielt, daß das, für den Fall einer Epidemie, zur aushilfsweisen Unterbringung von 200 Betten angelegte Mansardendach und ein an der Quaiseite projektiert gewesenes Obergeschoß beseitigt wurden. Infolgedessen wurde die ursprüngliche Bettenzahl von 800 auf etwa 540 herabgemindert.

Bei den decentralisierten Hospitalsanlagen Englands wurden die Pavillons meist an einem geraden Längskorridor, entweder im Versatz zu beiden Seiten desselben (Hospital in Blackburn 1859) oder direkt gegenüberstehend (Herbert Hospital in Woolwich im Anfang der 60er Jahre), oder auch nur an einer Seite des Korridors (St. Thomas Hospital in London 1866—71) angeordnet.

Leider wurde der Wert dieser Hospitalsanlagen, welche durch ihre größere Zugänglichkeit für Licht und Luft den französischen gegenüber viele Vorzüge besitzen, vielfach dadurch herabgedrückt, daß dieselben eine zu große Zahl von Geschossen (z. B. das St. Thomas Hospital 4) erhielten. Dieser Übelstand, der allerdings meist auf die hohen Kosten des Grund und Bodens zurückgeführt werden muß, ist indessen bei den neueren Hospitälern Englands mehr und mehr vermieden worden.

In Deutschland fand die Reform des Hospitalbaues erst spät Eingang, entwickelte sich hier aber schneller als in Frankreich und England. Zwar war in Deutschland, wie auch in anderen Ländern Europas, seit Anfang des Jahrhunderts bis zu den 60er Jahren manche Verbesserung im Krankenhausbau eingeführt, namentlich die Bildung eines geschlossenen Hofes vermieden und der Linienform, gegenüber der früher üblichen Hufeisenform der Gebäude, allmählich der Vorzug gegeben worden (Krankenhaus in Bremen, in Zürich u. s. w.), doch hielt man lange Zeit die Anwendung des Pavillonsystems wegen der klimatischen Verhältnisse nicht für thunlich. Aus diesem Grunde wurde auch bei der Ausschreibung der Konkurrenz für einen Plan des Krankenhauses Rudolf-Stiftung in Wien (erbaut 1860—64), bei welcher die meisten Bewerber das Hospital Lariboisière zum Vorbild genommen hatten, ein Projekt prämiiert und zur Ausführung bestimmt, das die in 3 Geschossen untergebrachten Krankensäle nur einseitig beleuchtet und von Korridoren aus zugänglich macht, außerdem aber den inneren Hof vollständig mit hohen Gebäuden umschließt und denselben für freie Windströmungen unzugänglich macht.

Erst durch die Erfahrungen, welche in dem amerikanischen Bürgerkriege, wie in den Kriegen von 1866 und 1870/71 mit der Anwendung von provisorischen, leicht und oft auch sehr mangelhaft ausgeführten Barackenbauten gesammelt worden waren, wurde man bewogen, die letzteren auch bei ständigen Krankenhäusern zur Anwendung zu bringen.

Schon in den Jahren 1813–14, als in Paris während der Okkupation die Hospitäler überfüllt waren und die aus einzelnen Blocks bestehenden Schlachthäuser Ménilmontant, Roule und Montmartre schleunigst zu provisorischen Krankenhäusern für ungefähr 6000 Mann hergerichtet wurden, hatte es sich herausgestellt, daß in diesen unfertigen luftigen Gebäuden, in denen z. T. noch Thüren und Fenster und außerdem alle den speziellen Zwecken eines Krankenhauses dienenden Einrichtungen fehlten, die Sterblichkeit bei weitem geringer war, als in den bestehenden Krankenhäusern von Paris.

Ebenso hatte man im Krimkriege in zahlreichen und nach den Angaben von Miß Fl. Nightingale hergestellten musterhaften Holzbaracken sehr günstige Heilresultate erzielt.

Wesentlich vervollkommnet wurden die Barackenspitäler im amerikanischen Bürgerkriege, wo in den hervorragendsten, dem Sedgewick General Hospital bei Greenville in Louisiana, dem Lincoln Hospital zu Washington, dem Hicks General Hospital bei Baltimore, dem Mower General Hospital bei Philadelphia u. a., die Sterblichkeit so klein war, wie nie zuvor in einem Kriege.

Uebrigens war auch bereits in den 40er Jahren im Leipziger Stadtkrankenhause eine Holzbaracke, die sog. Günther'sche Luftbude, für eine sommerliche Benutzung mit gutem Erfolge zur Anwendung gekommen.

Nach allen diesen Erfahrungen wurde im Jahre 1867 nach den Angaben von Esse in der Königl. Charité zu Berlin zum erstenmal eine ständige Baracke mit 20 Betten für schwere chirurgische Kranke ganz aus Holz errichtet. Bald entstand 1869 als ständiges Barackenlazarett in Holzkonstruktion das Augusta-Hospital in Berlin, dem auch andere gleiche Anlagen (z. B. das Stadtkrankenhaus in Riga 1870) folgten.

Die mit dem Holzbau verbundenen Mängel, namentlich die Feuergefährlichkeit, die große Aufnahmefähigkeit für Krankheitsstoffe, die schwere Heizbarkeit der Holzbaracken im Winter u. s. w. führten indessen bald dazu, das Holz mehr und mehr auszuschließen.

Anfangs trat die ausgemauerte Fachwerkswand an die Stelle der Holzwand (Baracken des Leipziger Krankenhauses 1870, in Halberstadt u. s. w.), bald wurde jedoch auch das Fachwerk durch den Massivbau, der sich dann auch auf den Fußboden erstreckte, ersetzt.

Als erste derartige Anlage entstand der Evakuationspavillon für chirurgische Kranke im Krankenhaus Bethanien zu Berlin 1872, während gleichzeitig 1870–76 die zur Erweiterung des Stadt-

Krankenhause in Dresden errichteten Barackenpavillone ebenfalls in Massivkonstruktion hergestellt wurden.

Wenn man auch in den eingeschossigen massiven Krankenpavillons die beste Art für die Unterbringung der Kranken gefunden war, so erfordert dieselbe doch im allgemeinen einen so erheblichen Kostenaufwand, daß aus Sparsamkeitsgründen vielfach zweigeschossige Pavillons entweder ausschließlich, oder wenigstens für innerliche Kranke angewendet wurden, so bei dem städtischen Krankenhause im Friedrichshain in Berlin (1870—74), bei dem städtischen Krankenhause in Wiesbaden (1876—79), in Magdeburg u. a. m.

Die ausschließliche Anwendung zweigeschossiger Pavillons bei dem städtischen Krankenhause am Urban in Berlin (1887—90) war auch durch den beschränkten Raum des Bauplatzes bedingt.

Alle Erfahrungen, die bisher auf dem Gebiete des Hospitalbaues gesammelt worden sind, und auf denen hauptsächlich die heutigen Lehren der Hospitalhygiene beruhen, lassen das Pavillon-Barackensystem als das bis jetzt vollkommenste Bausystem für Hospitäler ansehen.

Auf Grund dieser Erkenntnis sind denn auch in neuester Zeit Anlagen entstanden, die, wie z. B. das 1883—1889 erbaute allgemeine Krankenhaus in Hamburg-Eppendorf, als Muster für größere Hospitalanlagen gelten können.

Nicht minder ist in vielen anderen Kulturländern, in Oesterreich, England, Frankreich, Dänemark, Amerika u. s. w. eine große Anzahl musterhaltiger Krankenhäuser des Pavillonsystems errichtet worden.

Wenn auch die Entwicklung des Krankenhausbaues zur Zeit einen gewissen Abschluß gefunden zu haben scheint, so bleiben doch für den weiteren Ausbau der bisher als richtig erkannten Grundlehren zunächst noch viele wichtigen Aufgaben und Fragen zu lösen.

1) F. Sander, Ueber Geschichte, Statistik, Bau und Einrichtung der Krankenhäuser, Köln 1875.
2) F. Sander, Handbuch der öffentlichen Gesundheitspflege, Leipzig 1877.
3) Eulenberg, Handbuch des öffentlichen Gesundheitswesens, Berlin 1881.
4) D. Oppert, Hospitäler und Wohlthätigkeitsanstalten, Hamburg 1872.
5) Böhm, Ueber Krankenhäuser, Geschichte, Bau, Einrichtung und Betrieb derselben, Wien 1886.
6) H. Haeser, Geschichte der Medizin, Jena 1875.
7) H. Haeser, Geschichte der christlichen Krankenpflege und Pflegerschaften, Berlin 1857.
8) Deutsches Bauhandbuch, 3. Teil, 2. Bd., 2. Heft.
9) Virchow, Zur Geschichte des Aussatzes und der Spitäler, 3 Artikel im Archiv für path. Anatomie, 18, 19 und 20. Bd.
10) Virchow, Die krankhaften Geschwülste.
11) Armand Husson, Étude sur les hôpitaux, Paris 1862.
12) C. Tollet, De l'assistance publique et des hôpitaux jusqu'au XIXe siècle, Paris 1889.
13) C. Tollet, Les hôpitaux au XIXe siècle, Paris 1892.
14) Thomas Evans, History of the american ambulance established in Paris during the siege of 1870—1871, London 1873.
15) Douglas Galton, Healthy hospitals, Oxford 1893.

2. Aerztliche Anforderungen an Krankenhäuser.

Die Aufgabe eines Krankenhauses besteht im allgemeinen darin, den Kranken sowohl zu ihrem eigenen Wohle, wie auch im Interesse der Gesamtheit eine Unterkunft zu gewähren, die denselben günstigere Bedingungen für die Wiedergenesung bietet, als die eigene Häuslichkeit.

Der Zweck des Krankenhauses wird um so vollkommener erreicht, je mehr und je schneller es durch die Einrichtungen desselben gelingt, den Kranken die volle Gesundheit wieder zu verschaffen.

Mit diesem Hauptzwecke können noch andere Zwecke, wie z. B. die Ausbildung von Aerzten, Anstellung wissenschaftlicher Untersuchungen und dergl. verbunden werden, die indessen bei den folgenden Erörterungen außer Betracht bleiben sollen.

Miss *Florence Nightingale* sagt mit Recht: „Der Architekt des Hospitals fördert oder hindert die Genesung, je nachdem er die Krankenpflege durch seinen Bau bequem oder unbequem macht“, und in der That hängt eine sachgemäße, erleichterte Behandlung und Pflege der Kranken zum großen Teil von zweckentsprechenden baulichen Einrichtungen ab.

Sache des Arztes ist es, die Bedingungen festzustellen, welche bei der Unterbringung und Behandlung der Kranken zu erfüllen sind. Es kann daher ein zweckentsprechender Bau nur dort entstehen, wo Arzt und Techniker Hand in Hand gehen.

Sowohl bei der Aufstellung eines reiflich zu erwägenden, den Lehren der Hygiene entsprechenden Programms, welche dem Arzt zufällt, wie bei einer dem Techniker obliegenden zweckmäßigen Gestaltung des Bauplanes und möglichst vollkommener gesundheitstechnischer Ausführung des letzteren muß alles vermieden werden, was nicht streng den Zwecken des Krankenhauses dient oder was etwa geeignet sein könnte, diese zu gefährden.

Dieses gilt namentlich in Bezug auf die *Raumforderung*. Denn nur solche Räume, die wirklich notwendig sind, können dem Interesse des Krankenhauses dienen, während andere, die vielleicht entbehrt werden könnten, oder gar überflüssig sind, durch eine mißbräuchliche Benutzung der Salubrität des Krankenhauses oft geradezu gefährlich werden können, abgesehen davon, daß sie den Aufwand an Anlagekosten nicht rechtfertigen.

Ebenso muß *in der baulichen Einrichtung* — ohne indes der Würde des Hospitals Eintrag zu thun, — *jeder Luxus vermieden werden, der nicht zum größeren Wohle der Kranken beiträgt.*

Nur zu oft sind die Mittel für zweckmäßige und genügende Unterkünfte der Kranken knapp bemessen, und es wäre daher gegen das Interesse der leidenden Menschheit gehandelt, würden diese Mittel nicht ausschließlich zur besten Befriedigung der für die Salubrität eines Krankenhauses zu erfüllenden Forderungen, wie sie nach dem heutigen Stande der hygienischen und technischen Wissenschaften als notwendig und richtig erkannt sind, verwendet.

Wo mit dem geringsten Aufwande an Mitteln möglichst viel erreicht und gleichzeitig den sanitären Forderungen am besten entsprochen wird, da stellt sich uns die beste Lösung eines Krankenhauses dar.

Die *sanitären Forderungen* aber gipfeln hauptsächlich in zwei Punkten:

1) *Zuführung von Licht und frischer Luft zu den Kranken in ausgiebigstem Maße.*
2) *peinlichste Reinlichkeit in allen Teilen des Krankenhauses und zwar innerhalb und außerhalb der Gebäude.*

Bilden Licht und Luft überhaupt für jeden Menschen die vornehmsten Bedingungen zur Erhaltung seiner Gesundheit, so bedarf der Kranke noch in viel höherem Maße dieser das Leben fördernden Elemente. Die Erfahrungen, welche Jahrhunderte hindurch in den für Licht und Luft schwer oder sehr unvollkommen zugänglichen Korridor-Krankenhäusern gemacht worden sind, zeigen nur zu sehr, welche traurigen Folgen die Vernachlässigung der obigen Forderung gezeitigt hat; während andererseits durch die luftigen Baracken, wie sie für vorübergehende Zwecke bei Seuchen, Kriegen u. s. w. in diesem Jahrhundert öfters zur Anwendung gekommen sind, der hohe hygienische Wert der Luft und des Lichtes für die Heilung von Krankheiten in augenfälligster Weise erwiesen worden ist. Eine Begründung durch statistische Zahlenangaben über Mortalität in verschiedenen Arten von Krankenhäusern läßt sich bei der außerordentlichen Verschiedenheit der einschlägigen Verhältnisse — der Art und Dauer der Krankheiten, des Alters der Kranken, der Verpflegungsart u. s. w. — nicht geben. Nur wo vollständig oder nahezu gleiche Unterlagen für die Vergleichung zweier Hospitäler vorhanden sind, würde die Statistik den größeren Wert des einen oder des anderen Krankenhauses darthun. Indessen „bedarf es — wie Sander bemerkt — eines zahlenmäßigen Beweises nicht, um die Anforderungen in Beziehung auf Raum, Luft und Licht zu begründen, denn reichen die ärztlichen Erfahrungen und Anschauungen über Ansteckung, Luftverunreinigung und den Nutzen reiner Luft aus."

Um frische, reine Luft den Kranken zuführen zu können, bedarf es vor allem eines Platzes, dessen Luft rein und auch vor jeder Verunreinigung jederzeit geschützt ist. Der Wahl desselben ist daher die sorgfältigste Beachtung zu widmen. Luft und Licht werden aber nur dann möglichst gleichmäßig, ausgiebig und direkt den Kranken zugeführt werden können, wenn letztere nicht in Gebäuden mit einer größeren Zahl von Geschossen oder in großen Sälen dicht zusammengedrängt, sondern auf möglichst große Flächen verteilt werden in Räumen, die nach allen Seiten möglichst den Einwirkungen der äußeren Luft und des Lichtes ausgesetzt und zugänglich sind.

Ist auch eine direkte Heilwirkung des Sonnenlichtes bis jetzt nicht mit Sicherheit nachgewiesen worden, so ist doch durch die Forschungen der Bakteriologie festgestellt, daß viele schädliche und Krankheit erregende Mikroorganismen unter der Wirkung des Sonnenlichtes absterben, und daß somit das letztere einen wichtigen Faktor für die Salubrität des Krankenhauses bildet.

Außerdem aber wird der allgemeine, wohlthätige und belebende Einfluß des Sonnenlichtes auf Sinn und Gemüt und somit eine indirekte Heilwirkung nicht bezweifelt werden können.

Die Bedingungen für die gute Zuführung von Licht und Luft zu den Krankenräumen hängen sowohl von der gesamten Anlage des Krankenhauses, der Verteilung, dem Abstand und der Stellung der Gebäude, wie von der Gestaltung der Krankensäle und deren besonderen Einrichtungen ab, welche Verhältnisse daher sämtlich einer sorgfältigen Erwägung bedürfen.

Was die zweite wichtigste Forderung der Reinlichkeit anbelangt, so soll dieselbe nicht nur im gewöhnlichen Sinne, sondern mit der größten Peinlichkeit, bis zur Probe mit der Lupe, durchgeführt werden.

Vor allem ist es wiederum die Luft, welche bei der fortwährenden Verschlechterung durch die Ausdünstungen der Kranken der Reinigung, und regelmäßigen Erneuerung durch gute, zu jeder Jahres- und Tageszeit funktionierende Lüftungsanlagen bedarf. Da die Geschwindigkeit dieser Erneuerung jedoch innerhalb gewisser Grenzen bleiben muß, wenn ungünstige Zugwirkungen vermieden werden sollen, so muß der auf den Kranken entfallende Luftraum, bez. das demselben zur Verfügung stehende Quantum reiner Luft innerhalb des Krankensaales nicht zu gering bemessen und in ein gutes Verhältnis zu dem Zufluß frischer, reiner, bez. dem Abfluß der schlechten Luft gesetzt werden (vergl. dieses Handb. Bd 4, S 249).

Aber nicht nur der Krankensaal allein, sondern alle Räume des Gebäudes sind der Luftverschlechterung mehr oder weniger ausgesetzt und bedürfen der stetigen Reinhaltung der Luft. Es muß daher durch eine entsprechende Gestaltung und Anordnung der Räume Sorge getragen werden, daß diese überall ermöglicht ist und schwer lüftbare Räume vermieden werden.

Nicht minder wichtig ist die peinlichste Reinhaltung aller Räume und ihres Inhaltes selbst, die schnelle und gründliche Beseitigung von Schmutz, Staub, Krankheitsstoffen u. s. w. Dies bedingt eine leichte Zugänglichkeit und gute Beleuchtung aller Bauteile und die Verwendung geeigneter, gut zu reinigender, abwaschbarer, undurchlässiger Materialien, sowie leichte und direkte Abführung aller Abfallstoffe und Abwässer.

Diese Reinhaltung muß ferner unterstützt werden durch möglichste Vermeidung aller solcher vorspringenden oder schwer kontrollierbaren Bauteile, die, wie z. B. Thür-, Fenster-, Wandgesimse, Konstruktionsteile der Decke und des Daches, scharfe einspringende Ecken oder Hohlräume und dergl., leicht zu Ablagerungsstätten für Staub und Krankheitsstoffe werden können.

Auch sollen Materialien, die an und für sich geeignet sind, Krankheitsstoffe in sich aufzunehmen, welche überhaupt leicht infizierbar und schwer zu desinfizieren sind, wie Holz und sonstige, poröse oder organische Bestandteile enthaltende Baustoffe, von der Verwendung in Krankensälen möglichst ausgeschlossen werden.

Hat hiernach der Techniker zur Erleichterung einer peinlichen Reinhaltung erheblich mitzuwirken, so fällt doch die Erfüllung der Forderung selbst lediglich dem Krankenhauspersonal zu. Mögen die antiseptischen Methoden noch so großen Schutz gewähren, niemals sollte im Vertrauen auf dieselben von der gewissenhaftesten, äußersten Reinlichkeit nach allen Richtungen im geringsten abgewichen werden. Die besten baulichen Einrichtungen werden ihren Zweck verfehlen, wenn z. B. die Reinhaltung der Krankenbetten, der Krankenwäsche und die Reinlichkeit des Personals selbst zu wünschen übrig läßt, oder wenn durch ungenügende Beseitigung der gebrauchten Wäsche, der Auswurfstoffe der Kranken und dergl. die Baulichkeiten gewissermaßen in Permanenz verseucht wird.

Die Salubrität eines Krankenhauses hängt von der unablässigen und wirksamen Bekämpfung der dem menschlichen Organismus so gefährlichen kleinsten Lebewesen, namentlich der sogen. pathogenen Spaltpilze (Bakterien) ab, welche letztere nach den neuesten Forschungen die Erreger der meisten, wahrscheinlich aller Infektionskrankheiten sind.

Aus diesem Grunde muß gerade bei den ansteckenden Kranken die Bekämpfung in ganz besonderem Maße stattfinden und, um nicht andere Kranke zu gefährden, eine strenge Trennung nicht nur der ansteckenden Kranken von den gewöhnlichen, sondern auch der einzelnen unter sich nach den einzelnen Krankheitsarten (Scharlach, Diphtheritis, Typhus, Cholera, Pocken u. s. w.) vorgenommen werden. Ebenso ist Fürsorge zu treffen, daß alle Ansteckungsstoffe mit Sicherheit unschädlich gemacht werden.

Daß auch Speisen und Getränke, namentlich das Trinkwasser, stets auf ihre Reinheit zu prüfen sind, bedarf nur der Erwähnung, aber auch der gewissenhaftesten Beachtung. Auch hierbei hat der Techniker durch gute, zweckentsprechende Anlagen für den Zufluß des reinen und Abfluß des verbrauchten Wassers mitzuwirken, und vor allem, wenn das Trinkwasser auf dem Hospitalgrundstücke selbst gewonnen wird, einer Gefährdung der Reinheit infolge etwaiger Verunreinigung des Bodens vorzubeugen. Hierzu ist nicht nur ein gutes Sielsystem, sondern auch eine der Bodenart und dem Klima entsprechende Bepflanzung der freien Flächen, welche die Fäulnisprodukte im Boden gierig verbraucht und daher zur Reinhaltung des letzteren wesentlich beiträgt, erforderlich, überhaupt Reinheit in der ganzen Umgebung des Krankenhauses.

Auf die gute Erfüllung der genannten hygienischen Hauptforderungen, sowie auf die Gebrauchsfähigkeit eines Hospitals hat die Oekonomie einen großen Einfluß. Nur bei einem bequemen übersichtlichen Betriebe kann die notwendige Disziplin aufrecht erhalten und der gute Instandhaltungszustand aller Einrichtungen sichergestellt werden. Zur Vermeidung eines kostspieligen Verwaltungs- und Wirtschaftsapparates kommen hauptsächlich zweckmäßige Anordnungen der Gebäude und Räume, bequeme Verbindungen zwischen denselben, gute Transporteinrichtungen und anderes in Betracht (vergl. den Abschnitt über Betrieb der Krankenhäuser).

Wenn nun auch die erwähnten Anforderungen an eine gute Krankenhauseinrichtung überall als grundlegend anzusehen sind, so bestehen doch hinsichtlich der Befriedigung derselben im einzelnen, bei der stetigen Fortentwickelung und Umbildung der Gesundheitslehre nach Maßgabe theoretischer Forschungen, wie praktischer Erfahrungen, manche Meinungsverschiedenheiten, die wohl um so weniger jemals die Errichtung eines Normalkrankenhauses werden gelingen lassen, als Klima, Lebensgewohnheiten und nicht zum mindesten auch die Geldmittel in jedem einzelnen Falle Berücksichtigung fordern und zu verschiedenen Lösungen führen müssen.

Mögen aber die Wege auch so verschieden sein und das Ziel eines möglichst vollkommenen Krankenhausbaues in noch so abweichender Richtung verfolgen, ja mögen selbst diese Wege oftmals rückwärts anstatt vorwärts führen, immer werden ernst gemeinte Bestrebungen nach einer Weiterentwickelung, wie sie erfreulicherweise seit den letzten Jahrzehnten auf dem Gebiete des Krankenhausbaues so mächtig hervorgetreten sind, für das Wohl der Kranken und der gesamten Bevölkerung auch wertvolle Früchte tragen.

1) L. Degen, *Das Krankenhaus und die Kaserne der Zukunft*, München 1882.
2) L. Degen, *Der Bau der Krankenhäuser unter besonderer Berücksichtigung der Ventilation und Heizung*, München 1897.
3) F. Oppert, *Die Einrichtung von Krankenhäusern*, Berlin 1859.

4) [illegible] Oppert, Hospitäler und Wohltätigkeitsanstalten, Hamburg 18[illegible]
5) [illegible], Ueber Geschichte, Zweck, Bau und Einrichtung der Krankenhäuser, Köln 18[illegible]
6) [illegible], Handbuch der öffentlichen Gesundheitspflege, Leipzig 18[illegible]
7) [illegible], Handbuch der [illegible]-Gesundheitspflege, Berlin 18[illegible]
8) [illegible], Handbuch des öffentlichen Gesundheitswesens, Berlin [illegible]
9) [illegible], Das Krankenhaus, seine Einrichtung und Verwaltung, Berlin [illegible]
10) [illegible], Studien über Krankenhäuser ([illegible] für [illegible] 187[illegible])
11) [illegible], Studien über Krankenhäuser, Wien [illegible]
12) [illegible], Lehrbuch der Hygiene, Leipzig und Wien [illegible]
13) [illegible], Ueber Krankenhäuser, Geschichte, Bau, Einrichtung und Betrieb derselben, Wien [illegible]
14) [illegible], Neuere Krankenhäuser, Wien [illegible]
15) [illegible], Welche Aufgaben erfüllt das Krankenhaus der kleinen Städte und wie ist es einzurichten? Berlin [illegible]
16) [illegible], Krankenhäuser für kleinere und ländliche Kreise, [illegible] [illegible]
17) [illegible], [illegible] Grundsätze beim Hospitalbau, Berlin [illegible]
18) [illegible], Welchen Einfluß hat die heutige Gesundheitslehre, besonders die neuere Auffassung des Wesens und der Verbreitung der Infektionskrankheiten auf Bau, Einrichtung und Lage der Krankenhäuser? Deutsche Vierteljahrsschrift für öffentl. Gesundheitspflege [illegible] Bd. [illegible] ([illegible])
19) [illegible], Leitende Grundsätze für die Anlage von Krankenhäusern und über notwendige Reformen der Zukunft. Vortrag vom [illegible], veröffentlicht im „Gesundheits-Ingenieur" ([illegible]) Nr. [illegible]
20) [illegible], Grundsätze für Bau, Einrichtung und Verwaltung von [illegible] und Sonderkrankenhäusern für ansteckende Krankheiten, Deutsche Vierteljahrsschrift für öffentl. Gesundheitspflege [illegible] Bd. [illegible]
21) [illegible], Grundsätze für den Bau von Krankenhäusern, Berlin [illegible] ([illegible] d. Centralblatt der Bauverwaltung)
22) [illegible], Hygiene [illegible] ([illegible]) [illegible]
23) [illegible], [illegible] sur les hôpitaux, Paris [illegible]
24) [illegible], [illegible] sur les hôpitaux, Paris [illegible]
25) [illegible], Les hôpitaux
26) [illegible], Les hôpitaux au XIX[illegible] siècle, Paris [illegible]
27) [illegible], Hygiène hospitalière, Paris [illegible]
28) [illegible], [illegible] sur les hôpitaux, [illegible] [illegible]
29) [illegible], Notes on hospitals, [illegible] edit. London [illegible], deutsch bearbeitet von Dr. [illegible]
30) [illegible], Healthy hospitals, Oxford [illegible]
31) [illegible], Hospitals and asylums of the world
32) [illegible] and [illegible], Hospital construction and management, London [illegible]

3. Systeme des Krankenhausbaues

Bei dem bisherigen Bau von Krankenhäusern lassen sich im allgemeinen 2 Hauptsysteme unterscheiden: das Korridorsystem und das Pavillonsystem.

a) Das Korridorsystem,

nach welchem bis zur Mitte dieses Jahrhunderts fast ausschließlich gebaut wurde, hat seine Bezeichnung daher, daß die Krankenräume nebeneinander an einem Korridor entlang und von diesem aus zugänglich angeordnet werden.

Im übrigen sind in demselben Gebäude nicht nur die Krankenzimmer, sondern auch die Räume für die Verwaltung und meistens auch diejenigen der Oekonomie so untergebracht, daß in der Regel die letzteren im Kellergeschoß, die Räume der Verwaltung, event. auch Wohnungen für Beamte u. s. w. im Erdgeschoß, die Krankenzimmer in den oberen Geschossen sich befinden.

Die hauptsächlichsten in Anwendung gekommenen Grundformen dieses Systems sind die folgenden:

Die Linienform, bei welcher das Gebäude nur aus einem Längstrakt besteht (z. B. Jüdisches Krankenhaus zu Berlin, Hospital in Rotterdam und in Zürich, städtisches Krankenhaus zu Bremen, in Augsburg u. s. w.).

Die Hufeisenform, bei welcher der Längstrakt an beiden Enden mit einseitigen Flügelbauten versehen ist (z. B. Krankenhaus Bethanien in Berlin, Altes allgemeines Krankenhaus zu Hamburg, Hospital St. Georges in London u. s. w.).

Die H-Form, bei welcher die Flügelbauten nach beiden Seiten des mittleren Längstrakts vorspringen (z. B. Hospital für Brustkranke zu London, Hotel Dieu in Chartres u. s. w.).

Das geschlossene Viereck, bei welchem durch Hinzufügung weiterer Flügelbauten ein oder mehrere geschlossene Höfe gebildet werden (z. B. Guys-Hospital in London, Hospital Necker in Paris u. s. w.).

Die Kreuzform, bei welcher die Flügelbauten kreuzförmig angeordnet und oder strahlenförmig von einem gemeinsamen Mittelraum ausgehen (Hospital des heiligen Ludwig von Gonzaga in Turin, Fig. 3).

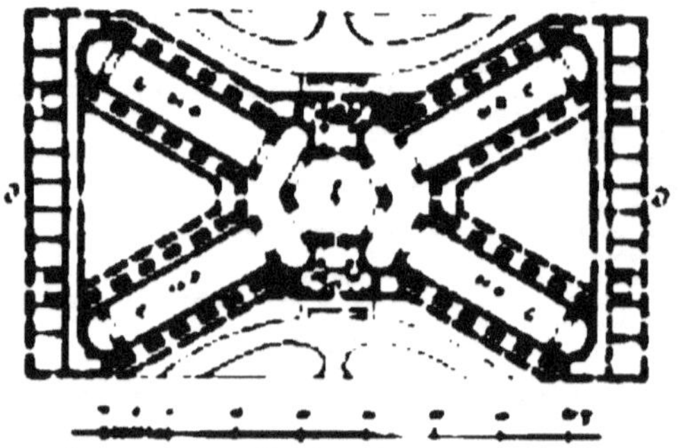

a. Eingänge c. Krankensäle

b. Capelle d. Nebenräume der Krankensäle

Fig. 3. Hospital des heiligen Ludwig von Gonzaga in Turin.

Außer diesen Hauptgrundformen des Korridorsystems sind natürlich auch vielfache Kombinationen derselben zur Anwendung gekommen.

b) Das Pavillonsystem

zerlegt die Krankenanstalt in eine Anzahl besonderer Gebäude, in denen Krankenräume, Verwaltung, Oekonomie u. s. w. getrennt untergebracht werden. Dasselbe ist also, im Gegensatz zu dem Korridorsystem, ein System der Decentralisation der einzelnen Teile eines Hospitals.

Die Krankengebäude werden, wenn sie zwei- oder mehrstöckig sind, gewöhnlich als „Pavillons" bezeichnet, während für die einstöckigen

Bauten dieser Art die oft wenig zutreffende Bezeichnung „Baracke" üblich geworden ist. Das letztere unterscheidet sich von dem Pavillon also nur durch die bauliche Konstruktion, nicht aber in der für das Pavillonsystem maßgebenden Grundrißform. Demnach kann auch nicht, wie irrtümlich oft vorkommt, von einem besonderen „Barackensystem" die Rede sein, das nur eine Abart des Pavillonsystems bildet.

Die Bezeichnung „Baracke" trifft, streng genommen, nur bei den in baulicher Beziehung weniger vollkommen durchgeführten Krankengebäuden zu, besonders bei denjenigen, die vorübergehenden Zwecken dienen und deshalb nur leicht aus minder haltbarem Material oder so konstruiert sind, daß sie leicht abgebrochen und anderwärts wieder aufgestellt werden können.

Diese provisorischen und beweglichen Baracken, zu denen auch das Barackenzelt zu rechnen ist, spielen ebenfalls im Krankenhausbau eine wichtige Rolle und können immerhin als eine besondere Gruppe von Bauten angesehen werden, welche bei der Verschiedenartigkeit der Zwecke und des zur Verwendung kommenden Materials eine große Zahl von Konstruktionssystemen aufzuweisen hat.

4. Ermittelung der Zahl der in dem Krankenhause aufzunehmenden Kranken.

Eine der ersten Vorfragen für die Errichtung eines Krankenhauses bildet die Ermittelung des Bedürfnisses an Krankenbetten. Wenn für die Beurteilung dieser Frage auch wohl allgemeine Erfahrungen über das Verhältnis der Krankenzahl zu der Gesamtbevölkerung einzelner Orte einen ungefähren Anhalt bieten, so kommen doch in jedem einzelnen Fall auch die Lage und die klimatischen Verhältnisse eines Orts, ferner die hauptsächlichste Beschäftigungsart und der allgemeine Wohlstand der Einwohner, die Nähe anderer Krankenanstalten und viele andere örtliche Faktoren in Betracht, nicht zum wenigsten auch die künftige Einrichtung des zu errichtenden Krankenhauses selbst, das um so häufiger als eine Zufluchtsstätte in Krankheitsfällen benutzt werden wird, je mehr die Beliebtheit desselben der Bevölkerung Vertrauen einzuflößen geeignet sein wird.

Was die allgemeinen Erfahrungen anbelangt, so berechnet Plage auf Grund der Husson schen Ermittelungen vom Jahr 1850 bis einschließlich 1861, daß nach der Zahl der in diesem 12-jährigen Zeitraum in den Pariser Spitälern aufgenommenen Kranken und der Zahl der Verpflegungstage auf 1000 Einwohner etwa 5 Betten gekommen seien, eine Zahl, die jedoch nur für die außerordentlichen Verhältnisse der großen Bevölkerungscentren als zutreffend angesehen werden könne.

Wesentlich abweichend hiervon kommt nach Douglas Galton bei dem gesamten Hospitalwesen Londons (allerdings mit Ausnahme der Hospitäler für ansteckende Kranke) etwa 1 Bett auf 700 Einwohner, während dieses Verhältnis in einigen Grafschaften Englands 1 : 2000, in anderen 1 : 1000 betrage. Letztere Verhältniszahl wird für allgemeine Krankheiten und chirurgische Fälle von Galton in Uebereinstimmung mit Burdett, Waring und anderen als zutreffend und maßgebend für die Bedürfnisberechnung angesehen. Indessen verlangt Burdett, daß für Distrikte mit Bergwerken, größeren Fabrikanlagen u. dgl. auf je 1000 Einwohner 4—5 Betten vorgesehen werden sollen.

Oppert glaubt, daß in größeren Städten für die Armen eines Bezirks ungefähr 4 Betten auf 1000 Einwohner angenommen werden können, auf dem Lande dagegen weniger.

Nach Berechnungen auf Grund der Angaben des „Statistischen Jahrbuchs deutscher Städte" entfielen 1899 in Hamburg auf je 1000 Einwohner etwa 5 Betten in den sämtlichen allgemeinen Krankenhäusern, in Berlin etwa 4, in Köln 6,7, in Stuttgart 6, in Potsdam 4,8, in Breslau 4, in Dresden 3,5 Betten. Es dürften hiernach für großstädtische Verhältnisse mindestens 5 Betten auf 1000 Einwohner anzunehmen sein, zumal die Krankenhäuser schon infolge der gesetzlichen Bestimmungen über Krankenversicherung heute weit mehr aufgesucht werden als früher.

Angenommen ist hierbei auch, daß die Krankenanstalt hauptsächlich nur von einer ärmeren Bevölkerung aufgesucht wird, deren Verhältnisse eine eigentliche Krankenpflege im Hause nicht ermöglichen.

Sollen auch zahlende Kranke wohlhabenderer Stände (sog. Kostgänger) aufgenommen werden, so sind die Betten für diese besonders zu berechnen.

Für die Feststellung des Umfanges eines neuen Krankenhauses ist nicht nur die für den Augenblick erforderliche Bettenzahl zu berücksichtigen, sondern es muß auch eine gewisse Reserve vorgesehen werden, welche dem Anwachsen der Bevölkerung für eine Reihe von Jahren entspricht, sowohl um die Notwendigkeit einer baldigen Erweiterung zu vermeiden, als auch um Evakuierungen einzelner Abteilungen behufs Ausführung von Reparaturen, Reinigungen u. s. w. vornehmen zu können.

Im übrigen ist es auch notwendig, daß man für besondere Fälle, wie Epidemien u. dgl., bis zu einem gewissen Grad gerüstet ist.

Unbeschadet dieser Gesichtspunkte wird man jedoch aus ökonomischen Gründen die Bettenzahl von vornherein in angemessenen Grenzen halten, da die Gesamt-Einrichtungskosten eines Bettes nicht unbeträchtlich sind und eine übergroße Zahl von Betten einen erheblichen Zinsverlust verursachen würde. Hierbei darf die Möglichkeit nicht aus dem Auge gelassen werden, daß die Betten im Bedarfsfalle ohne Schwierigkeiten vermehrt werden können.

5. Größe des Krankenhauses.

Es ist durch die Erfahrungen bestätigt worden, daß unter sonst gleichen Umständen kleinere Krankenhäuser im allgemeinen günstigere Bedingungen für die Gesundung der Kranken gewähren als größere, weil in ersteren die allgemeine Ueberwachung und der Betrieb leichter ist und daher eine sorgfältigere, mehr individuelle Pflege und Behandlung der Kranken ermöglicht wird. Außerdem ist auch bei einer geringeren Ansammlung von Kranken, sowie miasmatischen und kontagiösen Stoffen, die Gefahr einer gegenseitigen Ansteckung kleiner als bei einer starken Krankenanhäufung.

Da insbesondere bei großen Korridorbauten die an ein Krankenhaus zu stellenden hygienischen Anforderungen sich nur schwer und sehr unvollkommen erfüllen lassen, so sollte möglichst von dem Bau großer Korridor-Krankenhäuser abgesehen werden.

kleinere Hospitäler des genannten Systems wird man leichter den Anforderungen der Hygiene entsprechend einrichten können und daher, wo nicht schon aus ökonomischen Gründen nicht ohne weiteres verwerfen, doch sollte die Zahl der Krankenbetten in denselben nicht über 100—120 hinausgehen.

Hinsichtlich der bei dem Pavillonsystem zulässigen Größe allgemeiner Krankenhäuser gehen die Ansichten der Hospitalhygieniker, zumal sich hier oft theoretische Betrachtungen und willkürliche Annahmen einerseits, und auf Erfahrungen begründete Ansichten andererseits, gegenüberstehen, weit auseinander.

In Frankreich wird seitens der Regierung die Zahl von 600 Betten als ein Maximum betrachtet, obwohl die Société de chirurgie in Paris im Jahr 1864, nachdem in mehreren Sitzungen die Vorschläge M. Trélat's hinsichtlich der Hygiene und Salubrität der Hospitäler beraten waren, bezüglich der Größe der letzteren zu dem Schlußsatz gelangte: „Gute hygienische Einrichtungen sind leicht zu schaffen in Hospitälern für 200—250 Kranke. Es wird fast unmöglich, sie in großen Städten auszuführen, wenn man das Doppelte dieser Zahl überschreitet. Innerhalb dieser Zahlengrenzen sind die Kosten jeder Art nicht höher als für umfangreichere Hospitäler." Andererseits bemerkte 1884 Rochard, als Referent der Société de médecine publique et d'hygiène professionnelle in Paris, in einem Programm für die Errichtung eines Hospitals von 500 Betten für eine Stadt von 80—100000 Einwohnern, „es sei anerkannt, daß man die Zahl von 800 Betten nicht überschreiten dürfe".

Die Grenze von 400—600 Betten wird im allgemeinen auch in England innegehalten.

In neuerer Zeit sind vielfach, namentlich in Deutschland, Krankenanstalten mit einer größeren Bettenzahl errichtet worden. So enthält beispielsweise das städtische Krankenhaus im Friedrichshain zu Berlin jetzt 784 Betten, dasjenige am Urban desgleichen 600 Betten. Ebenso wurde das städtische Krankenhaus zu Magdeburg z. Z. auf nahezu 600, dasjenige in Dresden auf etwa 650 Betten erweitert. Das Neue Allgemeine Krankenhaus zu Hamburg-Eppendorf nimmt sogar z. Z. 1500 Krankenbetten auf.

Wenn nun viele Hospitalhygieniker mit Sander und Goltdammer (vergl. Eulenberg) fordern, daß man aus Verwaltungsrücksichten die Zahl von 600 Betten nicht überschreiten solle, andere aber diese Zahl noch wesentlich herabgesetzt wissen wollen, so stehen dieser Ansicht doch die bei dem Hamburg-Eppendorfer Krankenhause gemachten Erfahrungen gegenüber, nach denen auch sehr große Hospitäler des Pavillonsystems allen Anforderungen der Hygiene und eines gut funktionierenden Betriebes gerecht werden können, vorausgesetzt, daß alle Hospitaleinrichtungen in möglichster Vollkommenheit ausgeführt werden.

Bei der Zahl von 1500 Krankenbetten dürfte indessen diejenige Grenze erreicht sein, über die hinaus es einer einheitlichen Leitung, d. h. einem ärztlichen und einem verwaltenden Direktor, nicht mehr möglich sein wird, den Hospitalbetrieb gut zu übersehen und somit hygienische wie wirtschaftliche Nachteile fernzuhalten.

Es kann nicht zweifelhaft sein, daß in finanzieller Beziehung die Errichtung größerer Hospitäler vor derjenigen kleinerer Anstalten den Vorzug verdient, denn bei der Errichtung mehrerer kleiner

Krankenhäuser an Stelle eines großen vermehren sich nicht nur die Baukosten, sondern auch die Betriebskosten unverhältnismäßig: die Baukosten, weil — eine gleiche Zahl von Kranken vorausgesetzt — anstatt eines, wenn auch etwas größeren, Gebäudes für Verwaltung und Ökonomie, beispielsweise 3 kleinere Hospitäler auch 3 besondere Gebäude der letztgenannten Art samt der inneren Einrichtung erfordern; die Betriebskosten, weil sich erfahrungsgemäß die Kosten der einzelnen Verpflegungstage, unter sonst gleichen Verhältnissen, um so höher stellen, je kleiner die Anstalt ist. Denn so klein auch die Anstalt und die Krankenzahl sein mag, der ganze kostspielige Apparat eines vollständigen Krankenhauses muß jederzeit funktionsfähig für sie vorhanden sein. Außerdem lassen sich die Schwierigkeiten des Betriebs, welche den größeren Hospitälern gegenüber den kleineren in höherem Maß anhaften, durch gute Transporteinrichtungen für Speisen u. s. w., Fernsprechverbindungen, eine richtige Verteilung des Personals, eine zweckmäßige Organisation, gute Disziplin etc. wohl um so eher überwinden, als das ganze Hospital aus einer Anzahl von Einheiten besteht, die für sich durch die gleiche Einrichtung und die genau zu bestimmenden Funktionen ihres ärztlichen, Verwaltungs- und Pflegepersonals leicht kontrollierbar sind.

Wo indessen nicht die Sicherheit gegeben ist, daß die größeren Schwierigkeiten des Betriebs umfangreicher Hospitäler durch eine gute Leitung überwunden werden, da wachsen allerdings auch die Gefahren für die Salubrität des Krankenhauses mit der Größe desselben. Hieraus lassen sich nicht ohne eine gewisse Berechtigung mehr oder minder gewichtige Bedenken gegen die Errichtung sehr großer Hospitäler ableiten.

Gegen letztere spricht aber vor allem der Umstand, daß die Kranken zu sehr an einer Stelle konzentriert werden, die von einzelnen Teilen des betreffenden Distrikts, für welchen das Krankenhaus erbaut werden soll, allzu entfernt und daher für den Krankentransport zu ungünstig ist. Die Errichtung mehrerer kleinerer Hospitäler anstatt eines großen und eine gleichmäßige Verteilung derselben auf die Bevölkerung wird für diese, wie für die Kranken selbst nicht nur in gewöhnlichen Zeiten von großem Wert sein, sondern auch besonders in Epidemiefällen, weil dann eine schnellere Isolierung der Kranken, eine wirksamere Bekämpfung der Seuche und somit auch ein größerer Schutz der Gesamtbevölkerung ermöglicht wird.

Mit Rücksicht hierauf dürfte es sich empfehlen, den Distrikt eines Krankenhauses, selbst in einer dicht bebauten Großstadt, nicht erheblich mehr als über eine Einwohnerzahl von 100—120000 Seelen auszudehnen, also — 5 Krankenbetten auf je ein Tausend der Bevölkerung gerechnet — die Belegung eines Krankenhauses nicht wesentlich über 500—600 Betten hinausgehen zu lassen.

Bei dieser Größe wird man übrigens auch hinsichtlich der Erlangung eines geeigneten Bauplatzes nicht denjenigen erheblichen Schwierigkeiten begegnen, welche sich fast immer bei einem sehr großen Hospital, namentlich bezüglich der Größe des Grundstücks, ergeben.

Handelt es sich um den Bau eines Sonderkrankenhauses, so soll die letztgenannte Maximalzahl der Betten wesentlich herabgesetzt werden und nach Pistor, der übrigens seine Forderung nicht begründet, nicht über 300 hinausgehen. Bei den Londoner Infektionshospitälern des Metropolitan Asylums Board beträgt die Maximalbelegung 500 Betten.

Für eine Beschränkung der Bettenzahl in Sonderkrankenhäusern sind lediglich sanitäre Gründe maßgebend, da eine zu starke Konzentrierung ansteckender Kranken für diese selbst wie für die umwohnende Bevölkerung eine Gefahr bildet, die mit der Konzentrierung des Krankheitsgiftes wächst.

6. Die Größe, Lage und Beschaffenheit des Krankenhausgrundstücks.

Es ist bereits darauf hingewiesen worden, daß eine reine, frische Luft das erste Erfordernis für die Salubrität eines Krankenhauses ist. Um dieser Forderung Genüge zu leisten, muß der Luftraum des Krankenhauses möglichst groß bemessen werden, sodaß derselbe durch die von dem Krankenhause selbst, sowie durch die etwa von der Nachbarschaft ausgehenden Luftverunreinigungen nicht nennenswert beeinflußt werden kann. Ländlich gelegene Krankenhäuser mit einem weiten, freien Luftraum weisen erfahrungsgemäß im allgemeinen günstigere Heilerfolge auf als Hospitäler in enger bebauten Stadtteilen.

Bei dem Pavillonsystem sollen jedoch nicht etwa die einzelnen Gebäude über eine möglichst große Fläche zerstreut werden, wodurch die Hospitalanlage unzweckmäßig weitläufig gemacht würde, sondern es soll bei einem angemessenen Abstand der Gebäude voneinander die gesamte unbebaute Fläche der bebauten gegenüber, oder überhaupt der von dem gesamten Grundstück auf ein Krankenbett entfallende Teil stets möglichst groß bemessen werden.

Ist die Umgebung des Krankenhauses frei und vor Bebauung und Luftverderbnis gesichert, so fallen die hygienischen Rücksichten für die Größenbemessung des Grundstücks mehr oder weniger fort, weil die freie Luft der Umgebung auch dem Hospital zu gute kommt.

Wenn letzteres dagegen in einer bebauten oder für eine spätere Bebauung in Aussicht genommenen Gegend liegt, so muß das Krankenhaus-Grundstück eine solche Größe erhalten, daß der eigene Luftraum eine genügende Quelle frischer, reiner Luft bietet.

Degen verlangt für das Krankenbett einen allgemeinen Flächenraum von mindestens 100 qm bei gewöhnlichen Krankenhäusern und von mindestens 150—180 qm bei solchen, in denen ansteckende Kranke behandelt werden.

Nach Plage soll der Flächenraum bei größeren Hospitälern mindestens 150 qm, bei kleineren mindestens 200 qm für das Krankenbett betragen, während Goltdammer und Schumburg durchschnittlich 100—150 qm verlangen.

Die deutsche Friedens-Sanitätsordnung bemißt die Größe der Grundfläche bei kleineren Lazaretten durchschnittlich auf etwa 150 qm, bei größeren auf etwa 100 qm für jeden Kranken.

Ganz abweichend von diesen Angaben fordern Jäger und Marvaud eine Fläche von 500 qm für das Krankenbett.

Bei den bereits (S. 19) erwähnten Verhandlungen der Société de chirurgie und der Société de médecine publique zu Paris im Jahre 1864 ging die Ansicht Trélat's bezüglich der Grundstücksgröße eines Hospitals dahin, daß es nicht möglich erscheine, auf einer Fläche von weniger, als 80 qm pro Bett, gute Dispositionen zu treffen und daß man daher dieses Maß möglichst überschreiten müsse.

Nach Le Fort sollte die Flächengröße des Hospitals mit der Zahl der Betten wachsen, jedoch nicht proportional der letzteren, sondern nach dem von ihm angenommenen Zahlenverhältnisse 1, 3, 6, 10, 15, 21, 28, 36, sodaß anzunehmen sei:

für	100	Kranke eine Minimalfläche von		2 500	qm
„	200	„	„	7 500	„
„	300	„	„	15 000	„
„	400	„	„	25 000	„
„	500	„	„	37 500	„
		u. s. w.			
	800	„	„	90 000	

Diese Verhältniszahlen nahm auch der Conseil de santé des armées françaises 1876 in seinen Instruktionen für die Errichtung eines Hospitals bei Châlons auf, doch bezeichnete Rochard dieselben 1883 in den Sitzungen der Société de médecine publique als zu absolut, weil man die Gesamtfläche eines Hospitals nicht a priori bestimmen könne, ohne die Höhe und Lage des Geländes, sowie die Art der Kranken in Betracht zu ziehen. In den meisten Fällen genüge eine Fläche von 100 qm für den Kranken.

Tollet hielt letzteres Maß ebenfalls in der Regel als ausreichend, schlug aber vor, als Minimum eine Fläche von 100 qm für das Bett bei einem Hospital mit 100 Kranken festzusetzen und die Fläche auf 150 qm zu steigern bei einem Hospital mit 600 Kranken, um in einem gewissen Maße die Uebelstände der Krankenanhäufung auszugleichen. Es würden sich hiernach für 100 Betten 10000 qm, für 600 Betten 90000 qm ergeben. Zwischen diesen beiden Zahlen sollen 9 Zwischenstufen gebildet werden, sodaß bei jeder Vermehrung um 50 Betten die Gesamtfläche um

$$\frac{90000-10000}{9+1} = 8000 \text{ qm}$$

wächst, also

bei	100	Betten	100 qm für das Bett	=	10 000 qm	Gesamtfläche
„	150	„	120 „ „ „ „	=	18 000 „	„
„	200	„	130 „ „ „ „	=	26 000 „	„
			u. s. w.			
„	500	„	148	=	74 000 „	„
„	600	„	150	=	90 000 „	„

Das Prinzip einer progressiven Steigerung der Flächengröße nach Maßgabe der Krankenzahl ist in Frankreich außer von der letztgenannten Gesellschaft auch von dem Conseil de santé des armées anerkannt worden.

Ebenso schließt sich diesem Prinzip Douglas Galton an, nach dessen Ansicht für ein Hospital von 100—200 Betten eine Fläche von 60 sq yards (= 50 qm) für den Kranken nur unter ganz ausnahmsweisen Verhältnissen genügen mag. Dagegen soll bei 3—400 Betten die Fläche wenigstens 90 sq yards (ca. 75 qm) und bei 500 Betten und darüber 120—140 sq yards (= 100—115 qm) für den Kranken betragen. In bebauter städtischer Gegend sei es nicht wünschenswert, diese Fläche auf weniger als 90—100 sq yards (75—80 qm) zu bemessen, sodaß hier nicht mehr als 50 Betten auf den acre (ca. 4047 qm) kommen. Bei Fieber- und Infektionshospitälern soll eine größere Fläche vorgesehen und die auf den acre entfallende Zahl der Betten auf 30—40, höchstens auf 45 Betten angenommen werden.

Betrachten wir, wie sich bei einigen bestehenden, hervorragenderen Hospitälern die Gesamtfläche für das Krankenbett stellt, so finden wir beispielsweise

bei dem Hamburg-Eppendorfer Krankenhause	([illegible] Betten)	ca.	[illegible] qm
„ „ Krankenhaus im Friedrichshain, Berlin	([illegible] „)	„	[illegible] „
„ „ „ am Urban „	([illegible] „)	„	[illegible] „
„ „ Städt. Lazarett in Tempelhof	([illegible] „)	„	[illegible] „
„ „ akadem. Krankenhaus in Heidelberg	([illegible] „)	„	[illegible] „
„ „ Rudolfs-Spital in Wien	([illegible] „)	„	[illegible] „
„ „ [illegible] Krankenhause in Wien	([illegible] „)	„	[illegible] „
„ „ Stadtkrankenhaus in Riga	([illegible] „)	„	[illegible] „
„ „ Hôtel Dieu in Paris	([illegible] „)	„	[illegible] „
„ „ Hôpital Lariboisière daselbst	([illegible] „)	„	[illegible] „
„ „ „ Ménilmontant „	([illegible] „)	„	[illegible] „
„ „ „ St. Louis „	([illegible] „)	„	[illegible] „
„ „ Neues Hospital in Montpellier	([illegible] „)	„	[illegible] „
„ „ Cantonal-Hospital in Zürich	([illegible] „)	„	[illegible] „
„ „ St. George's Hospital in London	([illegible] „)	„	[illegible] „
„ „ St. Thomas Hospital „	([illegible] „)	„	[illegible] „
„ „ Herbert Hospital in Woolwich	([illegible] „)	„	[illegible] „
„ „ Hospital am Blegdam bei Kopenhagen	([illegible] „)	„	[illegible] „
„ „ „ am Oeresund „	([illegible] „)	„	[illegible] „
„ „ Civil-Hospital in Antwerpen	([illegible] „)	„	[illegible] „
„ „ Presbyterian Hospital in New York	([illegible] „)	„	[illegible] „
„ „ Johns-Hopkins Hospital in Baltimore	([illegible] „)	„	[illegible] „
„ „ St. Wladimir-Kinderspital in Moskau	([illegible] „)	„	[illegible] „

Wenn hiernach oft noch die oben erwähnten Minimalgrenzen der Grundstücksgröße bei weitem nicht erreicht werden, so liegt das allerdings wohl immer an dem beschränkten und teuren Grund und Boden der großen Städte. Dies ist namentlich bei den Londoner (St. Thomas u. a.) und amerikanischen Hospitälern der Fall. Auch bei dem Krankenhause am Urban in Berlin mußte beispielsweise der Ar mit M. 5000 bezahlt werden. Dieser Anstalt kommen übrigens, was man vielleicht zur Entschuldigung der geringen Fläche anführen könnte, die umgebenden, z. T. breiten Straßenzüge und Plätze noch etwas zu gute. Indessen dürfen solche Fälle niemals einen Anhalt für die Größenbemessung des Krankenhaus-Grundstücks geben.

Als gute Beispiele können die Krankenhäuser in Hamburg-Eppendorf und im Friedrichshain zu Berlin angesehen werden, bei denen die Pavillons eine zweckmäßige Anordnung und hygienisch angemessene Entfernung voneinander erhalten haben. Hiernach kann, unter sonst günstigen Verhältnissen, eine Fläche von ca. 120 qm für das Bett auch für große Hospitäler als ausreichend bezeichnet werden. Ist es angängig, die Fläche größer zu bemessen, so wird man das Mehr im größeren Interesse des Krankenhauses für einen den ganzen Gebäudekomplex umgebenden, breiteren, freien Raum verwenden, was auch zu einem erhöhteren Schutz des Krankenhauses vor der Nachbarschaft und umgekehrt beiträgt.

Bei der Bestimmung der Grundstücksgröße ist ferner die Möglichkeit einer etwaigen späteren Erweiterung in Betracht zu ziehen. Dieses ist um so wichtiger, als nur bei einer organisch, nach einheitlichem Plan angelegten Anstalt das gute Ineinandergreifen aller Faktoren sichergestellt und die notwendige Uebersicht über den Betrieb aufrecht erhalten werden kann.

Die Erweiterungsfähigkeit des Hospitals erfordert, daß entweder von vornherein eine entsprechend große Landfläche erworben, oder daß die spätere Erwerbung der für eine Erweiterung nötigen Fläche gesichert werde. Das erstere wird sich am meisten empfehlen, da nicht nur in der Regel die Kosten des Landerwerbs anfangs geringer sein werden, als später, sondern, weil es auch für die Krankenanstalt nur von Vorteil sein kann, wenn die vorläufig noch nicht in Anspruch genommene Fläche einstweilen zu Gartenanlagen verwendet und der Luftkreis der Anstalt dadurch erweitert wird.

Was die Lage des Krankenhaus-Grundstücks anbelangt, so sind solche Gegenden zu meiden, wo die Luft der Verderbnis ausgesetzt ist und die Zuführung frischer Luft durch die herrschenden Windströmungen behindert wird. Ungünstig ist daher eine Lage inmitten einer bewohnten Stadtgegend, weil hier die Luft durch Rauch, Staub, Dünste u. s. w. in der Regel wesentlich schlechter ist, als außerhalb der Stadt, und die Luftströmungen keinen ungehinderten Zugang zum Krankenhaus haben, falls nicht — was hier schwer erreichbar ist — die Fläche des Grundstücks einen solchen Umfang erhält, daß eine sehr breite, freie Zone rings um die Krankenanstalt vorhanden ist. Da andererseits aber auch die allzu große Nähe eines Krankenhauses für die Wohnungen der Bevölkerung nicht ohne mancherlei Gefahren ist, so soll die Anstalt möglichst an die Peripherie der Stadt verlegt werden, wo überdies der Grund und Boden billiger beschafft und leichter vor einer späteren, allzu nahen Bebauung gesichert werden kann. Das Hospital darf aber nicht so liegen, daß demselben durch die herrschenden Winde die schlechte Stadtluft oder schädliche Dünste aus irgend einer Quelle zugeführt werden. Ebenso muß dasselbe vor dem lärmenden Treiben von Fabriken und sonstigen großen Werk-, Arbeits- oder Sammelplätzen von Menschen geschützt sein.

Die Rücksichten auf den Transport der Kranken, welcher bei großen Entfernungen den letzteren leicht gefährlich werden kann und außerdem zu kostspielig sein würde, erfordern aber auch, daß die Lage nicht zu weit von dem Mittelpunkt der Stadt bez. des betreffenden Distrikts gewählt werde, sowie daß dieselbe die Benutzung bestehender Verkehrsgelegenheiten (Pferdebahnen u. s. w.) (wenigstens für leichte, nicht ansteckende Kranke) gestatte, solange nicht besondere Kranken-Transporteinrichtungen vorhanden sind. Diese Rücksichten lassen übrigens für dringende Fälle und nicht transportfähige Kranke die Errichtung besonderer, diesen Verhältnissen Rechnung tragender Krankenhäuser inmitten städtischer Bezirke wünschenswert erscheinen.

Wenn möglich, so wähle man für das Hospital eine etwas erhöhte Lage, die zwar den Strömungen der Luft frei ausgesetzt, jedoch auch möglichst vor Nord- und Ostwinden geschützt ist, also etwa auf einem nach Nord und Ost ansteigenden Gelände oder im Schutze eines nach dieser Richtung gelegenen Waldes u. s. w.

Sumpfige oder moorige Gegenden, Niederungen, Thalmulden, der Fuß einer Anhöhe oder die Nähe großer Flüsse sind, da in den tiefer gelegenen Geländen sich die atmosphärischen Niederschläge ansammeln, das Grundwasser meist einen hohen Stand hat und sich leicht feuchte Dünste und Nebel entwickeln, möglichst zu vermeiden.

Im übrigen bedarf die Beschaffenheit des Untergrundes

selbst einer weiteren Untersuchung, ob von demselben keine schädlichen Einflüsse auf das Hospital und seine Bewohner zu befürchten sind. Dies würde z. B. der Fall sein bei einem Boden, in dem sich Infektionsstoffe entweder bereits vorfinden, oder leicht entwickeln können. Bebaut gewesene Grundstücke, besonders solche von früheren Hospitälern, wie bei dem Hôtel Dieu in Paris, ferner von Moorboden oder auch ein undurchlässiger Untergrund, wie Thon, Lehm, Klaiboden u. s. w., auf welchem infolge Ansammlung der Tagewässer unter Mitwirkung des Sauerstoffs der Luft die Zersetzung organischer Stoffe befördert wird, sind im allgemeinen ungünstig.

Der beste Baugrund ist ein reiner, durchlässiger, steriler Sand- oder Kiesboden, der dem Versickern des Tagewassers nach dem in grösserer Tiefe liegenden Grundwasser keinen Widerstand entgegensetzt. Ebensowohl kann auch ein felsiger Untergrund, wenn nicht etwa infolge von Zerklüftungen schädliche Ausdünstungen zu befürchten sind, gewählt werden. Ueberall muss der Grundwasserspiegel möglichst tief, jedenfalls aber tiefer, als die Kellersohle aller Gebäude liegen, oder durch eine gute Drainirung entsprechend gesenkt werden.

Ueber die Beschaffenheit des Untergrundes und des Grundwassers, die Höhe des letzteren, sowie ferner über die Bodenluft, welche je nach dem Gehalt an Kohlensäure bei der Zersetzung organischer Stoffe entwirkt, sollte vor endgiltiger Wahl des Bauplatzes eine hydrologische, chemische, wie bakteriologische Untersuchung vorgenommen werden. Eine solche Untersuchung ist unbedingt erforderlich, wenn auf dem Grundstück Brunnen zur Versorgung des Krankenhauses mit Trinkwasser angelegt werden sollen. Die Frage über Beschaffenheit und Ergiebigkeit des zu erbohrenden Grundwassers hat eine um so grössere Wichtigkeit, je schwieriger gutes Wasser, sei es durch eine künstliche Wasserleitung, einen Flusslauf oder eine sonstige Wasserquelle, zu erhalten ist. (Vergl. dies. Handb. 2. Bd. 1. Abth.: Fodor, der Boden und ebendaselbst 2. Abth.: Oesten, Loeffler, Sendtner, das Trinkwasser.)

In engster Verbindung mit der Wasserversorgung steht die Entwässerung des Grundstücks, über die ebenfalls vor der Wahl des Bauplatzes Klarheit herrschen muss. Um die Abwässer des Hospitals in einfacher, schneller und sicherer Weise ableiten zu können, wie es die Salubrität des Krankenhauses erfordert, muss ein genügendes natürliches Gefälle nach der Aufnahmestelle hin (Sielnetz, Rieselfeld, Klärgruben, Flusslauf u. s. w.) vorhanden sein, wenn anders nicht theure, maschinelle Kräfte zur Beförderung der Abwässer in Anwendung kommen sollen. (Vergl. dies. Handb. 2. Bd. 1. Abth.: Büsing, die Kanalisation.)

7. Das Bauprogramm.

Nachdem die allgemeine Bedürfnissfrage klar gelegt, die Grösse des Krankenhauses ermittelt und der Bauplatz gefunden ist, muss das Programm für die bauliche Ausführung näher festgelegt werden. Dieses erstreckt sich sowohl auf die Feststellung des Raumbedürfnisses für die in bestimmte Gruppen einzutheilenden Kranken, wie auf die Wahl des anzuwendenden Bausystems, zwei Faktoren, die vielfach von einander abhängig sind.

Bei der Aufstellung des Programms kommt zunächst in Frage

ob das Krankenhaus für alle Krankheitsformen, also auch für ansteckende, eingerichtet werden soll, oder ob gewisse Krankheiten ausgeschlossen bez. ob nur bestimmte Kranke aufgenommen werden sollen

In dieser Hinsicht zerfallen die Krankenanstalten in folgende Hauptgattungen

1) Allgemeine Krankenhäuser mit oder ohne Abteilungen für Infektionskranke,
2) Sonderkrankenhäuser für ansteckende und epidemische Krankheiten, seien es nun Spezialanstalten für eine oder Kollektivspitäler für mehrere übertragbare Krankheiten,
3) Entbindungsanstalten,
4) Irrenanstalten,
5) Hospitäler für Unheilbare (Siechenhäuser)

In neuerer Zeit hat die größere Spezialisierung der Krankenhäuser vielfach zur Errichtung besonderer Kinderhospitäler, Augenheilanstalten, Heilanstalten für Lungenkranke, Rekonvaleszentenhäuser u s w geführt.

Für das Programm kommt ferner in Betracht, ob das zu errichtende Krankenhaus zugleich eine Studienanstalt sein soll, wonach sich die Forderung von besonderen, diesem Zweck dienenden Räumen ergeben würde.

Was nun das Raumbedürfnis anbelangt, so sind, abgesehen von speziellen Zwecken eines Krankenhauses, im allgemeinen vorzusehen Räume für die Aufnahme der Kranken, für die Verwaltung und für den Wirtschaftsbetrieb, ferner für verschiedene Nebenzwecke, Unterbringung von Leichen, Aufbewahrung von Eis, Desinfektion von Kleidern und Wäsche, Stallungen, Remisen u. s. w., außerdem event. auch für gottesdienstliche Handlungen

Hinsichtlich der Krankenräume ist zunächst festzustellen, in welcher Weise die Kranken gruppiert werden sollen Unumgänglich notwendig ist eine Sonderung

1) nach dem Geschlecht,
2) nach den einzelnen Krankheitsformen

Wünschenswert ist ferner eine Trennung nach dem Alter (Erwachsene und Kinder)

Wenn Pensionäre aufgenommen werden sollen, die auf eine bevorzugtere Verpflegung nach Maßgabe des von ihnen zu bezahlenden Kostgeldes Anspruch machen können, so sind zweckmäßig auch hierfür besondere Räume, Abteilungen oder Gebäude vorzusehen, welche naturgemäß einer etwas besseren Ausstattung als die übrigen Krankenräume bedürfen Es empfiehlt sich, der besonderen Verpflegung und Bedienung wegen, die Räume für die Pensionäre möglichst zusammen zu legen, wobei auf eine Isolierung der verschiedenen Krankheitsformen, soweit sie nicht ansteckend und epidemisch sind, nicht dasjenige Gewicht gelegt werden kann, wie dies in dem allgemeinen Teil des Krankenhauses erforderlich ist.

Die Trennung nach dem Geschlecht wird je nach dem System und der Größe des Hospitals verschieden zu erreichen sein Bei ganz kleinen Korridorbauten ist dieselbe meist nur durch besondere Zimmer möglich, ohne daß für diese letztere selbst eine gesonderte Lage im Gebäude vorgesehen werden kann Indessen sollte bei dem Korridorsystem die Trennung der Geschlechter möglichst dadurch herbeigeführt werden, daß dieselben in besonderen Geschossen, besser noch auf verschiedenen Seiten des Hauses, also in vertikaler Richtung getrennt, untergebracht werden.

Zwischen beiden Abteilungen, die bei größeren Korridorbauten am besten mit eigenen Zugängen und Treppenanlagen versehen werden, erhalten die Verwaltungs- und die sonstigen gemeinschaftlich zu benutzenden Räume, Bäder, Operationssaal, Magazine für Verband- und Arzneistoffe, Betsaal u. s. w. ihren Platz.

Bei den kleineren Hospitälern des Pavillonsystems mit einem oder doch nur wenigen Pavillons, kann die Trennung nach dem Geschlecht ebenfalls in der letzterwähnten Weise erfolgen, während in größeren Anstalten in der Regel für Männer und Frauen besondere Gebäude auf entgegengesetzten Seiten einer mittleren Scheidelinie errichtet werden. Hierbei sind die etwa für Kinder vorzusehenden besonderen Gebäude am zweckmäßigsten auf der Seite der Frauenabteilung anzuordnen, um möglichst das Gleichgewicht mit der in der Regel stärker besetzten und daher umfangreicher anzulegenden Männerabteilung herzustellen, denn das Verhältnis der Zahl der Männer zu derjenigen der Frauen stellt sich durchschnittlich etwa wie 3 : 2.

Diejenigen Gebäude, welche für die Männer- und Frauenabteilung gemeinschaftlich dienen, wie das Verwaltungsgebäude, das Badehaus, der Operationssaal, die Kapelle u. s. w., meist auch die Wirtschaftsgebäude, sind in der Regel auf der Scheidelinie anzuordnen.

Aus hygienischen Gründen ist auch eine Trennung nach den Krankheitsformen, vor allem der gewöhnlichen von den ansteckenden, notwendig. Freilich gehen die Ansichten der Ärzte, welche Krankheiten als ansteckende anzusehen sind, oft weit auseinander, und es wird daher jeweilig von dem maßgebenden ärztlichen Urteil abhängig sein, wie weit die Sonderung nach Krankheiten, bei der auch die Größe des Krankenhauses, die verfügbaren Mittel, z. T. auch die Gewohnheiten mitsprechen, durchgeführt werden soll.

Während in England schon seit langer Zeit ein weitgehendes Isolierungssystem gehandhabt worden ist, das zur Errichtung einer großen Zahl von Spezialkrankenhäusern geführt hat, ist in anderen Ländern, Frankreich, Italien, Deutschland u. s. w., früher die Sonderung der Kranken nur unvollkommen durchgeführt worden. Erst mit der Einführung des Pavillonsystems ist dieser wichtigen, hygienischen Forderung mehr und mehr Rechnung getragen worden.

Nach dem heutigen Stand der Krankenhaushygiene besteht wohl kein Zweifel darüber, daß Pocken, Cholera und Flecktyphus wegen der hohen Ansteckungsgefahr und des meist epidemischen Auftretens unbedingt abgesondert werden müssen, und zwar soll diese Isolierung nicht etwa nur in besonderen Räumen, die mit anderen Krankenzimmern unter einem Dach liegen, stattfinden, sondern in besonderen Gebäuden, die, eines reichlichen Luftwechsels wegen, als eingeschossige Baracken errichtet werden und mit Firstventilation versehen sein müssen. Aber selbst diese Art der Isolierung kann nur als eine geringste Forderung angesehen werden, vielmehr verlangt Pistor, daß größere Städte über 100 000 Einwohner und große Gemeindeverbände Absonderungskrankenhäuser errichten sollen, deren Bettenzahl, wie bereits bemerkt, nicht über 200 hinausgehen soll.

Solche Isolier-Hospitäler oder Gebäude können in gewöhnliches Zelten zur Aufnahme von Masern-, Scharlach-, Diphtherie-, Darmtyphus-Kranken u. s. w. benutzt werden und somit zur Entlastung der allgemeinen Krankenhäuser dienen, wodurch die besonderen Anlagekosten der Isolierspitäler z. T. wieder ausgeglichen werden.

Als fernere Krankheiten, die nach fast allgemeinem Urteil abzusondern sind, gelten Scharlach und Diphtherie. Auch hierfür sollen möglichst besondere Gebäude errichtet, andernfalls streng isolierte Zimmer mit eigenen Nebenräumen eingerichtet werden.

Maserkranke abzusondern halten die meisten Ärzte für zu weitgehend, während auch für Keuchhusten und Erysipel eine Isolierung in besonderen Räumen des Hauptgebäudes genügt, obgleich für letztere Krankheiten in England eine Absonderung in Spezialkrankenhäusern gesetzlich verlangt wird.

Hinsichtlich der an Pyämie und Hospitalbrand Erkrankten wird meist eine individuelle Isolierung für erforderlich gehalten, da, abgesehen von der hohen Ansteckungsgefahr, mit der Vereinigung mehrerer solcher Fälle eine Konzentration des spezifischen Krankheitsstoffes verbunden zu sein scheint, welche die Heilung erschwert.

Ebenso erfordert das Puerperalfieber eine strenge, individuelle Isolierung in Einzelzimmern, die aber, wenn ausnahmsweise überhaupt eine geburtshilfliche Abteilung in einem allgemeinen Krankenhause vorgesehen werden soll, in einem besonderen Isoliergebäude eingerichtet werden müssen.

Von sonstigen Krankheiten wird man Syphilis und Krätze mehr aus disziplinarischen, als ärztlichen Gründen absondern. Beide Abteilungen können gemeinsam in dem Untergeschoß oder im obersten Stock eines Korridorbaues, besser in einem etwas abgelegenen Gebäude untergebracht werden, sind aber räumlich vollständig voneinander getrennt zu halten, sodaß eine unmittelbare oder mittelbare Berührung ausgeschlossen ist.

Ob bei den Phthisikern eine Isolierung geboten sei, darüber bestehen verschiedene Meinungen. In dem Bericht, welcher auf dem, gelegentlich der Weltausstellung in Paris 1878 stattgehabten 6. internationalen hygienischen Kongreß über die Frage „Prophylaxe der kontagiösen und infektiösen Krankheiten" von A. Fauvel und E. Vallin namens einer Kommission erstattet wurde, ist die Ansicht ausgesprochen, daß die Isolierung der Lungensüchtigen nach dem heutigen Stand der Erfahrung überflüssig sei. Die Kommission spricht sich überhaupt dahin aus, daß es vom praktischen Standpunkte aus richtig sei, die Isolierung nicht unnötig über viele Kategorien auszudehnen und in Bezug auf dieselbe nur das unbedingt Nötige zu verlangen. Heute stimmen die meisten Ärzte dafür, daß die ganz frischen Fälle von den chronischen getrennt werden.

Was die allgemeinen, nicht als ansteckend geltenden Krankheiten betrifft, die den Hauptbestandteil jedes allgemeinen Hospitals ausmachen, so zerfallen dieselben in zwei Kategorien, die chirurgischen und die inneren Krankheiten, welche auch fast immer in besonderen Abteilungen behandelt werden. Eine solche Trennung, die jedenfalls bei den Krankenhäusern durchzuführen sein wird, wo jede Abteilung einem besonderen Oberarzt unterstellt werden kann, empfiehlt sich im Interesse sowohl der Kranken, als auch einer ersprießlichen, ärztlichen Thätigkeit.

Örtlich sind diese Abteilungen so zu trennen, daß man den chirurgischen Kranken in einem Sonderbau oder in einem gesonderten, zweigeschossigen Pavillon, des schwierigeren Transports wegen, das Erdgeschoß, den medizinischen Kranken das Obergeschoß einräumt. In größeren Hospitälern, wo für jede Kategorie eine Anzahl besonderer Pavillons erbaut werden soll, sind zweckmäßig die chirurgischen Kranken möglichst in der Nähe des Hospitaleinganges anzuordnen.

Nach Vorstehendem ergeben sich folgende Hauptgruppen von Kranken, deren Sonderung bei Aufstellung des Bauprogrammes im Auge behalten werden muß:

1) Chirurgische Abteilung, 2) medizinische Abteilung, 3) Scharlach und Masern oder auch eine besondere Abteilung für Masern, 4) Diphtherie, 5) Typhus, 6) Cholera, 7) Blattern, 8) Syphilis und Krätze, 9) Pyämie, Erysipel, Hospitalbrand usw., 10) geburtshilfliche Abteilung.

Wie die Zahl der Betten auf die einzelnen Gruppen zu verteilen sein wird, läßt sich bei den schwankenden Verhältnissen schwer bestimmen.

Plage stellt ein ungefähres Schema der Krankheitsformen für eine Anstalt von 300 Krankenbetten auf, dessen Prozentsätze hinsichtlich der medizinischen und chirurgischen Kranken jedoch zu niedrig bemessen erscheinen.

Sieht man von einer geburtshilflichen Abteilung ab, so dürfte im allgemeinen das Verhältnis der Bettenzahl bei den übrigen genannten Abteilungen, wie folgt, anzunehmen sein:

	Prozente der Gesamtzahl	Verhältniszahlen der	
		Männer	Frauen
Chirurgische Abteilung	15	3	1
Medizinische Abteilung (einschließl. Masern, Scharlach, Diphtherie)	50	3	[illegible]
Typhusabteilung	[illegible]	3	[illegible]
Choleraabteilung	[illegible]	3	[illegible]
Blatternabteilung	[illegible]	[illegible]	[illegible]
Syphilisabteilung	[illegible]	1	1
Krätzeabteilung	5	3	1
Sonstige ansteckende Kranke und Pensionäre	[illegible]	[illegible]	1
Summe	100		

Die Verhältniszahlen werden in jedem einzelnen Falle von maßgebender ärztlicher Seite nach den jeweiligen Verhältnissen näher festzustellen sein. Neben der kollektiven Trennung, die sich hiernach ergibt, ist jedoch innerhalb der einzelnen Abteilungen noch eine individuelle Isolierung einzelner Unruhiger, Ekel Erregender, der Beobachtung Bedürftiger oder Schwerkranker zu ermöglichen, so daß nicht etwa Krankensäle von gleicher Größe und Form, sondern auch Einzelzimmer für 1—4 Personen vorzusehen sind.

Jede Krankenabteilung, bzw. jeder Krankensaal bedarf außer einem oder mehreren solcher Isolierzimmer noch verschiedener Nebenräume, die in möglichster Nähe untergebracht werden müssen, ohne daß die Luft des Krankensaales durch die sich in demselben etwa entwickelnden Dünste u. s. w. beeinträchtigt wird. Es sind dies Bäder, Klosetträume, Theeküchen, welche letzteren übrigens bei zweckmäßigen geeigneten Einrichtungen auch ganz fortfallen können, und Wärterzimmer. Hierzu treten ferner oft noch ein Arztzimmer, Räume zur Aufbewahrung von reiner und schmutziger Wäsche, von Krankenutensilien, von Kleidern u. s. w. Von großer Wichtigkeit sind solche Räume und halb offenen Hallen, die den Rekonvalescenten gestatten, sich außerhalb des Krankensaales zu bewegen und durch einen reichlicheren Genuß frischer Luft ihre Genesung zu fördern.

Diese sog. *Tageräume*, welche eine sonnige Lage haben müssen, stehen in den Pavillonbauten in unmittelbarer Verbindung mit dem Krankensaal, während denselben bei den Korridorbauten eine möglichst centrale Lage für die betreffende Abteilung zu geben ist. Oft werden die Tageräume zweckmäßig durch offene oder geschützte Veranden bez. Balkone ersetzt.

Für Operationszwecke muß in jedem Hospital ein Raum vorgesehen werden, der wohl bei kleineren Anstalten mit dem Arztzimmer vereinigt werden kann. Das *Operationszimmer*, welches am besten nach Norden gerichtet ist, muß in der Nähe der chirurgischen Abteilung liegen und für die Kranken derselben bequem und leicht erreichbar sein. Bei größeren Hospitälern, wo ein besonderes Operationshaus erforderlich wird, ist eine möglichst centrale Lage zwischen den chirurgischen Pavillons zu wählen. Es wird dann meist noch eine Anzahl von Nebenräumen, ein Instrumentenzimmer, ein Raum für den Arzt, ein Vorbereitungszimmer der Patienten, Zimmer für Verbandstoffe, Bandagen u. s. w., ein Bad vorzusehen sein.

Ebenso tritt bei größeren Hospitälern meist das Bedürfnis auf, außer den in jedem Pavillon befindlichen Bädern gemeinsame *Bäder* in einem besonderen Gebäude unterzubringen, das von allen Krankenabteilungen gleichmäßig zu erreichen sein und getrennte Eingänge und Abteilungen für Männer und Frauen erhalten muß. Außer gewöhnlichen Bädern sind je nach den Verhältnissen noch römisch-irische Bäder, sog. Wasserbetten, medizinische, ev. auch elektrische Bäder u. dergl., sowie Räume für das Badepersonal vorzusehen.

Die *Räume für die Verwaltung* sollen möglichst in einem besonderen Gebäude untergebracht werden. Nur in kleineren Korridor-Hospitälern wird man dieselben mit dem Krankengebäude vereinigen und dann am zweckmäßigsten in das Erdgeschoß, und zwar nahe an den Haupteingang in der Mitte des Gebäudes legen. Der Umfang derselben richtet sich naturgemäß nach der Größe des Krankenhauses selbst und muß dementsprechend in jedem Fall näher festgesetzt werden.

Zu den Verwaltungsräumen zählen die *Portierstube*, *Zimmer für Aufnahme und Untersuchung*, *für den dirigierenden Arzt und die Assistenzärzte*, *für die Apotheke*, sowie *für die Bureaux der Verwaltung*. Ferner wird auch bei größeren Hospitälern zu erwägen sein, ob die *Wohnungen für die Ärzte und Beamten*, den Apotheker, das Wärter- und Dienstpersonal u. s. w. in dem Verwaltungsgebäude vorgesehen werden sollen, oder ob etwa eine Unterbringung dieser Räume in getrennten Gebäuden ratsamer erscheint.

Mit dem Verwaltungsgebäude werden zuweilen auch die Wirtschaftsgebäude verbunden. Diese Anordnung, gegen die bei kleinen Hospitälern Bedenken kaum zu erheben sind, hat manche Vorteile, sowohl hinsichtlich der Anlagekosten, indem das Kellergeschoß für den betreffenden Zweck gut ausgenutzt werden kann, als auch hinsichtlich des Betriebes, weil dieser bequem und leicht kontrollierbar wird.

Doch sollte man immer nur die Kochküche im Verwaltungsgebäude unterbringen, die Waschküche aber stets in einem besonderen, etwas abgelegenen Gebäude einrichten, bei welchem es ausgeschlossen ist, daß die Dünste derselben nach den Krankenräumen gelangen können.

In den Krankenhäusern des Korridorsystems sollte stets auch die Kochküche mit der Waschküche zusammen in ein besonderes Gebäude verlegt werden, falls nicht die weitgehendste Sicherheit dafür geboten ist, daß die Dünste der Kochküche nicht die Innenluft des Gebäudes beeinträchtigen. Bei größeren Hospitälern empfiehlt sich eine Vereinigung der Wirtschaftsräume (Koch- und Waschküche) um so mehr, als hier wohl immer Dampfbetrieb eingerichtet wird, für welchen die Zusammenlegung der genannten Räume von großem Vorteil ist. Indessen sind Wäscherei und Kochküche derart voneinander zu sondern, event. in zwei benachbarte Gebäude zu verlegen, daß die Dünste des einen Betriebs nicht in die Räume des anderen Betriebs eindringen können.

Die Waschküchenanlage umfaßt je nach Erfordernis, außer dem eigentlichen Wasch- und Spülraum, einen Wäsche-Annahmeraum, Trockenräume, eine Roll- und Plättstube und Wäscheausgaberaum, während die Kochküche event. noch einen besonderen Spül- und Aufwaschraum, einen Gemüseputzraum, Vorratsräume, einen Speisen-Ausgaberaum, Eßzimmer für das Dienstpersonal u. s. w. erhält.

Wenn irgend thunlich, so sind für das in den Küchen beschäftigte Personal die Wohnungen in dem Wirtschaftsgebäude selbst anzuordnen, desgleichen Arbeitsräume für Handwerker, Magazinräume u. s. w. Ferner ist es im Fall von Dampfbetrieb zweckmäßig, das Kesselhaus mit Kohlenraum, event. einer Wohnung für den Maschinisten und Heizer, einer Werkstätte u. s. w. in unmittelbarer Nähe des Wirtschaftsgebäudes, sei es in einem Anbau oder in einem besonderen Gebäude unterzubringen.

Dasselbe gilt von der Desinfektionsanlage, die bei einem gut eingerichteten Krankenhause nach dem heutigen Stande der Hospitalhygiene nie fehlen sollte, die aber auch nur dann ihrem Zwecke genügen kann, wenn eine vollständige Trennung der reinen und unreinen Seite durchgeführt ist, und Badeeinrichtungen zur Reinigung der in der Desinfektionsanstalt beschäftigten Personen vorgesehen sind.

Ob ein besonderes Eishaus erforderlich erscheint, hängt von den jeweiligen Verhältnissen ab. Da aber jedes Krankenhaus des Eises nicht wohl entbehren kann, so sollte, zumal eine solche Anlage oberirdisch ohne große Kosten hergestellt werden kann, nur bei den knappsten Mitteln oder, wenn der Bedarf anderweitig leicht gedeckt werden kann, von der Errichtung eines solchen Eishauses abgesehen werden.

Remisen und Pferdeställe mit Nebenräumen werden nur

in dem Falle vorgesehen werden müssen, wenn das Krankenhaus eigene Transportwagen für Kranke besitzt.

So wichtig die Frage eines guten Krankentransportes sowohl für die Kranken selbst, wie für die allgemeine Bevölkerung,

Fig. 4. Ambulanzwagen des Metropolitan Asylums Board in London. (Äußere Ansicht.)

Fig. 5. Ambulanzwagen des Metropolitan Asylums Board in London. (Innere Einrichtung.)

die bei der Beförderung ansteckender Kranken mittels öffentlicher Fuhrwerke, Pferdebahnen u. s. w. sehr gefährdet wird, ist, so hat dieselbe doch bis vor wenigen Jahren fast nur in England eine eingehendere Würdigung erfahren. In London ist von dem Metropolitan Asylums Board eine größere Zahl von „Ambulance Stations" mit eigenen Ambulanzwagen (Fig. 4 und 5) eingerichtet, mittels deren die Fieberkranken aus ihren Häusern abgeholt und nach den Fieberspitälern gefahren werden. Ebenso bestehen daselbst sehr zweckmäßig eingerichtete Ambulanzdampfer, welche Pockenkranke zunächst auf

Wagen nach bestimmten Einschiffungsplätzen an der Themse gebracht werden, nach den für solche Kranke eigens eingerichteten Pockenschiffen befördern.

In neuerer Zeit sind auch in Hamburg öffentliche Kranken-Transporteinrichtungen eingeführt worden, die als mustergültig angesehen werden können. Es bestehen daselbst zur Zeit 4 Krankenwagen zum Transport gewöhnlicher Kranken und Schwerverletzter, welche nur im Liegen befördert werden dürfen, ferner 23 desinficirbare Krankenwagen für ansteckende Kranke (Pest, Cholera, Fleckfieber, Blattern, Scharlach und Diphtheritis) und 1 Ambulanzwagen für eine größere Anzahl von Verletzten bei Unglücksfällen u. dergl., außerdem eine große Zahl von fahrbaren Krankenbahren.

Die Krankenwagen sind fast ausschließlich nach einem neueren System erbaut, das sich bereits in Wien bei dem durch die dortige „Freiwillige Rettungs-Gesellschaft" organisierten Krankentransport bewährt hatte.

Da bekanntlich das Publikum eine Abneigung gegen Krankenwagen besitzt, welche von außen ohne weiteres als solche erkennbar sind oder eine etwas ungewöhnliche Form zeigen, so sind die Hamburger Krankenwagen fast ganz in der Form gewöhnlicher Landauer hergestellt. In einer von der Polizeibehörde Hamburgs veröffentlichten Schrift „Das Kranken-Transportwesen in Hamburg, seine Entwickelung und Organisation" sind die Wagen, welche die Fig. 6 in geschlossenem, und die Fig. 7 (S. 34) in geöffnetem Zustande nebst einem Tragebett darstellt, wie folgt, beschrieben:

„Die Einlagerung geschieht von der Seite, und zwar einfach dadurch, daß die ganze Seitenwand z. T. hinauf, z. T. heruntergelegt wird. Im Innern des Wagens befindet sich ein Tragebett, mittels dessen der Kranke abgeholt wird. Das Tragebett wird auf die heruntergelegte Wagenwand gehoben und mittels Rollen, welche auf Metallplatten laufen,

Fig. 6. Krankenwagen in Hamburg (geschlossen).

in den Wagen geschoben, worauf die Seitenwand wieder zu schließen ist. Neben dem Kranken können im Innern des Wagens auf vorhandenen Klappsitzen noch 2 Personen Platz nehmen, welche von der anderen Wagenseite durch eine gewöhnliche Wagenthür einsteigen. Einer dieser Plätze wird von einem der Krankenträger eingenommen, der andere ist für einen Angehörigen des Kranken frei, welcher den letzteren etwa begleiten will. Der zweite Krankenträger nimmt seinen Platz neben dem Kutscher ein. — Im Innern des Wagens wird in einem verschließbaren Raum 1 Flasche Cognac mit Trinkglas, 1 Flasche Karbolwasser mit Napf, 1 Flasche Kampferöl mit zugehöriger Injektionsspritze, 1 Paket Verbandwatte mit einigen Binden und ein Schwamm zum etwaigen augenblicklichen Gebrauche aufbewahrt.

Der Wagen läuft auf Gummirädern, damit der Kranke von den unvermeidlichen Stößen möglichst wenig betroffen wird. Außerdem befindet

Fig. 2. Krankenwagen in Hamburg (geöffnet) mit Tragebett.

sich in demselben eine Vorrichtung zum Suspendieren des Tragebettes, vermittels deren das letztere an von der Decke herabhängenden ledernen Riemen befestigt und auf diese Weise im Schweben erhalten werden kann. Die Wagen werden zum Zwecke der thunlichst schnellen Beförderung stets zweispännig gefahren."

Die Desinfektionswagen für ansteckende Kranke sind ebenso wie die vorbeschriebenen Krankenwagen eingerichtet, jedoch ohne Polsterung, an deren Stelle ein Beschlag mit Eisenblech getreten ist. Sie sind mit Sitzen für 4 Personen und mit einer Vorrichtung versehen, welche gestattet den Kranken nötigenfalls auch liegend im Wagen unterzubringen.

Sämtliche Krankenwagen sind in der kalten Jahreszeit mit Wärmevorrichtung versehen.

Derartige Kranken-Transporteinrichtungen sollten wenigstens allen größeren Städten zum Vorbild und zur Nachahmung dienen.

Zu den unentbehrlichen Nebengebäuden eines Hospitals gehört das Leichenhaus zur Unterbringung der Leichen bis zu deren Bestattung. Dasselbe soll möglichst dem Gesichtskreis der Kranken entrückt werden und wenigstens eine Leichenkammer und einen Obduktionsraum enthalten. Je nach Umständen sind ferner ein besonderer Aufbahrungsraum, wissenschaftliche Arbeitsräume zum Mikroskopieren u. dergl., eine Wächterwohnung, bei größeren Hospitälern ein besonderer Einsegnungs- oder Kapellenraum, zu dem dann event. noch ein Raum für den Geistlichen und die Leidtragenden hinzukommt, vorzusehen.

Um den religiösen Bedürfnissen der Krankenhausbewohner Rechnung zu tragen, sollte, wenn nicht eine besondere Kapelle vorgesehen wird, wie dies in englischen und französischen Hospitälern häufig der Fall ist, wenigstens ein möglichst central gelegener Betsaal, am besten im Verwaltungsgebäude, eingerichtet werden.

Einen nicht unwichtigen Teil des Bauprogramms bilden die Gartenanlagen. Sie sind ein wesentliches Hilfsmittel, um den Rekonvalescenten die volle Gesundheit wieder zu verschaffen, indem sie den letzteren Gelegenheit zu körperlicher Bewegung und zum ausgiebigen Genuß der frischen Luft bieten. Auch wird durch dieselben die Gemütsstimmung der Kranken gehoben, die, soweit irgend thunlich, den Aufenthalt im Krankensaal mit demjenigen im Freien vertauschen sollen. Es müssen daher bequeme Wege, Blumenbeete, Grasplätze, Baumanpflanzungen, Ruhebänke, schattige Plätze u. s. w. angelegt, event. auch Lesezelte aufgeschlagen werden, doch darf durch alle diese Anlagen die Uebersichtlichkeit des Terrains, die bequeme Verbindung und die freie Luftcirculation zwischen den Gebäuden nicht beeinträchtigt werden.

In diesen Gartenanlagen werden auch halbbedeckte Hallen zur Freiluftbehandlung der Phthisiker ihre passende Stelle finden.

Asch- und Müllgruben sind, wenn sie nicht überhaupt entbehrlich erscheinen, massiv mit dichten Wandungen und verschließbaren Deckel herzustellen. Sie müssen an einem abgelegenen, windgeschützten Ort liegen und dürfen nur für Asche und trockenen Müll, nicht aber auch für gebrauchte Verband- und andere infektiöse Stoffe benutzt werden. Für letztere ist möglichst ein besonderer Verbrennungsofen oder eine andere geeignete Methode der Unschädlichmachung (Vergrabung etc.), die allerdings immer einer Verbrennung [illegible] nachstehen wird, einzurichten. Am besten wird Asche und Müll in dicht schließenden, eisernen Behältern gesammelt, direkt verladen und abgefahren.

Für die Wahl des Bausystems eines Krankenhauses kann es nach dem bisher Gesagten nicht zweifelhaft sein, daß die hygienisch beste Gruppierung der Kranken und die beste allgemeine Anordnung der Räume nur bei dem Pavillonsystem zu erreichen ist.

Indessen wird aus ökonomischen Gründen, besonders bei kleineren Hospitälern oft zu erwägen sein, ob nicht auch durch ein gutes Korridorsystem allen billigen Anforderungen der Hospitalhygiene entsprochen werden kann.

Die erste Bedingung aber, die Mängel der Korridorbauten zu vermeiden, ist die, daß man weiß, worin dieselben bestehen.

Als einer dieser Mängel ist in erster Linie die schwierige Lüftung der Krankenräume hervorzuheben. Während durch die Anhäufung der Kranken unter einem Dache und zumal, wenn die Wirtschaftsräume in demselben Hause selbst untergebracht sind, die Luft in besonderem Maße der Gefahr der Verderbnis ausgesetzt ist, so sind gerade bei einem Korridorbau die Bedingungen für eine gute Lüftung ungünstiger, als bei einem Pavillon. Die Krankenzimmer, welche nur an einer Seite Fenster haben, können auch hauptsächlich nur von einer Seite und deshalb nicht kräftig genug gelüftet werden. Wird die nach dem Korridor führende Thür zur Lüftung benutzt, so besteht die Gefahr, daß nicht sowohl frische als schlechte Innenluft des Gebäudes in die Zimmer eintrete. Die schwierige, natürliche Lüftung macht in der Regel teure, künstliche Entlüftungsvorrichtungen erforderlich, die indessen meistens und selbst in gut eingerichteten Korridorbauten den diesen Gebäuden besonders eigenen, spezifischen Hospitalgeruch nicht ganz zu beseitigen vermögen.

Weiter bilden die Korridore und Treppenhäuser eine Verbindung der einzelnen Krankenräume und Stockwerke, durch welche sehr leicht Krankheiten von einem Raume zum anderen übertragen werden können. Selbst durch permeable Decken und Wände sind solche Uebertragungen möglich.

Isolierungen, wie sie besonders bei Infektionskrankheiten notwendig sind, werden sich selten in genügend sicherer Weise erreichen lassen, es sei denn, daß die Isolierabteilungen besondere Zugänge, Treppen, Nebenräume u. s. w. erhalten und sowohl räumlich, wie in Bezug auf den Betrieb, das Wärterpersonal u. s. w. von den übrigen Teilen des Krankenhauses vollkommen abgeschlossen werden. Hierdurch werden aber andererseits die wirtschaftlichen Vorzüge des Korridorsystems wesentlich herabgesetzt.

Bei großen Gebäuden tritt in der Regel noch der weitere Uebelstand auf, daß dieselben eine sehr große Längenausdehnung erhalten, wenn man den Krankenbetten die beste Stellung an den Fensterwänden entlang geben will. Um diesen Uebelstand zu vermeiden, müßte man zu dem mangelhaften Auskunftsmittel greifen und eine 2., vielleicht gar eine 3. minderwertige Bettreihe in der Längsrichtung des Gebäudes anordnen, oder, wie dies meistens geschieht, die Betten in der Tiefenrichtung der Zimmer aufstellen, wodurch die Zuführung von Licht und Luft zu den Krankenbetten noch ungünstiger und ungleichmäßiger gestaltet wird. Gewöhnlich werden dann zwischen den Krankensälen die Wärterräume, Theeküchen, und sogar die Klosets so eingeschoben, daß diese Räume z. T. nur indirektes Licht vom Korridor aus erhalten und deshalb, sowie wegen ihrer mangelhaften Lüftbarkeit nur zu leicht Ansammlungsstätten für schädliche, krankheiterregende Stoffe werden.

Auch die allgemeine Grundform der Korridorbauten hat auf den schwierigeren oder leichteren Zutritt von Licht und Luft zu den Krankenzimmern einen wesentlichen Einfluß. Am günstigsten ist die Linienform, bei welcher die Außenluft von allen Seiten das Gebäude gleichmäßig umspülen kann und die Krankenzimmer sämtlich eine gleichmäßige Belichtung erhalten.

Dagegen entstehen bei der Hufeisenform in den inneren

Winkeln der Gebäudeflügel stagnierende Luftmassen, die, zumal sie auch dem Sonnenlicht oft schwer zugänglich sind, die Innenluft des Krankenhauses schädlich beeinflussen können, ein Mangel, der bei der |-|-Form in verstärktem Maße auftritt. Am meisten wird jedoch die Salubrität des Krankenhauses gefährdet durch die Grundform des geschlossenen Vierecks, bei welcher durch die Gebäudeflügel gewissermaßen ein Reservoir gebildet wird, zu dem die äußere frische Luft von keiner Seite gelangen kann. Es kann deshalb auch die schlechte, dem Krankenhause entstammende Luft von dort nicht entweichen und leicht aus einem Flügel zu dem anderen gelangen.

Die erwähnten Mängel hat man oft dadurch zu vermeiden gesucht, daß die Gebäudeflügel ganz von einander getrennt werden, wie bei dem

Fig. 8. Asyl Ste. Périne in Auteuil.

in Fig. 8 dargestellten Asyl Ste. Périne in Auteuil, oder nur durch angeschlossene Gänge in Verbindung gebracht werden sind, wie dies nach Fig. 9 bei dem Militärspital in Vincennes der Fall ist. Es muß dann aber für eine wirkliche freie Luftcirculation der Raum zwischen den Gebäudeflügeln eine genügende und jedenfalls größere Breite, als in dem letztgenannten Beispiele, haben.

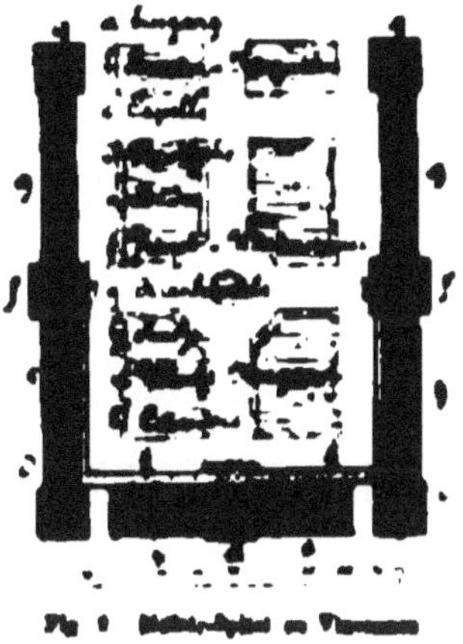

Fig. 9. Militär-Spital zu Vincennes.

Bei der kreuzförmigen Grundform erhalten der Centralraum und die diesem zunächst liegenden Räume weniger Luft und Licht, als die an den äußeren Enden der Flügel befindlichen.

Hierdurch, sowie infolge der verschiedenen Orientierung, die übrigens auch bei allen Korridorbauten mit verschieden gerichteten Flügeln auftritt, ist eine gleichmäßig gute Lage aller Krankenräume in Bezug auf den Zutritt des Sonnenlichtes ausgeschlossen.

Wenn man auch die den Korridorbauten anhaftenden Mängel nicht ganz zu beseitigen sind, so können dieselben doch durch Beachtung der folgenden Gesichtspunkte wesentlich eingeschränkt werden.

Zunächst ist die Belegzahl wegen der Uebelstände, welche überhaupt die Anhäufung der Kranken unter einem Dache stets im Gefolge hat, möglichst einzuschränken. Die Zahl von 100 bis 120 Kranken sollte in der Regel, wie bereits erwähnt, als ein Maximum für Korridor-Krankenhäuser angesehen werden.

Man vermeide ferner eine größere Stockwerkzahl und gehe jedenfalls nicht über drei, einschließlich des Erdgeschosses, hinaus, denn je mehr Geschosse, um so größer ist die Gefahr der Luftverderbnis, der Luftkommunikation und der Uebertragung von Krankheiten, um so schwieriger auch die Lüftung des Gebäudes. Ebenso wird der Krankentransport, die Gartenbenutzung seitens der in den oberen Geschossen untergebrachten Kranken und Rekonvaleszenten, sowie die Ueberwachung des Betriebes erschwert.

Die Grundform des Gebäudes muß einfach, ein Längstrakt ohne weit vorspringende Flügel, [illegible] und sonstige Vorbauten sein.

Alle Krankenzimmer müssen eine Lage nach Süden, Südost oder Südwest erhalten, um denselben das Sonnenlicht soviel als möglich zuzuführen. Demgemäß wird der Korridor an der Nordseite des Gebäudes liegen, wo auch z. T. die Nebenräume der Krankenzimmer und die Treppen anzuordnen sind, um die Sonnenseite für die Krankenzimmer, als die Haupträume des Gebäudes, voll auszunutzen.

Mittelkorridore sind nach Möglichkeit zu vermeiden, jedenfalls aber dürfen Krankenräume an solchen sich nicht gegenüberliegen.

Zur ausgiebigen Zuführung von Licht und Luft sind in den Korridoren und Treppenhäusern reichlich Fenster anzubringen. Für eine gründliche Durchlüftung in der Längsrichtung der Korridore müssen auch die Giebelseiten der letzteren Fenster erhalten. Alle Nebenräume sind so anzuordnen, daß sie direkt beleuchtet werden und auch direkt gelüftet werden können.

Um einen kräftigen Durchzug der Luft durch das Gebäude in der Querrichtung zu begünstigen, empfiehlt es sich, die Zimmertüren den Korridorfenstern gegenüber anzuordnen. Im übrigen wird durch die Lage der Längsfronten nach Süden und Norden und die aus diesem Grunde verschiedene Temperatur der Luftschichten an denselben das Bestreben eines natürlichen Durchganges der Luft durch das Gebäude hindurch hervorgerufen, das auf die inneren Luftverhältnisse von günstigem Einfluß ist.

Neben der natürlichen Lüftung muß aber auch auf künstliche Ventilationsanlagen Bedacht genommen werden, die, wenn von der ersteren kein Gebrauch gemacht werden kann, jederzeit einen genügenden Luftwechsel hervorzubringen im stande sind und zwar sowohl in den Krankenzimmern, wie in den Korridoren, Treppenhäusern und Nebenräumen. Die Beheizung muß sich sowohl einer guten Lüftung wegen, als auch im Interesse der Kranken und des Pflegepersonals möglichst gleichmäßig auf alle vorgenannten Räume erstrecken. (Vergl. Bd. 4 d. Handb.)

Man vermeide, den Krankenzimmern eine zu große Tiefe zu

geben und eine größere Zahl von Betten in der Tiefenrichtung neben einander [illegible]. Größere Säle sind am zweckmäßigsten an den Giebelenden anzulegen, wo dieselben an mehreren Seiten Fenster erhalten können. Mehr als 10—12 Betten sollten in einem gemeinschaftlichen Krankensaale nicht aufgestellt werden.

Die Korridore sind gegen die Treppenhäuser durch Glastüren abzuschließen.

Ansteckende und epidemische Krankheiten sind von einem gemeinsamen Korridorbau grundsätzlich fernzuhalten und selbst bei ganz kleinen Krankenhäusern in einer besonderen Baracke zu isolieren. Zwingt dennoch die Not zur Aufnahme derartiger Kranken, so sollen dieselben nicht etwa in einem unteren, sondern im obersten Geschoß untergebracht und von den übrigen Kranken aufs strengste getrennt werden, wie dies oben bereits erörtert ist.

Auch bezüglich der Verlegung der Verwaltungs- und Wirtschaftsräume u. s. w. in besondere Gebäude bleibt hier nur auf das bereits Gesagte hinzuweisen.

Leichen sollten niemals in einem Krankengebäude selbst untergebracht werden.

Je mehr die Prinzipien des Pavillonsystems oder der Dezentralisation der einzelnen Teile des Krankenhauses auch bei den Korridorbauten Anwendung findet, um so mehr wird den hygienischen Forderungen Genüge geleistet werden. Durch ein gemischtes Korridor- und Pavillonsystem lassen sich oft die Vorzüge beider in zweckmäßigster Weise vereinigen.

Daß unter sorgfältiger Beobachtung der vorerwähnten Gesichtspunkte auch größere Korridorbauten allen billigen hygienischen Anforderungen gerecht werden können, zeigt beispielsweise das neue städtische Krankenhaus zu Offenbach a. M., von welchem Fig. 10, S. 40 die Gesamtanordnung der Gebäude und Fig. 11, S. 41 den Grundriß des 1. und 2. Geschosses von dem Hauptgebäude darstellt.

Das letztere, welches 210 Krankenbetten aufnehmen kann, ist zwar in der ⊢⊣-Form erbaut, indessen ist bei dem großen Abstand der seitlichen Flügel (ca. 56 m) eine Luftstagnation zwischen diesen und dem Mittelbau nicht zu befürchten. Während im mittleren Langbau nur einige Krankeneinzelzimmer für je 1—2 Betten vorgesehen sind, haben die Krankensäle eine sehr gute, freie Lage an den Enden der Flügel und eine Beleuchtung von beiden Langseiten bzw. von 3 Seiten erhalten. Wie diese Krankensäle, so sind alle Räume des Gebäudes gut belichtet und auf natürlichem Wege gut lüftbar.

Die Flügelbauten haben zwei Geschosse, während der Langbau mit einem vorspringenden Mittelflügel 3-geschossig ist und hauptsächlich die Wohnungen für Aerzte, Schwestern u. s. w., ferner einige Klassen-Krankenzimmer, Operationszimmer, Sitzungssaal u. s. w. sowie in dem 3. (Haupt-)Geschoß des Mittelflügels die Aufnahmeräume enthält. In einem hohen Untergeschoß befinden sich die Wirtschaftsräume (Wasch- und Kochküche u. s. w.) sowie gänzlich von diesen getrennte Krankenräume für Hautkranke, Syphilitische, Irre u. s. w.

Für ansteckende Kranke sind 2 Sonderhäuser zu je 20 Betten erbaut.

Diese, auch im Einzelnen nach den besten Regeln der Hospital-

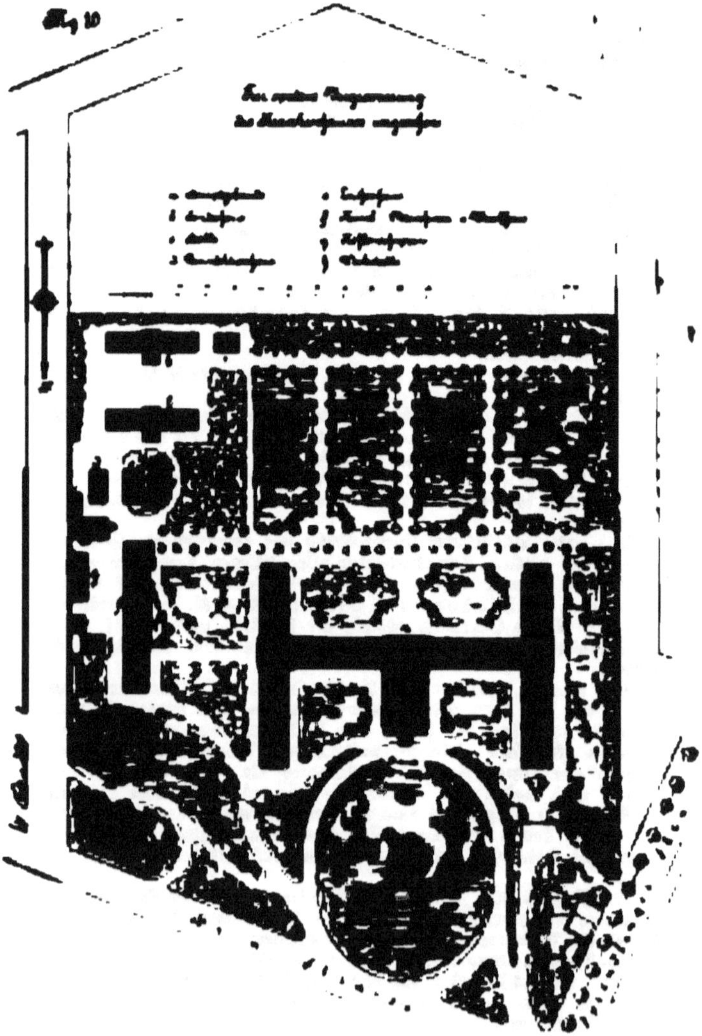

Fig. 14. Städtisches Krankenhaus zu Offenbach a. M.

Fig. 11 Städtisches Krankenhaus zu Offenbach a. M.

hygiene durchgeführte, Krankenhaus kann als ein gutes Vorbild für größere Korridoranlagen gelten.

Es muß anderen dahingestellt bleiben, ob bei einer derartigen freien und breiten Bauanlage es nicht in ähnlichen Fällen richtiger erscheint, ganz zum Pavillonsystem überzugehen, zumal sich hierbei die Kosten kaum höher stellen würden.

Ein weiteres gutes Beispiel eines Korridorkrankenhauses, dessen Gesamtanordnung als eine Verbindung des Korridor- und Pavillonsystems anzusehen ist, zeigen die Fig. 12 und 13, S. 42 u. 43, welche den Lageplan und den Grundriß des Hauptgebäudes des zu Halle a. S. in den Jahren 1892—1894 von der IV. Sektion der Knappschafts-Berufsgenossenschaft daselbst für 122 Krankenbetten erbauten Kranken- und Genesungshauses „Bergmannstrost" darstellen.

Hier sind die für die Aufnahme der Kranken bestimmten Seitenflügel des 3-geschossigen Hauptgebäudes ganz als Pavillons ausgebildet, die direkt an den mittleren Längsbau, welcher die Zimmer für Aerzte, Wohnräume, Operationszimmer und Räume für wissenschaftliche Zwecke und dergl., ferner einige Einzelzimmer für Kranke (Werkbeamte oder Privatkranke) u. s. w. enthält, angeschlossen sind. Alle Räume haben gutes Licht erhalten und sind gut zu lüften.

Für die Wirtschafts- wie für einige andere Zwecke (mediko-mechanisches Institut, Kessel- und Maschinenhaus, Leichenhaus, Wohnung des Chefarztes u. s. w.) sind je besondere Gebäude errichtet.

Zur etwaigen Erweiterung der Krankenräume sollen besondere Pavillons im Anschluß an den Verbindungsweg des Hauptgebäudes mit dem mediko-mechanischen Institut und dem Wirtschaftsgebäude errichtet werden, sodaß die Krankenhausanlage dadurch noch mehr den Charakter eines Pavillonsystems erhalten wird.

Der in Fig. 14, S. 44 dargestellte Grundriß des für 108 Betten bestimmten Hauptgebäudes von dem k. k. Wilhelminen-Spital in Wien zeigt ebenfalls eine Anordnung der Räume, welche den Forderungen an Luft und Licht für alle Teile des Gebäudes durchaus entspricht. Außer den in 3 Geschossen untergebrachten Krankenzimmern enthält das Hauptgebäude im rechten Flügel des Erdgeschosses die Ver-

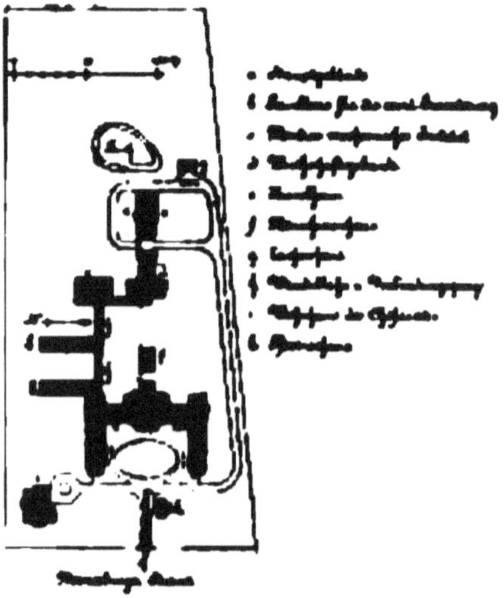

Fig. 16. Krankenhaus „Bergmannstrost" in Halle a. S. Lageplan.

waltungsräume, Wohnungen der Aerzte, die Apotheke u. s. w., sowie in einem Souterrain die Kochküche, Vorratsräume, ein Kohlenraum, eine Desinfektionsanlage, Depots für die Apotheke u. s. w.

Das Spital besitzt außerdem ein besonderes Wasch- und Leichenhaus, sowie einen Isolierpavillon für Infektionskranke.

Was das Pavillonsystem anbelangt, so bestehen die hygienischen Vorzüge desselben nicht nur in der Trennung der Krankenräume, der Verwaltung, der Oekonomie und der Nebenanlagen untereinander, sondern auch hauptsächlich in der Trennung der Kranken selbst in einzelnen kleineren Gebäuden, bei denen die Gefahren der Anhäufung der Kranken vermieden und die Zufuhr reiner, frischer, sowie die Abführung der verdorbenen Luft in den Krankensälen in unbeschränktem Maße gewährleistet wird.

Wirtschaftlich besitzt dieses System den Vorzug, daß eine Krankenanstalt anfänglich nur in dem durch das augenblickliche Bedürfnis gebotenen Umfange erbaut, später aber ohne Schwierigkeit und größere Störung des Betriebes organisch erweitert werden kann, während ein Korridorbau von vornherein wegen der weit schwierigeren und störenderen Erweiterung, für eine längere Zeit ausreichend erbaut werden muß und deshalb oft Zinsverluste bedingt.

Wenn im übrigen das Pavillonsystem einen größeren Bauplatz erfordert und hierdurch, sowie durch Zerlegung der Anstalt in kleinere Gebäude einen größeren Aufwand an Mitteln bedingt, als das Korridorsystem, so werden bei der Wahl des Bausystems die Worte von

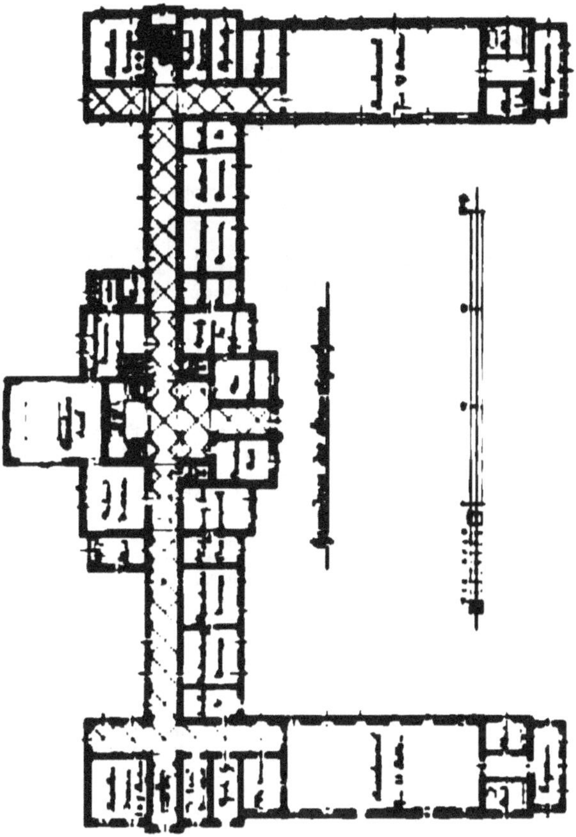

Fig. 34. Krankenhaus „Bergmannstrost" in Halle a. S.

Miss Fl. Nithingale zu beherzigen sein, „daß die für den Kranken sicherste Bauart auch die billigste ist". Werden schon dadurch, daß gute Krankenhauseinrichtungen zu einer schnelleren Genesung der Kranken beitragen, die Verpflegungstage eingeschränkt und somit oft erhebliche Ausgaben erspart, so muß überhaupt die Hygiene die erste, die materielle Frage die zweite Stelle im Krankenhausbau einnehmen.

Ist nun das Pavillonsystem als das hygienisch beste anzusehen, so sollten auch in konsequenter Durchführung desselben möglichst nur eingeschossige Pavillons erbaut werden, soweit dies die Interessen der Kranken irgend erfordern und die verfügbaren Mittel erlauben.

Bei größeren Hospitälern, wo mehrere solcher Pavillonbaracken für dieselbe Krankheitsgattung erforderlich werden, dürfen letztere

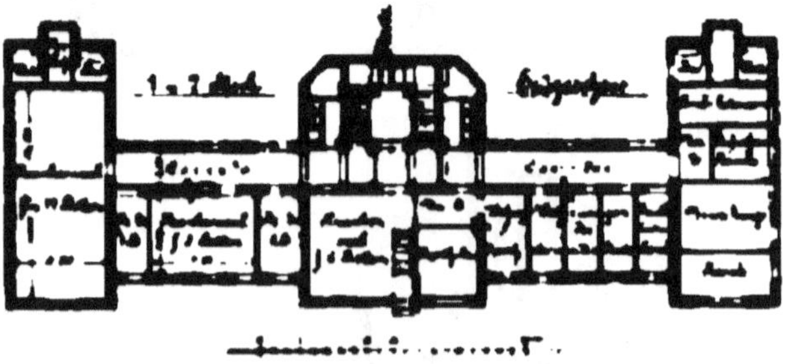

Fig. 16. K. K. Wilhelminen-Spital in Wien.

nicht sämtlich von derselben Größe sein, sondern, da es oft zweckmäßig und notwendig erscheint, Krankengruppen verschiedenen Umfangs abzusondern, so sollen auch Pavillons verschiedener Größe vorgesehen werden, die außer einem gemeinschaftlichen Saal noch Einzelräume u. s. w. enthalten müssen.

Im Hamburg-Eppendorfer Krankenhause sind im allgemeinen 3 Pavillongrößen vorhanden, bei denen die gemeinschaftlichen Krankensäle für 30 bez. 16 bez. 4 Betten eingerichtet sind. Außerdem sind in allen Pavillons noch Einzelzimmer für 1 oder 2 Kranke vorgesehen.

Eine besondere Art des Zerstreuungssystems der Kranken bilden die sog. Cottage-Hospitäler, wie solche hauptsächlich in England sehr zahlreich entstanden sind. Diese kleinen, meist villenartig, in freier, landschaftlicher Lage errichteten Krankenhäuser, die in der Regel alle zu einem kleinen Hospital gehörigen Räume in einem Baukomplex, aber in einer allen hygienischen Forderungen und den Prinzipien des Pavillonsystems entsprechenden Weise vereinigen, haben sich durch ihre sehr günstigen, sanitären Erfolge als eine große Wohlthat für das platte Land erwiesen und verdienen daher überall die eifrigste Nachahmung. Namentlich sollte bei Kreis- oder Distrikts-Krankenhäusern in Erwägung genommen werden, ob sich nicht die Errichtung mehrerer solcher Cottage-Hospitäler, anstatt eines größeren Krankenhauses das oft durch zu weite Entfernungen für viele Kranke kaum erreichbar ist, ermöglichen ließe. Freilich werden dem nur zu oft die verhältnismäßig hohen Anlage- und Betriebskosten der Cottage-

Hospitäler entgegenstehen, für welche letztere bei uns wohl selten so reichliche Mittel zur Verfügung stehen werden, wie bei der großen Privatwohltätigkeit Englands.

6. Allgemeine Anordnung der Kranken-Gebäude und Räume.

Die allgemeine Anordnung der Räume in den Krankenhäusern des Korridorsystems ist in dem Vorhergehenden bereits bei der Erörterung des Raumbedürfnisses so weit berührt, daß es zur Erläuterung des Gesagten hier nur erübrigt, auf einige weitere Beispiele hinzuweisen, die wohl als bessere Repräsentanten des Korridorsystems anzusehen sein dürften, indessen auch die Mängel desselben mehr oder weniger zur Anschauung bringen.

Fig. 15 zeigt den Erdgeschoßgrundriß von dem Hauptgebäude des Hospitals zu Zürich, welches in 3 Geschossen 300 Betten enthält.

In einem Untergeschoß befindet sich die Kochküche mit den Nebenräumen, während für die Wäscherei, ebenso wie für ansteckende Kranke ein besonderes Gebäude errichtet ist. Ungünstig sind die tiefen Krankensäle und die Anordnung der Nebenräume (Wärterräume, Theeküchen und Klosets) sowohl in Bezug auf die Lichtzuführung, wie hinsichtlich einer guten natürlichen Lüftung, ein Mangel, der

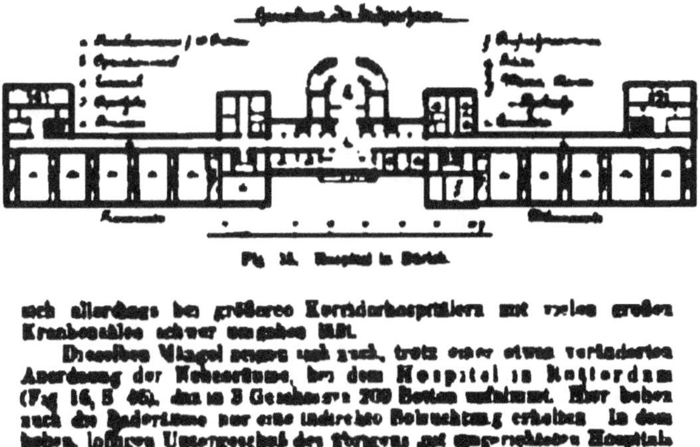

Fig. 15. Hospital in Zürich.

sich allerdings bei größeren Korridorhospitälern mit vielen großen Krankensälen schwer umgehen läßt.

Dieselben Mängel zeigen sich auch, trotz einer etwas veränderten Anordnung der Nebenräume, bei dem Hospital in Rotterdam (Fig. 16, S. 46), das in 3 Geschossen 300 Betten aufnimmt. Hier haben auch die Baderäume nur eine indirekte Beleuchtung erhalten. In dem hohen, luftigen Untergeschoß des übrigens gut eingerichteten Hospitals sind die Wirtschafts- und Vorratsräume, die Apotheke, eine Kesselanlage u. s. w. untergebracht.

Auch bei dem nach den Angaben von Esse 1858—60 errichteten dreigeschossigen, jüdischen Krankenhaus zu Berlin für 100 Betten, von welchem Fig. 17, S. 46 den Grundriß des Erdgeschosses zeigt, und welches s. Zt. vielfach als Musteranstalt angesehen und als Vorbild benutzt worden ist, kann die Einfügung der schlecht beleuchteten Theeküche nebst Kloset- und Spülraum zwischen den Krankensälen, sowie der lichtlosen Verbindungsgang zwischen letzteren nicht als nachahmenswert bezeichnet werden. Während die Verwaltung sich in einem besonderen Gebäude befindet, sind Koch- und Waschküche, welche durch Dampf betrieben werden, im Souterrain des Krankengebäudes selbst untergebracht, doch so, daß die Kessel- und Maschinenräume unter den Höfen zwischen den 3 rückwärtigen Anbauten liegen.

In solchen Fällen, wo sämtliche Wirtschaftsräume in dem Krankengebäude selbst untergebracht sind, sollten dieselben möglichst einen

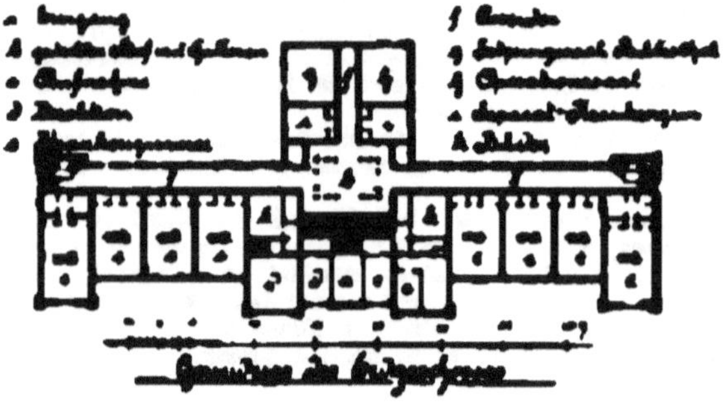

Fig. 16. Hospital zu Rotterdam.

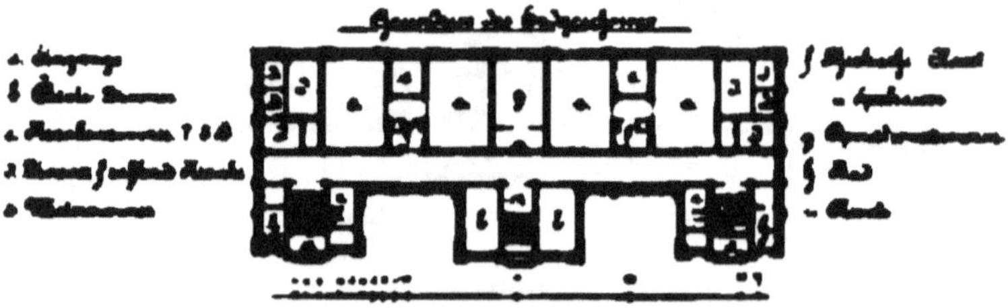

Fig. 17. Jüdisches Krankenhaus zu Berlin.

direkten Zugang von außen erhalten, der für die Waschküche gleichzeitig auch den einzigen Zugang bilden sollte, sodaß eine Verbindung derselben mit den übrigen Räumen des Gebäudes nur von außen vorhanden wäre.

Eine günstigere Anordnung der Nebenräume zeigt die Fig. 18, S. 47, welche den Grundriß des zweigeschossigen, für ca. 60 Betten eingerichteten Freimaurerkrankenhauses in Hamburg darstellt. Da hier wegen des privaten Charakters der Anstalt hauptsächlich nur Zimmer für 1—2 Betten vorgesehen waren, so konnten die ungünstigen Zimmerflächen größerer Krankensäle vermieden werden. Auch sind die Tiefen der für 2 Betten berechneten Zimmer des Erdgeschosses im 1. Stock durch Zurücksetzung der Frontwand eingeschränkt worden, sodaß diese letzteren Zimmer, welche nur 1 Bett enthalten, noch einen Balkon erhalten haben (vgl. Fig. 19, S. 47). Die an den Giebelenden befindlichen größeren Krankensäle für je 10 Betten sind eingeschossig und von mehreren Seiten gut belichtet. Vorteilhaft sind die Veranden an den Giebelseiten, während für den Korridor eine etwas eingeschränktere besondere Belüftung vorzusehen gewesen wäre. Die Koch- und Waschküche, sowie die Vorratsräume sind in dem hoch-

Fig. 18

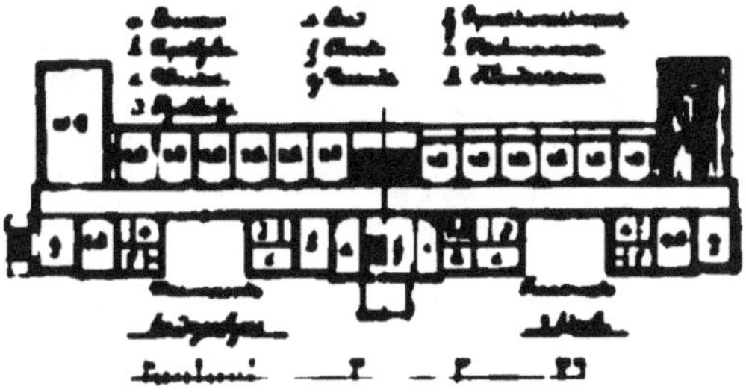

Fig. 19

gelegenen Untergeschoß, die Wohnung für den Oekonomen in einem Stockwerk des Mittelbaues untergebracht.

Das für 36 Betten eingerichtete städtische Krankenhaus in Neumünster, von dem Fig. 20 den Grundriß des Erdgeschosses darstellt (Baugewerkszeitung 1891, S. 257) enthält in dem

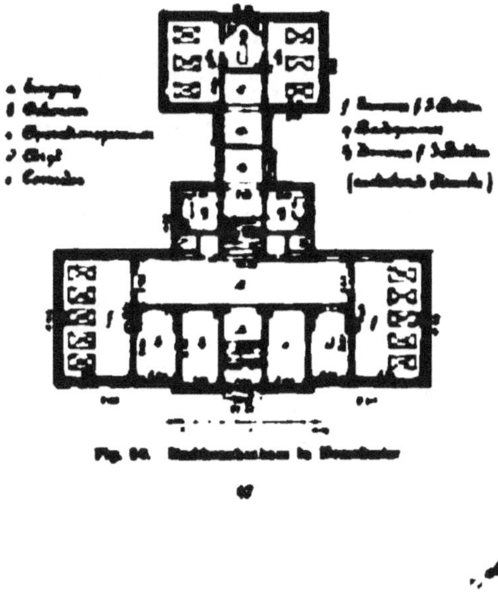

Fig. 20. Stadtkrankenhaus in Neumünster

beiden Souterrains eines Hauptbaues die Kochküche und Vorratsräume, ferner Zimmer für Krätzkranke und Tobsüchtige, sowie Klosetts und Baderäume, in dem Erdgeschoß und 1 Stockwerk gemeinschaftliche und Einzelkrankenzimmer, Klosetts und Baderäume, welche Räume sämtlich von einem gemeinsamen, größeren Vorraume aus zugänglich sind. Neben dem Eingang im Erdgeschoß liegen außerdem die Zimmer für den Oekonomen, für den Arzt und ein Operationszimmer.

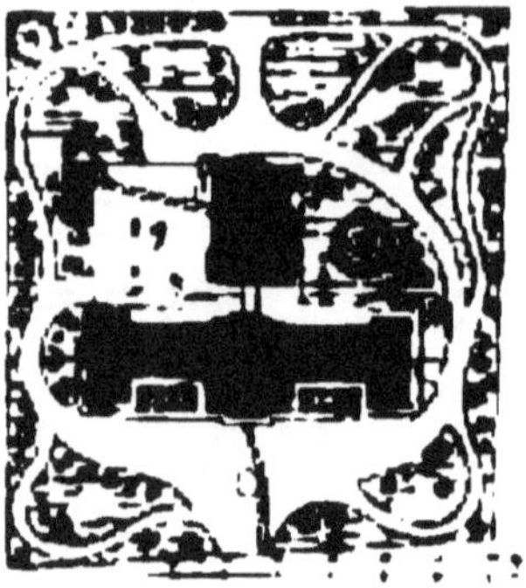

Fig. 22. Städtisches Krankenhaus zu Langensalza. Lageplan.
a Krankengebäude, b Wirtschaftsgebäude, c d Wirtschafts- bzw. Stallgebäude, e Schuppen, f Obst- und Gemüsegarten, g Wirtschaftshof

Die ansteckenden Kranken sind in einem, mit dem Hauptbau durch einen Korridor verbundenen, eingeschossigen Anbau untergebracht, während die Leichenkammer, Desinfektionsräume und einige andere Nebenräume in einem besonderen Nebengebäude liegen. Die Gesamtanlage ist gut und entspricht den an kleinere Korridorbauten zu stellenden sanitären Anforderungen.

Das städtische Krankenhaus zu Langensalza (Fig. 21 und 22) besteht ebenfalls aus einem für 30 Betten eingerichteten Hauptgebäude mit zweigeschossigem Mittelbau und eingeschossigen Seitenflügeln und aus einem mit dem Hauptgebäude durch einen geschlossenen Gang verbundenen Anbau, in dem der ganze Wirtschaftsbetrieb, eine Tobzelle und eine vollständig isolierte Leichenkammer nebst einigen anderen Nebenräumen untergebracht sind.

Die kleineren Abteilungen, welche hier zur Trennung der verschiedenen Krankheitsformen zu bilden waren, erforderten nur kleinere Zimmer für 1—4 Betten, was jedenfalls für die Kranken selbst von Vorteil ist. Die Querflügel an den Giebelenden können für Epidemiefälle von dem übrigen Gebäude ganz isoliert und durch besondere Eingänge zugänglich gemacht werden. Dieser Art der Absonderung ansteckender und epidemisch Kranker gegenüber erscheint jedoch diejenige des Krankenhauses in Neumünster wesentlich besser. Auch wird eine künftige Erweiterung, welche dadurch erreicht werden soll, daß über den Seitenflügeln ein zweites Geschoß errichtet wird, wohl nicht ohne erhebliche Störung des bestehenden Betriebes ermöglicht werden können.

Für kleinere Korridorkrankenhäuser bietet das 1893/94 erbaute Kranken- und Siechenhaus in Gräfenhainichen (Deutsche Bauzeitung, Jahrg. 1896, S. 245), welches 30 Krankenbetten aufnehmen kann, ein gutes Vorbild. Das Gebäude besteht nur aus einem Erdgeschoß (Fig. 23, S. 49) und einem Obergeschoß über dem Mittelbau, welche beide die Krankenzimmer mit ihren Nebenräumen, ein Arzt- bzw. Operationszimmer und die Wohnung des Hauptverwalters enthalten. In einem Kellergeschoß (Fig. 24, S. 50) das sich nur über

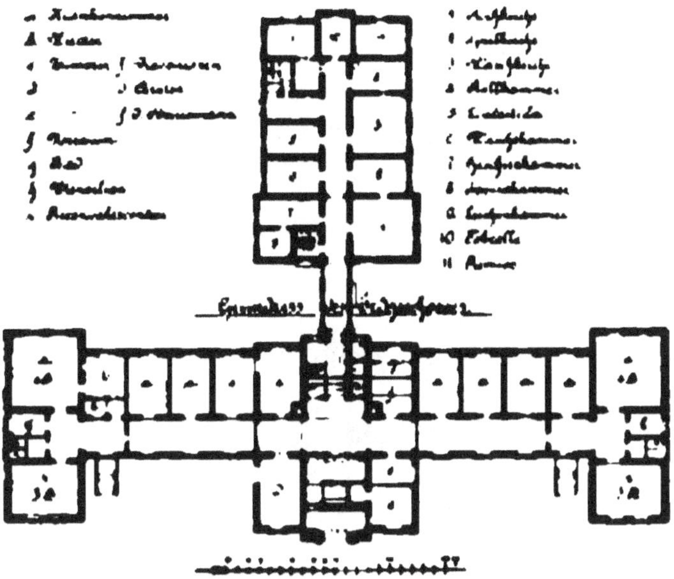

Fig. 25. Städtisches Krankenhaus zu Langensalza.

neren Teil der Gebäudefläche erstreckt, befindet sich die Koch- und Waschküche (letztere mit besonderem Zugang von außen), eine Desinfektionsanlage, die Central-(Warmwasser-Mitteldruck-) Heizung, einige Vorratsräume u. s. w.

Die beiden Krankenräume für je 2 Betten, welche an den Giebelseiten des Gebäudes liegen, können event. von den übrigen Räumen gänzlich isoliert und von außen besonders zugänglich gemacht werden.

Eine sehr günstige Verbindung von Korridor- und Pavillonsystem weist der in Fig. 26, S. 50 dargestellte Lageplan des Kaiser Franz Joseph-Krankenhauses in Böhm. Leipa auf (Der Baumeister, Jahrg. 1892). Während hier nach Fig. 26, S. 50 in einem zweigeschossigen Korridorbau für 46 Betten die Verwaltung mit den allgemeinen Krankenräumen vereinigt ist, bestehen für die Koch- und Waschküche, ferner für die Unterbringung und Sezierung von Leichen u. s. w. besondere Gebäude. Außerdem ist noch ein selbständiger, ebenerdiger Pavillon (Fig. 27, S. 51) mit 12 Betten für Ansteckende und ein solcher für Geisteskranke errichtet, sodaß die ganze Krankenanstalt Raum für etwa 70 Kranke bietet, die in hygienisch gut angelegten Räumen untergebracht und zweckmäßig isoliert werden können.

Die Fig. 28, 29 und 30, S. 51 zeigen zwei gute Beispiele von Cottage-Hospitälern.

Das Cottage-Hospital zu Willesden Green (Building

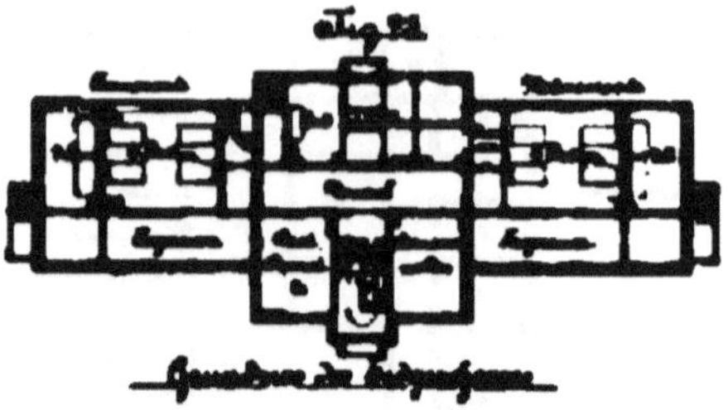

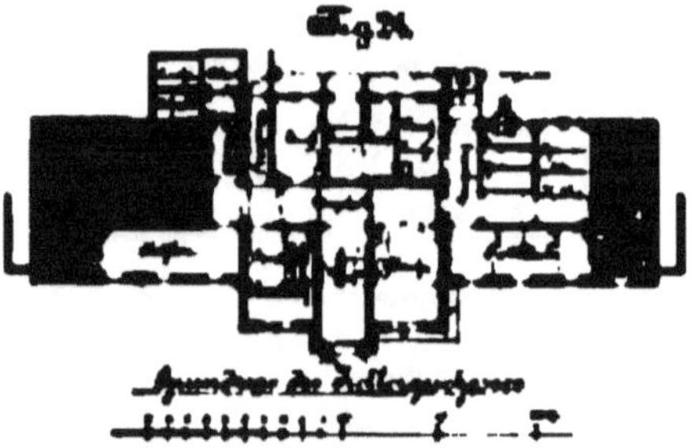

Fig. 23 u. 24. Kranken- und Siechenhaus in [illegible].

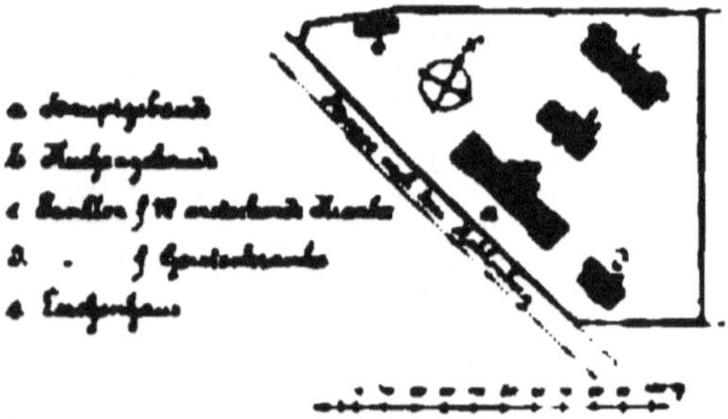

Fig. 25. Allgemeines Kaiser-Franz-Josef Krankenhaus in Böhm. Leipa.

Neue, 1892) ist ein eingeschossiger Bau mit 9 Krankenbetten. Männer und Frauen sind auf verschiedenen Seiten des Hauses in je einem Saal für 4 Betten untergebracht, während außerdem 1 Isolierzimmer vorhanden ist. Wie die Säle selbst, so sind auch alle Nebenräume zweckmäßig und für Licht und Luft zugänglich angeordnet. Ebenso ist eine gute Trennung der Küchenräume von den Krankenräumen u. s. w. durchgeführt.

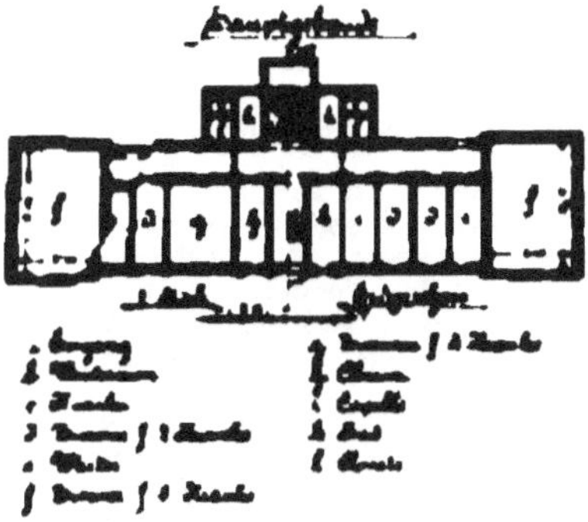

Fig. 26

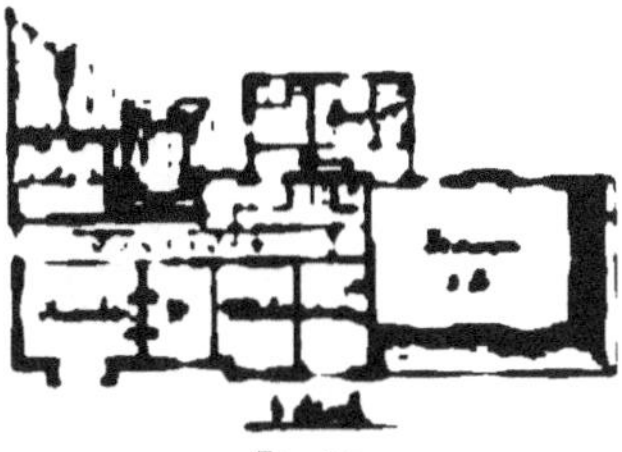

Fig. 28

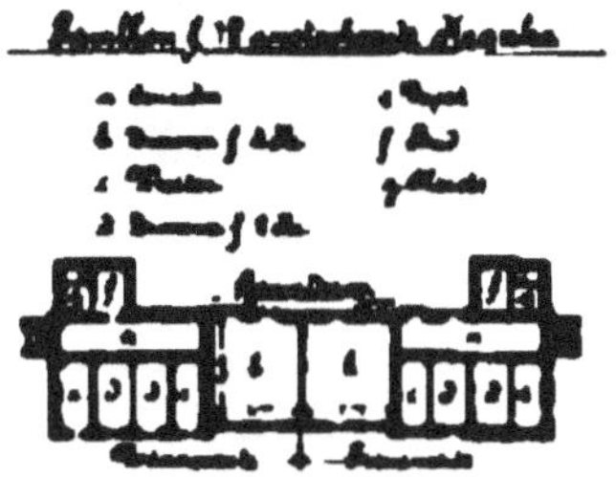

Fig. 27

Allgemeines Kaiser-Franz-Joseph-Krankenhaus in Bilin, Leipa

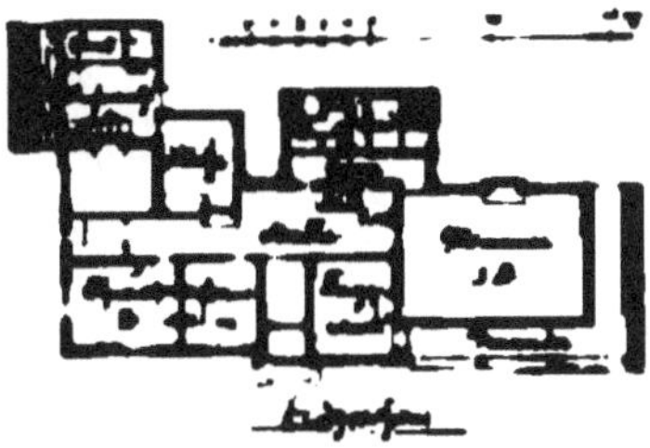

Fig. 29 Cottage-Hospital zu St. Paul's-Cray

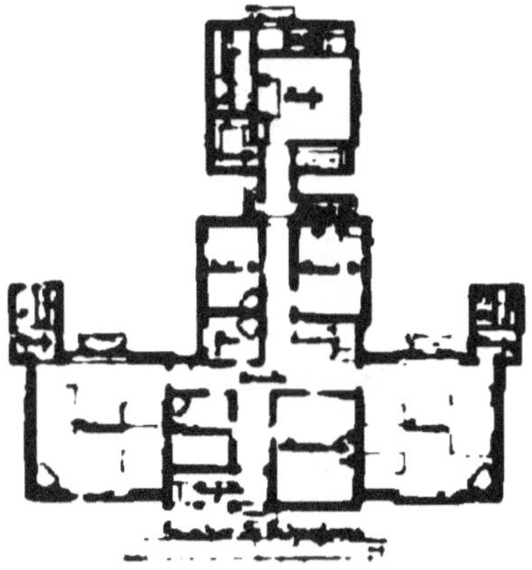

Fig. 30 Cottage-Hospital zu Willesden Green

Nicht minder zeichnet sich das in schöner Lage an der Hauptstrasse von St. Mary Cray nach Bexley errichtete *Cottage-Hospital zu St. Paul's Cray (Kent)* durch eine gute Anordnung aus (The Builder, 1868). In diesem zweigeschossigen, etwa 15 Betten umfassenden Krankenhause ist die Trennung der Geschlechter nach Stockwerken durchgeführt. Die Küchenräume sind in eingeschossigen Anbauten untergebracht und die Nebenräume zweckmäßig mit den Krankensälen ohne Gefährdung der Luft der letzteren, verbunden. Für die Rekonvaleszenten ist durch einen Tageraum und eine Veranda gut Sorge getragen. Im übrigen sind die Räume, besonders die Krankenzimmer ebenso wie bei dem erstgenannten Cottage-Hospital luftig und hell angelegt.

Bei dem *Pavillonsystem* tritt zunächst die Frage auf, wie die Krankengebäude auf dem Baugrundstück anzuordnen sind. Diese Frage umfaßt einmal die Stellung der Gebäude zu einander und zwar nicht nur der Krankenpavillons unter sich, sondern auch die Stellung derselben zu den Gebäuden der Verwaltung, der Oekonomie u. s. w., sodann aber auch die Stellung der Krankengebäude nach den Himmelsrichtungen, sowie die Anlage von Verbindungskorridoren zwischen den Gebäuden.

Was die *Stellung der Gebäude zu einander* anbelangt, so wird sich dieselbe bei kleinen Hospitälern, wo für die Kranken nur ein oder wenige Krankenpavillons zu erbauen sind, im wesentlichen nur nach der Form und besten Ausnutzung des Bauplatzes zu richten haben. Wo eine größere Anzahl von Pavillons vorhanden ist, muß überdies auf eine gute Uebersichtlichkeit der ganzen Anstalt, bequeme Verbindung der einzelnen Gebäude, einen leichten Krankentransport u. s. w. Rücksicht genommen werden. In allen Fällen ist aber ein genügender Abstand der Gebäude, besonders der Krankenpavillons, von einander innezuhalten.

Das Verwaltungsgebäude ist dem Zugang zum Hospitalgrundstück, der an der Hauptstraße, möglichst in der Mitte, liegen soll, zunächst anzuordnen. Hinter demselben werden die allgemeinen Krankenpavillons parallel zu einander in einer oder in mehreren graden Reihen aufgestellt.

Wenn nur *ein* Pavillon vorgesehen ist, so liegt derselbe am besten in der Hauptachse des Verwaltungsgebäudes.

Bei *großen Hospitälern mit mehreren Reihen von Pavillons* ist es zweckmäßig, die letzteren so zu stellen, daß sie jedesmal in der Achse der freien Zwischenräume der benachbarten Reihen, also im Verband zu einander liegen. Hierdurch werden dieselben den Luftströmungen besser zugänglich gemacht und größere, freie Plätze vor den Gebäuden gewonnen.

Die vorderen Pavillonreihen werden meist für chirurgische, die hinteren für die medizinischen Kranken bestimmt. Hinter diesen beiden großen Krankenkategorien, die, wie bereits erwähnt, nach Geschlechtern zu beiden Seiten einer mittleren Scheidelinie zu trennen sind, befinden sich, ebenfalls in paralleler Stellung die Infektions- oder Epidemiepavillons, die aber auch anderweitig je nach den örtlichen Verhältnissen in angemessener Weise von den allgemeinen Krankenabteilungen, unter Benutzung etwas abgelegener Plätze getrennt werden können. Jedoch dürfen die herrschenden Winde die Luft dieser Gebäude nicht den anderen Pavillons zuführen können.

Während diese allgemeine Anordnung der Krankenpavillons mit größeren oder geringeren Abweichungen bei den deutschen Hospitälern die übliche ist, gruppieren sich in den französischen Hospitälern die Pavillons in der Regel zu beiden Seiten eines mittleren Hofes, an dessen Vorderseite das Verwaltungsgebäude und an dessen Hinterseite die Kapelle oder auch die Oekonomie liegt (vgl. Fig. 42 u. 43, S. 64 u. 65). Dagegen pflegen bei den englischen Hospitälern die Pavillons neben- oder hintereinander an einem langen Verbindungskorridor angeordnet zu werden, an den sie sich einseitig oder beiderseits, im letzteren Falle entweder direkt, oder im Versatz gegenüberstehend anschließen (vgl. Fig. 38, 39 u. 40, S. 61 u. 62).

Die Wirtschaftsgebäude müssen sowohl von dem Verwaltungsgebäude, wie von allen Krankengebäuden leicht und bequem erreichbar sein. Es empfiehlt sich daher für dieselben im allgemeinen eine centrale Lage. Indessen ist nicht zu verkennen, daß eine solche im Mittelpunkt einer Krankenanstalt manche ungünstige Seiten haben kann. Nicht nur kann der Betrieb der Küchen hier sehr störend für die Kranken werden, sondern es ist oft auch die Luft in der Umgebung der Wirtschaftsgebäude durch schlechte Dünste und Rauch der Gefahr der Verschlechterung sehr ausgesetzt. Mit Rücksicht hierauf ist es in vielen Fällen vorteilhaft, diese Gebäude excentrisch anzulegen und zwar so, daß die herrschenden Winde die Luft derselben nicht nach den Krankengebäuden hin, sondern von denselben abtreiben. Dabei wird immer im Auge zu behalten sein, daß der Transport der Speisen nach den Pavillons und die Verbindung mit dem Verwaltungsgebäude nicht zu weitläufig werde. Im übrigen muß das in den Wirtschaftsgebäuden verkehrende Publikum (Lieferanten u. s. w.) zu denselben gelangen können, ohne die eigentliche Krankenanstalt zu betreten.

Unter den Nebengebäuden (Desinfektion, Eisbau, Remisen, Kesselhaus u. s. w.), die möglichst abseits, aber zweckentsprechend liegen sollen, muß das Leichenhaus eine besonders sorgfältig gewählte Lage erhalten und zwar an der Grenze des Grundstückes, wo mittels eines direkten Ausganges nach einer Seitenstraße hin die Leichen möglichst unbemerkt zum Begräbnis abgeholt werden können.

Sollen bei einem größeren Hospital besondere Wohngebäude für Wärter und sonstige Angestellte errichtet werden, so ist hierfür ein Platz außerhalb der eigentlichen Krankenanstalt auszuwählen.

Was den Abstand der Krankenpavillons von einander anbelangt, so soll derselbe, im Lichten gemessen, wenigstens das Doppelte der Gebäudehöhe (d. i. bis zur Dachkante), oder von Achse zu Achse der Gebäude gemessen, etwa das $3^1/_2$-fache der Höhe betragen, da nur auf diese Weise ein möglichst ungehinderter und den größten Teil des Tages über dauernder Zutritt der Sonnenstrahlen zu den Gebäuden selbst, wie zu den zwischenliegenden Gärten zu allen Jahreszeiten gesichert wird.

Bei den Infektions-Pavillons muß dieser Abstand, um etwaige Uebertragungen von gefährlichen Krankheitsstoffen durch die Luft sicher zu verhüten, größer bemessen werden.

Welche Maße in diesem Falle von den vielen, z. T. sehr verschiedenen Angaben der Hospitalshygieniker als zutreffend anzusehen sind, läßt sich schwer sagen. Wenn Degen einen Abstand von mindestens

[illegible]

[illegible]

[illegible]

[illegible]

[illegible]

[illegible] Verbindungsgänge [illegible] wieder zu [illegible]. Offene Korridore werden [illegible] ihren Zweck nur [illegible] erfüllen, selbst wenn man [illegible] die Seitenöffnungen durch Leinwand schließen würde, was immer mit vielen Schwierigkeiten und Umständlichkeiten verbunden sein wird.

Plage macht den Vorschlag, bei Anwendung [illegible] die Pavillons Verbindungsgänge in Höhe des Souterrains der Pavillons anzulegen, dieselben also z. T. in die Erde einzusenken, wo dem freien Zutritt der Luft zu den Gebäuden nicht zu [illegible]. Übrigen ist indessen die Gefahr nahe, daß wegen der [illegible] nur selten für ihren eigentlichen Zweck, sondern wohl aber zur bequemen Ablagerung von allerlei Utensilien und Gerät benutzt werden und dieselben daher der Reinhaltung des Krankenhauses [illegible] können.

Die erwähnten Bedenken, sowie der Umstand, daß die Verbindungsgänge [illegible] Kosten [illegible] erfordern, werden,

40—60 m und Tollet ebenso von mindestens 30—60 m fordern, so dürften diese Maße, die nur bei wenigen allgemeinen Krankenhäusern erreicht werden, als vollkommen ausreichend anzusehen sein.

Bei der Bemessung des Abstandes der Isoliergebäude von menschlichen Wohnungen (d. h. außerhalb des Hospitals) dürften jedoch besondere Rücksichten zu nehmen sein, die eine größere Entfernung wünschenswert erscheinen lassen. In dieser Beziehung hält Plater ein Maß von 100 m für genügend.

Eine viel umstrittene Frage bildet die Orientierung der Krankengebäude nach den Himmelsrichtungen.

Knauff und mit ihm Degen und andere befürworten eine Richtung der Längsachse der Pavillons von Ost nach West, sodaß die gegenüberliegenden Längsseiten der Krankenzimmer nach Nord und Süd liegen. Diese Ansicht gründet Knauff auf einen Versuch, den er mit einem von der Sonne bestrahlten Würfel von 1 qm Seitenfläche angestellt hatte. Es ergab sich, daß die Ost- und Westseite in der heißen Jahreszeit mehr Wärme absorbierten, als die Nord- und Südseite, während dieses Verhältnis in der kühleren Jahreszeit (Oktober—Mai) umgekehrt war. Bei der ost-westlichen Richtung der Pavillonlängsachsen würden demnach die nach Nord und Süd gelegenen Längswände im Sommer im allgemeinen kühler, im Winter dagegen wärmer sein, als bei einer nord-südlichen Richtung der Achsen.

Auch Tollet fand bei seinen zur Beurteilung dieser Frage angestellten Messungen in dem Hospital von Montpellier, während mehrerer Wochen der heißesten Jahreszeit, daß die nach Osten und Westen gelegenen Mauern mehr Wärme aufgespeichert hatten, als die nach Nord und Süden gerichteten.

Derselbe verlangt im Prinzip, daß die Längsachse der Pavillons in wärmeren Klimaten von Ost nach West, in nördlichen Ländern von Nord nach Süd gerichtet werde.

Diese letztere Stellung, welche von Sander als Hauptregel hingestellt wird, dürfte trotz der Untersuchungen Knauff's für unser Klima auch die richtigere sein, da bei ihr die Mittagssonne im Sommer, selbst bei guten Schutzvorrichtungen, meist sehr lästig ist, im Winter aber verhältnismäßig sehr wenig zur Wirkung kommt. Ferner sind die Säle bei einer solchen Lage einer weit gleichmäßigeren Einwirkung und täglich einer längeren Dauer des Sonnenlichtes ausgesetzt, als bei einer Richtung der Längsfronten nach Nord und Süd, bei welcher man überdies noch gezwungen ist, die Sonne wenigstens im Sommer während eines großen Teiles des Tages von dem Krankensaal ganz abzuhalten. Thatsächlich ist auch bei der großen Mehrzahl der Hospitäler in Deutschland, besonders der neueren Zeit, die Nord-Süd-Orientierung der Pavillons durchgeführt, und zwar innerhalb eines gewissen Spielraumes (etwa bis zu 30°), sei es, um den Pavillonsälen von beiden Längsseiten ein nahezu gleiches Maß von Sonnenlicht zukommen zu lassen, sei es aus Rücksicht auf vorherrschende Winde, oder andere lokale Verhältnisse. Ob letztere nach Meinung der Einen die Längsfronten, zur Förderung einer natürlichen Lüftung durch das Gebäude hindurch, von den herrschenden Winden senkrecht getroffen, oder, nach Ansicht der Anderen, besser in der Längsrichtung bestrichen werden müssen, um starke Abkühlungen und Zugwirkungen von den Fenstern her zu vermeiden, ist eine Frage, deren Entscheidung noch der einen oder anderen Richtung hin, eine wesentliche Bedeutung nicht beizumessen sein wird.

Einen gewissen Einfluß auf die allgemeine Anordnung der Gebäude hat die etwaige Anlage von Verbindungskorridoren zwischen den Krankenpavillons, sowie zwischen diesen und dem Verwaltungsgebäude u. s. w. Solche Verbindungen erfordern, wenn sie nicht zu weitläufig und vielverzweigt werden sollen, eine regelmäßige Gruppierung und gerade Flucht der Pavillonfronten, während, wenn von ihnen abgesehen wird, die Gebäude freier angeordnet werden können.

Bezüglich des Wertes und der Notwendigkeit der Verbindungskorridore stehen sich die Meinungen der Aerzte oft schroff gegenüber. In England und Frankreich sind die Pavillons fast immer durch bedeckte Gänge verbunden, obgleich es hier auch nicht an Stimmen fehlt, welche diese Verbindung verwerfen oder doch nicht für erforderlich halten. In Deutschland sind die Verbindungskorridore weniger üblich und fehlen auch bei den meisten größeren Krankenhäusern der Neuzeit. Sie dienen hauptsächlich dem Schutze der Aerzte und des sonstigen Krankenhauspersonals gegen die Unbilden der Witterung und sind insofern auch gerechtfertigt, da das Wohl der Gesunden nicht geringer geachtet werden darf, als dasjenige der Kranken. Indessen haben die Erfahrungen in denjenigen Hospitälern, wo die Verbindungskorridore fehlen, gezeigt, daß hierdurch wesentliche Unzuträglichkeiten nicht erwachsen sind. So bemerkte auch bei einer Diskussion dieser Frage in dem Royal Institute of British Architects 1880 der englische Arzt Downes in bezeichnender Weise, daß man ihm überall dort, wo die Verbindungskorridore vorhanden gewesen seien, dieselben als unentbehrlich, wo sie gefehlt hätten, als entbehrlich bezeichnet habe.

Gegen die Anlage von Verbindungskorridoren sprechen jedoch manche Bedenken. Zunächst wird hierdurch die Uebersicht über das Hospitalgrundstück behindert, dann aber auch, besonders wenn die Gänge geschlossen sind, die freie Luftzirkulation gehemmt und die Gefahr herbeigeführt, daß Krankheitsstoffe von einem Gebäude nach dem anderen übertragen werden.

Um diese Uebelstände möglichst zu vermeiden, dürften die Verbindungsgänge jedenfalls nicht höher, als ein Geschoß und weder zu beiden Seiten, noch zu einer Seite geschlossen sein. Offene Korridore werden aber ihren Zweck nur unvollkommen erfüllen, selbst wenn man etwa die Seitenöffnungen durch Leinwand schließen würde, was immer mit vielen Schwierigkeiten und Umständlichkeiten verbunden sein wird.

Plage macht den Vorschlag, bei Anordnung eines mittleren Hofes zwischen den Pavillons, Verbindungsgänge in Höhe des Souterrains der Pavillons anzulegen, dieselben also z. T. in die Erde einzubauen, um den freien Zutritt der Luft zu den Gebäuden nicht zu hemmen. Hierbei liegt indessen die Gefahr nahe, daß wegen der verlorenen Steigungen solche tiefliegenden Gänge nur selten für ihren eigentlichen Zweck, sondern weit eher zur bequemen Ablagerung von allerlei Utensilien und Unrat benutzt werden und dieselben daher der Salubrität des Krankenhauses schaden können.

Die erwähnten Bedenken, sowie der Umstand, daß die Verbindungsgänge eine nicht unerhebliche Kostensumme erfordern, werden, zumal wenn die Mittel nicht allzu reichlich bemessen sind, es in der Regel angezeigt erscheinen lassen, auf eine derartige Anlage ganz zu verzichten, wenn auch hiermit einige Unbequemlichkeiten in den Kauf zu nehmen sind.

Aus hygienischen Gründen sollten aber zwischen Infektionspavillons oder zwischen diesen und anderen Gebäuden geschlossene Gänge möglichst vermieden werden, denn, um eine wirksame Isolierung durchzuführen, dürfte in diesen Fällen überhaupt von Verbindungsgängen jeder Art noch viel eher abzusehen sein, als bei den allgemeinen Krankenpavillons.

Um die im Vorstehenden erörterten Gesichtspunkte bezüglich der Anordnung der Gebäude in allgemeinen Krankenhäusern des Pavillonsystems näher zu veranschaulichen, mögen die nachfolgenden Beispiele angeführt werden.

Eine für kleinere Verhältnisse nachahmenswerte Anlage zeigt das für etwa 80—100 Kranke bestimmte Kaiser Franz Josefs-Spital zu Bielitz („Der Bautechniker", 18. Jahrg.), dessen Lageplan in Fig. 21)

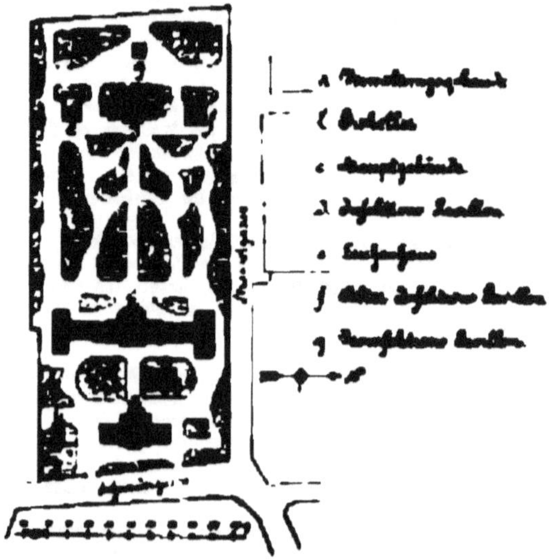

Fig. 21. Allgemeines Kaiser-Franz-Josephs-Spital in Bielitz. Lageplan.

dargestellt ist. Das an dem Haupteingang des Grundstücks liegende Verwaltungsgebäude enthält im Souterrain Koch- und Waschküche, in den oberen Geschossen Verwaltungs- und Wohnräume. In der Achse desselben ist in angemessener Entfernung der von Nord nach Süd orientierte, zweigeschossige Krankenpavillon inmitten geräumiger Parkanlagen angeordnet, während auf dem hinteren Teile des Grundstückes 2 Infektionspavillons, das Leichenhaus und der Desinfektionspavillon eine passende Lage gefunden haben. Ebenso zweckmäßig erscheint die Lage des Eiskellers neben dem Verwaltungsgebäude.

Bei dem neuen Krankenhause in Aussig mit 125 Betten sind, wie Fig. 52 zeigt, die Krankenpavillons parallel in einer Reihe hinter dem Verwaltungsgebäude, welches ebenfalls gleichzeitig die Wirtschaftsräume enthält, so aufgestellt, daß ihre von NO nach SW gerichteten Längsachsen zu derjenigen des Verwaltungsgebäudes senkrecht stehen. Der lichte Abstand zwischen den einzelnen, einstöckigen Pavillons

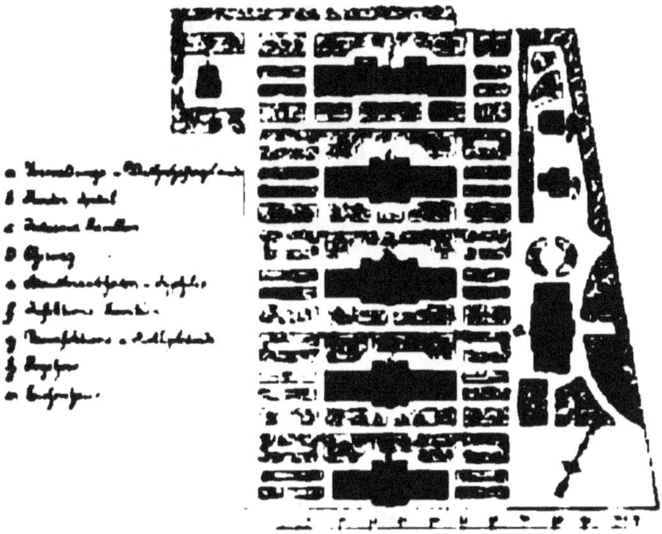

Fig. 52. Neues Krankenhaus in Aussig. Lageplan.

(für Kinder, medicinische, chirurgische, Haut- und Infektions-Kranke) beträgt durchschnittlich 28 m d. i. mehr als das Dreifache der Höhe der Pavillons. Die gesammte Anlage mit den passend situirten Nebengebäuden (Leichenhaus, Desinfektionsgebäude u. s. w.) ist leicht und zweckmäßig vom Verwaltungsgebäude gut zu überwachen.

Als ein Beispiel mit Verbindungsgängen ist in Fig. 53, S. 68 die Anlage des städtischen Krankenhauses zu Dresden dargestellt, dessen eingeschossige Pavillons etwa 17 m voneinander abstehen und mit ihren Längsachsen von Nord nach Süd gerichtet sind, während die Krankensäle des mehrgeschossigen, nach dem Korridorsystem erbauten, Mutterhauses nach Süden liegen. Die bedeckten, aber seitlich offenen, Verbindungsgänge sind nur wenig höher, als der hohe Unterbau der Pavillons, liegen also mit ihrem Fußboden erheblich tiefer, als die Krankensäle, zu denen Treppen in den Vorhallen der letzteren emporführen (vergl. Fig. 71 S. 77 und Fig. 74 S. 87).

In dem akademischen Krankenhaus zu Heidelberg, wo ebensolche offene Verbindungsgänge zwischen fast sämtlichen Gebäuden vorgesehen sind, liegen dieselben mit dem Erdgeschoß-Fußboden der Gebäude in gleicher Höhe.

An Stelle von Verbindungsgängen sind bei dem städtischen Krankenhaus im Friedrichshain zu Berlin (Fig. 34) zwischen den Ge-

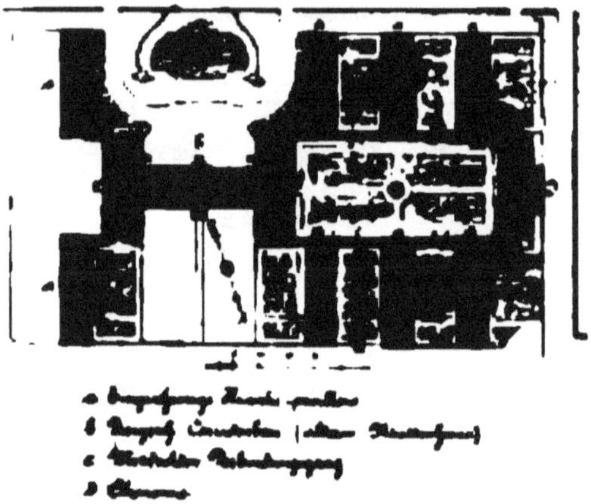

Fig. 33. Städtisches Krankenhaus in Dresden. Lageplan.

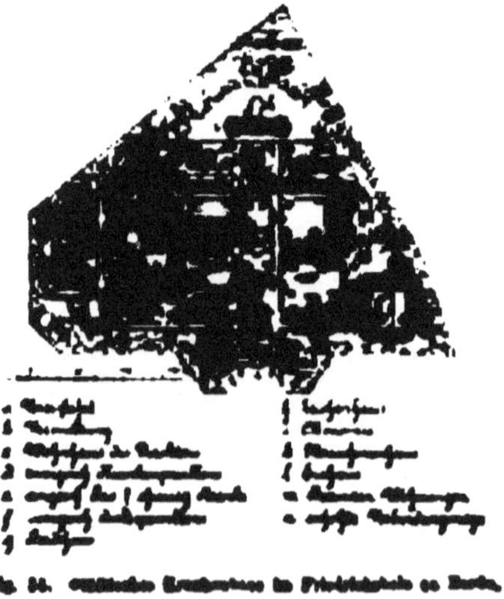

Fig. 34. Städtisches Krankenhaus im Friedrichshain zu Berlin.

bäuden nur erhöhte Verbindungswege vorliegt. Der Abstand der eingeschossigen, chirurgischen und der zweigeschossigen, medizinischen Pavillons beträgt etwa das Sechs- bez. Vierfache der Gebäudehöhe. Auch hier ist die Längsachse der Pavillons von Nord nach Süd gerichtet.

In dem städtischen Krankenhause am Urban in Berlin, dessen Lageplan Fig. 39 darstellt, sind die durchweg zweigeschossig angelegten, von Nord nach Süd orientierten Pavillons, des beschränkten Raumes wegen, viel enger als im Friedrichshain zusammengestellt, sodaß der lichte Abstand derselben nur etwa das Doppelte der Höhe beträgt. Bedeckte Verbindungsgänge fehlen auch hier, dagegen sind zwischen den Pavillons Hallen an den Grenzmauern entlang angelegt, die nur nach dem Anstaltsgrundstück offen sind und als geschützte Erholungsplätze für die Kranken jedes einzelnen Pavillons dienen. Ein in Höhe des Souterrains vorgelegter unterirdischer Verbindungsgang dient dem Leichentransport. Diese Einrichtung ist aus den S. 66 angegebenen Gründen nicht nachahmenswert. Die allgemeine Anordnung der Gebäude ist im übrigen bei beiden genannten Berliner Krankenanstalten eine übersichtliche und zweckmäßige.

Fig. 39. Städtisches Krankenhaus am Urban in Berlin.

Eine etwas freiere Anordnung haben die Gebäude des für ca. 1500 Betten eingerichteten Neuen Allgemeinen Krankenhauses in Hamburg-Eppendorf erhalten, dessen Pavillons, wie Fig. 38 S. 60 zeigt, in parallelen Reihen hinter dem Verwaltungsgebäude so gestellt sind, daß die Längsachsen der Pavillons in der einen Reihe jedesmal mit der Mittellinie des freien Raumes zwischen den Pavillons der anderen Reihe zusammenfallen. Das Operationshaus und Badehaus liegen in der Mittelachse des Grundstücks, während die Oekonomiegebäude eine excentrische Lage erhalten haben, und das mit einer Anatomie verbundene Leichenhaus seitlich an einer Nebenstraße angeordnet ist. Die fast durchweg eingeschossigen Pavillons haben keinerlei Verbindungsgänge erhalten, wodurch, trotz des Umfangs dieser Anstalt, bisher Unzuträglichkeiten nicht entstanden sind, und ihr Abstand voneinander beträgt nach allen Seiten ca. 21 m d. i. etwa das 3 1/2-fache der Höhe der Pavillons, deren Längsachse zumeist von Nordwest nach Südost gerichtet ist.

Fig. 26. Neues Allgemeines Krankenhaus in Hamburg-Eppendorf. Lageplan.

Eine ähnliche Anordnung der Gebäude zeigt das neue städtische Krankenhaus a. d. Stroengriede zu Hannover (Fig. 27, S. 61), dessen Pavillons jedoch fast sämtlich zweigeschossig sind und in Bezug auf die Höhe der Gebäude etwas geringeren Abstand voneinander erhalten haben.

Für die in England am meisten üblichen Systeme sind die folgenden Beispiele charakteristisch.

Bei dem in Fig. 28, S. 61 dargestellten St. Thomas-Hospital in London liegen die Gebäude sämtlich an einer Seite des geschlossenen Korridors, der im Erdgeschoß und I. Stock die vorgeschobenen Pavillons mit einander verbindet, während an den entgegengesetzten Enden der letzteren angeschlossene, offene Eisengallerien eine Verbindung der mit ihren Längsachsen von Ost nach West gerichteten Pavillons herstellen. Zwischen den Kopfbauten der Pavillons sind besondere Gebäude für Operationssäle, Kirche, Beamtenwohnungen u. s. w eingebaut, die den verhältnismäßig engen Raum zwischen den sehr

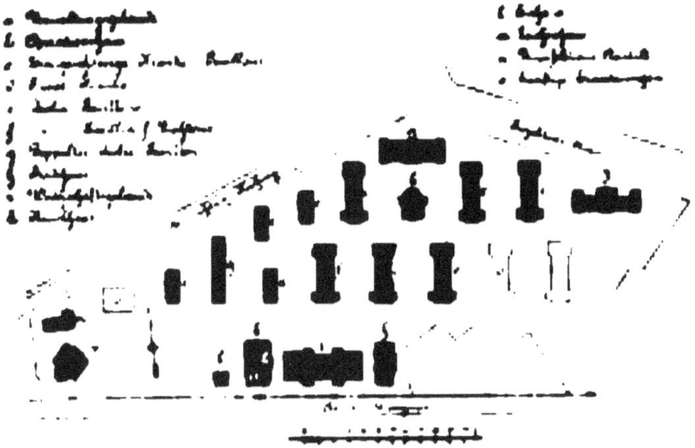

Fig 36 Neues städtisches Krankenhaus an der [illegible] in Hannover Lageplan

Fig 37 St. Thomas-Hospital in London. Lageplan

hohen Pavillons noch mehr beengen und im Verein mit den Verbindungsgängen die freie Luftcirkulation des Hospitals sehr behindern

Die doppelseitige Anordnung der Pavillons an einem geschlossenen Verbindungskorridor findet sich beispielsweise auch Fig 38, S 62 bei dem Herbert-Hospital in Woolwich, wo die dreigeschossigen Gebäude ebenfalls einen verhältnismäßig geringen Abstand haben

Besser ist die Anordnung des Hospitals in Blackburn (Fig. 60), wo die Pavillons zu beiden Seiten des geschlossenen Verbindungskorridors im Versatz zu einander gestellt sind und dadurch einen größeren Abstand erhalten haben.

Anstatt der ganz geschlossenen Korridore ist in England jedoch oft auch bei mehrgeschossigen Pavillons der Korridor nur im Erd-

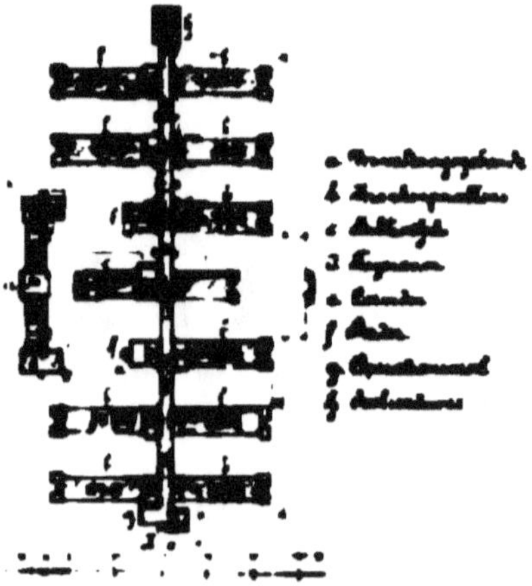

Fig. 59. Herbert-Hospital zu Woolwich. Lageplan.

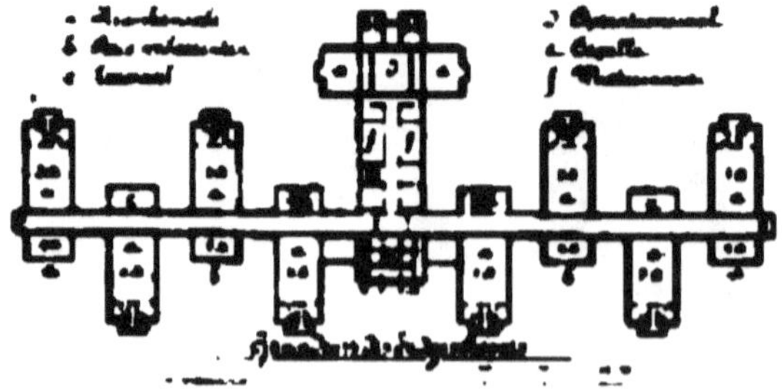

Fig. 60. Hospital in Blackburn. Lageplan.

geschoß geschlossen, während derselbe im 1. Stock seitlich offen und nur mit einem Dach versehen ist, das bei einem etwaigen 2. Stockwerk eine Verbindungsterrasse zwischen den Pavillons bildet (Birmingham General Infirmary).

Daß auch bei Epidemie-Hospitälern geschlossene Verbindungskorridore angeordnet werden, zeigt u. a. das in Fig. 41, S. 63 dargestellte Beispiel des neuen Epidemie-Hospitals zu Notting-

kam, bei welchem sonst auf eine gute Isolierung der Kranken und der einzelnen Teile des Krankenhauses weitgehend Rücksicht genommen ist. Um direkte Luftverbindungen zwischen den Pavillons durch die Verbindungskorridore zu vermeiden, sind die letzteren überall dort, wo die nach den einzelnen Pavillons führenden Seitenkorridore von dem Verwaltungsgebäude ausgehenden Hauptkorridors abzweigen, an den Seiten offen gelassen, so daß hier die Luft nach außen

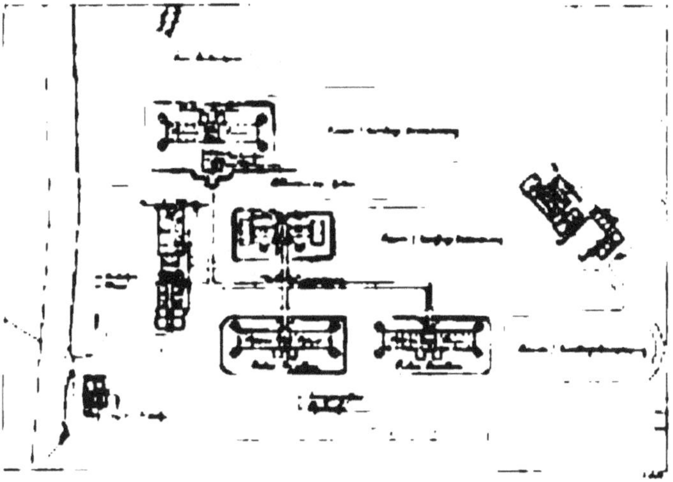

Fig. 41. [illegible]-Epidemie-Hospital. Lageplan

entweichen kann, indessen dürfte hierdurch die beabsichtigte, genügende Isolierung der Pavillons schwerlich gesichert sein.

Für die allgemeine Anordnung der Gebäude in französischen Hospitälern ist meistens diejenige des Hospitals Lariboisière in Paris (Fig. 42, S. 64) vorbildlich gewesen, bei welchem sich die Gebäude rings um den, einen mittleren Hof umschließenden, Verbindungskorridor gruppieren, und zwar an der vorderen Schmalseite das Verwaltungsgebäude, seitlich von diesem einerseits die Küche, andererseits das Gebäude für die Apotheke u. s. w., hinter diesen letzteren Bauten zu beiden Seiten des Mittelhofes je 3 Krankenpavillons, sowie in letzter Reihe die Wohnungen für Wärterinnen und die Magazinräume einerseits, und die Wäscherei und Wohnungen des Dienstpersonals andererseits. An der hinteren Schmalseite des Korridors, dem Verwaltungsgebäude gegenüber, liegt in der Hauptachse die Kapelle, an welche sich seitlich das Leichenhaus, die Operationssäle, die Bäder und Kleiderräume anschließen. Der Verbindungskorridor ist geschlossen und eingeschossig, jedoch mit einer begehbaren Dachterrasse versehen. Zwischen den Kopfenden der dreigeschossigen Pavillons liegen im Erdgeschoß an dem Verbindungskorridor Säle für Rekonvalescenten. Da die Abstände der Pavillons sehr gering und nur annähernd so groß sind, als die Gebäudehöhe beträgt, so sind die Krankensäle, besonders im Erdgeschoß, dem Sonnenlicht im allgemeinen zu wenig zugänglich, ebenso wie die zur Erholung der Reconvalescenten dienenden, freien Plätze zwischen den Pavillons. Auch wird der freie Luftzutritt zu dem inneren Hofe durch den geschlossenen Verbindungskorridor und die Reconvalescentensäle sehr behindert, ein Uebelstand, der bei dem in ähnlicher Weise angelegten

Fig. 48. Hospital Lariboisière in Paris.

Hôtel Dieu ebendaselbst noch weit schwerer ins Gewicht fällt, weil hier die Zwischenräume zwischen den dreigeschossigen Pavillons durch ebenso hohe Bauten geschlossen sind, so daß der innere Hof für äußere Luftströmungen ganz unzugänglich ist.

Eine gute Krankenhausanlage der neueren Zeit stellt der Lageplan des Civil- und Militär-Hospitals in Montpellier in Fig. 48, S. 65 dar. Die mit ihrer Längsachse von NW nach SO gerichteten allgemeinen Krankenpavillons sind nach französischem System zu beiden Seiten eines, von abschließbaren Gallerien umgebenen, mittleren Hofes angeordnet, dessen Vorderseite durch ein Gebäude für Bureaux, Apotheke, Klinik, Laboratorien u. s. w. geschlossen ist. An der Rückseite dieses Gebäudes schließt sich innerhalb des Hofes das Küchengebäude und das allgemeine Badehaus an. An der hinteren Schmalseite des

Hofes liegt die Kapelle, sowie westwärts das Schwesternhaus mit Magazinräumen, in dessen Nähe auch das Waschhaus angelegt ist.

Dieser ganze, für die allgemeinen Kranken bestimmte Gebäudekomplex wird von einer breiten, freien Zone, bzw. von einem breiten Wege in elliptischer Form umschlossen. Außerhalb dieser Zone sind an den vorspringenden Ecken des Grundstücks eine Entbindungsanstalt mit Isoliergebäude, eine Epidemie-Abteilung mit 3 Pavillons,

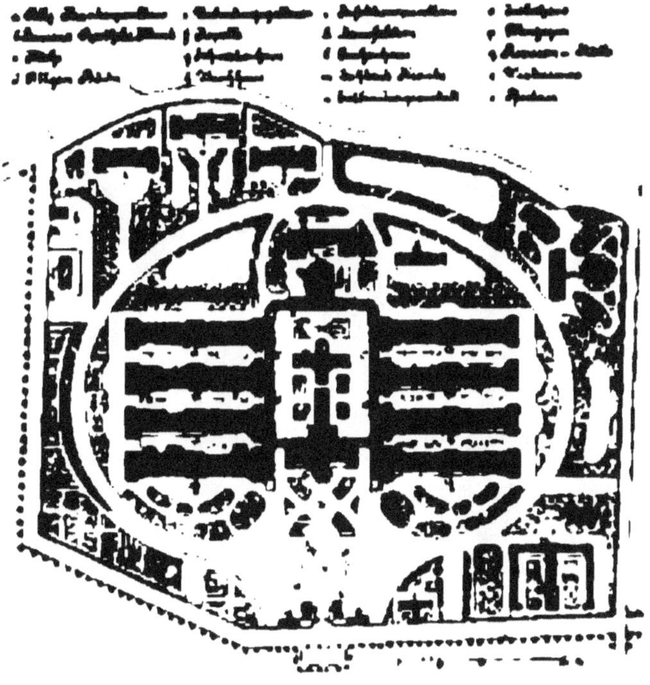

Fig. 63. Civil- und Militär-Hospital in Montpellier. Lageplan.

das Leichenhaus mit Desinfektionsanlage, sowie endlich ein besonderer Pavillon für zahlende Kranke zweckmäßig abgesondert. Am Haupteingang befinden sich eine Pförtnerwohnung, Warte- und Besuchsräume, daneben Remisen, Ställe und ein Magazinschuppen.

Bei dem Civil-Hospital in Antwerpen (Fig. 64 u. 65) sind sämtliche Gebäude mit Ausnahme des Waschhauses durch einen bedeckten Korridor miteinander verbunden, der einen mittleren Hof mit abgestumpften Ecken umschließt. Die runden Krankensäle dieses Hospitals liegen außerhalb der Verbindungskorridore, während innerhalb der letzteren zwischen je 2 Pavillons der Längsseiten des Hofes die

Kapelle, das Küchengebäude und ein Wohnhaus für die Wärterinnen hintereinander angeordnet sind. An den beiden Schmalseiten der Hospitalanlage befindet sich einerseits das Verwaltungsgebäude mit dem Haupteingang, dem Bureau und Wohnungen für Beamte u. s. w., andererseits das Badehaus. Hinter dem letzteren liegt das Waschhaus, während zwischen dem Verwaltungsgebäude und der ersten Pavillonreihe, etwas abgerückt, das Operationshaus einerseits und das Leichenhaus andererseits eingefügt ist. Die Verbindungskorridore selbst sind einstöckig, aber mit Dachterrassen versehen, vermittels deren die zweistöckigen Pavillons auch im 1. Stock mit den übrigen Gebäuden in Verbindung stehen.

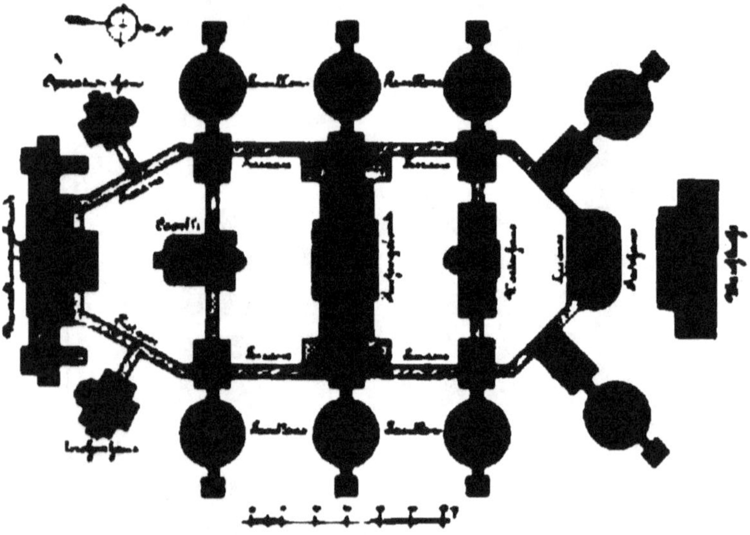

Fig. 46. Civil-Hospital in Antwerpen. Lageplan.

Eine gute Anlage findet sich, wie aus Fig. 45 S. 67 hervorgeht, in dem John Hopkins-Hospital zu Baltimore, wo die Pavillons ebenfalls durch eingeschossige, bedeckte und seitlich geschlossene Gänge, sowohl untereinander, wie mit dem Verwaltungsgebäude, der Apotheke, dem Küchengebäude, dem Bade- und Operationshaus und mit dem Pflegerinnenheim verbunden sind, während die Waschanstalt, das pathologische Institut und einige kleine Nebengebäude als isolierte Bauten an geeigneten Stellen ebenfalls gelegt sind. Der Abstand der Krankenpavillons beträgt nur 14,30 m, also nicht ganz das Doppelte der Höhe derselben (ca. 10 m). Der sonstigen freien und übersichtlichen Gestaltung des Grundplans dieses Hospitals hätte wohl eine weniger dichte Zusammenstellung der Pavillons entsprochen.

Bei der Frage nun, wie die Räume in den Gebäuden

des Pavillonsystems anzuordnen sind, werden hier nur die Räume der Krankenpavillons selbst in Betracht zu ziehen sein.

Den Hauptraum bildet der allgemeine Krankensaal, der, mag derselbe in noch so verschiedener Form auftreten, mindestens an zwei gegenüberliegenden (Längs-)Seiten beleuchtet und in der Längs- wie in der Querrichtung durchlüftbar sein sollte. Die mit demselben verbundenen Nebenräume müssen eine solche Lage haben, daß man

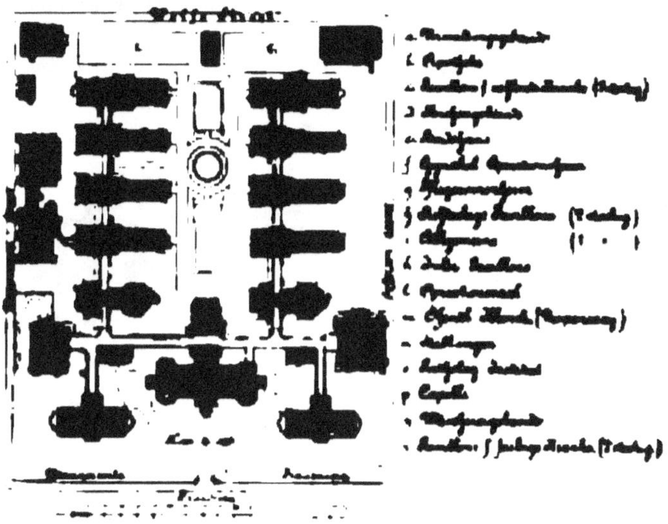

Fig. 44. Johns-Hopkins-Hospital in Baltimore.

Luftströmungen zwischen den einzelnen Räumen nicht stattfinden kann, jedoch müssen die Verbindungen möglichst bequem und Störungen bei dem Verkehr zwischen den Räumen ausgeschlossen sein.

Am besten werden die Nebenräume auf beiden Giebelseiten des Krankensaals angeordnet, und zwar diejenigen, in denen nur das Verwaltungs- und Dienstpersonal zu verkehren hat, wie Zimmer für Aerzte und Wärter, Theeküche, Spülraum, Wäscheraum u. s. w., ferner die Kranken-Einzelzimmer, an der einen (nördlichen) Seite, wo sich auch der Haupteingang zu dem Pavillon befindet, während die den Kranken allein dienenden Nebenräume (Bad, Klosets, Waschraum) auf der entgegengesetzten (südlichen) Giebelseite zu beiden Seiten eines in der Hauptachse des Krankensaals liegenden Tagesraumes liegen. Letzterer muß mit dem Krankensaal in direkter Verbindung stehen und von diesem übersehen werden können, auch eine möglichst ausgedehnte Frontwand erhalten, die dem Sonnenlicht möglichst viel Zutritt zu dem Tagesraum gestattet. Damit der Krankensaal in der Längsrichtung gut durchlüftbar bleibt, ist auch der Eingangsflur des nörd-

beiden Giebelvorbauten in die Mitte des Gebäudes zu legen, so daß nach Oeffnung der in der Längsachse des ganzen Pavillons angeordneten Thüren oder Fenster der Luft ein direkter Durchzug gestattet ist (vergl. Fig. 46 den eingeschossigen Krankenpavillon des städtischen Krankenhauses im Friedrichshain zu Berlin).

Bei mehrgeschossigen Pavillons ist den erforderlichen Treppen eine besondere Beachtung zu schenken. Dieselben dürfen nicht etwa eine solche Lage haben, daß die Luft der unteren Krankensäle durch das Treppenhaus nach den oberen Sälen gelangen kann. Man wird dieselben daher nicht in unmittelbare, oder auch nur nahe Verbindung mit den Krankensälen bringen dürfen, sie vielmehr möglichst entfernt von letzteren, am besten an den Giebel-

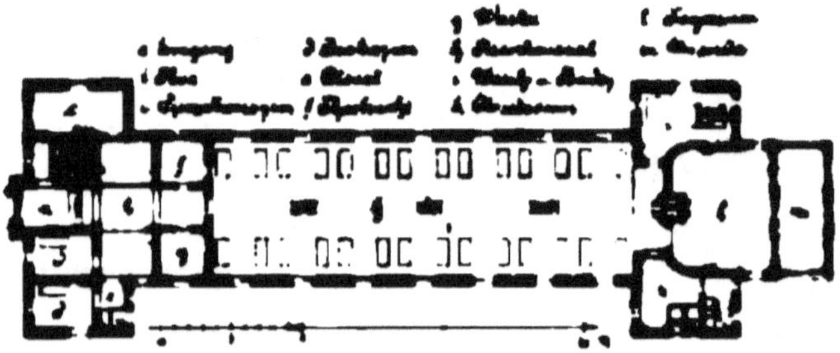

Fig. 46. Städtisches Krankenhaus im Friedrichshain in Berlin. Eingeschossiger Krankenpavillon.

front, direkt neben den Eingang legen müssen, zumal hierdurch auch ein direkter Verkehr mit dem oberen Geschoß stattfinden kann, ohne den Bereich der Krankenräume des Erdgeschosses zu berühren.

Diese Anordnung zeigen die zweigeschossigen Pavillons des neuen städtischen Krankenhauses an der [illegible] in Hannover (Fig. 47 und 48, S. 69). Bei diesen, wie bei den Krankenpavillons des Hamburg-Eppendorfer Krankenhauses (Fig. 49, S. 69), ist der Krankensaal von den in dem Mittelbau des Eingangs gelegenen Nebenräumen noch durch einen Querlüftkorridor getrennt, sodaß der Krankensaal fast vollständig von allen Seiten von frischer Luft umspült werden kann. In dem Hamburger Pavillon ist neben den Tageraum ein Aufwaschraum gelegt, weil in dem Tageraum die von der Oekonomie hergebrachten Speisen verteilt, hier auch von den Rekonvaleszenten verzehrt werden und das Geschirr daher am bequemsten in dem zunächst liegenden Aufwaschraum abgespült werden kann.

Die zweigeschossigen, allgemeinen Pavillons des städtischen Krankenhauses am Urban in Berlin (Fig. 50, 51 und 52, S. 70) haben außer der Haupttreppe neben dem Eingang eine zweite Nebentreppe, welche die Krankensäle der beiden Geschosse direkt verbindet, eine Einrichtung, die allerdings von größerem Bedenken wäre, wenn diese Treppe für den gewöhnlichen Krankendienst benutzt würde.

Fig. 66.

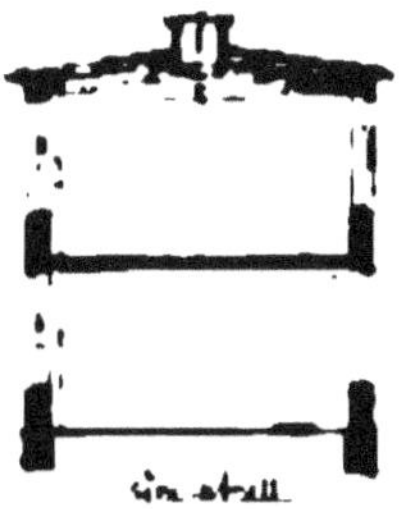

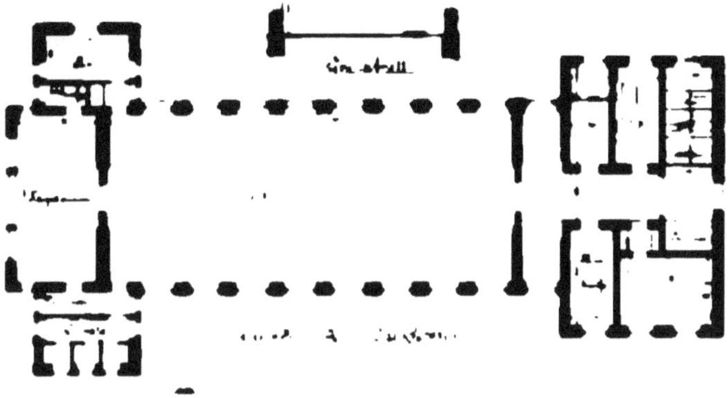

Fig. 67.

Fig. 67. Zweigeschossiger Pavillon des Krankenhauses a. d. [illegible] in Hannover.
Fig. 66. Querschnitt.

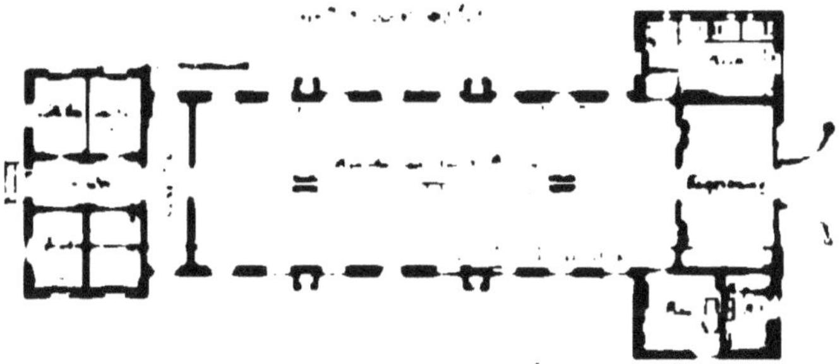

Fig. 68. Eingeschossiger großer Krankenpavillon im Krankenhaus Hamburg-Eppendorf.

und nicht vielmehr für außergewöhnliche Fälle und zur größeren Sicherheit bei Feuersgefahr u. dergl. dienen.

Eine ähnliche Anlage, wie in den genannten Pavillons, findet sich in den eingeschossigen, chirurgischen Pavillons des städtischen Krankenhauses in Frankfurt a. M. (Fig. 53 und 54, S. 70).

Fig. 30

Fig. 31.

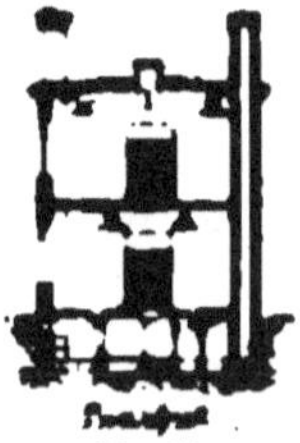

Fig. 32.

Fig. 30, 31 u. 32. Zweigeschossiger Pavillon des Krankenhauses am Urban in Berlin.

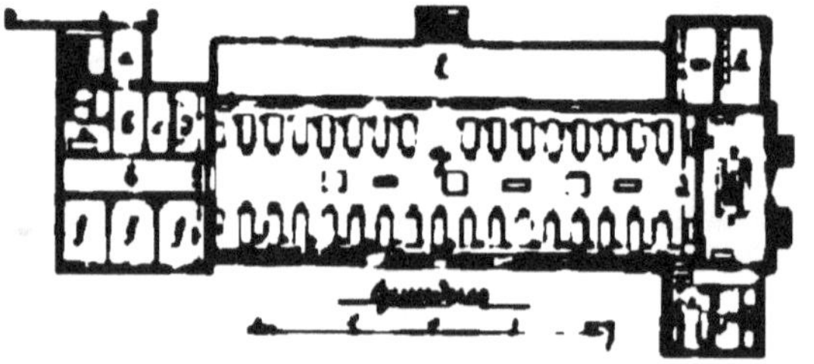

Fig. 33

Fig. 34

Fig. 33 u. 34. Chirurgischer Pavillon des städtischen Krankenhauses in Frankfurt a. M.

welche außer dem Tagesraum noch an einer Längsseite eine ganz bedeckte, aber seitlich offene Halle besitzen. Diese letztere ist besonders bei chirurgischen Pavillons von großem Wert.

Bei dem Civil-Hospital in Antwerpen sind, wie Fig. 55, S. 71 zeigt, die Nebenräume ebenfalls getrennt, auf zwei Seiten des runden Krankensaales gegenüberliegend angeordnet, jedoch von diesem durch kurze, geschlossene Verbindungsgänge ganz isoliert. Der hygienische

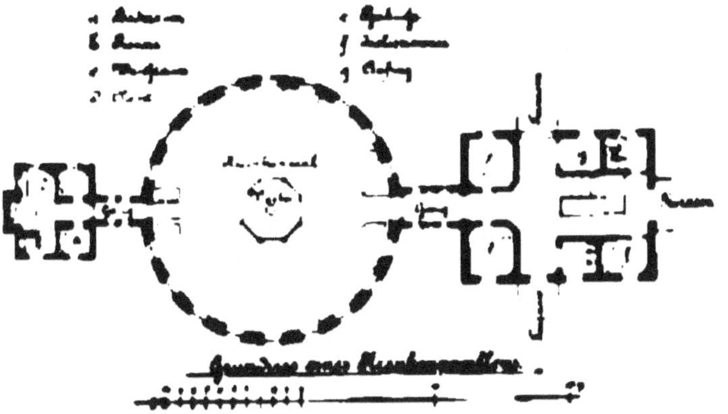

Fig. 55. Civil-Hospital in Antwerpen.

Wert dieser Anordnung besteht darin, daß dem Krankensaal von allen Seiten freier Zutritt von Luft und Sonnenlicht gesichert ist.

In England werden in der Regel die Klosets und Baderäume in einem besonderen Thurmbau gelegt, der mit dem Krankensaal durch einen kurzen, gut lüftbaren, geschlossenen Gang in Verbindung steht, wie z. B. bei dem St. Thomas-Hospital in London (Fig. 56), ferner bei dem Nottingham Epidemie-Hospital (vergl. Fig. 41,

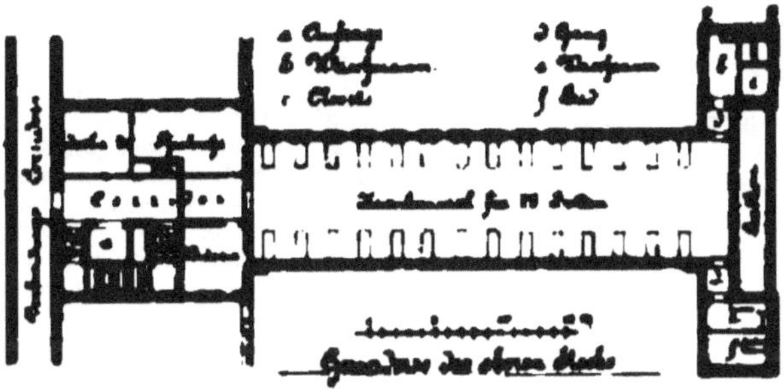

Fig. 56. Krankenpavillon des St. Thomas-Hospitals in London.

S. 63) bei dem neuen Park-Hospital in London (Fig. 57 und 58, S. 72) u. s. w. Die Treppenhäuser der zweigeschossigen Pavillons des letztgenannten Hospitals sind in zweckmäßiger Weise ganz von den Räumen der Pavillons isoliert und an die Verbindungskorridore gelegt, wie dies unter anderem auch bei dem Hospital in Blackburn (vergl. Fig. 40, S. 62) geschehen ist.

Fig. 57.

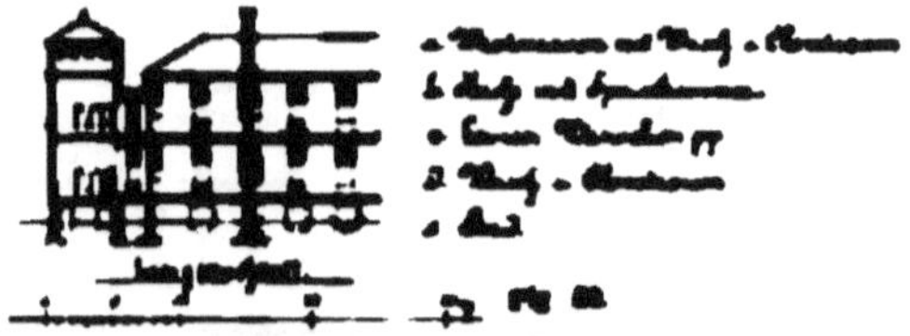

Fig. 58.

Fig. 57 u. 58. Dreigeschossiger Pavillon des Park-Hospitals in London.

Im Gegensatz hierzu ist die Anordnung der Treppen, wie sie in dem Hospital Lariboisière in Paris (Fig. 59) ausgeführt ist, eine ungünstige, da das ringsum geschlossene Treppenhaus unmittelbar neben dem Krankensaal liegt und daher die Luft in den dreigeschossigen Pavillons leicht von einem Saal zum anderen aufsteigen kann.

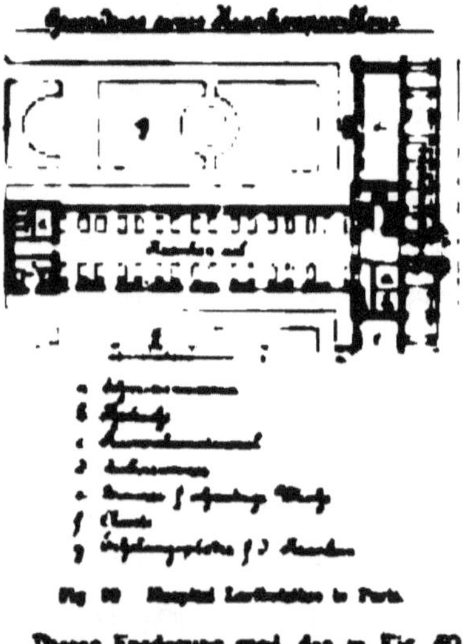

Fig. 59. Hospital Lariboisière in Paris.

Auch in dem Falle, wo zwei größere Krankensäle zu beiden Seiten eines Mittelbaues angeordnet werden, empfiehlt es sich, die Nebenräume in derselben Weise, wie oben erwähnt, auf beide Giebelseiten der Säle zu legen, wobei jedoch darauf Bedacht zu nehmen sein wird, daß der Mittelbau, in welchem die Nebenräume in doppelter Zahl nebeneinander liegen, und welcher leicht eine Luftverbindung zwischen den Krankensälen vermitteln kann, gut lüftbar ist und besonders in der Querrichtung der Luft freien Durchzug gestattet.

Dieser Forderung wird der in Fig. 60 und 61, S. 73 dargestellte Krankenpavillon des Kaiser Franz Joseph-Spitals in Bielitz gerecht, dessen Mittelbau mit seinen Nebenräumen, ebenso wie die Krankensäle desselben in der Längs- und Querrichtung gut zu lüften ist.

Weniger günstig erscheint die Anordnung der Nebenräume auf einer Seite des Krankensaales, wie bei dem Pavillon des städtischen

Fig. 61

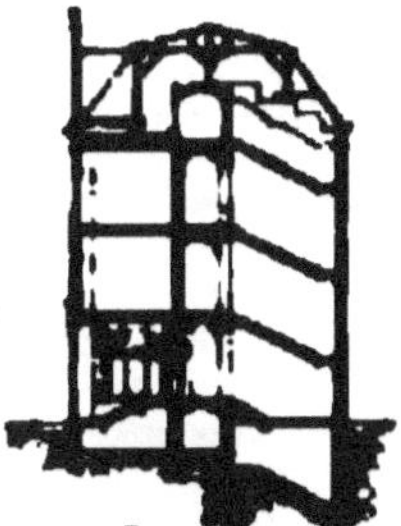

Fig. 62

Fig. 61 u. 62 Großer Pavillon des Kaiser-Franz-Joseph-Spitals in Wien

Krankenhauses zu Magdeburg (Fig. 64), wo die Luft der sich gegenüberliegenden Krankensäle durch den Mittelkorridor, an dem sämtliche Nebenräume liegen, leicht kommunizieren kann. Bei diesem Pavillon ist auch die Möglichkeit einer kräftigen Durchlüftung in der Längsrichtung der Säle gering, ein Uebelstand, der bei dem Doppelpavillon desselben Krankenhauses (Fig. 65) mehr vermieden ist. Indessen ist hier trotz der besseren Durchlüftbarkeit des Mittelkorridors im Zwischenbau die Lage der Nebenräume insofern nicht sehr günstig, als letztere zu weit von dem Saal getrennt sind.

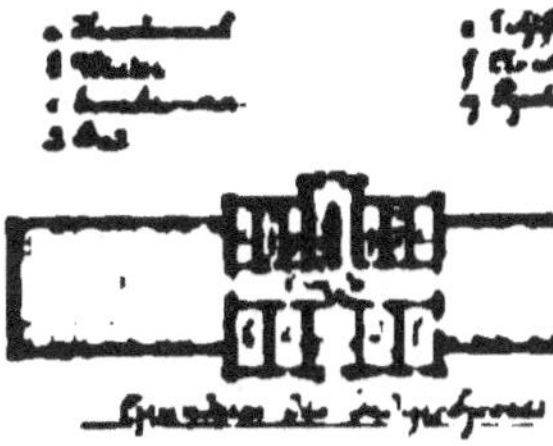

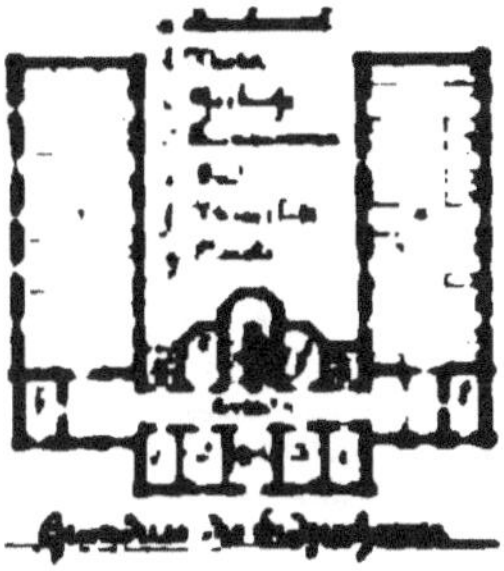

Fig. 64 Pavillon. Fig. 65 Doppelpavillon.

Städtisches Krankenhaus in Magdeburg

Bei dem in Fig. 64 dargestellten medizinischen Pavillon des Krankenhauses in Aussig sind die Nebenräume der beiden Säle ebenfalls zusammen je einem Mittelbau gelegt, was hier bei der geringen Größe der Säle, der kleinen Zahl der Nebenräume selbst und der eingeschossigen Anlage der Pavillone weniger Bedenken erregt, im übrigen aber manche bauliche Vorteile gewährt.

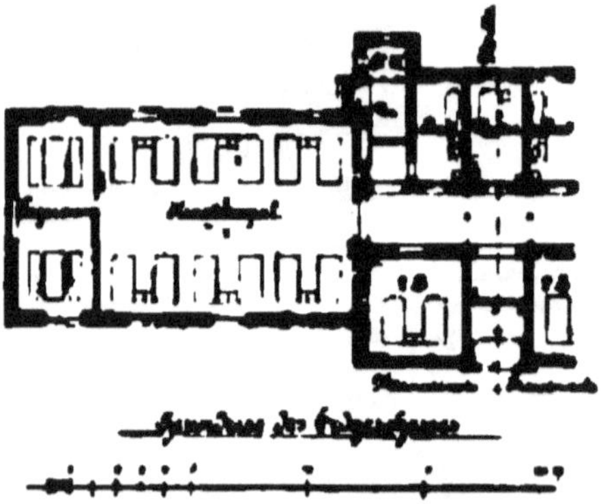

Fig. 64. Medizinischer Pavillon des Krankenhauses in Aussig.

Eine starke Anhäufung von Nebenräumen auf einer Seite des Krankensaales findet, wie Fig. 65—67, Fig. 78, zeigen, bei dem John Hopkins-Hospital in Baltimore statt, welche die Uebersichtlichkeit über diese Räume erschwert und leicht zu Störungen in dem Verkehr zwischen den einzelnen Räumen Veranlassung geben kann. Nicht minder ist bei der Zusammendrängung so vieler kleiner Räume eine gute, natürliche Lüftung nur schwer durchführbar.

Zweckmäßiger erscheint uns in dem neuen Billroth-Pavillon des Rudolfiner-Hauses in Wien die getroffene Anordnung der Nebenräume, die nach Fig. 68, S. 76 sämtlich in einem nach Norden gelegenen Anbau des Pavillons verlegt sind und hier eine gute Beleuchtung erhalten haben. Nicht nur sind die Nebenräume selbst gut lüftbar, sondern es wird auch die Luft der Krankensäle von denselben in keiner Weise beeinflußt. Nur der Tagesraum ist als integrierender Bestandteil des Krankensaales mit diesem direkt verbunden und auf der westlichen Giebelseite des Saales angeordnet.

Eigenartig ist die Raumanordnung in den Pavillons des Hospitals in Montpellier (Fig. 69, S. 77), die nach dem Konstruktionssystem des Ingenieurs Tollet erbaut sind.

Die äußeren Giebelseiten der beiden großen Krankensäle sind, zwecks guter Lüftung in der Längsrichtung, frei gelassen, während sich in dem mittleren Zwischenbau eine Treppe, einige Isolierzimmer, sowie je ein Raum für den Arzt, die Wärter und ein Bureau befinden.

Die übrigen Nebenräume, wie Theeküche, Bäder, Klosetts und Waschräume, sind längsseits an den Mittelbau unter Einfügung eines gut lüftbaren Zwischenkorridors angebaut. Ebenso ist an beiden Enden

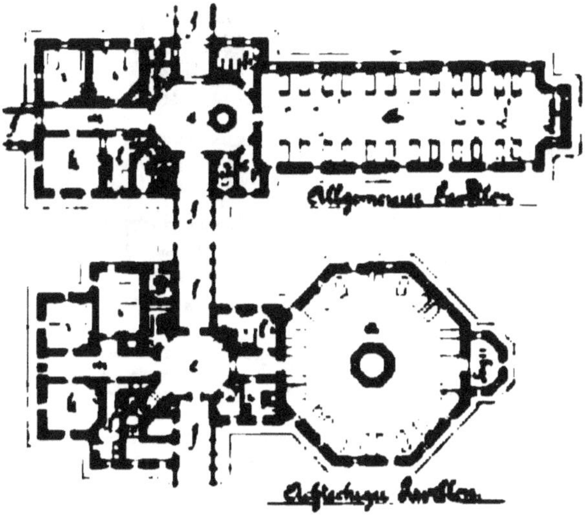

Fig. 95 und 96.

Fig. 97.
John-Hopkins-Hospital in Baltimore.

der Pavillons, und zwar auf jeder Seite desselben, ein Absonderungszimmer angefügt, zwischen denen sich an den Langseiten des Pavillons offene, breite Balkons zur event. Aufstellung von Krankenbetten befinden. Die Pavillons sind eingeschossig, ruhen aber auf einem hohen

Fig. 68.

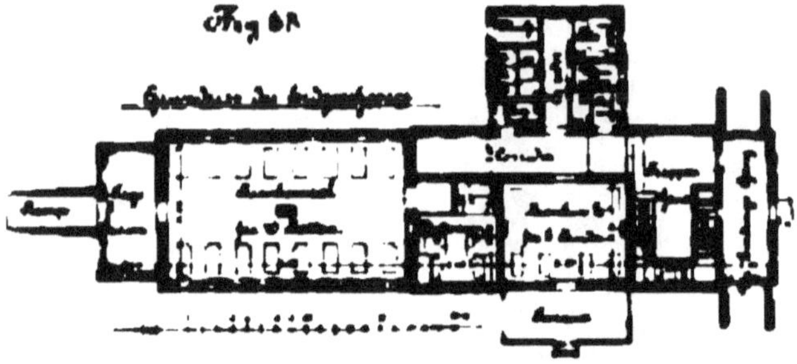

Fig. 68. [illegible] Pavillon im Rudolfiner Haus zu Wien.

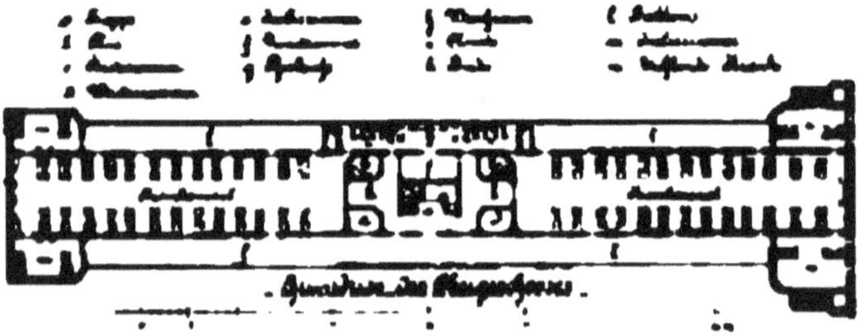

Fig. 69.

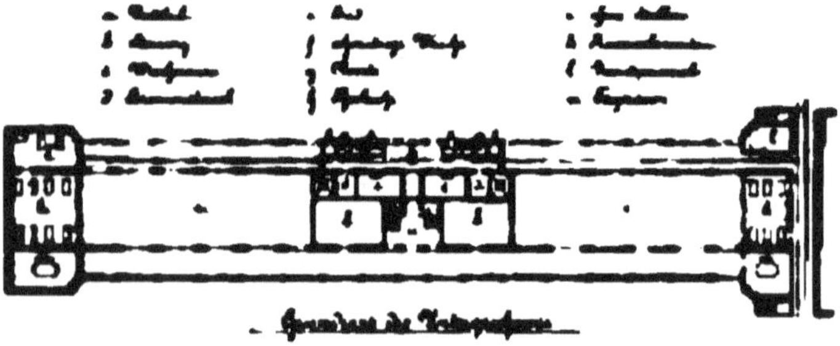

Fig. 70.

Fig. 69 und 70. Allgemeiner Pavillon des Hospitals in Montpellier.

Pavillon-Unterbau (s. Fig. 70), der an beiden Stirnseiten kleine Säle für Rekonvaleszenten nebst einigen Nebenzimmern, in der Mitte, ferner außer der Treppe Räume für Brennmaterialien, Heizvorrichtungen, Theeküche, Bäder, Klosets und Waschräume enthält. Die oberen

liegenden Räume des Unterbaues können bei dem milden Klima Montpelliers leicht zu Krankensälen umgewandelt werden, indem man die Bogenöffnungen der Frontwände verglast oder durch Lattwand schließt. Diese offenen Bogenstellungen gestatten für gewöhnlich eine freie Luftcirculation auch unterhalb des massiven Fußbodens der Krankensäle, und dieses Princip der möglichst ununterbrochenen Luftumspülung aller Teile und Räume des Krankenpavillons hat auf die Raumanordnung wesentlich bestimmend eingewirkt.

Für unser Klima würden sich derartige Unterbauten kaum eignen und verwendbar erweisen. Mit Rücksicht auf die erheblichen Kosten eines Unterbaues wird man überhaupt denselben möglichst beschränken und den Fußboden des Krankensaales nur soviel über die Erdoberfläche erheben, als dies die sonstigen, baulichen Einrichtungen, wie die Anlage von Kellerräumen u. dergl., zweckmäßig erscheinen lassen. In sanitärer Beziehung können die Unterbauten und Hohlräume unter dem Fußboden vollständig fortfallen, sobald für eine luftdichte Abdeckung des Erdreichs durch eine Cementbetonschicht u. dergl., oder für die Herstellung eines massiven, undurchlässigen Fußbodens gesorgt ist, sodaß das Aufsteigen und Eindringen von Ausdünstungen des Erdreichs in die Krankensäle vollständig ausgeschlossen ist. Wenn für letzteren Zweck vielfach hohe und teure Unterbauten wie in dem städtischen Krankenhaus zu Dresden (Fig. 71), oder vollständig durchgehende Kelleranlagen, wie in dem städtischen Krankenhaus in Leipzig, in dem John Hopkins Hospital in Baltimore (vergl. Fig. 67, S. 75) u. a. hergestellt sind, so erscheint dies angesichts der Möglichkeit, daß man den beabsichtigten Zweck mit viel einfacheren Mitteln erreichen kann, unnötig kostspielig.

Fig. 71. Pavillon des städtischen Krankenhauses in Dresden.

Um außer dem, für den eigentlichen Krankendienst erforderlichen Räumen auch noch die für manche wirtschaftliche Zwecke, z. B. Aufstellung von Heizapparaten, Lagerung von Kohlen, Utensilien u. s. w., event. auch für Wohnzwecke nötigen Räume vorzusehen, wird wohl in den meisten Fällen eine Kelleranlage nicht umgangen werden können. Man beschränke sich aber hierbei auf das notwendigste Maß, da gerade in dem Keller eine mißbräuchliche Benutzung nicht verwendbarer Räume durch Lagerung von allerlei Abraum, Verbandstücken u. s. w. am ehesten zu befürchten und am schwersten zu kontrollieren ist.

Die Kellerräume sollten ihren Zugang stets nur von Außen erhalten und gegen die oberhalb derselben gelegenen Krankenräume vollständig luftdicht durch massive Decken abgeschlossen sein.

2. Die bauliche Ausführung des Krankengebäudes im allgemeinen.

a) Die Fundamentierung (s. dieses Handb. 4. Bd. 657 ff. und 661 ff.).

Bei der Herstellung der Fundamente, als dem ersten Teil der Bauausführung, muß der hygienischen Forderung Rechnung getragen werden, daß das Gebäude gegen das Eindringen von Bodenfeuchtigkeit in das Mauerwerk und gegen die damit zusammenhängenden, schlechten Dünste im Innern des Gebäudes geschützt werde. Wo deshalb der Boden besonders reich an Feuchtigkeit ist, wird man, wenn irgend möglich, eine wirksame Drainierung des Untergrundes vornehmen müssen. Außerdem aber sollen selbst bei normaler Beschaffenheit des Bodens die unter der Erdoberfläche liegenden Mauern stets gegen die von unten aufsteigende, wie gegen die seitlich eindringende Feuchtigkeit, durch besondere Maßnahmen gesichert werden, und zwar sind in ersterer Beziehung die Grundmauern in Höhe der Kellersohle bzw. etwa 0,10—0,30 m oberhalb der Erdoberfläche (aber unterhalb des Erdgeschoßfußbodens) mit isolierenden Schichten aus gegossenem Asphalt, Asphaltfilzplatten, die auch eine Einlage von dünnen Bleiplatten erhalten können, ferner aus Glas oder sonstigen undurchlässigen Materialien zu versehen. Gegen seitliches Eindringen von Feuchtigkeit schützen am besten Isoliermauern, welche in Cement gemauert und außen mit einem Cementüberzug und Teeranstrich versehen werden. Zwischen Gebäude- und Isoliermauer verbleibt eine 6—8 cm breite Luftschicht, in der durch Oeffnungen am unteren Ende (nahe am Kellerfußboden), sowie oberhalb des Erdreichs die Luft cirkulieren kann.

Weniger empfehlenswert ist die Freilegung der unter der Erdoberfläche liegenden Mauern durch seitliche Abgrabungen, da solche Gräben, wenn sie auch die beste Wirkung haben, mit vielen Unzuträglichkeiten gerade in einem Hospital verbunden sein würden.

Das Aufsaugen feuchter Dünste aus dem Untergrund kann und muß im übrigen wirksam verhindert werden durch eine wasser- und luftdichte Abdeckung der Kellersohle und der Erdoberfläche mittels einer Betonschicht oder eines in Cement hergestellten Ziegelpflasters, welche Abdeckung mit einem Ueberzug von Asphalt, einem Cementestrich, Plattenbelag u. dergl. versehen werden kann.

Diese Konstruktionen dürften sowohl hinsichtlich der Kosten, wie hinsichtlich ihrer Wirksamkeit den Vorzug vor der von Stahe vorgeschlagenen und von Degen empfohlenen Konstruktion verdienen, wonach der Boden mittels Kanälen unterhalb des Kellerfußbodens ventiliert werden soll, indem letztere mit einem Saugschornstein in Verbindung gebracht werden. Solche Kanäle, die kaum zu kontrollieren sind, können, abgesehen davon, daß ihre Wirkung fraglich ist, leicht Schlupfwinkel für Ungeziefer werden, oder auch in anderer Weise zu Unzuträglichkeiten führen.

Handelt es sich um geschlossene Hohlräume unterhalb eines mehr oder weniger über das Erdreich erhobenen Fußbodens des Erdgeschosses, so müssen dieselben, besonders bei hölzernen Fußböden, ventilierbar gemacht werden, indem ringsum in den Umfassungswänden kleine durch eiserne Gitter geschützte Oeffnungen für die Cirkulation der Luft angebracht werden.

Gegebenenfalls sind solche Hohlräume noch zugänglich zu machen, sowie gegen aufsteigende Dünste u. s. w. durch eine undurchlässige Abdeckung des Erdreichs, wie oben beschrieben, zu sichern.

b) Die aufgehenden Mauern (s. dies. Handb. 4 Bd. S. 302 ff.)

Die über der Erdoberfläche aufsteigenden Umfassungsmauern sind zunächst gegen die atmosphärischen Einflüsse zu schützen. Dies geschieht am besten durch eine Bekleidung der Außenflächen mit einem guten, wetterbeständigen Material, das möglichst wenig hygroskopisch ist. In dieser Beziehung sind im allgemeinen festgebrannte, salpeterfreie Ziegelsteine am geeignetsten, die sich schon hinsichtlich des Kostenpunktes vor den natürlichen, wertvolleren Steinarten, wie Sandstein, Kalkstein u. s. w., den Vorzug verdienen. Die Verwendung der letztgenannten Materialien wird in der Regel nur dort in Frage kommen, wo dieselben heimisch, oder leicht zu beschaffen sind. Wie für die Außenwände, so soll auch für die Innenmauern ein gut gebranntes, salpeterfreies Ziegelmaterial verwendet werden.

Um das Durchschlagen von Wetterfeuchtigkeit durch die Außenmauern zu verhüten und die Innenräume vor äußeren Temperaturschwankungen zu sichern, empfiehlt es sich ferner, die Außenmauern mit Luftisolierschichten von 6—8 cm Breite zu versehen, welche im Sommer die Wärme abhalten und im Winter dem Eindringen der Kälte Widerstand entgegensetzen. Diese Isolierschichten müssen ebenso, wie diejenigen bei den Grundmauern der äußeren Luft zugänglich und mit ventilierten oder auch verschließbaren Ventilationsöffnungen im unteren und oberen Teil versehen sein. (Vergl. dies. Handb. 4 Bd. 608 u. 611.)

Anstatt der Luftisolierschichten können auch mit gutem Erfolg enge Lochsteine oder poröse Steine verwendet werden, vorausgesetzt, daß die äußere Verblendung dieses innere Mauerwerk vor dem Eindringen von Nässe schützt.

Was das äußere Ansehen der Umfassungsmauern anbelangt, so soll dasselbe zwar einfach sein, aber auch der Würde einer derartigen Bauanlage entsprechen und auf die Kranken keinen abstoßenden, sondern einen wohltuenden Eindruck machen. Zu dem Zweck ist dahin zu streben, den Farbenton der Fronten freundlich zu gestalten und die Flächen, selbst bei ganz einfachen Gebäuden, durch eine angemessene, das gewöhnliche Mittelmaß entsprechende Architektur-Anordnung, event. auch durch einen ruhig wirkenden Schmuck farbiger Bänder, Streifen, Friese u. s. w. zu beleben. Bei dieser Ausbildung wird übrigens der Bedeutung der einzelnen Gebäude Rechnung zu tragen sein, indem z. B. das die erste Stelle einnehmende Verwaltungsgebäude, schon wegen seiner Lage am Eingang bez. an der Hauptstraße, vor den Krankenpavillons, diese wiederum vor den Wirtschafts- und Nebengebäuden u. s. w. zu bevorzugen sind.

Erhalten die Außenflächen der Fronten einen Verputz, so sollte dieser stets aus Cement hergestellt werden. Ein solcher steht aber sowohl hinsichtlich des Ansehens wie der Solidität einer guten Ziegelverblendung nach, während der Kostenpunkt beider Ausführungsarten nicht wesentlich differiert.

Die Innenflächen der Umfassungsmauern, wie auch die Flächen der inneren Scheidemauern sollen, namentlich in den den Kranken dienenden oder zugänglichen Räumen, mit einem impermeablen Ueberzug versehen sein, um das Eindringen von Bakterien und sonstiger infektiöser Stoffe in die Wände zu verhüten. Für gewöhnliche Fälle genügt ein Kalkmörtelverputz mit einem Ueberzug von geglättetem Gips, besser ist jedoch ein glatter Cementverputz, der sich mehr

Widerstandsfähigkeit gegen Beschädigungen besitzt. Sind die Mittel beschränkt, so begnügt man sich oft mit einem solchen Cementputz nur in den unteren Wandteilen bis zu einer Höhe von ca. 1,50—2,0 m, welche Teile mehr, als die oberen einer Beschmutzung, Infizierung, Beschädigung u. s. w. ausgesetzt, aber auch leichter abwaschbar sind.

Eine sehr gute Wandbekleidung, die sich allerdings wesentlich teurer, als die genannten stellt und daher meistens nur bei den unteren Wandflächen zur Anwendung kommt, ist diejenige mit glasierten Steinen oder Platten (sog. Wandfliesen). Dieselben sind vollkommen impermeabel, lassen jede Staubablagerung leicht erkennen und können leicht reingehalten und abgewaschen werden. Nur müssen die Fugen dieser Platten, die mit Cementmörtel auszusetzen sind, möglichst dicht schließend hergestellt werden, indem man die Plattenkanten gut aneinander abschleift. Andernfalls können die Fugen leicht Ablagerungsstellen für Schmutz und Krankheitsstoffe werden, die schwer zu reinigen sind.

Am meisten dürfte den hygienischen Anforderungen der Stuckmarmor entsprechen, da die Flächen desselben fugenlos, im übrigen glatt poliert und gehärtet sind, sodaß dieselben das Eindringen von Krankheitsstoffen nicht gestatten und leicht sauber gehalten werden können. Freilich wird diese Ausführungsweise wegen ihrer hohen Kosten nur in seltenen Fällen zur Anwendung kommen können und gewissermaßen nur in Luxushospitälern, wie im Hospital Lariboisière, Hôtel Dieu in Paris u. a. möglich sein.

Ein sehr gutes Material, mit dem in ähnlicher Weise impermeable, glatte, event. auch polierte Oberflächen hergestellt werden können, besitzen die Engländer in dem vorzüglichen Parian cement, der aber ebenfalls ziemlich teuer ist.

Der Wandputz aus Kalkmörtel, Gips oder Cement bedarf, um eine glatte Oberfläche und ein gutes Aussehen zu erhalten, eines Anstrichs, der in den Krankenräumen möglichst abwaschbar sein muß. Hierzu eignet sich am besten ein Anstrich mit Öl- oder Emaillefarbe, welche Materialien überdies zu einer größeren Impermeabilität der Wandflächen beitragen. Bei knappen Mitteln wird man sich in gewöhnlichen Krankensälen auch mit Kalkfarbe begnügen können, zumal eine Erneuerung derselben leicht und billig, daher auch öfterer möglich ist. Es empfiehlt sich indessen, wenn irgend möglich, wenigstens die unteren Wandflächen überall mit Öl- oder Emaillefarbe zu streichen, zumal dieser Anstrich haltbarer ist, als ein solcher mit Kalkfarbe.

Leimfarbe, welche als Bindemittel tierischen Leim enthält, kann durch ihre fauligen Bestandteile leicht zu einem Nährboden für Bakterien werden und sollte daher zum Wandanstrich in Krankensälen nur dann zugelassen werden, wenn als Bindemittel eine Lösung von Gummi arabicum oder von sonstigen unschädlichen, pflanzlichen Klebestoffen verwendet wird.

Ebenso ist die Bekleidung der Wände mit Glanztapeten, obwohl eine solche von Esse auf Grund eigener Erfahrungen empfohlen wird, noch mehr aber eine derartige Bekleidung von Decken, in hygienischer Beziehung nicht frei von Bedenken. Denn, wenn auch diese Tapeten, namentlich, wenn sie mit Öl- oder Lackfarbe gestrichen sind, leicht abgerieben und gewaschen werden können, so sind dieselben doch leicht zerstörbar, bilden Risse oder lösen sich von den Wänden ab, sodaß sie unbemerkte Staub-, Schmutz- und Bakterien-Ablagerungen herbeiführen.

können, deren Gefährlichkeit überdies noch durch Verwendung des Tapezierkleisters gesteigert wird.

c) Die Zwischendecken (s. dies. Handb. 6. Bd. 498)

An die Zwischendecken eines Krankengebäudes ist in erster Linie, und noch mehr als bei den Wänden, die Forderung der Impermeabilität zu stellen, da etwa in die Decken eingedrungene Krankheitsstoffe weit schwieriger zu beseitigen sind, als bei den Wänden, im übrigen auch die Miasmen das Bestreben haben, nach oben zu entweichen und sich besonders in den Decken festzusetzen. Bei mangelhafter Dichtheit der Decken können auch die Krankheitsstoffe leicht nach etwa oberhalb liegenden Krankensälen durchdringen und Ansteckungen verursachen.

Die Forderung der Impermeabilität läßt sich nur bis zu einem gewissen, für gewöhnliche Fälle allerdings noch ausreichenden Maße bei Holzbalkendecken befriedigen.

Bei Ausführung der letzteren muß namentlich auf das Füllmaterial der *Zwischendecken* besondere Sorgfalt verwendet werden. Dasselbe muß frei von organischen Bestandteilen sein und besteht deshalb am besten aus geglühtem Sand unter Beimengung von etwas Kalkmehl, oder aus trockenem Schlackensand. Auch eine Mischung von Torfmull (4 4 Volumenteile) mit gelöschtem Kalk (1 Teil) wird von Nußbaum empfohlen. Ein vorzügliches, aber teures Füllmaterial bildet ferner Kieselguhr (Diatomeenerde aus Unterlüß in der Lüneburger Heide), dagegen ist Koks- und Kohlenasche weniger geeignet. Da alle Füllmaterialien ein mehr oder weniger großes Wasseraufnahmevermögen besitzen, wodurch Hausschwamm und Schimmelpilze einen geeigneten Nährboden finden, so empfiehlt es sich, dieselben durch eine Abdeckung von Dachpappe unterhalb des Fußbodens vor dem Eindringen von Feuchtigkeit zu schützen.

Vollständig impermeable Decken lassen sich nur durch massive Konstruktionen erreichen, also bei Gewölben aus Ziegeln oder Beton, erhält diese auch wohl bei Decken aus sonstigen unverbrennlichen Materialien, Gips- oder Zementdielen, Monierdecken, Trägerwellblech u. s. w. in Verbindung mit eisernen Trägern. Hierbei kann das Füllmaterial gänzlich fortfallen. Die massiven Decken verdienen vor den hölzernen schon um deswillen den Vorzug, weil sie feuersicher sind, eine Eigenschaft, welche gerade bei Krankenhäusern nicht gering einzuschätzen ist und, wenn die Mittel es irgend gestatten, für die Sicherheit der Kranken noch immer gefordert werden sollte, zumal die Kosten massiver Decken meistens nicht wesentlich höher sind, als diejenigen der Holzbalkendecken.

Die Deckenflächen sollen möglichst eben sein und keine vorstehenden Balken oder eiserne Träger haben, da zwischen diesen die Luft stagniert und nicht gut abfließen kann. Auch sonstige Vorsprünge, Profilierungen, Gesimse u. s. w. sind zu vermeiden, weil sie dem Ansammeln und Ansetzen von Staub Vorschub leisten und die Reinigung der Decken erschweren.

Hinsichtlich des Verputzes und Anstriches der Decken gilt im allgemeinen dasselbe, was bei den Wänden gesagt ist.

d) Das Dach (s. dies. Handb. 6. Bd. 789)

Bei der Konstruktion des Daches eines Krankenhauses ist darauf Bedacht zu nehmen, daß nicht nur das Gebäude vor den Unbilden der

Witterung geschützt, sondern auch die Sicherheit gegen Feuersgefahr durch ein entsprechendes Bedachungsmaterial (Schiefer, Ziegel, Metall, Holzcement u. s. w.) gewährleistet sein. Eine erhöhte Wichtigkeit erhält das Dach, wenn es gleichzeitig als Decke darunter liegender Wohnräume, namentlich von Krankenzimmern dient und diese daher auch vor den äußeren Temperaturschwankungen zu schützen hat.

Es mag hier darauf hingewiesen werden, daß Dachbodenräume in Krankenhäusern möglichst vermieden werden sollten. Diese dienen nur zu oft zur Unterbringung von Gegenständen (Betten, Matratzen, Verbandutensilien u. s. w.), die seltener beaufsichtigt werden, infolgedessen stark verstauben und zu mancherlei Unzuträglichkeiten in hygienischer Beziehung Veranlassung geben. Ganz verwerflich aber sind solche Räume unterhalb des Daches, die überhaupt nicht benutzbar und schwer oder vielleicht garnicht zugänglich sind. Diese können leicht zu Ablagerungsstätten gesundheitsgefährlicher Stoffe und zu Brutstätten für allerlei Ungeziefer werden. Wo daher Bodenräume irgend entbehrlich sind, empfiehlt es sich auch schon der Kosten wegen, Dach und Decke zu vereinigen und zu deren Herstellung nur feuersichere, wetterbeständige Materialien zu verwenden, welche gleichzeitig die Wärme schlecht leiten. In dieser Beziehung hat sich das sog. Holzcementdach bisher bei vielen Krankenhausbauten ausgezeichnet bewährt. Die Konstruktionsweise desselben ist eine sehr verschiedenartige. In der Regel werden auf der in einer Neigung von etwa 1 : 20 liegenden Dachschalung mehrere Lagen von dünnem Papier auf einer Unterlage von Dachpappe oder Leinwand aufgebracht, welche sämtlich mit Holzcement aufeinander geklebt sind. Auf dieser Eindeckung wird dann eine ca. 6—8 cm starke Sand- und Kiesschicht ausgebreitet, welche den unterhalb liegenden Raum im Sommer vor Wärme, im Winter vor Kälte gut schützt, was bei einem Schiefer- und Metalldach u. s. w. nicht in gleichem Maße der Fall ist.

Gewöhnlich ruht das Holzcementdach auf einer hölzernen Sparrenlage, die unterhalb verschalt und wie die sonstigen Decken verputzt wird. Damit aber das Holzwerk nicht stockig und faul wird, müssen die Hohlräume zwischen den Sparren durch geeignete Öffnungen in den Umfassungsmauern oder durch kleine Entlüftungsschlote auf dem Dach ventilierbar gemacht werden.

Die Holzcementbedachung kann jedoch auch auf einer massiven Unterlage (Gewölbe, Betondecke u. s. w.), aufgebracht werden, wodurch allerdings die Kosten erhöht, aber die Haltbarkeit und Sicherheit der Decke vermehrt werden.

An Stelle des Holzcements wird oft ein Ueberzug von Asphalt auf massiven Dachen angewendet.

e) Die Treppen (s. dies. Handb. 4. Bd. 71 ff.)

Bei Anlage der Treppen muß vor allem für eine gute Beleuchtung und Lüftung des Treppenhauses gesorgt werden. Schlecht beleuchtete Treppen gefährden nicht nur den Verkehr auf denselben, sondern erschweren auch die Reinhaltung.

Da ferner das Treppenhaus eine direkte Luftverbindung zwischen den einzelnen Stockwerken herstellt, so muß, um nicht die Luft von einem Stockwerk in das andere eindringen zu lassen, für einen energischen Abzug der Luft im Treppenhause selbst Sorge getragen, und das letztere gegen alle Korridore und Vorplätze durch Glasthüren abgeschlossen werden.

Die Treppen sind feuersicher, bequem und aus Materialien herzustellen, die in hygienischer Beziehung zu Bedenken keine Veranlassung geben. Die Feuersicherheit erfordert ein unverbrennliches Material, Sandstein, Kalkstein, Granit, Ziegel, Beton, Eisen, Wellblech u. s. w. Alle diese Materialien lassen sich in der mannigfaltigsten Weise für sich oder kombiniert, sowie in weiterer Verbindung mit anderen Materialien, Holz, Schiefer, Xylolith u. a. verwenden, sei es bei sog. freitragenden Treppen, deren Sandstein- oder Granitstufen einseitig eingemauert sind, sei es bei eisernen Treppen, deren Trittstufen gewöhnlich mit anderem Material, Stein-, Xylolith- oder Eichenholzplatten belegt werden, sei es bei gewölbten bez. Betontreppen, deren Stufen, wie vorerwähnt, belegt oder ganz aus natürlichen oder künstlichen Steinen hergestellt werden.

Treppen aus Holz sind sowohl hinsichtlich der Feuersicherheit, als auch wegen der gegen dieselben zu erhebenden hygienischen Bedenken weniger empfehlenswert als massive Treppen, denn das Holz — namentlich die weicheren Arten desselben — besitzt im allgemeinen eine große Porosität, welche das Eindringen von Infektions- und Schmutzstoffen leicht gestattet. Als Stufenbelag sollte man daher nur das härtere Eichenholz verwenden, dessen Oberfläche gut unterhalten werden muß. Auch von den Steinmaterialien sind die weicheren, porösen Arten, die sich leicht austreten und zu Staubbildungen Veranlassung geben, die ferner stark aufnahmefähig für Flüssigkeiten sind, in hygienischer Beziehung nicht sehr empfehlenswert. Bei solchen Treppen läßt sich oft vorteilhaft ein Linoleumbelag verwenden, der sich gut sauber halten läßt, ferner auch schalldämpfend wirkt und bei glatt geschliffenen oder polierten Stufen die Gefahr des Ausgleitens beseitigt. Beläge mit Teppichen, Kokosläufern und dergl. sind jedoch, weil sie vorzügliche Ablagerungsstätten von Staub, Schmutz, Krankheitsstoffen u. s. w. bilden, durchaus verwerflich.

Was die Bequemlichkeit der Treppen anbelangt, so hängt dieselbe in erster Linie von dem Steigungsverhältnis der Stufen ab. Für letzteres ist zu beachten, daß die Steigung und der Auftritt zusammen weder einen zu kurzen, noch einen zu langen Schritt erforderlich machen dürfen. Zu geringe Steigungen (unter 10 cm) mit breiten Auftritten sind erfahrungsmäßig unbequem, größere wiederum (über 16 cm) mit kürzeren Auftritten, beschwerlich. Als ein bequemes Steigungsverhältnis kann eine Höhe von 14—16 cm und eine Stufenbreite von 34 bez. 32 cm angesehen werden.

Die Treppenläufe sind gerade, nicht gewunden zu gestalten, und müssen womöglich nach je 12—15 Stufen ein breiteres Podest erhalten, auf welchem eine Ruhebank aufgestellt werden kann.

Die Breite der Treppe ist mit Rücksicht auf den Transport von Kranken, nicht unter 2 m anzunehmen, sodaß ein Kranker event. von 2 Wärtern unterstützt werden kann.

Ferner muß die Treppe, zur bequemen Ersteigung, beiderseits — also auch an der Wandseite — einen leicht zu greifenden Handläufer erhalten, der ohne scharfe Kanten, Ecken und reichere Profilierungen, — weil diese das Reinigen nur erschweren — vielmehr einfach rund oder oval herzustellen ist. Einer bequemen und leichten Reinigung wegen sollen auch die Treppengeländer in einfachen Formen, aber solid ausgeführt werden.

Im übrigen sind der Feuersicherheit wegen die Treppenhäuser mit massiven Mauern zu umschließen und mit ebensolchen Decken zu versehen.

10. Die bauliche Herstellung des Krankensaales.

Da der Krankensaal den wichtigsten Raum eines Hospitals bildet und die Form und Einrichtung desselben einen großen Einfluß auf das Wohl der Kranken hat, ja geradezu als ein Heilmittel für letztere zu betrachten ist, so muß auf seine Herstellung eine ganz besondere Sorgfalt verwendet werden. Derselbe soll allen Forderungen der Hygiene nach Möglichkeit gerecht werden, einen freundlichen, harmonischen Eindruck machen, bequem und übersichtlich sein und eine zweckmäßige Anordnung der Betten gestatten.

Von Wichtigkeit ist schon die Grundform des Saales selbst. In älteren wie in neueren Krankenhäusern finden sich, neben der am meisten gebräuchlichen Form eines Rechtecks, auch quadratische, polygonale (achteckige), runde, elliptische und andere Säle, die ihre Form oft allerdings nicht allein hygienischen Rücksichten, sondern z. T. auch der Gestaltung des gesamten Bauplanes oder des Bauplatzes verdanken.

Die kreisförmigen und polygonalen Säle bieten, vorausgesetzt, daß sie von allen Seiten frei liegen, den hygienischen Vorteil, daß sie den wohltätigen Einwirkungen des Sonnenlichtes und der frischen Luft gleichmäßig und in ausgedehntestem Maße ausgesetzt sind und, wenn sie nicht einen zu großen Durchmesser haben, eine gute Beleuchtung des Saales und Durchlüftung nach allen Richtungen unter fast gänzlicher Vermeidung von sog. toten Ecken gestatten. Indessen läßt sich, namentlich bei größeren derartigen Sälen, der in der Mitte gelegene Teil schlecht oder gar nicht ausnutzen. Desgleichen wächst mit dem Durchmesser des Saales auch die Schwierigkeit einer guten Durchlüftung und gleichmäßigen Beleuchtung. Schon bei einer Anzahl von 20 Betten wird zur Aufstellung derselben ein weit größerer Flächenraum erforderlich als in Sälen von rechteckiger Grundform, ohne daß der hygienische Wert des Saales gewinnt. Aus diesem Grunde, sowie deshalb, weil die technische Ausführung runder Säle größere Schwierigkeiten bietet, wird auch die Anlage solcher Säle im allgemeinen teurer, als diejenige rechteckiger Säle. Nicht zu übersehen ist ferner, daß die Nebenräume der runden Krankensäle von letzteren losgelöst und in besondere Anbauten verlegt werden müssen, welche die Säle oft während eines größeren Teiles des Tages beschatten und den obengenannten Vorteil einer gleichmäßigen Einwirkung der Sonne mehr oder weniger herabsetzen.

Mit Recht ist als großer Uebelstand auch öfter hervorgehoben worden, daß bei der kreisförmigen Aufstellung der Betten den Kranken der Anblick aller ihrer Leidensgefährten gleichsam aufgedrungen wird, weil von einem Bett alle übrigen zu übersehen sind. Dieser Umstand kann recht wohl auf das Gemüt der Kranken und somit auch auf deren Heilprozeß eine ungünstige Wirkung ausüben.

Obwohl besonders in England die runden Säle viele Verteidiger gefunden haben und in verschiedenen Hospitälern ausgeführt worden sind (Hospital zu Hastings und St. Leonard, zu Liverpool, zu Miller Memorial Hospital zu Greenwich u. a.), so ist doch die Zahl der bis jetzt vorhandenen Beispiele verhältnismäßig gering. Bei dem Great Northern Hospital zu London, wo der runde Krankensaal neben rechteckigen Sälen gleichzeitig angewendet worden ist, mag die bessere Ausnutzung des beschränkten Bauplatzes zu einer derartigen Anlage geführt haben.

Eine ausschließliche Anwendung haben die runden Krankensäle bei dem Civil-Hospital in Antwerpen gefunden (vgl. Fig. 64 und 65, S. 66 und 67). Hier beträgt der Durchmesser der für 20 Betten bestimmten Säle 14,75 m, eine Tiefe, die wohl die Grenzen des Zulässigen selbst dort erreicht, wo für gute Lüftungseinrichtungen gesorgt ist. Um den großen, freien, mittleren Raum der Säle auszunutzen, ist derselbe von einem Glaseinbau für Wärterzwecke eingenommen, der aber nicht nur die Uebersichtlichkeit der Säle stört, sondern auch hinsichtlich der Unterbringung der Wärterinnen an einer sehr ungünstigen, rings von Kranken umgebenen Stelle zu schweren Bedenken Veranlassung giebt.

Von den polygonalen (achteckigen) und elliptischen Sälen gilt im allgemeinen dasselbe, was von den kreisförmigen gesagt ist.

Während alle diese Formen, ebenso wie die quadratische, sich als wenig zweckmäßig erwiesen haben, ist das Rechteck als günstigste Grundform bei der Anlage größerer Krankensäle fast allgemein üblich geworden, da diese Form eine übersichtliche Anordnung der Betten an den Längswänden entlang, desgleichen eine gute Beleuchtung der Betten durch die in den Längswänden einzuordnenden Fenster, sowie eine wirksame Durchlüftung des Raumes gestattet.

Allerdings gehen diese Vorzüge des Rechtecks verloren, sobald der Saal, wie dies in den Korridorbauten früher üblich gewesen ist, an den Giebelseiten beleuchtet wird und die Betten in der Tiefenrichtung angeordnet sind. Von beiden Arten der älteren und neueren Anordnung geben die Fig. 72 und 73, S. 86 eine Anschauung, und zwar stellt Fig. 72 einen Saal des Alten allgemeinen Krankenhauses zu Hamburg für 12 Betten, Fig. 73 dagegen einen kleinen Pavillon des Neuen allgemeinen Krankenhauses daselbst mit einem Saal für 14 Betten u. s. w. dar.

Was die Stellung der Betten anbelangt, so würde es hygienisch am besten sein, die Betten in einer Reihe aufzustellen, da hierdurch eine größere Trennung der Kranken herbeigeführt und den letzteren der niederdrückende Anblick gegenüberliegender Kranken erspart würde. Indessen erfordert eine solche Bettenanordnung eine große Länge der Säle bzw. der Gebäude, so daß dieselbe nur bei Hospitälern für eine geringere Zahl von Kranken, und wenn die höheren Baukosten nicht gescheut zu werden brauchen, anwendbar sein würde. — Hygienische Bedenken werden sich aber auch gegen eine Anordnung der Betten an beiden Längswänden nicht erheben lassen. Mehr als 2 Reihen dürfen jedoch nicht aufgestellt werden, wenn bei allen Betten für eine genügende Zuführung von Licht und frischer Luft gesorgt und eine Gleichmäßigkeit dieser Verhältnisse erzielt werden soll. Es kann daher die Anordnung einer mittleren Bettreihe, wie sie in den Pavillons des städtischen Krankenhauses zu Dresden (Fig. 74, S. 87) vorgesehen ist, nicht als empfehlenswert angesehen werden.

Noch ungünstiger sind solche Säle, welche diagonal durch eine

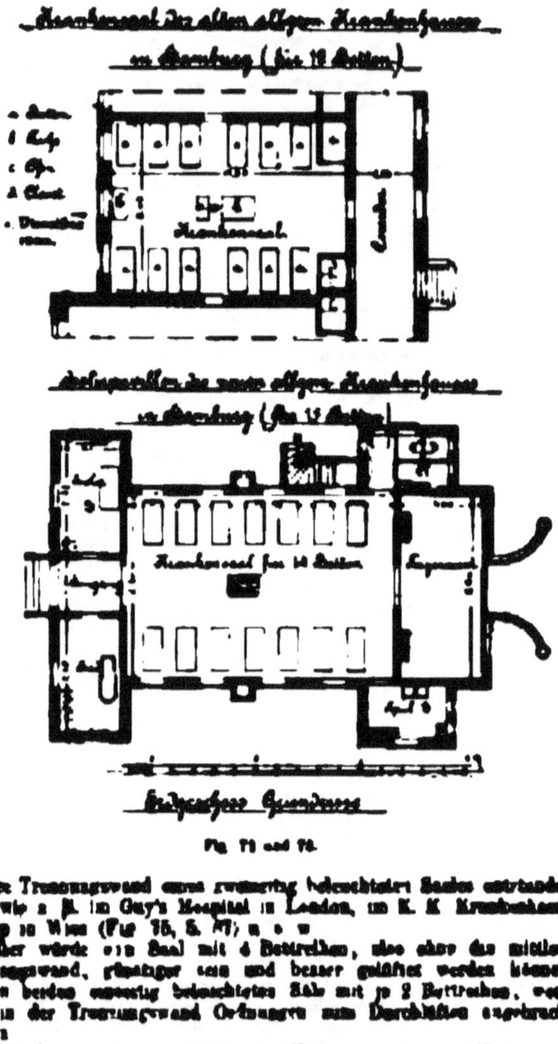

Fig. 71 und 72.

mittlere Trennungswand eines zweiseitig beleuchteten Saales entstanden sind, wie z. B. im Guy's Hospital in London, im K. K. Krankenhause Wieden in Wien (Fig. 75, S. 97) u. s. w.

Eher würde ein Saal mit 4 Bettreihen, also ohne die mittlere Trennungswand, günstiger sein und besser gelüftet werden können, als die beiden einseitig beleuchteten Säle mit je 2 Bettreihen, wenn auch in der Trennungswand Oeffnungen zum Durchlüften angebracht werden.

Ueberhaupt ist es in den meisten Fällen von geringem Wert, wenn man Säle oder Kranken-Abtheilungen bildet, indem man dieselben durch Wände trennt, aber gleichzeitig wieder durch Thüren oder nicht luft-

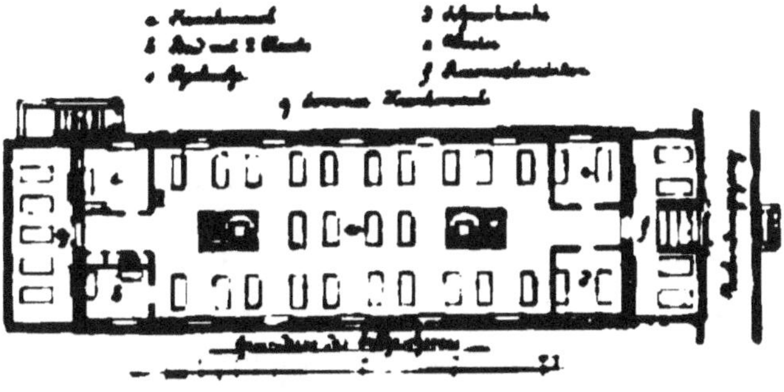

Fig. 34. Pavillon im Stadtkrankenhause zu Dresden.

bene Gänge verbunden. Hierbei wird, da die Luft der Säle stets miteinander kommunizieren kann, eine sichere Trennung von Kranken nicht erreicht und die Gesamtlüftung der Säle eigentlich nur erschwert.

Die Stellung der Betten zu den Fenstern ist meistens derart, daß je 1 Bett auf einen Fensterpfeiler (z. B. St. Thomas-Hospital in London, vergl. Fig. 56, S. 71), oder eine Gruppe von 2 Betten vor je einem Fensterpfeiler (also zwischen je 2 Fenstern) zu stehen kommt (z. B. städtisches Krankenhaus im Friedrichshain zu Berlin, desgleichen zu Dresden, zu Magdeburg u. a.). Hierbei sind die Kranken vor dem Zug von den Fenstern her möglichst geschützt. Wo ein solcher Zugwind nicht zu befürchten ist, also bei Heizvorrichtungen in den Fensterbrüstungen, bei Doppelfenstern u. s. w., da können, wie beispielsweise in dem Hamburg-Eppendorfer Krankenhause (vergl. Fig. 49, S. 69), die Betten ohne Rücksicht auf die Fenster in regelmäßigen Abständen voneinander aufgestellt und nahe (bis auf 30—40 cm) an die Fensterwand herangerückt werden, während sonst der Abstand der Betten von der Wand 0,60—0,75 m betragen muß.

Fig. 35. Krankensäle im K. K. Krankenhause Wieden in Wien.

Der seitliche Abstand der Betten muß durchschnittlich mindestens 1 m betragen, um bequem an jede Seite des Bettes herantreten zu können. Der Mittelgang zwischen den beiden Bettreihen sollte für eine bequeme Passage, sowie für die Aufstellung von Verband-, Wasch-, Wärtertischen u. dergl. nicht unter 3,5—4,0 m breit sein. Für den Fall aber, daß in dem Saal auch ärztlicher Unterricht erteilt werden soll, eine noch größere Breite, je nach der Zahl der Zuhörer, erhalten.

Aus den vorstehenden Maßangaben ergibt sich für eine gewisse Bettenzahl die Flächengröße eines Saales. Beispielsweise würde ein Saal für 30 Betten, d. h. mit 15 Betten auf jeder Längsseite, die folgenden Dimensionen erhalten müssen, wenn man die Bettlänge selbst zu 2 m, die Bettbreite zu 1 m annimmt:

$$\text{Saallänge} = \underbrace{15 \cdot 1{,}0}_{\text{Betten}} + \underbrace{14 \cdot 1{,}0}_{\text{Zwischenräume}} + \underbrace{2 \cdot 1{,}5}_{\text{Abstand der letzten Betten von der Wand}} = 32{,}0 \text{ m}$$

$$\text{Saalbreite} = \underbrace{2 \cdot 0{,}5}_{\text{Wandabstand}} + \underbrace{2 \cdot 2{,}0}_{\text{Betten}} + \underbrace{3{,}5}_{\text{Mittelgang}} = 8{,}5 \text{ m}$$

Diese Maße können als durchschnittliche Mittelwerte angesehen werden, die sich je nach den obwaltenden Verhältnissen wohl etwas modifizieren lassen, aber nicht wesentlich herabgesetzt werden dürfen, sondern eher etwas höher angenommen werden sollten.

Wie groß die Bettenzahl eines Krankensaales angenommen werden soll bzw. darf, darüber gehen die Ansichten der Aerzte vielfach auseinander. Diese Frage hängt auch von vielen Faktoren, von dem Bausystem, von den Heizungs- und Lüftungseinrichtungen, von der Art der Kranken u. s. w. ab, sodaß sich allgemein gültige Angaben nicht werden aufstellen lassen. Immerhin wird eine gewisse Minimalgrenze aus hygienischen und verwaltungstechnischen und eine Maximalgrenze aus ökonomischen Rücksichten einzuhalten sein.

Nach Miss Fl. Nightingale „muß die Frage, welches die beste Zahl von Betten in einem Saal ist, mit Bezug auf Gesundheit, Oekonomie und wirksame Krankenpflege betrachtet werden. Je mehr Betten in einem Saale stehen, desto geringer braucht die Zahl des Wärterpersonals zu sein, und um so leichter ist bis zu einem gewissen Grade die Ueberwachung." Dieselbe Autorin sagt ferner: „Der beste Umfang für Säle zur Erfüllung der Bedingungen für Gesundheit, bequeme Verwaltung und Disziplin ist ein solcher, daß sie 20 bis 30 Betten halten."

Die Erfahrung hat gezeigt, daß ein Wärter oder eine Wärterin nicht gut eine größere Zahl, als 10—12 Kranke in einem Saal bedienen kann. Um daher das Wärterpersonal nicht über Gebühr, aber genügend, zu beschäftigen, empfiehlt es sich im allgemeinen, Säle für etwa 10 Kranke oder für ein Vielfaches dieser Zahl einzurichten, d. h. für ca. 20 oder 30 Kranke mit einer entsprechenden Zahl von Wärtern. Indessen sind etwa 30 Krankenbetten in einem Saal als ein Maximum anzusehen, das selbst bei sonst guten, sanitären Einrichtungen nicht wesentlich überschritten werden sollte.

Große Krankenanstalten erfordern, wie bereits früher erwähnt, zu einer zweckmäßigen Isolierung und Gruppierung der Kranken nicht eine, sondern mehrere verschiedene Saalgrößen. Desgleichen erscheint es im allgemeinen wünschenswert, lieber eine größere Zahl kleinerer als eine kleinere Zahl größerer Säle vorzusehen, und zwar sowohl im Interesse einer möglichsten Trennung der einzelnen Krankheiten als auch um eine Entleerung des einen oder anderen Saales, die je von Zeit zu Zeit immer erforderlich sein wird, leichter durchführen zu können.

Bei Korridorbauten sollte, der allgemeinen geringeren sanitären Verhältnisse wegen, die Bettenzahl möglichst klein und keinenfalls über 10—12 hinaus angenommen werden.

Bei den nachstehenden Krankenhäusern des Pavillonsystems sind in den größeren allgemeinen Sälen untergebracht

bei dem	Hamburg-Eppendorfer Krankenhause	30		Betten
" "	Krankenhause im Friedrichshain zu Berlin	28		"
" "	" am Urban in Berlin	32		"
" "	städtischen Krankenhause in Dresden	28		"
" "	" " in Leipzig	24	bzw. 30	"
" "	" " in Magdeburg	[illegible]		"
" "	" " in Frankfurt a. M.	30		"
" "	neuen städtischen Krankenhause in Hannover	[illegible]		"
" "	St. Thomas-Hospital in London	28	bzw. 20	"
" "	Herbert-Hospital in Woolwich	32	bzw. 20	"
" "	Hospital Lariboisière in Paris	32		"
" "	Hôtel Dieu	[illegible]		"
" "	Hospital in Montpellier	[illegible]		"
" "	Civil-Hospital in Antwerpen	[illegible]		"
" "	John Hopkins Hospital in Baltimore	24		"

Demgegenüber enthalten die größeren Säle der nachstehenden Korridor-Hospitäler:

die Stadtkrankenhäuser in [illegible], Nürnberg, [illegible], Rotterdam	20	Betten
Krankenhaus Bethanien in Berlin	16	"
Altes allgemeines Krankenhaus in Hamburg	8—12	"
Stadtkrankenhaus in Augsburg	8—10	"
Jüdisches Krankenhaus in Berlin	8	"
Charité in Berlin	16—18	"
Krankenhaus in Straßburg	[illegible]	"

Die Maximalzahl der Betten in Kollektivsälen für ansteckende Kranke muß wesentlich niedriger sein, als in den Sälen für allgemeine Kranke, hängt im übrigen aber ebenfalls von der Art der Krankheiten, von dem Luftraum für je ein Krankenbett, den Lüftungs- und sonstigen sanitären Einrichtungen ab und wird, bei den sehr verschiedenen ärztlichen Ansichten, dem Urteil des jeweiligen Anstaltsarztes überlassen bleiben müssen.

Der in den Krankensälen vorzusehende Luftraum für ein Bett wird bedingt durch die auf das letztere entfallende Bodenfläche und die Höhe des Saales. Nach der oben berechneten Flächengröße für einen Krankensaal würde sich, bei einer Gesamtfläche von 34,0 · 6,7 = 2[illegible],7 qm für 30 Betten, die Fläche für ein Bett auf ca. [illegible] qm stellen. Bei der Höhenbemessung des Saales ist zu berücksichtigen, daß, wenn die Höhe zu gering angenommen wird, die Lüftung des Saales erschwert wird, daß ferner die hauptsächlich die Miasmen enthaltenden, oberen Luftschichten zu nahe über den Köpfen der Kranken schweben, oft auch ein beengendes Raumgefühl hervorgerufen wird und vor allem der auf den Kranken entfallende Luftraum zu klein ausfällt. Ist dagegen die Höhe zu groß, so wird, abgesehen von den größeren Baukosten, die Heizung in der kalten Jahreszeit sowie die Kontrolle und Reinhaltung der oberen Raumteile erschwert. Nur in wärmeren Klimaten, wo die Heizung eine geringere Rolle spielt, es vielmehr hauptsächlich auf Kühlhaltung der Räume ankommt, werden große Höhen erwünscht sein. Bei unseren klimatischen Verhältnissen wird eine lichte Höhe von 5—6 m je nach der Saalgröße nicht wesentlich überschritten werden dürfen, während anderenorts eine Höhe von 4 m selbst für kleinere Säle als ein Minimum anzusehen ist.

Der bei einer Fläche von 9 qm und einer durchschnittlichen Höhe von 5 m sich ergebende Luftraum von 45 cbm kann im allgemeinen als vollkommen ausreichend bezeichnet werden.

Plage hält eine Fläche von 92 □' (ca. 8,4 qm) und einen Luftraum von 37 cbm für genügend, Degen nimmt etwa 10 qm und 50 cbm, Sander ca. 8,6 qm und 38,10 cbm an. Die Friedens-Sanitäts-Ordnung verlangt als normalmäßigen Luftraum für jeden Kranken durchschnittlich 37 cbm bei einer Grundfläche von 9—9,5 qm pro Bett.

Demgegenüber stellen sich die Ausführungen dieser Maße

bei dem Hamburg-Eppendorfer Krankenhause	auf	7,5 qm u.	[illegible] cbm
„ „ städt. Krankenhause Friedrichshain in Berlin	„	8,7 „ „	38,01 „
„ „ „ „ am Urban in Berlin	„ ca.	9 „ „	41—50,4 „
„ „ „ „ in Dresden	„ „	8,6 „ „	40 „
„ „ „ „ in Leipzig	„ „	10 „ „	50 „
(Bem. Die neuen Baracken daselbst haben dieselben Maße, wie die Pavillons des Hamburg-Eppendorfer Krankenhauses.)			
„ „ städtischen Krankenhause in Magdeburg	„ „	8 „ „	42 „
„ „ neuen städt. Krankenhause in Hannover	„ „	8,8 „ „	40 „
„ „ „ „ „ in Offenbach a. M.	„ „	10,1 „ „	44 „
„ „ St. Thomas-Hospital in London	„ „	10,4 „ „	50 „
„ „ Herbert-Hospital in Woolwich	„ „	9 „ „	34 „
„ „ Hospital Lariboisière in Paris	„ „	10,0 „ „	55 „
„ „ Hôtel Dieu in Paris	„ „	11,5 „ „	45,16 „
„ „ Hospital in Montpellier	„ „	10 „ „	45 „
„ „ Civil-Hospital in Antwerpen	„ „	14 „ „	72 „
„ „ John Hopkins-Hospital in Baltimore	„ „	9,6 „ „	43,3 „

Sowohl der auf ein Bett entfallende Flächen- als auch der Luftraum wird nach den mehr oder minder günstigen, sanitären Einrichtungen des Hospitals, namentlich nach der Wirksamkeit der Lüftung, zu modifizieren sein. Zu beachten ist ferner, daß Fieberkranken und den mit ansteckenden Krankheiten Behafteten ein größerer Luftraum zugemessen werden muß als anderen Kranken.

Bezüglich der baulichen Herstellung von Decken und Wänden, welche bereits im allgemeinen erörtert ist, erübrigt hier nur noch, auf einige hygienische Maßnahmen, speziell in den Krankensälen, hinzuweisen. Um das Absetzen von Staub und Infektionsstoffen möglichst zu verhüten und die Reinigung, z. T. auch die Lüftung, zu erleichtern, müssen vorspringende Gesimse und sonstige Gliederungen vermieden, alle Kanten und Ecken möglichst abgerundet und demnach auch die Anschlüsse der Wände an Decken und Fußböden, sowie Wandecken selbst, als einfache, bequem zu reinigende Schrägen oder Hohlkehlen hergestellt werden.

System Tollet.

In eigenartiger Weise hat der französische Ingenieur Tollet den vorstehenden Verhältnissen in dem seinen Namen tragenden Konstruktionssystem für massive Krankenbaracken, das er allein für ein Hospital, im Interesse einer möglichsten Desinfektion der Kranken, als zulässig erachtet, Rechnung getragen. Derselbe verwirft das übliche Profil eines Krankensaales mit lotrechten Wänden und wagerechter Decke, weil nach seiner Ansicht hierbei viele tote Ecken und Winkel gebildet werden, die nicht nur eine Stagnation der Luft verursachen, sondern auch einer Reinigung viel Schwierigkeiten entgegensetzen und Veranlassung zur Ansammlung von Schmutz- und Infektionsstoffen und somit zur Entstehung von Krankheiten geben. Ferner macht dieses Profil bei dem gewöhnlichen Barackensystem viele Konstruktionsteile erforderlich, die innerhalb des Raumes liegen, aber z. T. gar nicht, oder nur schwer, zugänglich sind.

Ebenso verursacht die wagerechte Decke der nach oben (durch Firstöffnungen u. s. w.) abziehenden Luft einen nicht unerheblichen Reibungswiderstand, der auf eine natürliche Lüftung einen ungünstigen Einfluß ausübt.

Diese Gründe, in Verbindung mit dem Bestreben, ein einfaches, leicht ausführbares, aber solides Barackensystem herzustellen, das die Kostspieligkeit der Decentralisation der Kranken in einstöckigen Gebäuden durch möglichste Billigkeit der Bauausführung wieder paralysiert, ließen Tollet eine Form wählen, bei welcher der von den einzelnen Bauteilen umschlossene Raum voll ausgenutzt und ein geringster Aufwand an Material erfordert werden sollte.

Wesentlicher sind jedoch die Vorzüge des Systems Tollet in hygienischer Beziehung, da dasselbe eine für die natürliche Ventilation günstigste Form eines Krankensaales besitzt, welche der aufsteigenden Bewegung der Luft den geringsten Reibungswiderstand entgegensetzt, welche ferner die den Raum umschließenden Flächen und somit die Aufnahmefähigkeit für Krankheitsstoffe auf ein geringstes Maß zurückführt und außerdem ohne Verwendung irgend welcher vorspringenden Bauteile innerhalb des Krankensaales eine leichte Reinigung der Wand und Decke gestattet. Es ist dies die Form eines gleichseitigen Spitzbogens (vergl. Fig. 76, S. 92), dessen Scheitel sowohl aus hygienischen Gründen, als auch, um ein harmonisches Raumverhältnis herzustellen (bei dem sich die Kranken nicht so bedrückt fühlen sollen, wie bei geraden Decken von etwa 5 m Höhe), ungefähr die Breite des Saales zur Höhe hat. Hygienisch ist diese große Höhe gegenüber den sonst üblichen, geringeren Höhen insofern von Wert, als die schlechtesten Luftschichten sich weit entfernt über den Köpfen der Kranken befinden und die Oeffnungen der Luftabzüge so hoch liegen, daß die Kranken bei dem etwaigen Einströmen kalter Luft von oben weniger belästigt werden, als bei niedrigeren Decken.

Der Spitzbogen bietet eine leichte Verbindung von Wand und Decke, die ineinander übergehen; er verursacht wenig Seitenschub und erfordert keinerlei Konstruktionsteile, die in den Krankensaal vorspringen, oder frei liegen. Der spitze Bogenwinkel schließt sich auch der Neigung der äußeren Bedachung gut an und beseitigt alle Hohlräume zwischen Dach und Decke, in denen Luftstagnierungen vorkommen können. Derselbe begünstigt die Firstöffnung und macht einfachere Konstruktionen hierfür erforderlich, als die sonst üblichen Dachreiter der Baracken.

Die Konstruktion des Systems Tollet besteht, wie Fig. 77, S. 92 zeigt, aus einem Gerippe eiserner I-Träger a b, die paarweise in der erwähnten Spitzbogenform zusammengestellt und im Scheitel mit einem, in ganzer Länge der Baracke durchgehenden, I-Eisen c verlascht werden. Diese Rippen, die in Entfernungen von 1,0—1,5 m voneinander aufgestellt werden, sind ferner in den Bogenschenkeln durch Bandeisen f in Abständen von 1,0—1,5 m verbunden. Auf den Rippen a b sind ⊥-Eisen

Fig. 76 [illegible] Tollet.

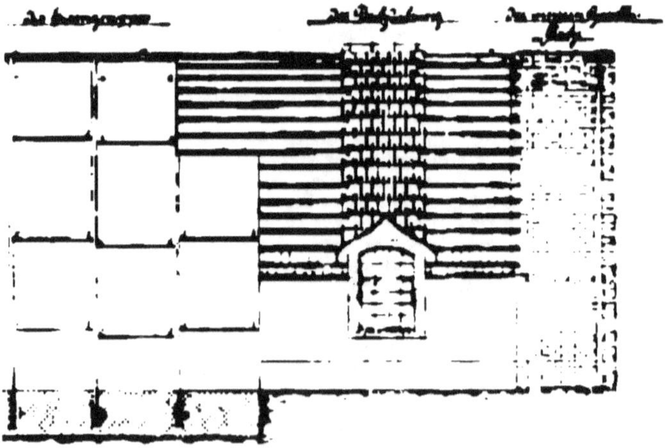

Fig. 77 [illegible] Tollet.

befestigt, welche die Eindeckung tragen und ebenso, wie die Rundeisen f, den Längsverband der Konstruktion bilden. Das Eisengerippe sichert die Standfestigkeit des Baues und nimmt auch den etwaigen Seitenschub des Füllmaterials der Rippen auf, sodaß Widerlager nicht erforderlich werden. Die Rippen werden entweder auf einer im Mauerwerk liegenden, eisernen Längsschwelle aufgesetzt, oder einfach in dem Wandsockel, der sich etwa 2,0—2,5 m beträchtlich über dem Krankensaalfußboden erhebt, eingemauert.

Zur Füllung der Eisenrippen können Materialien verschiedenster Art und verschiedener Stärke verwendet werden. Tollet empfiehlt Hohlziegel oder gut gebrannte Vollziegel in Cementmörtel. Ebenso können aber auch Cement-Konkret, Gipsdielen, sog. Holzstoffbretter u. s. w., für provisorische Bauten event. einfache oder doppelte Holzschalungen mit einer äußeren Dachpappverkleidung gewählt werden.

Zur Dachdeckung eignen sich nach Tollet in erster Linie die französischen sog. tuiles mécaniques, die sich der gekrümmten Form der Gewölbe am besten anschließen. Aber auch Ziegeln, Schiefer, Wellblech u. dergl. lassen sich hierzu recht wohl verwenden. Für die Entlüftung der Hohlräume zwischen Gewölbe und Dachdeckung sind in der letzteren von Tollet hakenförmige Dachziegel e angeordnet.

Ursprünglich ließ Tollet die aus ½ Stein bestehende Füllung bis zum Sockel herabgehen (Fig. 76) und legte den Dachsaum auf eine vorspringende Lage von durchlöcherten Ziegeln a, welche ebenso, wie die kleinen Oeffnungen e in der Nähe des Fußbodens, dem Saal frische Luft zuführten. Wegen der großen Abkühlung, welche die Innenräume bei dieser geringen Wandstärke erlitten, wurde später ein größerer Hohlraum zwischen Dach und dem unteren Teil der gebogenen Wand eingefügt (vergl. Fig. 78, S. 94), auch die Wand selbst stärker hergestellt. Im oberen Teil ruht dagegen die Deckung wieder auf dem Gewölbe, weil hier im Sommer durch eine stärkere Erwärmung ein Auftrieb der Saalluft bewirkt und besonders bei hohen Außentemperaturen die schwierigere und notwendigere Ventilation begünstigt werden soll.

Für kältere Klimate schlägt Tollet vor, die Füllung der Eisenrippen dicker zu gestalten, aus 2 Lagen von Hohl- oder Vollziegeln oder aus einer Verbindung beider je nach Erfordernis. Noch günstiger ist ein doppeltes Gewölbe mit einem zwischenliegenden Hohlraum (vergl. Fig. 79, S. 94). Dasselbe macht jedoch auch ein doppeltes Eisengerippe notwendig, das durch eiserne Schienen mit einander zu verbinden ist. Die innere Hülle besteht aus einer dünnen Ziegelschicht von ¼ Stein Stärke, die mit einem impermeablen Ueberzug versehen oder aus glasierten Steinen u. dergl. hergestellt wird. Sie kann leicht gereinigt, event. herausgenommen und durch eine neue ersetzt werden. Die äußere Hülle wird aus Ziegeln 1 Stein stark hergestellt und außen mit Cement geputzt. Der Hohlraum soll etwa 0,35 m breit sein und leicht gereinigt werden können, damit sich hier nicht etwa Krankheitsstoffe festsetzen. Zu dem Zweck steht derselbe mit der Außen- und Innenluft am unteren und oberen Ende in Verbindung, sodaß ein Luftdurchzug stattfinden kann, event. auch die Wände des Hohlraumes der Einwirkung von Flammen ausgesetzt werden können. Ferner ist die innere Wand am oberen Teil in solcher Breite offen gelassen, daß hier ein Mann bequem desinfizierende Flüssigkeiten in die Hohlräume hineingießen kann.

Wenn Tollet den Hohlraum auch zur Lüftung des Saales als

KUPPEL,

[illegible]

Fig. 18. Krankensaal nach dem System Tollet.

[illegible]

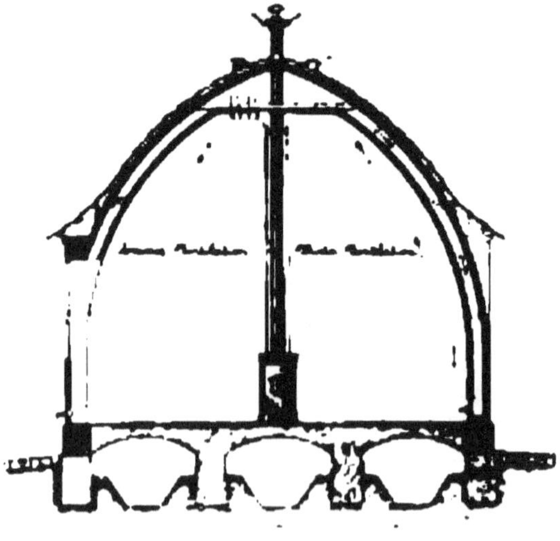

Fig. 19. Krankensaal nach dem System Tollet.

geeignet hält, so kann dieser Zweck allerdings auch über dem Kehlraum erreicht werden

Die Außenflächen des Krankensaales sollen soviel als möglich der Einwirkung der frischen Luft und des Sonnenlichts ausgesetzt werden, weshalb der Krankensaal möglichst von allen Anbauten freizulassen und der Fußboden von dem Erdreich durch einen offenen Pfeilerunterbau (vgl Fig 60 u 61, S 95 u 96) zu sichern ist, sodaß der Saal auch unterhalb von der frischen Luft umspült werden kann. Tollet empfiehlt, diesem Unterbau eine Höhe von 3,5—4 m zu geben, wie dies beispielsweise bei dem Hospital zu Montpellier geschehen sei. Bei einer solchen Anordnung werden die Gesamtkosten nach Tollets wohl kaum zutreffender Schätzung nur um etwa 2 Proz erhöht, während für diesen geringen Mehraufwand Räume zur Aufstellung von Heizapparaten u s w, event. noch provisorische Krankensäle (z. B für Verwundete im Kriege u. dergl.) leicht gewonnen werden können In letzterem Falle würden nur die Wandöffnungen mit Leinewand zu schließen sein

Um bei den Waschungen der Saalwände, der Decke und des Fußbodens die Flüssigkeiten leicht abzuführen, erhält der auf einem Gewölbe ruhende, massive Fußboden ein entsprechendes Gefälle nach den am Fuß der Wände entlang zu führenden Abzugskanälen

So sehr das System Tollet den hygienischen Anforderungen an Decke und Wände gerecht zu werden sucht, so eignet sich dasselbe doch in vorbeschriebener Weise hauptsächlich nur für wärmere Klimate In kälteren Ländern wird dasselbe einer genügenden Beheizung der Krankensäle, wegen zu großer Höhe

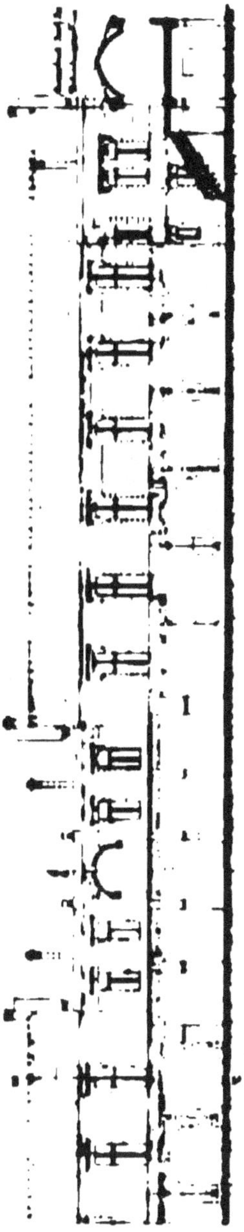

Fig 63 Krankenpavillon im Civil- und Militär-Hospital zu Montpellier

derselben, kaum zu überwindende Schwierigkeiten entgegensetzen. Auch entbehrt der obere Teil des Saales, da die Fensterstürze zur Vermeidung tieferer Gewölbeeinschnitte verhältnismäßig tief liegen müssen, des besonders in einem kälteren Klima sehr wünschenswerten Zutritts von Sonnenschein.

Nachahmenswerter ist das System Tollet, das in Frankreich (Bourges, Bichat, Saint-Denis, Le Havre, Montpellier, Angoulême) und

Fig. 91. Krankensaal im Civil- und Militär-Hospital zu Montpellier.

in anderen Ländern (Italien, Algier u. s. w.) mit gutem Erfolg zur Anwendung gekommen ist, auch in unserem Klima unter entsprechenden Modifikationen, wie solche z. B. vielfach bei provisorischen (Militär-) Baracken ausgeführt worden sind, recht wohl verwendbar und durchaus empfehlenswert, zumal die Kosten desselben nicht hoch sind.

Hinsichtlich des Anstrichs der Decken und Wände eines Krankensaales bleibt zu erwähnen, daß der Farbenton ein freundliches Ansehen gewähren und wohlthuend für das Auge sein soll. Hierzu eignet sich für die Wände ein helles Blau oder Steingrün, für die Decken ein gedämpftes Weiß. Die glatten, kahlen Flächen können durch eine einfach-ruhige Teilung durch Linien und Felder belebt werden. Empfehlenswert ist es, die unteren Wandteile, welche mehr als die oberen Beschädigungen und Beschmutzungen ausgesetzt sind, paneelartig und in etwas dunkleren Farbentönen zu streichen, um diese Teile event. für sich allein ausbessern und erneuern zu können.

Die Fußböden (vergl. dies Handb. 4 Bd. 660) bilden einen der wichtigsten Teile des Krankensaales. Sie sind am meisten Verunreinigungen ausgesetzt, die in flüssiger Form leicht in etwaige Undichtheiten eindringen und gefährliche Krankheitsherde, namentlich in chirur-

gesunden Krankenzimmer, verursachen können. In erster Linie müssen deshalb die Fußböden dicht sein, eine Forderung, die bei hölzernen Fußböden schwieriger zu erfüllen ist, als bei massiven oder Stein-Fußböden. Holz ist an und für sich ein Material, was möglichst aus dem Krankensaal ausgeschlossen werden sollte, nicht nur, weil dasselbe infolge seiner Porosität trotz Ölfarbenanstriche und sonstiger besonderer Behandlungsmethoden, wie z. B. Tränken mit geschmolzenem Paraffin, eine mehr oder minder große Absorptionsfähigkeit für Feuchtigkeiten und Schmutz besitzt, sondern auch, weil bei allen Holzarten sich mit der Zeit Risse oder offene Fugen bilden, in denen Unreinigkeiten schwer zu beseitigen sind. Besonders treten diese Uebelstände bei den weicheren (Nadel-) Holzarten auf, während Eichenholz infolge seiner größeren Härte und, wenn es gut getrocknet ist, auch seiner größeren Fugendichtheit wegen verhältnismäßig am günstigsten ist (vergl. dies. Handb. 4. Bd. 376). Es muß prinzipiell als fehlerhaft bezeichnet werden, wenn das Holz zu umfangreichen Wandbekleidungen (Paneelierungen) und Dekorationszwecken verwendet wird, wie dies in vielen älteren, aber auch oft in neueren Krankenhäusern (namentlich in England) geschehen ist.

Für Fußböden fallen allerdings die guten Eigenschaften des Holzes, nämlich, daß dasselbe angenehm zu begehen und billiger ist als die meisten sonstigen, hierfür in Frage kommenden Materialien, so sehr ins Gewicht, daß man dort, wo die Mittel knapp bemessen sind und es sich um Säle für gewöhnliche Kranke handelt, füglich die hygienischen Bedenken den ökonomischen Rücksichten wird opfern können. Jedoch muß der Herstellung des Holzfußbodens große Sorgfalt zugewendet werden. Die Bretter gewöhnlicher Kiefern- oder Föhrenholzfußböden sollen jedenfalls gespundet und nicht breiter als 14—16 cm sein, damit bei dem unvermeidlichen Zusammentrocknen nicht zu große, somit leicht zu dichtende Fugen entstehen. Ferner muß der Fußboden mit heißem Leinöl erst getränkt, oder mit Ölfarbe gestrichen und sodann lackiert werden.

Wenn irgend möglich, so sollten hölzerne Fußböden aus Eichenholz, als sog. Stabfußböden, mit ca. 10 cm breiten und 0,60—1,0 m langen Brettern, hergestellt werden, die nur unbedeutend zusammentrocknen können, im übrigen am widerstandsfähigsten gegen Abtret- und Zerbrechen u. dergl. sind. Sehr empfehlenswert ist es, die Stäbe (seien sie aus Kiefern- oder Eichenholz) in Asphalt zu verlegen, der auf dem Zwischenboden einer Holzbalkendecke, oder, was natürlich weit vorzuziehen ist, auf einer massiven [illegible] aufgebracht werden kann.

Tafelparkett-Fußböden besitzen im allgemeinen eine zu große Glätte und sind deshalb für Krankensäle nicht ganz empfehlenswert. Auch sind dieselben sehr empfindlich gegen Feuchtigkeit bzw. gegen Benetzungen mit Wasser, sodaß sie sich schon aus diesem Grunde für Krankensäle wenig eignen.

Günstiger würden noch Xylolithplatten sein, welche widerstandsfähig gegen Feuchtigkeit und Säuren sind, nicht zusammentrocknen und sich sowohl auf Holzbalken, wie auf einer massiven Unterlage anbringen lassen. Da indessen der Preis dieser Platten etwa demjenigen des eichenen Stabfußbodens in Asphalt gleichkommt, so wird im allgemeinen dem letzteren, der bei gleicher Güte ein besseres Aussehen besitzt, der Vorzug zu geben sein.

Die dichtesten Fußböden, die den sanitären Forderungen am meisten entsprechen, sind die massiven, aus Steinmaterial hergestellten

Dieselben sind in wärmeren Klimaten bisher fast immer angewendet worden, während der Einführung derselben in Deutschland lange Zeit das Bedenken entgegengestellt worden ist, daß sie zu fußkalt und daher für die Kranken nachteilig seien. Diesem Uebelstand kann man aber einerseits durch eine warme Fußbekleidung begegnen, andererseits läßt sich derselbe durch zweckentsprechende Heizvorrichtungen (Fußbodenheizung), wie weiter unten gezeigt werden wird, ganz beseitigen. Bei mehrgeschossigen Bauten kommen überhaupt solche Bedenken nur bei dem unteren (Erd-)Geschoß in Betracht, da die Fußböden der oberen Geschosse in der Regel von unten genügend erwärmt werden.

Als Fußbodenbelag haben sich am besten die Mettlacher- oder andere gleichwertige, hartgebrannte Steinplatten, sowie Terrazzo- bzw. Granito-Beläge bewährt, welche sehr widerstandsfähig gegen mechanische und chemische Einwirkungen sind. Der Plattenbelag muß aber sorgfältig in Cement mit möglichst engen und gut vergossenen Fugen verlegt werden. Der Terrazzo, bei welchem sich das Kältegefühl nicht in einem so starken Maße, wie bei Steinplatten, geltend macht, bedarf ebenfalls, um Rissebildungen, namentlich bei Fußbodenheizungen, zu verhüten, einer besonders sorgfältigen Ausführung. Es ist mancherseits empfohlen worden, größere Flächen in kleinere, durch Eisenschienen getrennte Teile zu zerlegen, nach dem Erhärten des Terrazzo die Eisenschienen zu entfernen und die Fugen mit Cement zu vergießen. Diese Ausführungsweise ist indessen schwerlich von Erfolg und führt oft gerade eine Fugenbildung künstlich herbei. Zweckmäßiger erscheint es, Risse, welche sich einmal gebildet haben, sachgemäß etwas aufzuhauen und mit Cement sorgfältig auszugießen. In dem Krankenhause „Bergmannstrost“ der Knappschafts-Berufsgenossenschaft in Halle a. S. sind bei Herstellung der Terrazzofußböden in den Krankensälen, zur Sicherung gegen Risse, Drahtgewebe eingelegt worden.

Für einfachere Verhältnisse kann auch wohl ein geglätteter Cementestrich als genügend angesehen werden, während ein Asphaltbelag nicht widerstandsfähig genug gegen Säuren ist, es sei denn, daß derselbe mit einem guten Oelfarbenanstrich versehen werde.

Um das mit dem Steinfußboden verbundene, stärkere Geräusch beim Gehen zu vermeiden, können Bahnen von Linoleum gelegt werden. Soll der Krankensaal ganz mit Linoleum ausgelegt werden, so kann dasselbe entweder auf einem Holzfußboden, oder bei massiver Substruktion auf einem Gipsestrich, der eventl. vor der Unterlage (Beton, Steinpflaster u. s. w.) durch eine Asphaltschicht zu isolieren ist, aufgebracht werden. Hierbei ist auf einen dichten Anschluß an die Wände sorgfältig Bedacht zu nehmen.

Die Thüren (vergl. dies. Handb. 4. Bd. III) eines Krankensaales müssen eine, für den bequemen Transport der Kranken durch dieselben ausreichende Breite haben. Sind dieselben einflügelig, was im allgemeinen zu bevorzugen ist, so muß diese Breite mindestens 1,20 m im Lichten betragen. Hauptthüren, die in der Axe des Krankensaales liegen, werden in der Regel zweiflügelig angelegt und müssen dann eine Breite von 1,5—2 m haben. Bei größeren Krankensälen sollten die Thüren mit Rücksicht auf eine etwaige Panik nach außen schlagen. In vielen Fällen werden leichtgehende Schiebethüren vorteilhaft anzuwenden sein, da bei denselben nicht nur Raum erspart, sondern auch das störende Zuschlagen gewöhnlicher

Thüren und der beim Schließen entstehende, für das nächste Krankenbett oft sehr lästige Zugwind vermieden wird. Da aber der Verschluß der vor der Wand (nicht in Wandschlitzen*) laufenden Schiebethürflügel nicht so dicht ist, wie bei gewöhnlichen Thüren, so sind die Schiebethüren nur zwischen Räumen von gleicher Temperatur verwendbar.

Als Material zur Herstellung der Thüren kommt, trotz der bereits erwähnten, wenig hygienischen Eigenschaften, fast nur das Holz in Betracht. Dieses soll aber nur soweit verwendet werden, als es nicht gut entbehrt und durch andere Materialien ersetzt werden kann. Futter, Bekleidungen, Verdachungen u. s. w. bleiben daher am besten ganz fort. Die Laibungen werden, wie dies in den neueren Pavillons des Hamburg-Eppendorfer Krankenhauses und in manchen anderen neueren Hospitälern der Fall ist, glatt geputzt, die Ecken abgerundet. Die Thüren schlagen hierbei zweckmäßig in Falze von L-Eisen, oder laufen als aufgehängte Schiebethüren auf eisernen, oberhalb der Thüren befestigten Schienen, während die untere Thürkante durch eine, in einer schmalen Nuth des Fußbodens laufende, Schiene geführt wird.

Für eine leichte und gute Reinhaltung der Thür sind reichere Profilierungen, Unterschneidungen oder scharfe Ecken u. dergl. zu vermeiden, auch empfiehlt es sich auf dem Rahmen unterhalb der möglichst einfach und glatt zu wählenden Thürdrücker, wo ein häufiges Anfassen und eine stärkere Verunreinigung der Thür stattfindet, Glasplatten aufzuschrauben, die leicht gereinigt werden können.

Thürschwellen sind für den Transport der Kranken sehr störend und werden daher am besten fortgelassen.

Ob es sich empfiehlt, die oberen Thürfüllungen zu verglasen, um den Krankensaal auch von außen beobachten zu können, hängt von administrativen Rücksichten ab, die in jedem Fall einer besonderen Beurteilung bedürfen.

Die Fenster (vergl. dies. Handb. 4. Bd. 683) müssen, um den Krankensaal möglichst in voller Tiefe zu beleuchten und denselben in ganzer Höhe gründlich lüften zu können, bis nahe an die Decke geführt und wagerecht überdeckt werden, sodaß beim Oeffnen der oberen Fensterflügel die wärmere, schlechte Luft der obersten Schichten leicht und vollständig abfließen kann. Bei rundbogigen Fenstern ist die Lüftung weniger günstig, auch die Lichtzuführung eine geringere.

Erhält der Saal an zwei gegenüberliegenden Seiten Fenster, so sind die letzteren so anzuordnen, daß sie sich gerade gegenüberliegen, wobei die äußersten, den Querwänden zunächst liegenden Fenster möglichst nahe an die Wandecke herangerückt werden müssen, damit auch hier keine stagnierende Luftschicht sich bilden kann.

Die Lichtfläche soll bei zweiseitiger Beleuchtung mindestens 2 qm pro Krankenbett oder im ganzen etwa ¹/₄ der Saalfläche betragen, während bei einseitiger Beleuchtung auf das Krankenbett mindestens 1,5 qm Lichtfläche entfallen muß. Hiernach bestimmt sich, bei einer gegebenen Zahl und Höhe der Fenster, die Mindestbreite derselben.

In den Pavillons des Krankenhauses am Urban in Berlin enthalten die Fenster, bei einer Breite von 1,40 m und einer Höhe von 2,97 m, eine Fläche von 4,16 qm, d. h. etwas mehr als ¹/₇ der Grundfläche des Saales. Bei den Fenstern des Hamburg-Eppendorfer Krankenhauses, welche durch einen Sandsteinkämpfer der Höhe nach in 2 Teile geteilt sind, beträgt die Breite 1,40 m, die Höhe 3,75 m und die Gesamt-

Lichtfläche etwas mehr als 1/6 der Bodenfläche. Auf das Bett entfallen hier 2,66 qm Fensterfläche.

Die Brüstung, welche ohne Rücksprung gegen die Wandfläche hergestellt werden soll, wird in der Regel nicht über 0,8—1,0 m Höhe erhalten dürfen, um dem Kranken nicht den Ausblick in das Freie zu entziehen. Jedoch muss der Kranke vor den Blicken Außenstehender gesichert sein. Vielfach ist eine Höhe von nur 0,5 m gefordert worden oder gar, daß die Fenster bis zum Fußboden herabgeführt werden, um eine ausgiebigere Lüftung, namentlich der unteren Teile des Krankensaales zu ermöglichen. Indessen wird hierdurch auch die Abkühlungsfläche so vergrößert und der Zugluft der Fenster so verstärkt, daß die Kranken leicht gefährdet werden können.

Eine größere Berechtigung dürfte aber die gegenteilige Forderung haben, nämlich der Fensterbrüstung eine größere Höhe, als oben angeführt, zu geben, um sowohl den Zugwind zu vermeiden, als insbesondere zu verhüten, daß die von den Kranken aufsteigende, schlechte Luft durch seitliche Luftströmungen abgelenkt und von dem einen Kranken nach dem anderen geführt werde. Bei den neuesten Pavillons des Hamburg-Eppendorfer Krankenhauses sind aus diesem Grund die Fensterbrüstungen 1,30 m hoch hergestellt worden, eine Höhe, die u. a. auch in dem Krankenhause am Urban in Berlin vorgesehen ist. In den Pavillons des von v. Gruber erbauten Rudolfiner-Hauses in Wien haben die Brüstungen der gallerieartig angeordneten Fenster sogar eine Höhe von 2,50 m erhalten, wodurch auch eine freie Anordnung der Betten, unabhängig von den Fenstern, ermöglicht ist (vergl. Fig. 68, S. 70).

Das für die Herstellung der Fenster geeignetste und übliche Material ist, ebenso wie bei den Thüren, das Holz. Dasselbe sollte aber aus den früher erwähnten Gründen nur bei den Fenstern selbst, also nicht zur Bekleidung und Umrahmung der Laibungen, verwendet werden. Diese letzteren werden am besten mit Cement glatt geputzt, wobei die Ecken abzurunden sind. Für die Abdeckungen der Fensterbrüstungen sind geschliffene Schiefer- oder Marmorplatten, unter Umständen auch ein glatter Cementputz, dem Holz vorzuziehen.

Die Fenster werden in der Regel aus Kiefernholz, Pitch pine oder Yellow pine u. s. w., mit eichenen Wasserschenkeln hergestellt. Eichenholz verdient zwar seiner größeren Härte und Haltbarkeit halber den Vorzug, ist aber wesentlich kostspieliger und meistens schwer in ganz trockenem Zustand zu haben. Da nicht völlig ausgetrocknetes Eichenholz sich leichter wirft als Nadelhölzer, so muss dasselbe mit großer Vorsicht verwendet werden. Im übrigen kommen die besseren hygienischen Eigenschaften desselben bei den Fenstern, wegen der geringen Oberfläche des Holzes, kaum in Betracht.

Bei großen Fensterflächen ist es schwierig, die hohen, hölzernen Flügel leicht und sicher zu schließen, weshalb die letzteren sehr oft klemmen und undicht werden. Dieser Übelstand wird bei gut gearbeiteten eisernen Fenstern vermieden. Wenn solche bisher von den Krankenhaushygienikern (auch von Degen) wenig empfohlen worden sind, so waren hieran wohl hauptsächlich die früheren, unvollkommenen Konstruktionen schuld. In neuerer Zeit werden aber namentlich die schmiedeeisernen Fenster von jeder leistungsfähigen Fabrik so gut hergestellt, daß sie, besonders wenn es sich um große Flügel handelt, den hölzernen Fenstern vorzuziehen sind, da sie sich nicht werfen und auf-

geschlossen, leicht und sicher schließbar zu machen sind, sich leicht rein halten lassen und wegen ihres geringeren Volumens an Konstruktionsmaterial die Lichtfläche weniger beeinträchtigen als Holzfenster.

Die Fenster der Krankensäle werden bei unseren klimatischen Verhältnissen in der Regel doppelt hergestellt werden müssen, um die Kranken genügend gegen Zug zu schützen. Wo in den Fensterbrüstungen Heizkörper aufgestellt werden, sind kalte Luftströmungen vom Fenster her weniger zu befürchten, weshalb in solchen Fällen auch einfache Fenster genügen. Um den Krankensaal jederzeit auf natürlichem Wege durch die Fenster gut lüften zu können, empfiehlt es sich, den oberen Teil als Kippflügel herzustellen, der um das Losholz drehbar und event. mit seitlichen Schutzblechen versehen ist. Zur Lüftung können ferner noch Glasjalousien in den Fenstern angebracht werden, deren Glasplättchen in geschlossenem Zustande fest auf einander schließen müssen und das Durchströmen des Windes nicht gestatten dürfen. Auch empfiehlt es sich, die Fenster in der Höhe mehrmals (am besten dreimal) zu teilen, wodurch die Ventilation mannigfach geregelt werden kann.

Bei Doppelfenstern läßt sich der schädliche Zug, der oft infolge direkten, ungehinderten Einströmens der Luft entsteht, dadurch vermeiden, daß an dem äußeren und inneren Fenster Flügel in verschiedener Höhe zum Öffnen eingerichtet werden. Die oberen Flügel werden auch hierbei als Kippfenster hergestellt und in der Regel untereinander gekuppelt.

Zweckmäßig erscheint eine Stellvorrichtung dieser Flügel, wie sie an dem K. K. Kaiser Franz Josef-Spital in Wien nach Fig. 62 und 63,

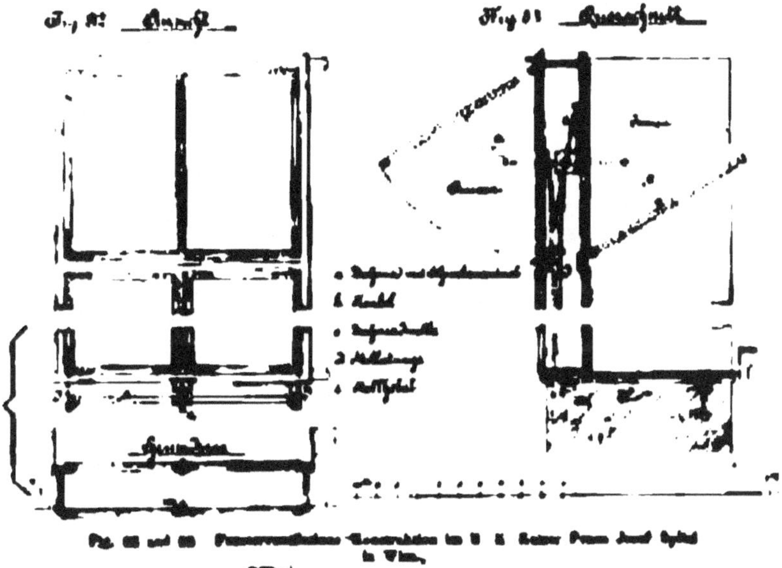

Fig. 62 und 63. Fensterverschluss-Konstruktion im K. K. Kaiser Franz Josef-Spital in Wien.

ausgeführt ist. In der Erwärmungsnische befindet sich unterhalb der Fensterbank ein Zahnrad a mit Schneckenantrieb, der mittels einer abnehmbaren Kurbel b in Bewegung gesetzt wird. An der horizontalen Welle c des Zahnrads sind zu beiden Seiten Hebel befestigt, welche beim Drehen der Welle die beiden vertikalen Stangen d auf- und niederbewegen. Gleichzeitig wird durch diese Bewegung ein Öffnen oder Schließen der Fensterflügel mittels der Stellhebel e bewirkt, wie in der Fig. 83 dargestellt ist.

Oft werden die Doppelfenster in den oberen Teilen fortgelassen und nur in den unteren Teilen eingeführt, was übrigens in den meisten Fällen genügt und einfachere Handhabung der Fenster zur Folge hat.

Während in Deutschland fast nur Flügelfenster üblich sind, so haben in England die Schiebefenster fast allgemeine Verbreitung gefunden. Diese haben wegen ihrer Raumersparnis, freiern Lichtfläche, Lüftungsanlagen und leichten Stellbarkeit u. s. w. manche Vorzüge vor Flügelfenstern, sind aber bei der bisher üblichen Konstruktionsweise weniger gut geschlossen zu halten und schwieriger zu reinigen, als Flügelfenster, und leiden außerdem meistens an einem mangelhaften Verschluß. Diese Übelstände werden vermieden bei der der Firma Ehrcke & Bley in Berlin patentierten, in den Fig. 84—90, S. 103 dargestellten Konstruktion. Hierbei wird eine Dichtung der seitlichen, senkrechten Fugen dadurch erzielt, daß ein bewegliches Keilstück d fest an den Fensterrahmen angepreßt werden kann. Das Anpressen geschieht mittels der schräg stehenden Gleitbleche e, welche an einem lotrecht verschiebbaren Holzstück g befestigt sind und sich in entsprechend schräge Nuten des Keilstückes d hinein- oder herausschieben, je nachdem das Holzstück g mittels des Excenterhebels f auf- oder niederbewegt wird.

Die Dichtung der wagerechten Fugen erfolgt am unteren und oberen Rahmholz durch Flachnuten, die in Nuten eingreifen, in der Mitte dagegen durch je eine Wetterleiste an der Oberkante des unteren und an der Unterkante des oberen Flügelrahmens, indem die Flachschienen dieser Leisten beim Schließen ineinander greifen (vergl. Fig. 85).

Die Schiebeflügel werden von Drahtseilen oder Ketten geführt und können, an diesen hängend, zum bequemen Putzen aus dem Rahmen ganz herausgenommen, im übrigen in jeder beliebigen Höhe leicht und sicher festgestellt werden. Die Fig. 85 und 86 zeigen auch, wie die Schiebefenster als Doppelfenster hergestellt werden können, indem nämlich das äußere Fenster den Rahmen des inneren bildet. Letzteres wird in der Regel nur behufs einer Reinigung geöffnet.

Beim Herablassen des Oberflügels wickelt sich von einer im oberen Blendrahmen befindlichen Rouleauxstange eine Drahtgaze ab, sodaß die obere Ventilationsöffnung stets vor dem Eindringen von Ungeziefer, Staub u. s. w. geschützt ist und nur einen allmählichen Luftaustausch gestattet, der schädliche Zugwirkungen für die Kranken verhütet.

Solche Schutzvorrichtungen aus Drahtgaze oder feinstem Baumwollstoff in Rahmen, die in die Fensteröffnungen einzustellen sind, werden auch von Esse, Mencke u. a. empfohlen.

Der früher geltend gemachte Nachteil, daß Schiebefenster niemals ein vollständiges Öffnen der ganzen Fensterfläche zulassen, dürfte nur selten empfunden werden.

Zum Schutz gegen Sonnenstrahlen, ev. auch gegen Zugluft, sind die Fenster der Krankensäle mit Rouleaux oder Fenstervor-

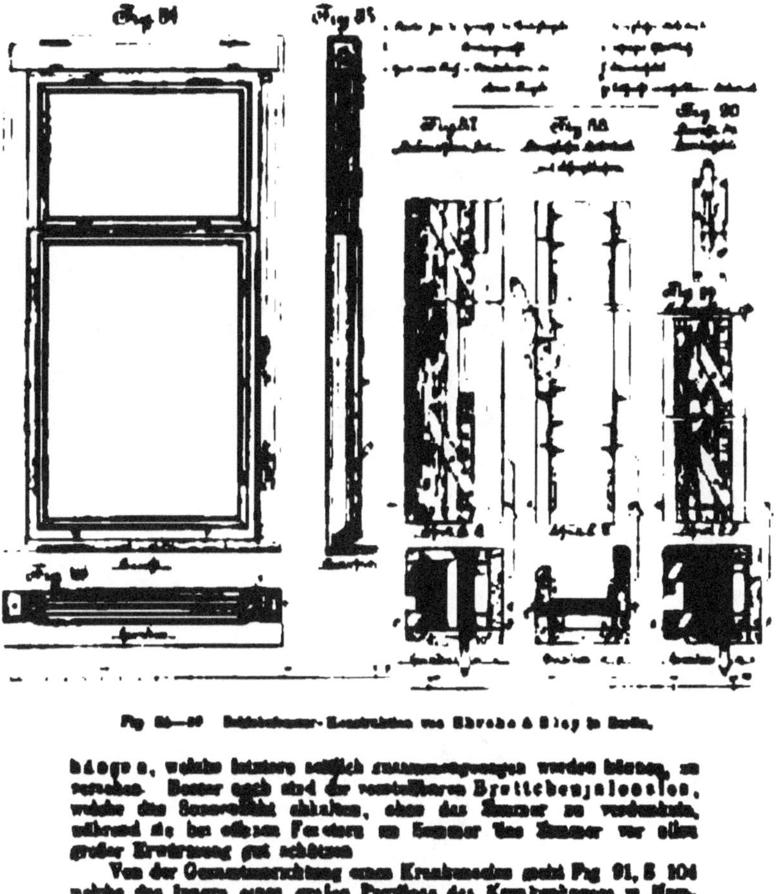

Fig. 84—90. Schiebefenster-Konstruktion von Ehrcke & Sieg in Berlin.

hängen, welche letztere seitlich zusammengezogen werden können, zu versehen. Besser noch sind die verstellbaren Brettchenjalousien, welche das Sonnenlicht abhalten, ohne das Zimmer zu verdunkeln, während sie bei offenen Fenstern im Sommer das Zimmer vor allzu großer Erwärmung gut schützen.

Von der Gesamteinrichtung eines Krankensaales giebt Fig. 91, S. 104, welche das Innere eines großen Pavillons des Krankenhauses zu Hamburg-Eppendorf darstellt, ein übersichtliches Bild.

11. Die Heizung der Krankenräume (vergl. dies. Handb. 4. Bd. 222 ff.)

Die hauptsächlichsten Forderungen an die Heizanlage der Krankenräume bestehen darin, daß letztere in allen Teilen und zu jeder Zeit gleichmäßig erwärmt werden können. Die Temperatur der Krankenräume soll etwa 20—22° C., diejenige der Korridore, Treppenhäuser und der Nebenräume (Klosets, Spülraum u. s. w.) etwa 15° C. betragen.

falls nicht besondere Gründe hier eine gleiche Temperatur wie in den Krankensälen wünschenswert machen. Die Heizung darf ferner kein für die Kranken lästiges Geräusch, keinen Schmutz, Staub, Dunst u. s. w. verursachen, auch keine einseitige Belästigung der Kranken durch zu starke Wärmeausstrahlung oder Hitze herbeiführen. Dabei muß die Bedienung der Heizung einfach und möglichst wenig zeitraubend sein.

Bei der Wahl eines Heizsystems kommen außer den genannten Gesichtspunkten besonders noch die Anlagekosten in Betracht.

Die große Zahl der Heizungsarten zerfällt in die beiden Hauptgruppen der Lokal- und Centralheizungen. Die Frage, welche von diesen Gruppen in einem einzelnen Falle anzuwenden sei, ist hauptsächlich von der Größe und von den Mitteln der Krankenanstalt abhängig.

Lokalheizungen empfehlen sich im allgemeinen bei kleineren Hospitälern, weil dieselben in der Anlage wesentlich billiger und im laufenden Betrieb oft ebenso billig sind als Centralheizungen. Auch da, wo die Heizung nicht ständig im Betrieb zu sein braucht und öftere Unterbrechungen erleidet, ist die Lokalheizung in der Regel am vorteilhaftesten anzuwenden.

Wenn nun auch Lokalheizungen im allgemeinen den bei Krankenräumen zu stellenden Anforderungen recht wohl genügen können, so eignen sich von der großen Zahl der Ofenarten doch nur diejenigen für Krankensäle, welche eine kontinuierliche Heizung zulassen, desgleichen die in ihnen aufgespeicherte Wärme allmählich und eine längere Zeit hindurch an die Zimmerluft abgeben, ohne einer öfteren Nachfeuerung zu bedürfen, welche ferner gut regulierbar sind und die Lüftung der Räume möglichst befördern. Diese Bedingungen werden von Kachelöfen besser erfüllt, als von eisernen Öfen, welche letztere mit einer stärkeren Wärmeausstrahlung verbunden sind, ein geringeres Wärmeaufspeicherungsvermögen besitzen und deshalb intensiver und öfterer geheizt werden müssen als erstere.

Indessen haben sich von den eisernen Öfen die sog. Mantelöfen mit Schüttrichtern und Reguliervorrichtungen, welche Konstruktion beispielsweise der in Fig. 97 und 98, S. 106 dargestellte Kori'sche Ofen zeigt, gut bewährt. Dieselben gestatten einen kontinuierlichen Betrieb, schnelle Erwärmung der Zimmer, eine reichliche Zuführung frischer, vorgewärmter Luft zu den Zimmern, und belästigen im übrigen selbst bei starker Beheizung die Kranken nicht, weil der Ofenmantel die strahlende Wärme abhält und nach oben leitet. Der Zutritt der frischen Luft, welche gewöhnlich mittels Kanäle unterhalb des Fußbodens von den Außenfronten des Gebäudes nach dem Ofen geleitet und durch dessen aspirierende Wirkung nach dem Zimmer getrieben wird, muß durch Stellklappen an der Mündung des Frischluftkanals geregelt werden können, um die zugeführte Menge frischer Luft genügend, d. h. ungefähr auf Zimmertemperatur vorzuwärmen. Läßt man die Zimmerluft durch Öffnungen am Fuß des Mantels bzw. bei dem Kori'schen Ofen durch teilweises oder vollständiges Schließen der Stellklappen, zu den Heizflächen des Ofens gelangen, so entsteht eine Cirkulationsheizung, die in vielen Fällen rationell, in den Krankenräumen selbst jedoch in der Regel nicht empfehlenswert ist. Hier sollte die verdorbene Luft nicht cirkulieren, sondern stets direkt abgeführt werden. Diesem Zweck kann das Rauchrohr des Ofens insofern dienstbar gemacht werden, als der Abführungskanal der schlechten Luft neben das Rauchrohr gelegt und

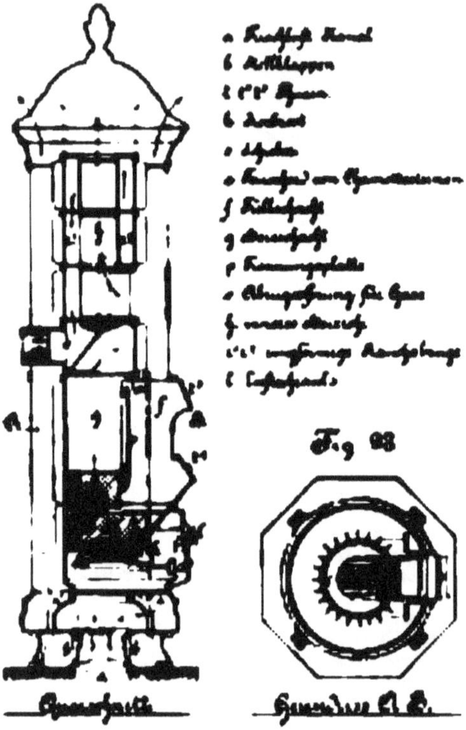

Fig. 92 und 93. [illegible] von Kori.

durch dieses etwas erwärmt wird, sodaß im Ventilationskanal eine aufsaugende Wirkung entsteht. Kachelöfen werden am besten mit eisernen Regulier-Füllöfen (Unterkasten) verbunden. Dieselben müssen ebenfalls zur Herbeiführung einer guten Ventilation mit Frischluftzügen versehen sein. Die Beheizung darf niemals bis zum Glühendwerden der Eisenteile gesteigert werden, welchem Uebelstand wesentlich durch eine gute Ausfütterung des Feuerraumes vorgebeugt werden kann. Ofenklappen sind unter allen Umständen zu vermeiden.

Um eine gleichmäßige Erwärmung der Zimmerluft zu erhalten, empfiehlt es sich bei größeren Räumen, anstatt eines größeren Ofens, mehrere an verschiedenen Punkten des Zimmers aufzustellen.

Bei allen Oefen ist es wünschenswert, daß die Beheizung derselben vom Korridor aus erfolge, um Geräusch, Kohlenstaub u. s. w. im Krankenraum möglichst zu vermeiden. Zu diesem Zweck müssen sog. Vorgelege angebracht werden.

In dem Kreiskrankenhause Lueben ist, wie Fig. 94 und 95,

zeugt, ein Kori'scher Dauerbrandofen, der vom Korridor aus geheizt werden kann, mit einer Kachelverkleidung verbunden. Diese Anordnung bringt die Vorzüge beider Ofenarten gut zur Geltung.

In neuerer Zeit sind mehrfach, wie z. B. in dem städtischen Krankenhause zu Karlsruhe, Gasöfen (vergl. Fig 98—99, S. 108) zur Anwendung gekommen, die sich an dem letztgenannten Ort auch bewährt haben sollen. Diese in gewissem Sinne zu den Centralheizungen gehörenden Oefen bieten in Bezug auf Regulierbarkeit, Reinlichkeit, Geräuschlosigkeit des Betriebes, Leichtigkeit der Bedienung, sowie hinsichtlich einer guten Ventilationswirkung große Vorteile. Gesundheitsschädigungen durch üble Gerüche des Leuchtgases oder der Verbrennungsprodukte sollen in Karlsruhe nicht entstanden sein. Immerhin ist diese Heizungsart noch zu wenig erprobt, um dieselbe für Krankenräume allgemein als empfehlenswert hinstellen zu können. Vor allem werden auch noch hinsichtlich der Betriebskosten, die sich wesentlich teurer als bei anderen (Lokal- und Central-)Heizungen stellen dürften, Erfahrungen gesammelt werden müssen. Wichtig ist, daß die Gasöfen mit Vorrichtungen versehen werden, welche es den Kranken unmöglich machen, die Oefen selbst zu öffnen oder zu schließen, vielmehr nur den Wärtern diese Handhabung mittels Schlüsseln und dergl. gestatten (vergl. Fig 98 und 99).

Fig 98.

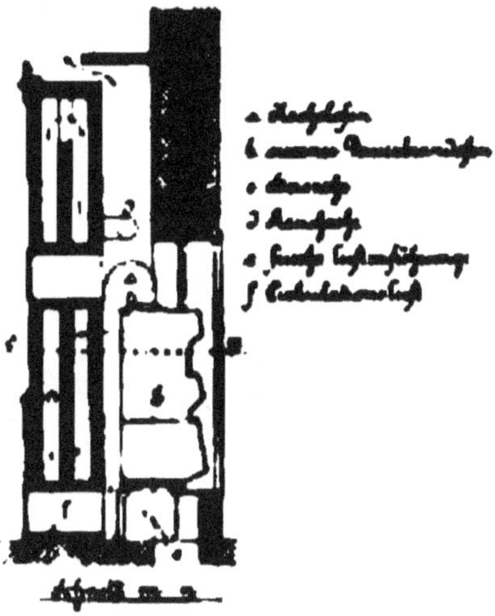

Fig 99.

Fig 98 u. 99. Kori'scher Dauerbrandofen in Verbindung mit einer Kachelverkleidung.

Eine andere Art der Lokalheizung, die besonders in England und in wärmeren Klimaten gebräuchlich ist, bildet die Kaminheizung. Dieselbe ist für unser verhältnismäßig rauhes Klima wenig geeignet, da sie bei dem geringen Nutzeffekt von etwa 12—14 Proz. zur Beheizung größerer Räume zu wenig ergiebig ist. Für kleinere (Isolier-)Zimmer können

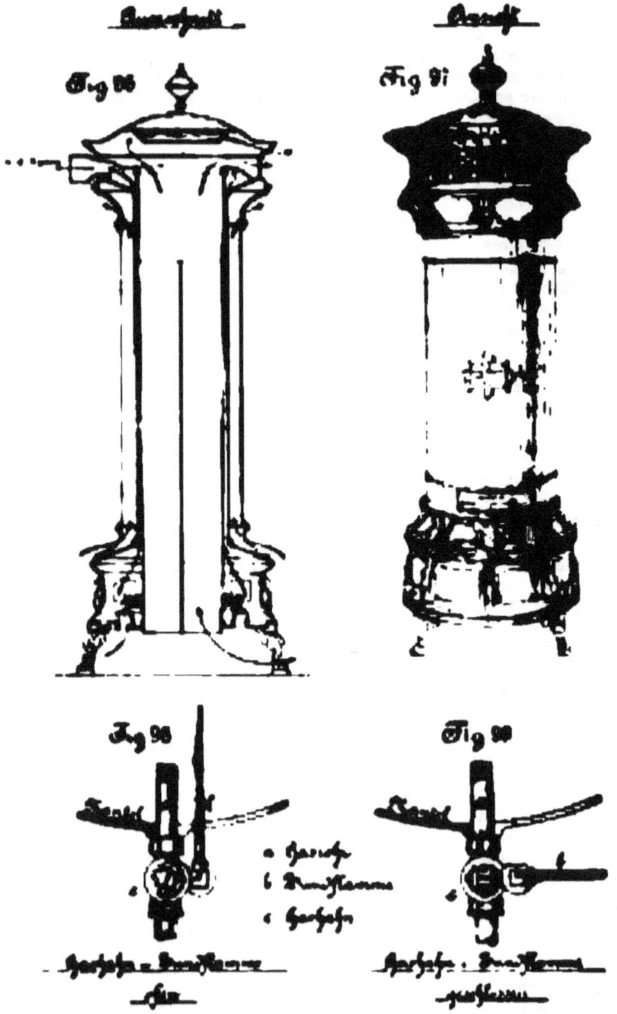

Fig. 96—99 [illegible] (System [illegible])

Kammern, besonders wenn sie mit Kachelöfen verbunden sind (sog. Kaminöfen), [illegible] vorteilhaft verwendet werden, da sie immer gute Luftsauger bilden. Eine derartige Anwendung ist in dem Augusta-Hospital in

Berlin gemacht worden, während in dem Krankenhause zu Friedrichshain daselbst Kamine neben der Centralheizung vorgesehen sind, um den Kranken die Annehmlichkeit einer strahlenden Wärme zu bieten und die Entlüftung der Krankensäle zu unterstützen.

Es darf nicht übersehen werden, daß mit den Kaminen eine gewisse Feuersgefahr und bei starkem Winde oder schlecht ziehenden Rauchabzügen die Gefahr des Rauchens verbunden ist.

Wenn nun auch die Lokalheizungen der vorbeschriebenen Art, trotz specieller Mängel, den hygienischen Forderungen genügen können, so besitzen ihnen gegenüber doch die Centralheizungen so wesentliche Vorzüge, daß überall da, wo es die Verhältnisse irgend gestatten, auf eine centrale Beheizung der Krankenräume Bedacht genommen werden sollte.

Nach den bisher üblichen Systemen geschieht die Uebertragung der Wärme mittels Luft, Wasser, Dampf oder einer Kombination dieser Medien, die je nach ihrer Wahl, sowie je nach der Intensität ihrer Erwärmung und nach dem hierdurch bedingten Atmosphärendruck in den Leitungen, eine große Zahl von Heizungsarten zulassen. Von diesen sind im Allgemeinen diejenigen für die Beheizung der Krankenräume wenig geeignet, welche einen hohen Atmosphärendruck und eine stark strahlende Wärme besitzen, wie die Heißwasser- und die Hochdruck-Dampfheizungen, weil mit denselben Explosionsgefahren, der Mangel einer gleichmäßigen Erwärmung, Geräusch in den Rohren und andere Mängel verbunden sind. Ebenso ist die Luftheizung wegen ihrer austrocknenden Wirkung, die selbst durch gute Luftbefeuchtungsapparate nicht ganz zu beseitigen ist, und daher immer von den Kranken mehr oder weniger unangenehm empfunden wird, ferner, weil bei einer Ueberhitzung der Heizkörper leicht ein Verbrennen von Staubtheilchen und ein schlechter Geruch herbeigeführt werden kann, endlich, weil diese Heizungsart der strahlenden Wärme gänzlich entbehrt, für Krankensäle wenig geeignet. Dient die Luft nicht als Heizmittel, sondern ist dieselbe als Ventilationsluft vor dem Eintritt in den Krankensaal nur vorzuwärmen, so kann sich diese Anwendung einer Luftheizung, namentlich in Verbindung mit einer centralen Dampf- oder Wasserheizung, recht wohl empfehlen.

Am meisten haben sich die centrale Warmwasser-, die Dampfwasser- und die niedrig gespannte Dampfheizung bewährt, welche sämmtlich eine milde, gleichmäßig strahlende Wärme entwickeln, eine gute Regulierbarkeit besitzen und mit Gefahren und Geräusch im Betrieb nicht verbunden sind. Die Dampfheizungen haben den Wasserheizungen gegenüber wiederum den Vorzug, daß sie in horizontaler Richtung eine größere Ausdehnungsfähigkeit ohne erhebliche Wärmeverluste besitzen und im Winter nicht der Gefahr des Einfrierens ausgesetzt sind, die bei den Wasserheizungen besonders dort vorliegt, wo den Heizkörpern von außen frische Luft behufs Vorwärmung direkt zugeführt wird. Diese Gefahr macht deshalb bei den Wasserheizungen besondere Vorwärmungseinrichtungen notwendig. In der That hat auch die Niederdruck-Dampfheizung, zumal sich deren Kosten im allgemeinen niedriger stellen als diejenigen der Warmwasser-Heizung, die weiteste Verbreitung gefunden. Wegen ihrer großen Leistungsfähigkeit kann bei umfangreichen Anstalten der ganze Betrieb von einem gemeinsamen Kesselhause erfolgen, was bei Pavillonsystemen schon um deswillen empfehlenswert ist, weil dadurch eine größere Zahl von Schornsteinen und eine Luftverschlechterung durch dieselben vermieden wird. Im Übrigen läßt sich bei Anwendung von Dampf die gesamte Beheizung mit dem Betrieb der Koch- und Waschvorrichtungen, der elektrischen Beleuchtungsanlagen u. s. w. vorteilhaft vereinigen.

Von den verschiedenen Ausführungsarten der Niederdruck-Dampfheizung sind diejenigen mit einer sog. Syphon-Wasser- oder Syphon-Luftregulierung die empfehlenswertesten. Diese bilden ein geschlossenes System, welches der Luft keinen Zutritt in die Röhren gestattet und somit ein Rosten der letzteren verhütet. Da eine Entlüftung der Heizkörper nicht erforderlich ist, so fällt auch der sonst gewöhnlich hierdurch vorhandene, schlechte Geruch fort. Zur Erzielung einer gleichmäßig anhaltenden Heizung, sowie der möglichsten Sparsamkeit im Verbrauch von Brennstoff und zur Erleichterung der Bedienung wird die Feuerung mit einer selbstthätigen Regulatorvorrichtung versehen, welche die Luftzufuhr zum Rost so regelt, daß der bei der Niederdruck-Dampfheizung zulässige Druck von 0,2 Atmosphären im Kessel nicht überschritten wird.

Bei Anwendung einer Warmwasser-Heizung müssen in einem Krankenhause größeren Umfangs oder in Pavillonhospitälern mehrere Warmwasserkessel, bez. in jedem Gebäude einer, vorgesehen werden, die entweder eine direkte Feuerung erhalten, oder durch Dampfröhren von einem gemeinsamen Kesselhaus erwärmt werden. Letztere Art der Verbindung einer Dampf- und Wasserheizung empfiehlt sich besonders wegen des bequemen und billigeren Betriebs und in dem Fall, wo in den einzelnen Räumen oder Gebäuden auch noch Dampfzuleitungen für anderweitige Zwecke (Sterilisieranlagen u. s. w.) erforderlich werden.

Die Heizkörper der Centralheizungen sind in den Krankensälen gleichmäßig zu verteilen und zweckmäßig in den Fensternischen aufzustellen, um den von den Fenstern ausgehenden, kalten Luftströmungen zu begegnen. Ummantelungen der Heizkörper werden, um eine jederzeitige Kontrolle und Reinigung zu ermöglichen, am besten fortgelassen oder doch leicht abnehmbar gemacht. Die Heizkörper selbst sollen möglichst glatt hergestellt werden, damit Staubablagerungen leicht beseitigt werden können. Vielfach werden die Heizröhren an den unteren Wandseiten frei entlang geführt, was zwar die Reinigung und Kontrolle sehr erleichtert, aber auch Staubablagerungen begünstigt.

Eine besondere Art der Centralheizung, die erst in neuerer Zeit, aber doch bereits vielfach in Krankenhäusern Eingang gefunden hat, ist die Fußbodenheizung. Dieselbe ist in der jetzt üblichen Ausführungsweise zuerst in dem allgemeinen Krankenhause Hamburg-Eppendorf angewendet worden und hat sich daselbst sehr gut bewährt. Das Prinzip derselben ist allerdings alt, wie die großen Bäder und andere Bauanlagen der alten Römer beweisen. Auf diesem Prinzip beruhen auch die bekannten Kanalheizungen, die zu allen Zeiten und für die mannigfaltigsten Zwecke zur Anwendung gekommen sind. Indessen kann als eigentliche Vorläuferin der im Krankenhause Hamburg-Eppendorf ausgeführten Fußbodenheizung nur diejenige gelten, welche von dem Architekt Jäger in einem kleinen Fabrikspital zu Windisch in der Schweiz angelegt worden ist, wo durch längere Rauchzüge eines Caloriferes unterhalb des aus Schieferplatten bestehenden Fußbodens die ganze Fläche des Fußbodens erwärmt wird.

In Hamburg-Eppendorf befindet sich, wie Fig. 100—102 zeigt, unterhalb des Fußbodens über einer, die Erdfeuchtigkeit abhaltenden, 20 cm starken Konkretschicht ein System parallel geführter Mauerkanäle von ca. 0,75 m Höhe und Breite, welche mittelst Durchbrechungen der ½ Stein starken Zwischenwände miteinander in Verbindung stehen und mit ca. 6 cm starken Cement- bez. Monierplatten und neuem Terrazzobelag darüber abgedeckt sind. Unter dieser Abdeckung sind die Heizröhren einer Niederdruck-Dampfheizung angeordnet, durch welche die Luft der Kanäle auf ca. 25 bis 30° C erwärmt wird, während die Oberfläche des Fußbodens eine Temperatur von etwa 18—20° C erhält. Um die Heizung je nach der Temperatur der Außenluft regulieren zu können, sind einzelne Heiz-Rohrstränge absperrbar gemacht. Der Fußboden bildet hiernach gewissermaßen eine große, einheitliche Ofenplatte, welche die Luft

Fig. 100.

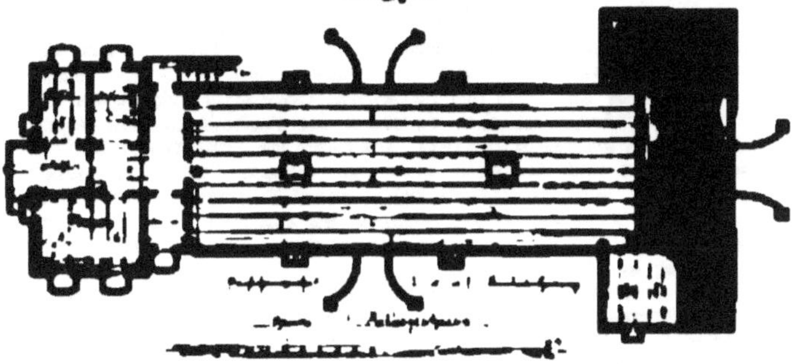

Fig. 101.

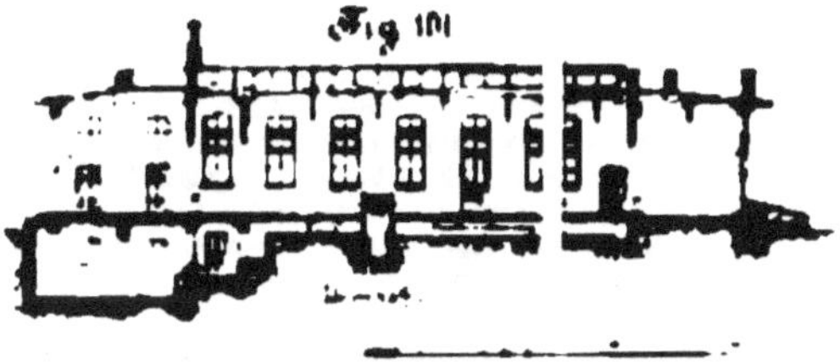

Fig. 102.

Fig. 100—102. Pavillon im Hamburg-Eppendorfer Krankenhaus. Fußbodenheizung.

des Krankensaales ganz gleichmäßig und überdies an derjenigen Stelle am kräftigsten erwärmt, wo dies am wünschenswertesten ist, nämlich am Fußboden, ohne daß dieser selbst eine zu starke, für Wärter und Kranke lästige Erwärmung erfährt. Die Heizkörper im Krankensaal und die mit diesen verbundenen Übelstände der Staubablagerung u. dergl. fallen also fort. Nur für besondere Zwecke würden event. Heizkörper vorzusehen sein. Sie sind beispielsweise in Hamburg-Eppendorf, zur Vorwärmung der mittelst unterirdischer Kanäle zugeführten frischen Luft, in der Mitte der größeren Kranken-

sich ein bis zwei treppenartig abgeschlossene, ummantelte Rippen-Heizkörper aufgestellt, welche an besonders kalten Tagen auch zur Unterstützung der Fußbodenheizung herangezogen werden können, indem die Frischluftkanäle durch Regulierklappen geschlossen und die in den Seitenwänden der Isoliermäntel angebrachten Thüren für den Zutritt der Saalluft zu den Heizrohren geöffnet werden. Diese Heizkörper haben besondere Rohrleitungen vom Kessel aus erhalten, sodaß die Ventilation bei der Verwärmung der Frischluft von der Heizung unabhängig gemacht ist. Welchen außerordentlich günstigen Einfluß die Fußbodenheizung übrigens auf die Lüftung hat, wird weiter unten zu besprechen sein. Einen weiteren Vorteil bietet dieselbe dadurch, daß der Luft des Saals durch Aufwischen oder Abwaschen des Fußbodens leicht die nötige Feuchtigkeit zugeführt werden kann, welche deren Erwärmung und Feuchtigkeitskapazität erfordert.

Die Fußbodenheizung erfordert einen massiven, undurchlässigen Fußboden und bedingt hierdurch wiederum eine sanitäre Gestaltung des Krankensaales, indem sie gleichzeitig den oben besprochenen Nachteil der Kälte massiver Fußböden beseitigt. Ebenso werden alle nachteiligen Einwirkungen der Grundfeuchtigkeit durch die Anlage der Hohlräume unterhalb des Fußbodens vollständig aufgehoben.

Diesen außerordentlichen Vorzügen der Fußbodenheizung gegenüber kann der geringe Nachteil, daß durch die Erwärmung des Fußbodens selbst und der Hohlräume ein gewisser Teil der Heizkraft verloren geht, nicht ins Gewicht fallen, zumal diese absorbierte Wärme ein gewisses Reservoir bildet, welches bei gänzlicher oder teilweiser Unterbrechung des Betriebes zur Nachtzeit eine schnelle und stärkere Abkühlung der Saalluft verhütet.

Die Anwendung der Fußbodenheizung bietet keinerlei Schwierigkeit bei Räumen des Erdgeschosses, unter denen sich die Kanäle ohne weiteres herstellen lassen, wenn ein Keller nicht vorhanden ist. Aber auch bei unterkellerten Räumen läßt sich die Fußbodenheizung durch Anlage doppelter Gewölbe oder Betondecken u. s. w. herstellen, wie dies auch bei den vorgenannten, in Fig. 100—102, S. 111 dargestellten, neuesten Pavillons des Hamburg-Eppendorfer Krankenhauses geschehen ist. Bei Räumen der oberen Geschosse ist eine derartige Heizungsanlage nicht gut anwendbar, da sie durch die notwendige größere Höhe den Bau wesentlich verteuern und manche komplizierte Konstruktionen bedingen würde. Man kann hier aber auch umsomehr von einer Fußbodenheizung absehen, als eine solche meistens schon in gewissem Maß durch die erwärmten unteren Räume und Krankensäle von selbst ergiebt.

Da der kräftige Auftrieb der am Fußboden erwärmten Luft eine gute Abführung derselben an der Decke, d. h. eine Firstventilation notwendig macht, damit nicht etwa die verbrauchte Luft sich von oben wieder über den Saal verbreite, so eignet sich die Fußbodenheizung hauptsächlich für eingeschossige Gebäude, die der Anlage der Heizung selbst keine Schwierigkeiten entgegensetzen, und bei denen eine Firstventilation ohne weiteres möglich ist.

Bei einer größeren Krankenanstalt empfiehlt es sich, die Fußbodenheizung der einzelnen Pavillons von einem Centralpunkt aus zu betreiben, falls Dampf als Wärmeträger benutzt wird. Die hierfür erforderlichen Dampfröhren würden aber zu trennen sein von denjenigen, welche etwa, wie oben erwähnt, zur Erwärmung der in den

Pavillons aufgestellten Warmwasserkessel dienen und auch während der Sommerszeit fortwährend im Betrieb sind.

12. Die Lüftung der Krankenräume (vergl. dies. Handb. 4. Bd. 237 ff.)

Eine wichtige Rolle spielen bei der Einrichtung eines Krankenhauses die Lüftungseinrichtungen. Die Quellen der Luftverderbnis sind gerade bei einem Krankenhause sehr mannigfaltig. Die erhöhten organischen Ausscheidungen, die Eiterungen und Entleerungen der Kranken, die Arzneien, Verbände und Sonstiges mehr tragen fortwährend zur Verschlechterung der Luft bei und befördern die Entwickelung und Verbreitung von Mikroorganismen, welche wiederum die Ursache von Krankheiten oder doch von der Erschwerung derselben sein können. Bedarf der geschwächte Organismus des Kranken schon an und für sich mehr als der gesunde Mensch einer reinen, frischen Luft, so muß auch in dem Krankensaal mehr als in gewöhnlichen Wohnräumen durch gute Lüftungseinrichtungen für eine schnelle und gründliche Beseitigung der die Genesung erschwerenden und die Gesundheit gefährdenden Luft, sowie für die Zuführung reiner Luft gesorgt werden.

Der Begriff einer schlechten, verdorbenen Luft oder die Schädlichkeit der der atmosphärischen Luft durch menschliche Ausdünstungen, durch eine künstliche Beleuchtung, Zersetzung flüssiger, organischer Stoffe u. s. w. beigemengten Gase und des ebenfalls durch diese Ursachen hervorgerufenen, übergroßen Wassergehalts der Luft hat sich bis jetzt nicht bestimmt feststellen lassen, da es an einer Methode fehlt, die sich hauptsächlich den Geruchsnerven bemerkbar machenden Gase quantitativ nachzuweisen. Solange daher ein besserer Maßstab für die Reinheit der Luft nicht gefunden ist, wird man wohl dem Vorschlag Pettenkofer's folgen und die Kohlensäure als einen solchen Maßstab annehmen müssen, nach welchem die Luft, wenn sie nicht zum Atmen untauglich sein soll, höchstens 1 ‰ Kohlensäure, wenn sich der Mensch aber darin auf längere Zeit noch behaglich und wohl fühlen soll, nicht mehr als 0,7 ‰ Kohlensäure enthalten darf. Nach Degen soll jedoch das Maximum des Kohlensäuregehalts 0,6 ‰ betragen, da bei einer nur wenig vermehrten Zunahme dieses Gases bereits ein unangenehmer Geruch wahrzunehmen sei.

Nach dem Kohlensäuregehalt der Luft wird in der Regel der Ventilationsbedarf bestimmt, obwohl Rietschel für letzteren die Temperatur der Luft als maßgebend hinstellt, da bei einer hohen Zimmerwärme die von den Menschen ausgehenden Ausscheidungsstoffe reichlicher an die Luft abgegeben und schneller zersetzt werden. Diesem Umstand wird allerdings bei der Pettenkofer'schen Kohlensäure-Bestimmung, welche von der Temperatur unabhängig ist, nicht Rechnung getragen (vergl. dies. Handb. 6. Bd. 244, 765).

Nimmt man nach Degen nun für eine gesunde Luft einen Kohlensäuregehalt von 0,6 ‰ als Maximum an, so kann derjenige der freien atmosphärischen Luft, welcher überall ziemlich konstant 0,3 ‰ beträgt und selten auf 0,4 ‰ steigt, um 0,2—0,3 ‰ zunehmen, ohne daß eine schädliche Einwirkung auf das Wohlbefinden des Menschen entsteht. Unter gewöhnlichen Verhältnissen und bei einer

Temperatur von 0° scheidet ein erwachsener Mensch (nach den Untersuchungen Pettenkofer's u. a.) stündlich etwa 0,022 cbm Kohlensäure aus. Soll also das von Degen geforderte Maximum von 0,6 ‰ nicht überschritten werden, so ist zur Aufnahme der vermehrten Kohlensäure pro Kopf und Stunde eine Luftmenge von

$\frac{0,022}{0,002} \cdot 1000$, bez. $\frac{0,022}{0,003} \cdot 1000 = 110$ bez. 73 oder durchschnittlich 90 cbm erforderlich.

Dieser theoretische Ventilationsbedarf modifiziert sich allerdings nach dem Alter und Geschlecht der in Betracht kommenden Menschen, sowie nach den besonderen Ursachen einer Luftverschlechterung, kann aber im allgemeinen für Erwachsene, die an gewöhnlichen und leichteren Krankheiten leiden, als vollständig ausreichend angesehen werden. In vielen neueren Krankenhäusern hat man sich auch mit einem geringeren Quantum begnügt. So wurde z. B. in dem Programm für die Herstellung der Heiz- und Lüftungseinrichtungen in dem Krankenhause Friedrichshain in Berlin eine Luftzufuhr von ca. 77 cbm gefordert, die im Notfall auf das doppelte Maß gesteigert werden könne. Auch bei dem Krankenhause am Urban daselbst ist die Luftzufuhr bei den Sälen auf ca. 75 cbm, bei den Einzelzimmern auf 100 cbm pro Kopf und Stunde berechnet worden.

Für Fieberkranke, bei denen die Kohlensäureausscheidungen größer sind als bei den gewöhnlichen Kranken, muß ein stärkerer Luftwechsel vorgesehen und stündlich eine Luftmenge von etwa 120 cbm zugeführt werden, während für schwere chirurgische und ansteckende Kranke (Pocken, Cholera u. s. w.) dieses Quantum noch weiter bis auf etwa 150 cbm gesteigert werden soll.

Aus den vorstehenden Forderungen ergiebt sich bei einer bestimmten Raumgröße die Häufigkeit des Luftwechsels nach der Formel $L = \frac{l}{n}$, wobei L den Luftraum für ein Krankenbett, l die in der Stunde zugeführte Luftmenge bedeutet, während n angiebt, wie oft in einer Stunde die Luft erneuert wird. Ist L z. B. = 45 cbm, l = 90 cbm, so ergiebt sich $n = 2$, d. h. ein zweimaliger Luftwechsel stündlich. Diese drei Größen bedingen sich gegenseitig. Nach Degen soll der Luftwechsel nicht öfter als dreimal in der Stunde stattfinden, da sonst „eine unangenehme Luftbewegung und bemerkenswerte Verminderung der relativen Feuchtigkeit der Luft unvermeidlich wird und die Betriebskosten unnötigerweise vergrößert werden." Nach Rietschel kann dagegen die Lüftung — ohne Zugerscheinungen hervorzurufen — sehr wohl eine dreifache sein.

Der Luftwechsel kann auf natürlichem Wege, d. h. durch die Ausgleichsbewegungen zweier Luftmassen, deren Gleichgewicht durch (ev. künstlich erzeugte) Temperaturdifferenzen gestört ist, herbeigeführt, oder durch maschinelle Einrichtungen, welche die frische Luft in den Krankenraum pressen (Pulsionsventilation), oder die verdorbene Luft aus dem Raum absaugen (Aspirationsventilation), erzeugt werden.

Die natürliche Lüftung mittelst Thüren, Fenster, Firstöffnungen (Dachreiter), Feuerungsanlagen, Entlüftungsschornsteinen u. s. w. ist die einfachste und im allgemeinen die beste, angenehmste Art, die namentlich bei Pavillonbauten die größten Vorteile bietet, weil sie dasselbst am besten angewendet werden kann. Selbst bei künstlichen Lüftungseinrichtungen wird man für eine von Zeit zu Zeit erforderliche, gründliche Durchzugslüftung auf dieselbe zurückgreifen müssen, weshalb Thüren und Fenster immer möglichst so angeordnet werden sollten, daß die Luft direkt und ungehindert durch den Krankensaal, bez. den ganzen Pavillon, sowohl in der Längs- wie in der Querrichtung durchstreichen kann.

Man wird sich jedoch nicht bei der natürlichen Lüftung auf Thüren und Fenster allein beschränken dürfen, wie dies meistens bei den englischen Krankenhäusern geschieht. Wenn Miß Nithingale sagt: „die Thüren, Fenster und Feuerstätten (Kamine) sollten die hauptsächlichsten Mittel der Ventilation bei richtig konstruierten Sälen sein“, so trifft dies mehr für das englische Klima zu, welches das Oeffnen von Thüren und Fenstern selbst während des größten Teils der Winterszeit gestattet, als für unsere klimatischen Verhältnisse, bei denen diese natürliche Lüftungsart für die Kranken mit mancherlei Unzuträglichkeiten (lästige Zugwirkungen u. s. w.) verbunden und nicht nur fast ganz in der kalten Jahreszeit, sondern auch sehr oft im Sommer nicht anwendbar ist. Es müssen daher Lüftungseinrichtungen vorgesehen werden, die zu jeder Zeit eine ausreichende Lufterneuerung herbeiführen. Dies geschieht am besten durch besondere Luftzuführungs- und Abzugskanäle, neben den erwähnten Dachreitern (Firstlüftung), Fensterjalousien u. s. w. Weniger empfehlenswert sind die in England vielfach angewendeten Turbinschen Röhren, ferner die sog. Sheringham'schen Klappen u. dergl. Mit einer Lufterneuerung durch die Poren der Wände kann wegen der geringen Ergiebigkeit umsoweniger gerechnet werden, als dahin zu streben ist, die Wände möglichst impermeabel zu machen, damit nicht Krankheitskeime in dieselben eindringen.

Wird die frische Luft dem Krankensaal durch besondere Kanäle zugeführt, so sind diese an möglichst vielen Stellen des Krankensaales anzuordnen und gleichmäßig über denselben zu verteilen, sodaß die zugeführte Luft zu jedem Krankenbett gelangen kann, ohne ein anderes zu berühren, und eine vollständige Durchspülung des Raumes bewirkt.

Die Ventilationsluft soll in der Regel, namentlich in der kühleren Jahreszeit, mit einer Temperatur, die derjenigen der Zimmerluft gleichkommt, in der heißen Jahreszeit aber auch kühler, dem Krankensaal zugeführt werden. Um dieselbe je nach Erfordernis vorzuwärmen, werden entweder besondere Luftheizkammern angelegt, die zweckmäßig von der allgemeinen Heizung unabhängig zu machen sind, oder es werden die Heizkörper im Krankensaal zur Vorwärmung der kalten Luft benutzt, indem die Zuleitungskanäle von außen unterhalb des Fußbodens nach den Heizkörpern hingeführt, oder wenn diese in den Fensterbrüstungen aufgestellt sind, direkt im Brüstungsmauerwerk angebracht und mit Regulierklappen versehen werden. Die Menge der zugeführten Luft muß durch diese Stellvorrichtungen so geregelt werden, daß jederzeit eine genügende Erwärmung der Ventilationsluft erzielt wird. Vielfach ist die frische Luft zunächst den Korridoren zugeführt, hier vorgewärmt und dann in die Krankensäle eingeführt worden. Diese Anordnung erscheint nicht empfehlenswert, da hierbei die Gefahr einer Uebertragung von Krankheitsstoffen aus einem Zimmer nach dem anderen nahe liegt.

Die Mündungen der Zuführungskanäle für vorgewärmte Luft müssen über Kopfhöhe liegen, um Belästigungen durch Luftströmungen zu vermeiden. Die warme Luft steigt zunächst, auch wenn sie an Heizkörpern im Saal erwärmt wird, nach der Decke, ohne die Temperatur des Saales erheblich zu beeinflussen und breitet sich von hier über den Saal aus, indem sie, allmählich sich abkühlend, nach dem Fußboden herabfällt. Die verbrauchte Luft, welche sich hiernach am Fußboden befindet, muß auch an dieser Stelle abgeführt werden.

Im Sommer soll kühle, frische Luft in der Nähe des Fußbodens zugeführt werden, wo sie sich ausbreitet, um dann nach allmählicher Erwärmung zur Decke zu steigen. Die Abführung der warmen, verbrauchten Luft muß also in diesem Falle in der Nähe der Decke erfolgen. Die in den Mauern auszusparenden und über Dach zu führenden Abluftkanäle erhalten hiernach für die Winterventilation Abzugsöffnungen am Fußboden, für die Sommerventilation solche unterhalb der Decke. In der Regel werden die letzteren geschlossen, wenn die ersteren im Betriebe sind, während im Sommer und, wenn im Winter die Saalluft zu stark erwärmt ist, am zweckmäßigsten beide Abzugsöffnungen in Thätigkeit zu setzen sind, da sowohl die eine wie die andere absaugend wirkt.

Die Wirkung der Abluftkanäle ist um so größer, je mehr die Temperaturen der Innen- und Außenluft des Gebäudes differieren. Sind die Temperaturen gleich, so hört die Wirkung ganz auf. Um in diesem Falle noch einen Luftwechsel zu erreichen, muß die Luftsäule in den Kanälen durch eine Gasflamme (Bunsenbrenner) oder durch Heizröhren u. dergl. erwärmt und dadurch ein Auftrieb der Luft bewirkt werden. Man legt deshalb auch die Abluftkanäle vorteilhaft neben den Rauchröhren der Heizungsanlagen, Öfen u. s. w., oder vereinigt mehrere Abluftkanäle in einem Sammelschlot, dessen Luft durch ein umgebendes, eisernes Rauchrohr einer Heizung, event. auch durch einen besonderen Lockofen erwärmt wird. Zur weiteren Unterstützung des Luftabzugs können die Ausmündungen der Abzugsschlote über Dach mit drehbaren Saugköpfen (Exhaustoren) versehen werden.

Eine sehr wirksame Abführung der Luft erreicht man durch die bereits erwähnten, in den eingeschossigen Krankenbaracken und in den oberen Krankensälen mehrgeschossiger Gebäude üblich gewordenen Dachreiter oder Firstventilatoren. Dieselben werden an der höchsten Stelle der Decke, bez. am First angebracht und mit Stellklappen in den lotrechten Seitenwänden sowie in der Deckenfläche selbst versehen. Je nach der Zahl und der Größe dieser Firstventilatoren, welche in der Regel in ganzer Länge des Saales durchgehen, kann die Wirkung der Ventilation zu einer beliebigen Höhe gesteigert werden. Die Konstruktion derselben muß einfach sein, eine geräuschlose und leichte Handhabung gestatten, sowie Sicherheit gegen Zug oder Einwirkungen von Wind und Wetter gewähren.

Als zweckmäßig haben sich die in Fig. 103 und 104, S. 117 dargestellten Dachreiter des Hamburg-Eppendorfer Krankenhauses aus Eisen oder Zinkblech erwiesen, bei welchen sich durch entsprechende Kuppelung immer eine in der Dachoberfläche liegende Klappe mit einer gegenüberliegenden in der Längswand des Dachreiters gleichzeitig und in beliebiger Weise öffnen läßt.

Bei den aus Holz hergestellten Dachreitern der obenerwähnten

Pavillons im städtischen Krankenhause zu Frankfurt a. M. (Fig. 105) sind die Klappenpaare auf der gleichen Seite des Dachreiters so gekoppelt, daß sie ebenfalls vor dem Eindringen von Wind und Regen schützen.

Die Dachreiter können unzweckmäßig, ja nachteilig werden, wenn sie etwa in der Nähe von Schornsteinen liegen, von denen Rauch und Ruß in die Krankensäle eindringen kann. Alle Teile müssen

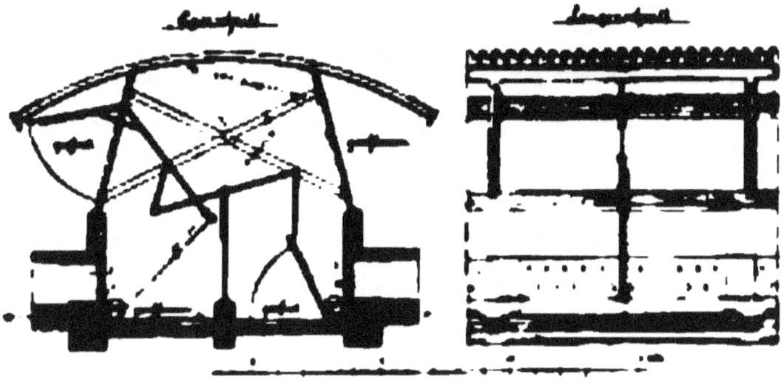

Fig. 106 und 107. Dachreiter des Baracken-Pavillons in Hamburg-Eppendorf.

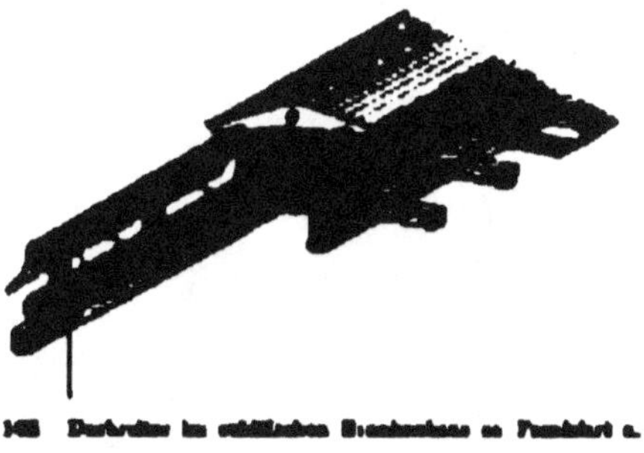

Fig. 105. Dachreiter im städtischen Krankenhause zu Frankfurt a. M.

stets von Staub und sonstigen Verunreinigungen rein gehalten werden, um nicht einen Ansammlungsort für die aus den Krankensälen mit verschiedenen Infektionsstoffen entstehen zu lassen, der für die Kranken sehr gefährlich werden kann.

Besonders kräftig und günstig ist die Ventilationswirkung der Dachreiter bei den Krankensälen mit Fußbodenheizung. Die durch Kanäle am Fußboden, durch Thüren, Fenster u. s. w. zugeführte frische Luft, welche eine geringere Temperatur als die Innenluft besitzt und sich deshalb zunächst am Fußboden ausbreitet, wird hier erwärmt und steigt infolgedessen überall gleichmäßig nach oben

Jeder Kranke erhält hiernach, solange keine seitlichen Strömungen entstehen, seine eigene Luftsäule, die sich fortwährend erneuert und deren verbrauchter Teil an der Decke abgeführt wird, ohne wieder in den Atmungsbereich irgend eines Kranken zu kommen.

Bei dem Tollet'schen Konstruktionssystem wird die Firstlüftung durch die spitzbogige Form des Saalquerschnittes außerordentlich begünstigt. Ursprünglich war der First in seiner ganzen Länge und in einer Breite von 10 cm geöffnet. Dieser Schlitz führt bei einer Luftgeschwindigkeit von 2 m pro Sekunde in einem Saal von 30 m Länge stündlich über 2160 cbm Luft ab. Tollet hat daher später nur einzelne Luftabzugsschlote angebracht, die sich nach den gemachten Erfahrungen als genügend herausgestellt und bewährt haben (vergl. Fig. 106).

Die Luftzuführung geschieht hierbei durch Oeffnungen dicht über dem Fußboden, oft auch durch solche in einer Höhe von ca. 2,5 m

Innere Ansicht eines Krankensaales nach dem System Tollet

Fig 106

über dem Fußboden, während im übrigen die mit Kippflügeln versehenen Fenster zur Zuführung frischer Luft wie zur Lüftung überhaupt benutzt werden.

Die zu den natürlichen Lüftungsarten ebenfalls zählende Ventilation mittels der Kamine wird in Deutschland selten, um so häufiger aber in England und in den Ländern mit warmem Klima angewendet. Durch die starke Erwärmung des Rauchrohres wird zwar eine kräftige Abführung der Zimmerluft, oft aber auch eine lästige Zugwirkung durch das Nachdringen der Luft von Thüren und Fenstern her herbeigeführt. Bei den Galton'schen Kaminen, bei welchen durch das Rauchrohr frische Luft von außen angesaugt und vorgewärmt dem Zimmer zugeführt wird, indem das Rauchrohr durch den Luftzuführungskanal geht, wird dieser Uebelstand allerdings vermieden. So günstig die Kamine für die Lüftung der Krankensäle sein können, so wird man doch wohl nur dort von denselben Gebrauch machen, wo sie zur Beheizung der betreffenden Räume ausreichend sind.

Alle natürlichen Lüftungsarten haben den Vorzug, daß sie selbstthätig und von der Aufmerksamkeit und Mitwirkung des Wärter- und Bedienungspersonals unabhängig sind, daß es vielmehr mancher besonderer Manipulationen bedarf, um die Ventilationseinrichtungen außer Betrieb zu setzen.

Als ein Mangel der natürlichen Lüftungsarten ist indes hervorzuheben, daß, wenn auch zu Zeiten der Luftwechsel sehr kräftig sein kann, die Ventilationswirkung doch im allgemeinen eine ungleichmäßige ist. Ein gleichmäßiger, befriedigender Effekt läßt sich nur dann erzielen, wenn der Luftwechsel durch Erzeugung entsprechender Temperaturdifferenzen jederzeit, also event. durch künstliche Mittel, sichergestellt ist. Wird der Ventilationsluft ein bestimmter Weg vorgeschrieben, der von dem gewöhnlichen, durch die Natur gegebenen, abweicht, so entsteht bereits ein künstliches Lüftungsverfahren, das aber nur so lange wirksam bleibt, als die den Luftwechsel erzeugende Kraft vorhanden ist.

Degen u. a. empfehlen die verdorbene Luft von den Krankenbetten u. s. w. nach unten zu leiten und abzusaugen, die frische Luft dagegen von oben zuzuführen, „um die verdorbene Luft womöglich mit ihrem ganzen Inhalt von Gasen, organischen Stoffen und Staubteilchen auf dem kürzesten Wege aus dem Bereich der Kranken zu entfernen". Damit dies aber gleichmäßig geschehe, sollen die Luftzuführungs- und die Absaugeöffnungen an möglichst vielen Punkten des Saales, und zwar die letztgenannten Oeffnungen bei jedem Bett angebracht werden.

Bei dieser Lüftungsart muß, namentlich wenn warme frische Luft an der Decke eingeführt wird, eine kräftige Absaugung am Fußboden stattfinden, was dadurch erreicht werden kann, daß vom Fußboden Abluftkanäle nach einem Aspirationsschlot geführt werden.

So wird beispielsweise in jedem Pavillon des Krankenhauses am Urban in Berlin die verbrauchte Luft durch eine größere Zahl von Mauerkanälen nach wagerechten Sammelkanälen im Keller und durch letztere nach Abluftschloten geführt, welche vom Keller bis über Dach gehen und mittels Dampfspiralen geheizt werden. — Die einem solchen Zwecke dienenden Heizröhren sollte man nicht mit der allgemeinen Heizanlage, weil diese gerade im Sommer außer Thätigkeit gesetzt wird, verbinden.

Von Central-Aspirationssystemen größeren Umfanges mag dasjenige der klinischen Bauten der Universität Halle a. S. erwähnt werden. Dort wird die Abluft der chirurgischen, geburtshilflichen und medizinischen Klinik durch unterirdische Sammelkanäle nach dem 40 m hohen, 3 m i. L. weiten, runden Schornstein des Oekonomiegebäudes geleitet. In diesem Schornstein sind zwei gußeiserne Rauchrohre des Kesselhauses von je 1,3 m Durchmesser eingebaut, welche eine so kräftige, ebenmäßige Wirkung verursachen, daß trotz der Länge der Abluft-Sammelkanäle (bis 180 m und mehr) der Ventilationseffekt ein vollkommen befriedigender ist.

Die frische Luft wird in dem Krankenhaus am Urban den Krankensälen in der Nähe der Decke, in den klinischen Bauten zu Halle a. S. in der Nähe des Fußbodens vorgewärmt zugeführt, während die Abzugsöffnungen sowohl an der Decke, wie am Fußboden angeordnet sind und je nach den oben (S. 116) erörterten Erfordernissen der Sommer- und Winterventilation in Thätigkeit gesetzt werden.

Fig. 107.

Fig. 107 u. 108. Allgem. Krankenpavillon des John Hopkins Hospitals zu Baltimore.

Fig. 108. Querschnitt.

In dem John Hopkins Hospital in Baltimore ist eine Aspirationslüftung vorgesehen, bei welcher teils die natürlichen, teils künstlich erzeugte Temperaturdifferenzen den Luftwechsel bewirken. Wie Fig. 107 und 108 zeigen, befinden sich in dem Fußboden des Krankensaales unter jedem Bett 0,3 m weite, runde, mit einer Drahtgitter überdeckte Oeffnungen, die in einen Sammelkanal unterhalb des Fußbodens münden. Dieser Sammelkanal führt nach einem großen, im Vorraum jedes Pavillons angebrachten Saugschlot, durch welchen die schlechte Luft des Krankensaales abgeführt wird. In diesem Falle muß der Saugschlot zur Erzeugung des nötigen Luftauftriebs erwärmt sein. Es sind ferner in der Decke des Krankensaales 6 Stück 0·65 qm große Abzugsöffnungen angebracht, die ebenfalls in einen nach dem Saugschlot führenden Sammelkanal oberhalb der Decke münden. Diese Deckenlüftung tritt in Thätigkeit, wenn der Krankensaal geheizt wird oder stark gelüftet werden soll, während die Fußbodenlüftung in gewöhnlichen Fällen zur Anwendung kommt. Auch können beide Lüftungsarten bei warmem Wetter gleichzeitig mit Vorteil funktionieren.

Was übrigens die Fußbodenabführungen unter den Betten anbelangt, so dürften dieselben, selbst wenn Schutzvorrichtungen für dieselben vorhanden sind, zu mancherlei Unzuträglichkeiten, Verstäubung, Beschmutzung u. s. w. führen. Jedenfalls würden Wandöffnungen in der Nähe des Fußbodens vorzuziehen sein.

Die Frischluft-Zuführung in dem John Hopkins Hospital geschieht, wie aus den Fig. 109—111 hervorgeht, durch Oeffnungen in

Fig. 109. Fig. 110.

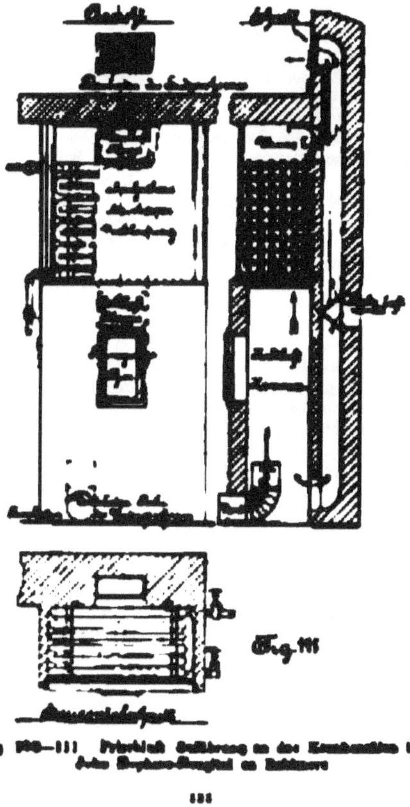

Fig. 111

Fig. 109—111. Frischluft-Zuführung zu den Krankensälen im John Hopkins-Hospital zu Baltimore.

den Außenmauern des Untergeschosses. Hier sind unterhalb eines jeden Bettenpaares Röhrenheizkörper angeordnet, an denen die frische Luft erwärmt werden kann, ehe dieselbe in den Krankensaal durch die nahe am Fußboden mündenden Mauerkanäle gelangt. Der Eintritt der frischen Luft in den Heizkammern oder auch direkt in den Krankensälen kann durch Stellklappen reguliert werden.

Die Abzugskanäle für verbrauchte Luft können nach oben, wagerecht oder nach unten zu einem gemeinsamen Aspirationsschlot geleitet werden. In den beiden letzteren Fällen muß, zur Ueberwindung des natürlichen Auftriebs der Abluft, eine stärkere Absaugungswirkung in den Kanälen, bzw. eine stärkere Erwärmung des Absaugeschlotes stattfinden, als in ersterem Fall.

Werden die Abzugskanäle mehrerer Säle oder auch mehrerer Gebäude vereinigt, so schließt diese gemeinschaftliche Entlüftungsmethode allerdings eine individuelle Behandlung der einzelnen Räume aus. Solche Räume, welche zeitweise oder ständig einer besonders kräftigen Lüftung bedürfen, ebenso Räume, in denen ansteckende Kranke untergebracht sind, und von denen bei einer etwaigen Störung des Lüftungsbetriebes Krankheitskeime in andere Zimmer gelangen könnten, dürfen nicht an einen gemeinschaftlichen Absaugeschlot angeschlossen werden, sondern müssen eigene Entlüftungskanäle erhalten.

Obwohl eine zweckmäßig angelegte Aspirationslüftung mittels Lockofens, Erwärmung des Aspirationsschlotes u. s. w. in den meisten Fällen vollkommen ausreichende Resultate wird liefern können, so ist doch ein bestimmter, den weitgehendsten Forderungen genügender und beliebig zu regelnder Ventilationseffekt nur durch Anwendung maschineller Kräfte zu erzielen. Am häufigsten werden bei solchen maschinellen Lüftungseinrichtungen sogen. Radgebläse (Centrifugal- oder Schraubenventilatoren) angewendet, die pressend oder saugend wirken können, je nachdem die frische Luft von außen nach dem Saal hin, oder die verbrauchte Luft des Saales nach außen getrieben werden soll.

Die Gebläse werden in den Zu- oder Abluftkanal eingebaut und durch Dampfkraft, Gas- oder Elektromotoren, Turbinen u. s. w. getrieben. Dieselben müssen jederzeit leicht kontrolliert werden können und dürfen den Kranken nicht durch Geräusch lästig werden.

Im allgemeinen werden bei den neueren Krankenhäusern künstliche Lüftungseinrichtungen, die auf Maschinenkraft beruhen, wenig angewendet, da sie eine aufmerksame und verständige Bedienung, nicht nur genügende, sondern auch einen guten Willen des Bedienungspersonals verlangen, Faktoren, mit denen erfahrungsgemäß selten mit der erforderlichen Sicherheit gerechnet werden kann. Auch erfordert die Unterhaltung der maschinellen Einrichtungen nicht unerhebliche Kosten.

Uebrigens läßt sich nun durch Maschinenkraft betriebene Ventilationsanlage mit einer durch einen Lockkamin bewirkten Aspirationslüftung verbinden, sodaß beide Systeme entweder gleichzeitig oder jedes für sich, je nach der Jahreszeit, den Temperaturverhältnissen, dem erforderlichen Lüftungseffekt u. s. w. in Thätigkeit gesetzt werden können.

In dem Krankenhause zu Antwerpen (vgl. Fig. 112, S. 123) wird beispielsweise durch ein Gebläse im Winter die frische Luft in unterirdischen Kanälen nach einer Heizkammer getrieben, die unter dem mittleren Teil eines jeden Krankensaales angeordnet ist. Von hier gelangt die vorgewärmte Luft durch die in der Mitte der Kranken-

nahe stehenden Säulen und seitlich Oeffnungen unterhalb der Decke in die Krankensäle. Die verbrauchte Luft wird durch Wandkanäle, deren Einströmungsöffnungen nahe am Fußboden liegen, nach dem Souterrain unterhalb eines central gelegenen, mit Lockfeuerung versehenen, Abluftschlotes geführt.

Den Luft-Entnahmestellen der Central-Ventilationssysteme ist eine besondere Aufmerksamkeit zuzuwenden. Dieselben müssen vor dem Eindringen von Staub, Regen und Schnee und sonstigen Verunreinigungen geschützt liegen. Am besten ist eine vom Verkehrs-

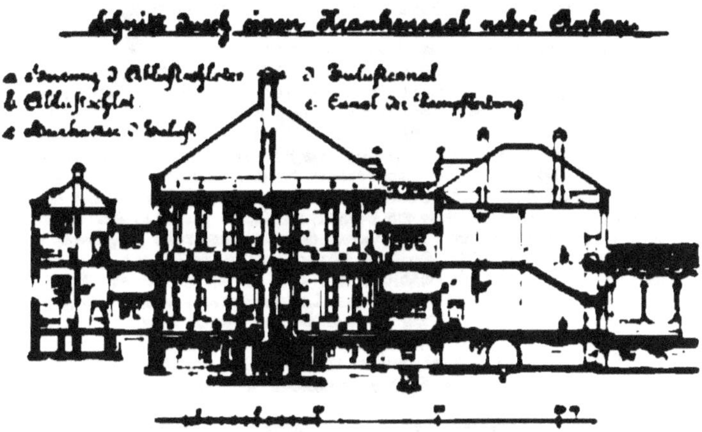

Fig. 118. Städtisches Krankenhaus zu Antwerpen.

wegen abgelegene, staubfreie, durch Gebüsch geschützte Stelle des Gartens oder Hofes zu wählen, wo die Luft durch die mit Drahtgittern geschützten, seitlichen Oeffnungen eines kleinen, turmartigen Schachtes etwa 1—2 m oberhalb der Erdfläche einströmen kann. Da aber der Wind oft ungünstig oder zu stark pressend wirken kann, so empfiehlt es sich, mehrere Lufteinströmungsschächte auf verschiedenen Seiten des Gebäudes herzustellen und dieselben mit einer größeren Luftkammer des Kellergeschosses zu verbinden, von wo aus die Luftkanäle nach den einzelnen Räumen führen.

Vielfach wird auch die Luft über Dach entnommen und durch Mauerkanäle den Zimmern zugeführt, wie dies beispielsweise bei den oben genannten klinischen Bauten zu Halle a. S. der Fall ist. Hierbei müssen jedoch Verunreinigungen der Luft durch Schornsteine u. s. w. ausgeschlossen sein.

Um dem Durchstreichen der Luft durch die Führungskanäle möglichst geringen Widerstand entgegenzusetzen, müssen Ecken, scharfe Krümmungen und rauhe Wandflächen, sowie unförmige Querschnitte vermieden werden. Am besten werden die Innenflächen der Kanäle mit Cement geglättet oder mit glasierten Steinen verblendet, wodurch eine öfter vorzunehmende Reinigung erleichtert wird. Bei kleineren Querschnitten und glasierte Thonröhren sehr zweckmäßig. Liegen die Luftkanäle unter der Erde, so müssen dieselben sorgfältig dicht hergestellt werden, um das Eindringen von Feuchtigkeit und von Erdausdünstungen zu verhüten.

Zur Reinigung der Ventilationsluft von gröberen, mechanischen Beimengungen genügt im allgemeinen der Schutz der Eingangsöffnungen an den Luftentnahmestellen durch feinere Drahtgitter, sowie die Anlage einer größeren Luftkammer, in welcher sich der gröbere Staub bei einer langsameren Luftbewegung ablagert. Um feineren Staub zurückzuhalten, kann man in dem Hauptluftkanal Filter aus Baumwollengewebe, feine Metalldrahtgitter oder, was allerdings weniger empfehlenswert ist, Wasserschleier herstellen. Je feiner die Gewebe filter sind, um so größeren Widerstand setzen dieselben dem Durchgang der Luft entgegen. Dieser Widerstand wird nur bei einer Drucklüftung, nicht aber bei einer durch Temperaturunterschied erzeugten Luftbewegung genügend überwunden werden können, weshalb Filter in letzterem Falle kaum anwendbar sind. Wo Filter angebracht werden, müssen dieselben jederzeit sorgfältig reingehalten werden, da sie sonst leicht eine Gefahr für das Krankenhaus werden können. Wie viel indessen hinsichtlich dieser Forderung zu erwarten ist, lehrt leider die Erfahrung und beispielsweise der Bericht, welchen v. Gruber dem Hôtel Dieu in Paris abstattete. Hier waren die mit Baumwolle eingefüllten Drahtkästen, durch welche die Luft filtriert werden sollte, nur mehr im unteren Drittteile gefüllt, während aus den oberen Teilen die Baumwolle durch den Luftstrom nach den Luftzuführungskanälen getragen, der noch vorhandene Teil der Baumwolle aber durch Staub und feine Kohlenteilchen u. dergl. derart verunreinigt war, „daß der Gedanke, eine Luft atmen zu müssen, welche mit dem hier angehäuften Schmutz in Berührung kommt, und Teile desselben mitführt, geradezu Ekel erregt".

Es ist vielfach die Forderung aufgestellt worden, daß die von den Krankensälen abgeführte Luft desinfiziert werde, eine Forderung, die gewiß dort, wo die Gefahr einer Uebertragung von Ansteckungsstoffen wegen allzu großer Nähe von Nachbargebäuden, Verkehrswegen u. s. w., oder, wo die Gefahr einer Zurückleitung der Keime nach dem Krankensaal vorliegt, ihre Berechtigung hat. Es sind für diesen Zweck auch entsprechende Desinfektionsmethoden bei manchen Krankenanstalten zur Ausführung gekommen, noch mehr aber von sachkundiger Seite vorgeschlagen worden.

In dem Kinderhospital der Charité zu Berlin z. B. wird die abziehende Luft mittels eines in abnehmbaren Holzrahmen eingespannten Gewebes (Terpentin) filtriert.

Romain-Jacur schlägt vor, die verdorbene Luft durch Schwefelsäure zu leiten, während v. Gruber eine Methode von Felix erwähnt, nach welcher die durch Lockkamine abströmende Luft durch [illegible] desinfiziert wird, indem letztere „mit Hilfe von Kapseln aus feuerfestem Thon, durch Gas- oder Petroleumbrenner eine Temperatur von 300—400° C. zu erzeugen gestatten". Ferner kann die durch Aspiration abgeführte Luft auch unter den Rost des die Aspiration bewirkenden Feuers geleitet werden.

Allen diesen Methoden gegenüber wird jedoch zu beachten sein, daß das beste Desinfektionsmittel die freie Atmosphäre selbst ist und, wo immer ein größerer freier Luftraum um das Krankengebäude vorhanden ist, der Luft die Desinfektion durch Verflüchtigung bzw. durch unmittelbare Verdünnung der Krankheitsstoffe überlassen bleiben kann

13. Die Einzelzimmer.

Die Zahl der mit dem allgemeinen Bau eines Krankengebäudes bzw. einer Kranken-Abteilung zu verbindenden Einzelzimmer wird ebenso wie die Zahl der in denselben aufzustellenden Betten in jedem einzelnen Fall nach dem Urteil des maßgebenden Arztes festzustellen sein, da hierbei mancherlei örtliche Verhältnisse, wie z. B. die zu berücksichtigende Zahl der zahlenden Kranken, die Art der zu behandelnden Krankheiten u. s. w. maßgebend sind. Im allgemeinen empfiehlt es sich, auf je 10 Kranke wenigstens 1 Einzelbett oder Einzelzimmer vorzusehen. Ueber das Doppelte dieses Verhältnisses hinauszugehen, dazu wird selten ein zwingendes Bedürfnis vorliegen.

Mit Rücksicht auf den bereits früher erörterten Zweck der Einzelzimmer sollten dieselben möglichst nur für 1 Kranken und für nicht mehr als 3—4 Kranke eingerichtet werden.

Das Verhältnis der Einzelbetten bzw. -Zimmer zu der Gesamtzahl der Betten stellt sich bei einigen größeren Krankenhäusern, wie folgt. Es kommen, allgemein gerechnet, auf 100 Kranke

im Hamburg-Eppendorfer Krankenhaus etwa 10 Betten in Einzelzimmern mit 1, 2 und 4 Betten (vorwiegend mit 1 Bett),

im Krankenhaus Friedrichshain, Berlin, etwa 11 Betten in Einzelzimmern mit 1—3 Betten,

im Krankenhaus am Urban, Berlin, etwa 16 Betten in Einzelzimmern mit 1, 2 und 3 Betten (vorwiegend mit 1 Bett);

im St. Thomas Hospital, London, etwa 6 Betten in Einzelzimmern mit 1 und 2 Betten (vorwiegend mit 2 Betten);

im Civil-Hospital Antwerpen etwa 10 Betten in Einzelzimmern mit nur 1 Bett;

im John Hopkins Hospital, Baltimore, etwa 30 Betten in Einzelzimmern mit 1, 2 und 4 Betten (vorwiegend mit 1 Bett);

im Hospital Montpellier etwa 10 Betten in Einzelzimmern mit 1 und 2 Betten (vorwiegend mit 1 Bett)

Selbstverständlich wird die relative Zahl der Einzelzimmer bei ansteckenden Kranken größer anzunehmen sein als bei gewöhnlichen Kranken.

Hinsichtlich der baulichen Einrichtung der Einzelzimmer gilt im allgemeinen dasselbe, was oben für die Krankensäle gefordert ist. Der für ein Bett im Einzelzimmer vorzusehende Luft- und Flächenraum wird etwas größer zu bemessen sein als in Krankensälen, da im Einzelzimmer Möbel und Gänge verhältnismäßig mehr Raum in Anspruch nehmen, als in Sälen. Uebrigens sollten auch die Einzelzimmer schon wegen der in denselben zu behandelnden, schwereren Krankheitsfälle, oder weil die in denselben untergebrachten Kranken besondere Preise zahlen u. s. w., vor den allgemeinen Krankensälen in Bezug auf Größe und Einrichtung bevorzugt werden, zumal dieselben in der Regel des Vorteils entbehren, der den Krankensälen dadurch erwächst, daß in diesen meistens die Betten nicht gleichzeitig belegt sind, also auf das Bett ein größerer Luftraum, als eigentlich angenommen, entfällt. Es sollte demnach in den Einzelzimmern die Fläche pro Bett nicht unter 12 qm angenommen werden, sodaß bei einer für kleinere Zimmer entsprechenden Höhe von ca. 4,5 m der Rauminhalt etwa 54 cbm betragen würde.

Thüren zwischen Einzelzimmern, etwa um die Wartung der Kranken zu erleichtern, und ebenso zu vermeiden, was direkte Verbindungen mit dem Krankensaal

14. Der Tageraum.

Während in älteren (Korridor-)Krankenhäusern sog. Tageräume überhaupt nicht oder doch nur selten eingerichtet worden sind, werden dieselben in allen besseren, neueren Krankenhäusern als durchaus notwendige Nebenräume der Krankensäle angesehen. Angesichts der großen Vorteile, die, wie bereits früher erwähnt, der Tageraum nicht nur für die denselben benutzenden Rekonvaleszenten, sondern auch für die im Krankensaal verbleibenden Kranken bietet, indem letzteren durch zeitweilige Entlastung des Saales größere Ruhe und ein größerer Luftraum gewährt wird, sollte selbst bei kleineren Sälen für ca. 10 Betten jedesmal ein besonderer Tageraum vorgesehen werden.

In Frankreich und England wurden schon bei den ersten Pavillon-Spitälern Aufenthaltsräume für Rekonvaleszenten vorgesehen. Dieselben liegen z. B. bei dem Hospital Lariboisière zwischen den einzelnen Krankenpavillons, ebenerdig, aber mit geräumigen Dampfbädern und diejenigen des Hôtel Dieu in Paris angeordnet. In dem neuen Civil- und Militär-Hospital in Montpellier, wo übrigens die geräumigen Balkons vor den Krankensälen die Stelle von Tageräumen vertreten, sind noch besondere Zimmer für Rekonvaleszenten in dem hohen Unterbau der Pavillons an den Kopfenden untergebracht (vergl. Fig. 70).

Bei den englischen Hospitälern liegen die Rekonvaleszenten- oder Tageräume meistens an dem mittleren Verbindungskorridor der Pavillons, oder frei zwischen denen (vergl. Hospital in Blackburn, Fig. 40).

Eine eigenartige Anordnung weisen einige Hospitäler mit runden Krankensälen, wie z. B. das Burnley-Hospital (Fig. 113—115, S. 127) auf, indem nämlich der „Day Room" über dem Saal angeordnet, mit Glaswänden eingefaßt und mit offenem Umgang versehen ist. Der Zugang zu dem oberen Tageraum erfolgt gewöhnlich mittels einer Wendeltreppe im Mittelpunkt des Saales. Da jedoch diese Treppe dem freien Luftdurchzug im Saal hinderlich, außerdem nicht gut beleuchtet und unbequem ist, so hat man im Burnley-Hospital eine Treppe neben dem Saal angebracht und mit einem Aufzug verbunden, wodurch die Kranken ohne Störung des Saals und event. in ihrem Bett nach dem oberen „Sonnenraum" oder nach dem neben letzterem belegenen, besonderen Raum für Raucher gelangen können.

In neuerer Zeit sind in England vielfach besondere Rekonvaleszentenhäuser in der Nähe der Spitäler errichtet worden, und deshalb die Tageräume in letzteren selbst weggefallen.

In Deutschland sind bei den älteren Bauten des Pavillonsystems meistens offene Gallerien angeordnet worden, auf denen bei günstigem Wetter einige Krankenbetten aufgestellt werden konnten (Baracke der Charité in Berlin, Pavillons im städtischen Krankenhaus in Dresden, Augusta-Hospital in Berlin u. a.). Allmählich wurden auch hier geschlossene, aber möglichst luftige und sonnige Räume für die Rekonvaleszenten vorgesehen und meistens entweder von dem Garten aus direkt zugänglich gemacht, oder mit Balkons, Gallerien u. s. w. in Verbindung gebracht.

Die Größe der Tageräume ist bei den bestehenden Krankenhäusern sehr verschieden. Sie beträgt beispielsweise bei den Pavillons des

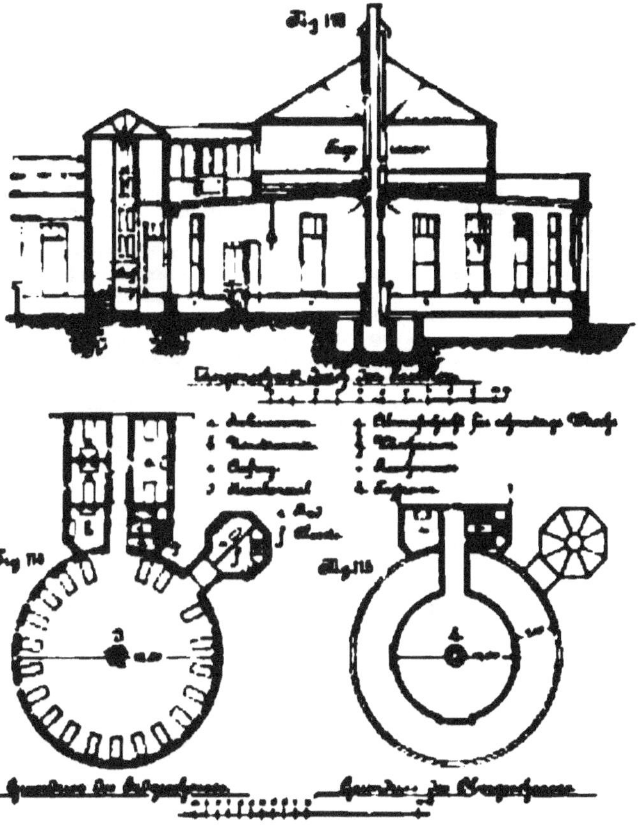

Fig. 109—110 Barking-Hospital (England)

Krankenhause am Friedrichshain etwa $1/3$ der Fläche des Krankensaales, bei dem Krankenhaus am Urban weniger als $1/10$, bei dem Hamburg-Eppendorfer Krankenhause ca. $1/8$, bei den chirurgischen Pavillons des städtischen Krankenhauses zu Frankfurt a. M. ca. $1/7$, bei dem John-Hopkins-Hospital in Baltimore nur etwa $1/30$ des Krankensaales.

Um dem Verhältnis der Rekonvaleszenten zu den Kranken annähernd zu entsprechen, sollte der Tagesraum nicht weniger als $1/5$ der Fläche des Krankensaales erhalten.

Bei der baulichen Einrichtung des Tageraumes und im

[illegible]

[illegible]

[illegible]

[illegible]

[illegible] Krankenhaus zu Frankfurt a. M. bei den chirurgischen Pavillons [illegible] Hallen in Nähe der Fenster[illegible] [illegible]

In Barackenhospitälern, zuweilen aber auch in pavillonartigen Bauten, wie z. B. bei [illegible] des Kreiskrankenhauses in Bernburg (Fig. [illegible] 117 u. [illegible]), werden [illegible] der Korridore als Aufenthaltsräume für die [illegible] benutzt. In solchen Fällen müssen diese Räume eine entsprechend größere Breite, als gewöhnlich hierfür anzunehmen ist, erhalten und als [illegible] Vor- und Durchgangsräume möglichst [illegible] werden. Sehr empfehlenswert ist diese Anordnung allerdings nicht. Besser erscheint hiergegen auch die Anordnung eines vor der Längsfrontwand des Korridors vorspringenden, [illegible] Tagesraums, dessen Luft nicht von den Krankenzimmern und umgekehrt beeinflußt wird, wie z. B. bei dem

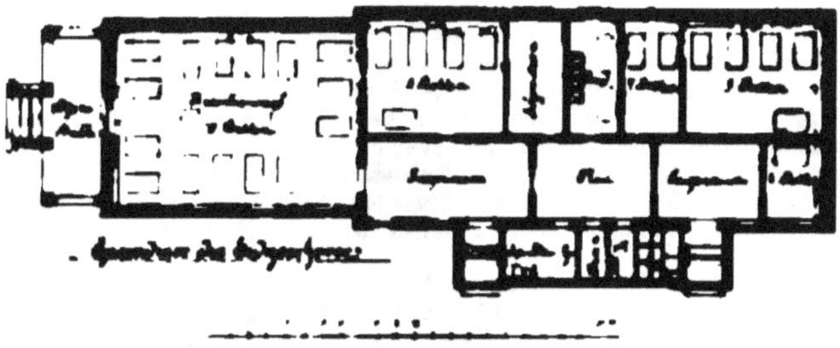

Fig. 118.

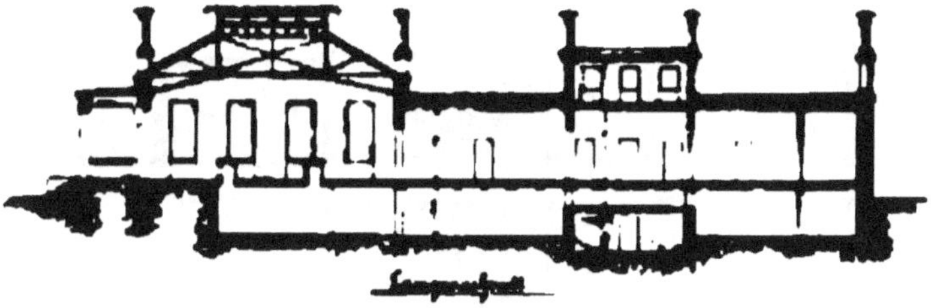

Fig. 119.

Fig. 118 u. 119. Pavillon im Kreiskrankenhause zu Bernburg.

im Fig. 118 und 119, S. 130 dargestellten chirurgischen Krankenhaus in Bremen.

13. Die Wärterzimmer.

An die für Wärter vorzusehenden, besonderen Schlaf- und Aufenthaltsräume sind im allgemeinen dieselben Ansprüche zu stellen, wie an gewöhnliche, gesunde Wohn- und Schlafräume.

Die Luft derselben soll nicht von derjenigen des Krankensaales beeinflußt werden, und es sind deshalb direkte Thürverbindungen zwischen diesen Räumen am besten zu vermeiden. Auch sollten Fenster zur Beobachtung der Kranken vom Wärterzimmer aus nur dann angelegt werden, wenn der Dienst von freiwilligen Krankenpflegerinnen besorgt wird, da bezahlte Wärter nur zu leicht sich damit begnügen, von ihrem Zimmer aus den Krankensaal zu beobachten und sich zu ihrer größeren Bequemlichkeit im Wärterzimmer länger aufhalten, als es im Interesse der Kranken wünschenswert ist.

Wenn auch die Wärterzimmer im allgemeinen in der Nähe der Krankensäle liegen sollen, so können dieselben doch auch bei elektrischer Verbindung u. dgl. m. im Dachgeschoß (wie im Krankenhaus am Urban in Berlin) oder im Souterrain untergebracht werden. Familienwohnungen für Wärter, falls solche überhaupt notwendig werden, sind ganz aus der Nähe der Krankengebäude zu entfernen. Hierfür sind ev., wie in Hamburg-Eppendorf, besondere Wohnhäuser außerhalb des eigentlichen Krankenhaus-Terrains zu errichten.

In England werden meistens besondere Wohnhäuser für das Wärterinnen erbaut und mit großem Aufwand und vielen Bequemlichkeiten ausgestattet. Dies ist hauptsächlich dem Umstand zuzuschreiben, daß dort fast nur freiwillige, gut geschulte Krankenpflegerinnen den Krankendienst besorgen, welche sich einer größeren allgemeinen Standesachtung erfreuen als in irgend einem anderen Lande.

Was die Zahl der Wärter anbelangt, so kann man, wie bereits früher erwähnt, etwa auf 10 Kranke einen Wärter rechnen, sodaß bei einem Saal mit 20—24 Betten ein Wärterzimmer mit 2 Betten

Fig. 118.

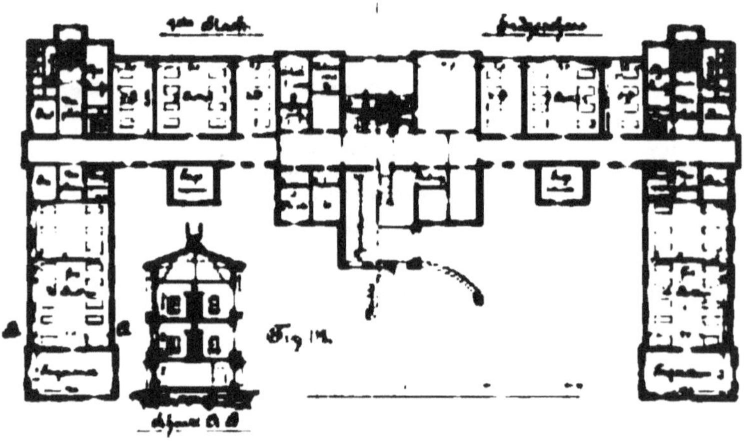

Fig. 119 und 120. Chirurgisches Krankenhaus zu Bremen.

vorgesehen ist, für welches eine Grundfläche von 12—16 qm genügt, falls nicht etwa in diesem Raum noch Schränke für Wäsche, Verbandstücke, Arzneien u. s. w. Aufstellung finden sollen, die ev. einen entsprechend größeren Raum erforderlich machen würden.

16. Die Baderäume (vergl. dies. Handb. 4. Bd. 776 und 5. Bd. 173).

Die Badeeinrichtungen sollten für Kranke und das Krankenhauspersonal stets getrennt angelegt werden. Ist der Kranken-Baderaum nicht von einem Korridor, sondern von dem Krankensaal aus zugänglich, wie dies vielfach bei den Pavillonbauten der Fall ist, so empfiehlt es sich, den Zugang nicht unmittelbar, sondern vermittelst eines gut lüftbaren Vorraumes herzustellen, um zu verhüten, daß die Dünste des Badezimmers in den Krankensaal dringen. In diesem Verraum können auch zweckmäßig einige Waschvorrichtungen für die Kranken angebracht werden, während die Waschtische andernfalls in dem Baderaum selbst oder in einem besonderen Raum Aufstellung finden müssen.

Man rechnet auf etwa 10—15 Kranke eine Badewanne, für welche ein Raum von ca. 10—12 qm genügt. Für größere Säle mit etwa 30 Betten ist am besten 1 feststehende und 1 transportable Badewanne vorzusehen, in welchem Fall der Baderaum eine Fläche von wenigstens 20 qm erhalten muß, namentlich wenn in demselben noch Waschtische aufgestellt werden.

Die Beleuchtung, sei es mittels Seitenfenster, sei es mittels Oberlicht, muß reichlich sein. Die Fenster sind mit mattem oder geriffeltem Glase zu verglasen und, da in den Baderäumen das Holz durch Feuchtigkeit sehr leidet, am besten aus Eisen herzustellen.

Für die Fußböden empfiehlt sich am meisten eine Massivkonstruktion, Terrazzo, Fliesen, Asphalt, Cementestrich u. s. w. auf Gewölben, welche noch mit Dachpappe oder Asphalt abgedeckt werden können. Bei Anwendung einer Fußbodenheizung, die sich gerade für Badezimmer sehr zweckmäßig erweist, ist die unter „Heizung der Krankenräume", S. 111 beschriebene Fußboden-Konstruktion in den Krankensälen der Hamburg-Eppendorfer Pavillons empfehlenswert, die dort auch in den Badezimmern ausgeführt ist. Zur leichten, gründlichen Reinigung und Spülung des Fußbodens erhält derselbe etwas Gefälle nach einem Einlaufrost hin, der mittels Wasser-Geruchverschluß direkt an die Sielleitung angeschlossen ist.

Die Wände müssen mit Cement geputzt und, wenn möglich, bis zu einer Höhe von 1,50—2,0 m mit glasierten Steinen oder Kacheln bekleidet werden. Auch die Decke sollte, einer besseren Widerstandsfähigkeit gegen die feuchten Dünste wegen, massiv hergestellt und mit Cementputz versehen werden. Alle geputzten Flächen sind mit Oel- oder Emaillefarbe zu streichen, ferner sind die Anschlüsse des Fußbodens an die Wände auszurunden und die Thüren so breit anzulegen (mindestens 1,20 m), daß ein Krankenbett ev. auf dem Krankenwagen bequem hindurchgebracht werden kann. Für gute Lüftungsvorrichtungen muß besondere Sorge getragen werden, wie auch die Heizung ausreichend zu gestalten ist.

Für das Haupt-Ausstattungsstück des Badezimmers, die Badewanne, kommt als Material hauptsächlich Fayence, Kupfer, Zinkblech, nickelplattiertes Stahlblech u. s. w. in Betracht. Oft werden die Badewannen auch gemauert oder aus Monier-Masse hergestellt und dann mit glasierten Steinen oder Kacheln bekleidet. Diese letzteren Wannen, wie diejenigen aus Fayence, dürften den hygienischen Anforderungen am meisten entsprechen, da dieselben leicht reinzuhalten und widerstandsfähig gegen Säuren sind. Der hohe Preis derselben wird z. T. durch ihre Dauerhaftigkeit ausgeglichen. Ein weiterer Vorzug besteht darin, daß das Material ein schlechter Wärmeleiter ist und daher das Wasser weniger schnell abkühlen läßt als die übrigen genannten Materialien. Im übrigen sind diese Wannen auch am geeignetsten für Medizinal- und Schwefelbäder.

Die Badewannen für Erwachsene sind ca. 1,70 m oben und 1,40 m unten lang, 0,75 m bez. 0,50 m breit und 0,60 m hoch, für Kinder entsprechend kleiner, herzustellen. Zum bequemen Ein- und Aussteigen werden dieselben oft etwas vertieft in den Fußboden eingelassen. Die

Zuleitung des warmen und kalten Wassers erfolgt zweckmäßig mittels eng. Mischhähne, wodurch die lästigen Wasserdämpfe eingeschränkt vermieden werden. Ebenso muß den Brausen, von deren mannigfachen Konstruktionen u. a. die Körting'sche Strahldüse sich gut bewährt hat, durch eine Mischbehälter warmes und kaltes Wasser, oder beides zugleich, in einer leicht zu regulierenden und an einer Skala erkennbaren Mischung zugeführt werden können.

Um überall, unter und neben der Badewannen, bequeme und gute Reinhaltung zu ermöglichen, darf die Wanne nicht unverrückbar mit den Zu- und Abflußleitungen verbunden sein.

Die am besten aus Metall herzustellenden transportablen Badewannen werden mit Gummirädern versehen, damit sie leicht und geräuschlos an die Betten im Krankensaal herangefahren werden können. Die Füllung geschieht im Baderaum entweder durch Gummischläuche, die an den Hähnen der festen Badewanne angeschraubt werden, oder durch besondere Hähne, während die Entleerung durch Ablaufhähne am Boden und zwar am einfachsten über dem Ausguss erfolgt.

Zu den sonstigen Ausstattungsstücken des Baderaumes gehören außer kleineren Wannen für Arm-, Fuß- und Sitzbäder u. s. w. in der Regel ein kleiner Tisch, ein kleiner Stuhl, eine Ruhebank und die zur Anwärmung der Badewäsche erforderlichen Vorrichtungen, welche entweder aus einfachen Messingstangen um den Badeofen oder an dem Heizkörper des Baderaumes oder aus einem Latten-Kasten über dem Heizkörper bestehen. In dem Krankenhause am Urban ist ein Wäsche-Wärmapparat zur Anwendung gekommen, der, wie Fig. 120 und 121 zeigt, aus einem verschließbaren Holzkasten besteht und mit einem losen, durchlochten und verzinkten Blech b, sowie einem ebensolchen, aber festen Bodenblech c versehen ist. Zwischen diesen Blechen befindet sich eine kupferne, verzinkte Heizschlange a, welche zur Erwärmung des Kastens dient. Bei jeder Füllung der Badewanne wird gleichzeitig der Wäschewärmer erwärmt, da das der Badewanne zugeführte, warme Wasser durch diese Heizschlange fließt.

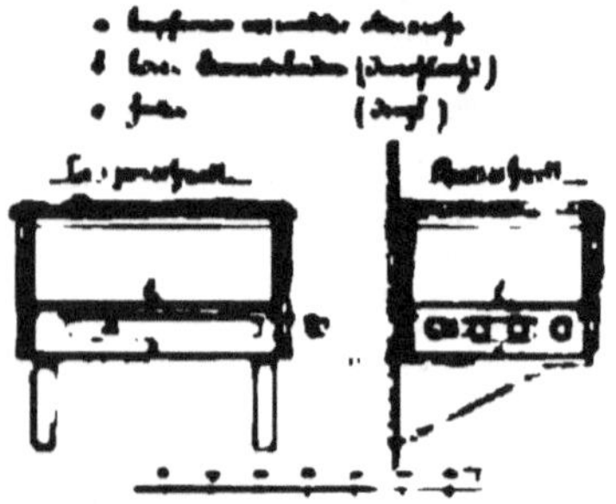

Fig. 120 und 121. Wäschewärmapparat im Krankenhause am Urban in Berlin.

In keinem Baderaum darf neben der Badewanne ein Lattenrost fehlen.

Die in dem Vorraum oder im Baderaum selbst aufzustellenden Waschtische für solche Kranke, die das Bett verlassen können, erhalten, wie die Badewannen, Zuleitungen von kaltem und warmem Wasser. Ihre Einrichtung muß möglichst einfach gehalten werden, um sie mit leichter Mühe reinigen zu können. Schrankartige Verkleidungen sind zu vermeiden. Kippschalen, welche öfters angewendet werden, haben den großen Nachteil, daß das untere Ausgußbecken nicht ohne weiteres übersehbar und umständlich zu reinigen ist. Ebenso sind diejenigen Waschbecken wenig günstig, deren Bodenverschluß mittels an Ketten aufgehängter Stöpsel bewerkstelligt wird. Gut bewährt haben sich in dem Hamburg-Eppendorfer Krankenhause die in dem Abflußrohr unterhalb des Waschbeckens angebrachten Abschlußhähne, welche zur bequemen Handhabung mit Stange und Griff versehen sind am vorderen Rand der Waschtischplatte zu öffnen und zu schließen sind (vergl. Fig. 127).

Zur Erwärmung des Badewassers dient gewöhnlich in kleineren Krankenhäusern ein cylindrischer Ofen aus Kupferblech mit konzentrischem Feuerrohr. Es empfiehlt sich hierbei, das Zuleitungsrohr für kaltes Wasser am Boden, das Abflußrohr dagegen am oberen Rand des Ofens anzubringen, sodaß das warme Wasser nur in dem Maße abfließen kann, wie kaltes Wasser zuströmt, und der Ofen demnach stets gefüllt bleibt. Am Boden des Badeofens kann noch ein Zapfhahn angebracht werden, aus dem für anderweitige Zwecke warmes Wasser direkt entnommen werden kann.

Auch die durch einen Gasrost zu beheizenden Badeöfen (vergl. dies. Handb. 4. Bd. 127), in denen die Erwärmung des Wassers durch direkte Berührung desselben mit den Heizgasen erfolgt, sind besonders da, wo es auf die schnelle Bereitung eines Bades ankommt, recht empfehlenswert.

Ist eine Central-Wasser- und Dampfheizung vorhanden, so kann man, wie auf der rechten Seite der Fig. 128 dargestellt ist, die Heizröhren nach einem hochgelegenen Reservoir führen, dessen Wasserinhalt, nach Erwärmung mittels besonderer Leitung, der Badewanne, den Brausen, Waschtischen, Spülbecken u. s. w. zugeführt wird.

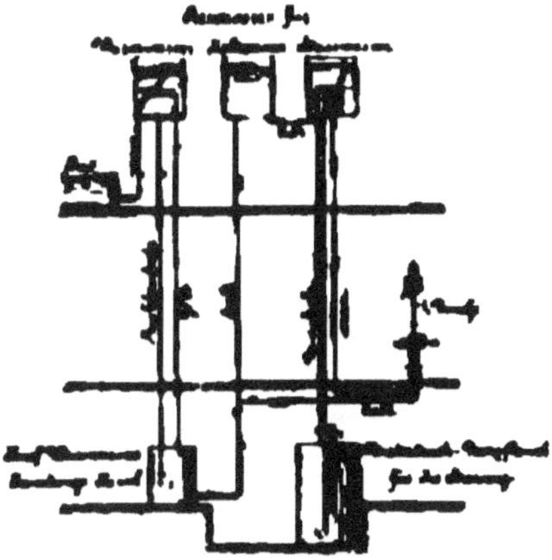

Fig. 128. Schema einer Warmwasserbereitung.

Die zur Erwärmung des Wassers dienenden Heizröhren und Circulationsröhren, die Entnahme des Wassers aus dem Reservoir geschieht mittels eines beweglichen Schlauches, dessen Mündung auf der Wasseroberfläche, wo sich die wärmsten Schichten befinden, schwimmt. Mit dem Heißwasserreservoir kommuniziert ein Reservoir mit kaltem Wasser, durch dessen Schwimmerhahn der Wasserstand in beiden Reservoiren gleich hoch und konstant, und das Wasserheizungssystem stets gefüllt gehalten wird. Von dem Kaltwasserreservoir führen ferner nach den einzelnen Entnahmestellen Leitungen, deren Wasser dann in den Mischkühlen mit dem warmen Wasser auf die gewünschte Temperatur gebracht wird.

Die Fig. 122 zeigt schematisch noch eine andere Art der Warmwasserbereitung mittels eines besonderen, im Keller aufzustellenden Warmwasserkessels. Die Erwärmung des Wassers wird hierbei durch eine Wassercirkulationsheizung erzielt, indem das heiße Wasser des Kessels durch eine Röhre nach dem oberen Reservoir emporsteigt, von dessen Boden ein Rücklaufrohr nach dem Heizkessel zurückführt. Die Entnahme des Wassers aus dem Reservoir geschieht, wie im vorigen Fall, mittels eines schwimmenden Schlauches, die Füllung des ganzen Systems durch ein am Boden des Heizkessels einmündendes Zuflußrohr des kommunizierenden Kaltwasserreservoirs.

Ein übersichtliches Schema für die Bereitung warmen Wassers und die Anordnung der Leitungen für warmes wie für kaltes Wasser stellt die Fig. 123 dar. Nach diesem System kommt das Warmwasserreservoir ganz in Fortfall. Das Wasser eines Kaltwasserreservoirs wird ebenso

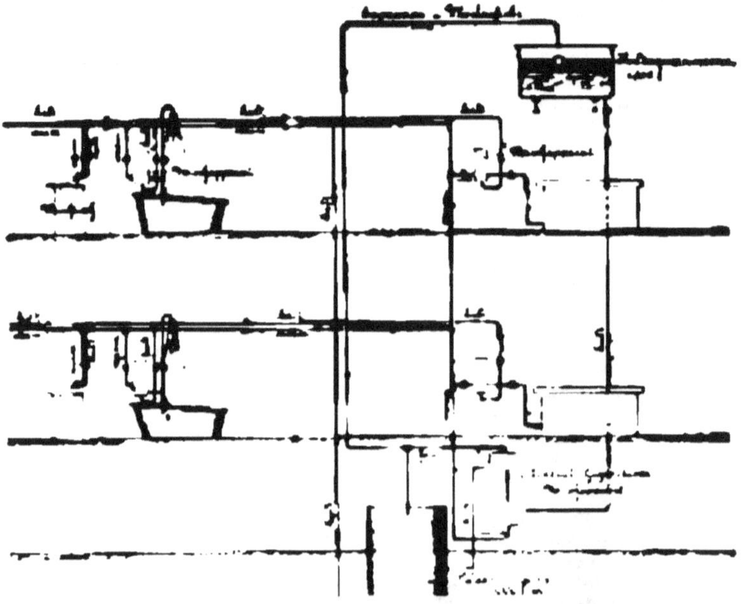

Fig. 123. Schema einer Warmwasserbereitung mit Gegenstromapparat.

wie das in einem besonderen Heizkessel erwärmte Wasser einem Gegenstromapparat zugeführt, durch welchen eine regulierbare Mischung bis zu einer bestimmten Maximaltemperatur stattfinden kann, jedoch ein Verbrühen, selbst bei unvorsichtiger Handhabung der Hähne, ausgeschlossen ist. Durch besondere, kleine Mischapparate an den Badewannen, Brausen u. s. w., wo die Warm- und Kaltwasserleitungen zusammengeführt sind, und ferner eine Regulierung der Wassertemperatur für jeden einzelnen Fall bewerkstelligt.

Das Heizsystem erhält ein besonderes Expansions- und Ueberlaufrohr, das in das Kaltwasserreservoir einmündet.

Bei dem Schaffstädt'schen Gegenstromapparat läßt sich auch Wasser augenblicklich mittels Dampf auf eine beliebige Temperatur erwärmen, ohne daß der Dampf in das Wasser eintritt und dadurch das letztere verunreinigt oder Geräusch macht. Fig. 134 und 135 zeigen die Konstruktion einer Brause nach dem Prinzip der Gegenströmung von Wasser und Dampf in geschlossenen Röhren. Das bei c einströmende Wasser erwärmt sich, indem es durch den Hahn d nach der Brause aufsteigt, an dem Rohrsystem b, in welchem der durch den Hahn a eintretende Dampf durchströmt und unten als Kondenswasser austritt. Dampf- und Wasserhahn werden gleichmäßig so weit geöffnet, bis die gewünschte Temperatur des Wassers, die an einem Thermometer an dem Brauserohr abgelesen werden kann, erreicht ist. Im übrigen läßt sich die Temperatur beliebig regulieren, aber nie über 35° R bringen, sodaß also ein Verbrühen ausgeschlossen ist. Die Stellung der Hahngriffe zu einander gestattet nicht, daß der Dampfhahn geöffnet werde, ohne auch den Wasserhahn zu öffnen.

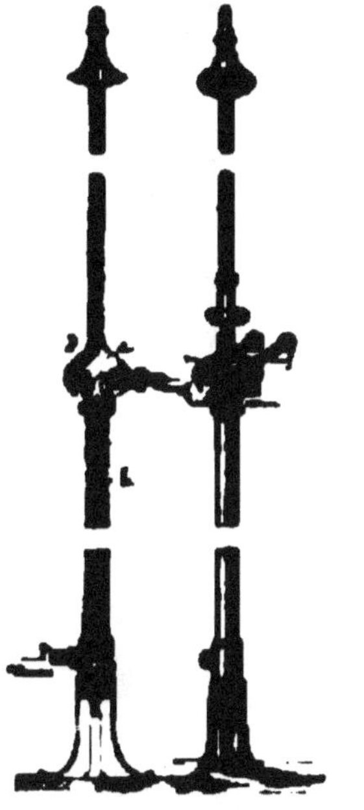

Fig. 134. Querschnitt. Fig. 135. Ansicht.

Fig. 134 und 135. Brause mit Gegenstromapparat.

Außer den für jede Krankenabteilung vorgeschriebenen, gewöhnlichen Wasserbädern sollten, wenn die Mittel es irgend ermöglichen, stets auch Dampf- oder römisch-irische Bäder, ferner auch sog. permanente, medizinische (Schwefel-), elektrische Bäder u. s. w. vorhanden sein.

Diese sind zweckmäßig bei größeren Hospitälern in einem Anbau oder in ein besonderes, zentral gelegenes Badehaus mit je einem besonderen Zugang für Männer und Frauen zu verlegen. Mit dieser Anlage, die bequem von allen Kranken zu erreichen sein muß, können auch gewöhnliche Bäder, hauptsächlich zur Benutzung für Aerzte und Wärter etc., verbunden werden.

Die römisch-irischen (Heißluft-)Bäder bestehen, wie beispielsweise aus dem in den Fig. 136 und 137 dargestellten Grundriß und Querschnitt des Badehauses im Hamburg-Eppendorfer Krankenhause ersichtlich ist, zunächst aus dem Frigidarium (Auskleide-

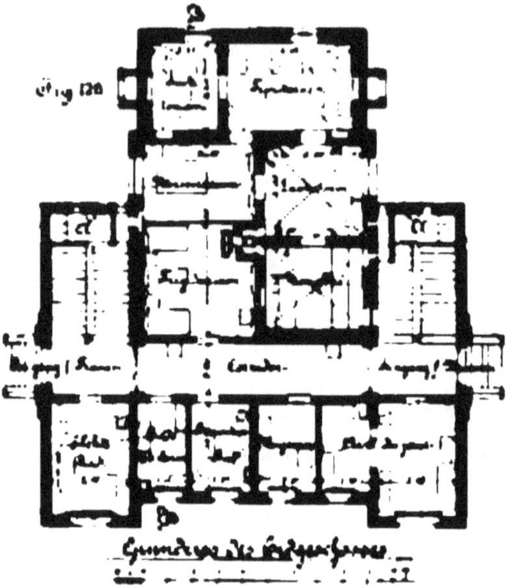

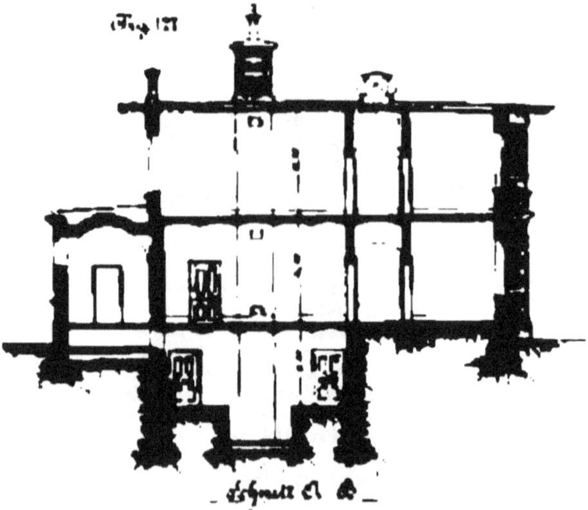

Fig. 126 und 127. Badehaus im Krankenhaus Hamburg-Eppendorf.

und Ruheraum), dessen Temperatur ca. 22° C betragen muß. In demselben sind einige Ruhebetten (Fig. 129) aufgestellt. Sodann folgt das Tepidarium (Warmluftbad) mit einer Temperatur von ca. 45—55° C und das Sudatorium (Heißluftbad) mit ca. 55—65° C. Beide Räume sind mit einigen Stühlen mit lattenförmigem Holzbelag auszustatten. Daselbst muß auch für frisches Trinkwasser gesorgt werden, das am besten durch besondere Leitungen zugeführt wird.

Die Beheizung der Räume erfolgt in der Regel durch heiße Luft, welche in besonderen Dampf- oder Heißwasser-Luftheizkammern des Keller-

Fig. 129. Ruhebett für das Frigidarium

geschosses, und zwar möglichst direkt unterhalb der Baderäume, entsprechend erwärmt und durch Mauerkanäle nach den letzteren geführt wird. Anstatt dieser Luftheizung kommt auch oft eine Fußbodenheizung zur Anwendung. In beiden Fällen wird jedoch eine weitere Erwärmung wenigstens des Sudatoriums, durch Dampf- oder Heißwasserröhren, die ringsum an den Wänden entlang zu führen sind, nicht entbehrt werden können.

Die Anordnung der Heizröhren auf dem Fußboden, unterhalb eines Lattenrostes ist nicht empfehlenswert, weil die Röhren leicht bestaubt und beschmutzt werden und dann einen unangenehmen Geruch verbreiten. Zweckmäßiger ist die Verlegung derselben in kleinen Kanälen unter dem Plattenbelag des Fußbodens, welche durch vergitterte Mauerkanäle im unteren Teil der Wand mit dem Baderaum in Verbindung stehen (vergl. Fig. 129 und 130, S. 140), sodaß die Raumluft in den Fußbodenkanälen zirkulieren und sich an den Heizröhren erwärmen kann.

Mit dem Tepidarium einerseits und dem Frigidarium andererseits ist das auf ca. 28—30° C zu erwärmende Lavacrum direkt zu verbinden, in welchem für das Reinigungs- und Massierverfahren eine Badewanne (womöglich jedoch ein gemauertes Bassin mit Kachelauskleidung), ein Massiertisch (Fig. 131, S. 138) und eine Auswahl verschiedener Brausen und Duschen (Kopf- und Seitenbrausen, Strahl-, Mantel-, Sitzduschen u. s. w., vergl. Fig. 132 und 133, S. 139) anzubringen sind. Die Duschen können durch Mischhähne beliebig temperiert werden.

Zur Ventilation der genannten Räume sind überall ausreichende Vorkehrungen zu treffen durch Anlage von Entlüftungskanälen, Abzugsschloten und dergl., sowie von Zuführungskanälen frischer, vorgewärmter Luft. Fig. 134 u. 140 stellt eine in dem Hamburg-Eppendorfer Krankenhause ausgeführte Frischluftzuführung zum Heißluftbad dar.

In dem Tepidarium und Sudatorium muß mindestens ca. 3—5-

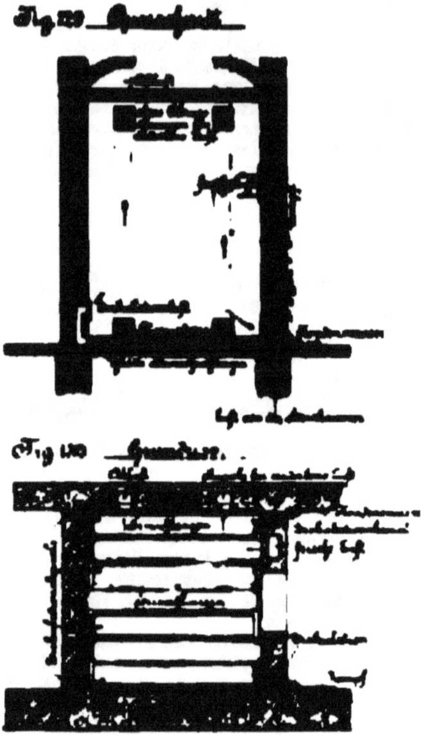

Fig. 129 und 130 [illegible] mit [illegible]

Fig. 130. Badezimmer mit Kopf-, Mantel- und Strahldusche.

Fig. 131. Badezimmer mit Sitz- und Strahldusche.

maliger, im Frigidarium und Lavacrum mindestens ein 2-maliger Luftwechsel in der Stunde stattfinden, der ev. durch besondere Absaugevorrichtungen sicherzustellen ist.

Das Dampfbad steht am besten mit dem römisch-irischen Bad, d. h. mit dem Frigidarium und Lavacrum, in unmittelbarer Verbindung, und zwar so, daß der Zutritt zum Dampfbad nur vom Lavacrum aus erfolgt. Die Einrichtung besteht aus einigen mit Schwitzsesseln oder Bänken aus Latten, die in zwei oder drei Reihen terrassenförmig übereinander angeordnet sind, ferner aus einigen Brausen für kaltes Wasser (zum Kühlen des Kopfes) und einer Dampfdouche. Unterhalb der Stühle und Terrassen ist ein siebartig durchlöchertes, kupfernes Dampfrohr angebracht, das nach Öffnung eines Hahnes den Dampf gleichmäßig in den Raum ausströmen läßt. Zur Erzeugung einer Temperatur

Fig. 134

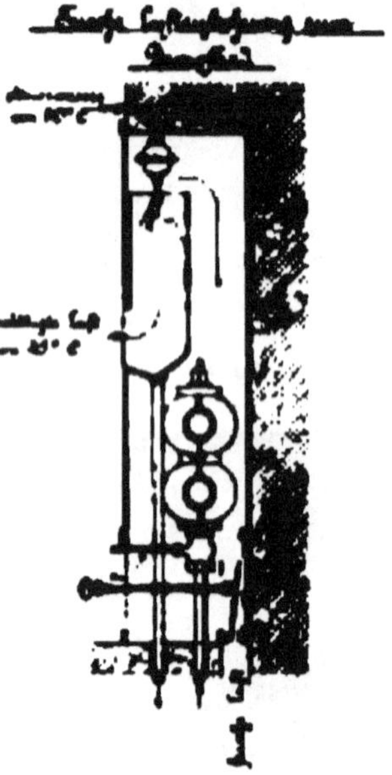

Fig. 135

von 45—50° C sind ferner gewöhnliche Heizröhren oder Heizkörper aufzustellen, welche gleichzeitig zur Erwärmung der durch Röhren zuzuführenden frischen Luft dienen. In dem Krankenhause Hamburg-Eppendorf wird diese hochgradig vorgewärmte Luft, ehe sie in den Dampfbaderaum strömt, durch eine Heißwasserbrause, wie aus Fig. 135 ersichtlich, mit Feuchtigkeit gesättigt und gleichzeitig vollständig gereinigt.

Auch in dem Dampfbaderaum muß für sehr wirksame Ventilationseinrichtungen gesorgt werden.

Eine besondere Wichtigkeit haben in neuerer Zeit, namentlich bei der Behandlung chirurgischer Kranken, die sog. permanenten Bäder erlangt, die den gelähmten Kranken oft zum wochen- und monatelangen Aufenthalt dienen. Angesichts der sehr guten Erfolge, die mit diesen Bädern bisher erzielt worden sind, sollte auf deren Anlage möglichst auch bei kleineren Krankenhäusern Bedacht genommen werden. In größeren Hospitälern sind sowohl Einzelräume für 1 oder 2 Wasserbetten, als auch Säle für eine größere Anzahl derselben vorzusehen.

Die permanenten Bäder müssen eine stets gleichmäßige Wassertemperatur von etwa 30° C. besitzen. Zur Herstellung der Wannen eignen sich deshalb wegen des schlechten Wärmeleitungsvermögens, besonders die eben genannten Materialien, nämlich gebrannter, glasierter Thon oder Fayence oder, wie beispielsweise in Hamburg-Eppendorf ausgeführt ist, Mauer-Wanne mit einer Verkleidung von glasierten Steinen (vergl. Fig. 138).

Die Mauer-Wannen sind daselbst mit einem breiten, polierten Holzrand versehen worden. Sie erhalten durch ein Zuflußrohr am Boden

Fig. 138. Permanente Bäder (Wasserbetten) im Krankenhause Hamburg-Eppendorf.

am Kopfende fortwährend Zulauf von frischem Wasser, während das überschüssige Wasser durch ein Ueberlaufrohr am Fußende abfließt. Das Zuflußrohr hat kurz vor dem Kopfende einen Abschlußhahn, welcher so gestellt wird, daß etwa 150 l frisches Wasser in der Stunde zufließen. Ein Abflußrohr am Boden gestattet eine vollständige Entleerung der Wanne, was täglich behufs Reinigung derselben geschehen soll. Die Größe der Wanne ist auf ca. 2 m Länge, 0,9 m Breite und 0,6 m Höhe bemessen, der Wasserinhalt beträgt bis zur Höhe des Ueberlaufrohres ca. 900 l.

Zur Lagerung der Kranken ist in der Wanne ein mit Oel getränktes Segeltuch auf einem besonderen Holzgestell (Fig. 137) eingespannt. Diese Bahre ist mit Stellvorrichtungen, beweglichem Kopfstück und Fußbrett versehen, wodurch die Lage des Körpers geregelt und gesichert wird. Auch sind an Vorrichtungen zum Halten des Kopfes

Fig. 137. Badebahre für Wasserbetten.

anzubringen. Die Holzgestelle haben ferner am oberen und unteren Ende je einen hohen Bügel, die durch eine Messingstange verbunden sind. An dieser Stange sind zwei Drahtseile befestigt, die über Rollen an der Decke bis zu der Wand nach einer Windevorrichtung zum Auf- und Niederwinden der Bahren geführt sind. Die Badewannen sind nachts mit polierten Brettern überdeckt.

Um das Wasser jederzeit auf einer gleichmäßigen Temperatur zu erhalten, wird dasselbe in dem im Keller aufgestellten Warmwasserkessel konstant auf ca. 40° C erwärmt. Dies wird durch eine selbstthätige Regulierverrichtung bewirkt, die, wie Fig. 138, S. 143 zeigt, darin besteht, daß in dem Warmwasserkessel ein geschlossenes, mit atmosphärischer Luft gefülltes Gefäß eingehängt ist, welches durch eine Röhre mit einem Regulator in Verbindung steht. Letzterer bewirkt, je nach der Temperatur des Wassers und der dadurch erzeugten Luftspannung, ein Oeffnen und Schließen der Einströmungsöffnung für Luft nach dem Feuerrost und somit eine selbstthätige Regulierung der Heizung bez. der Wasserwärme. Außerdem aber ist in einem hochgelegenen Warmwasserreservoir, welchem das Wasser aus dem Warmwasserkessel zugeführt wird und von welchem dasselbe dann in einer Wärme von ca. 30° C. nach den Badewannen gelangt, ein Maximalthermometer (Fig. 139, S. 143) mit elektrischen Alarmvorrichtungen angebracht. Diese letzteren treten sofort in Thätigkeit, wenn das Wasser eine höhere Temperatur erhält, als beabsichtigt ist. Zur Kontrolle der Wasserwärme ist ferner noch in der Badewanne selbst ein Thermometer angebracht.

Die **Wannen für hydro-elektrische Bäder**, welche mittels des Wassers als Stromleiter eine Elektrisierung des Körpers bezwecken,

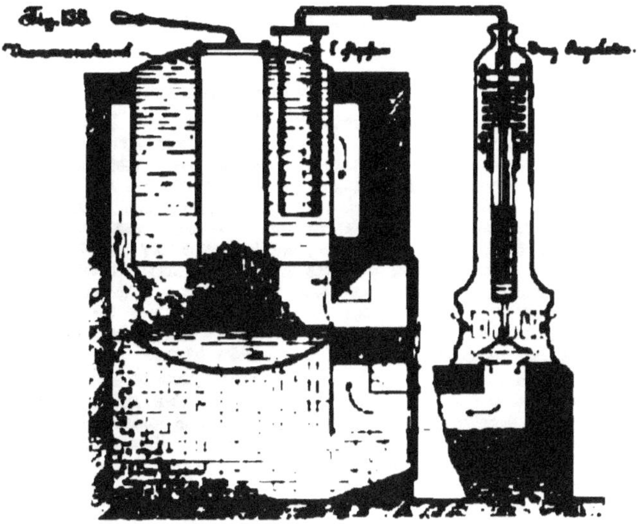

Fig. 138. Selbsttätige Regulierverrichtung eines Warmwasserbassins.

müssen aus nicht leitenden Materialien (Holz u. dergl.) hergestellt oder durch solche isoliert werden.

Hinsichtlich der baulichen Einrichtung der Räume für römisch-irische und Dampfbäder gilt das, was oben für die gewöhnlichen Baderäume gefordert ist, in erhöhtem Maße.

Besonders sollten bei dem Dampfbad die massiv herzustellenden Decken und Wände, welche durch die heißen Dämpfe sehr leiden, aufs haltbarste hergestellt und wenigstens mit Cement geputzt, besser aber mit glasierten Fliesen, und zwar möglichst in ganzer Ausdehnung, verkleidet werden.

Ferner sind die Mauern, event. auch die Deckengewölbe zum größeren Schutz gegen Abkühlung doppelt, d. h. mit Luftisolierschichten anzulegen. Die mit Lattenrosten zu versehenden Fußböden, welche sämtlich massiv (Terrazzo, geriffelte Platten, Asphalt) hergestellt werden müssen, erhalten Einlaufventile für eine direkte Wasserableitung nach dem Siel.

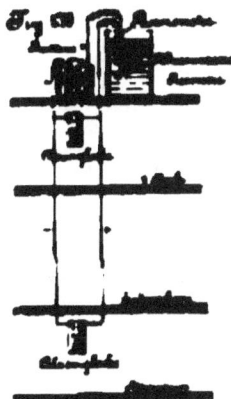

Fig. 139. Maximalthermometer mit elektrischen Alarmvorrichtungen.

[illegible] und -fenster sind möglichst zu verwenden. Erstere können aus Eisenblech, Schiefer u. dergl., letztere aus Guß- oder Schmiedeeisen hergestellt werden.

17. Der Theeküchen- und Spülraum.

Die Anordnung einer eigentlichen Theeküche zum Bereiten von Thee, Breiumschlägen u. s. w. ist bei den neueren Krankenhäusern immer mehr in Fortfall gekommen. Dieselbe wird vielfach ersetzt durch einen einfachen Gaskochapparat mit Wärmeschrank, der im Wärter- oder Badezimmer angebracht werden kann. Am zweckmäßigsten wird indessen die Theeküche mit dem Spülraum verbunden, welcher für die betreffende Abtheilung zur Aufbewahrung und Reinigung der Eß- und Trinkgeschirre, sowie auch als Anrichteraum für die von der allgemeinen Kochküche entnommenen Speisen dient. Hiernach wird ein Spülraum mit Vorrichtungen zur Theebereitung nur bei Pavillon-Krankenhäusern oder auch in größeren Korridorhospitälern erforderlich sein, hier aber auch nicht entbehrt werden können.

Jede Krankenabtheilung sollte einen eigenen Spülraum haben, dessen Größe von ersterer zwar abhängig ist, im übrigen aber auf das notwendigste Maß beschränkt werden kann. Derselbe muß heizbar, gut lüftbar und ausreichend direkt beleuchtet sein, um die Forderung größter Sauberkeit in diesem Raume leicht erfüllen zu können. Der Fußboden ist massiv mit einem Belag von Fliesen oder Terrazzo herzustellen, die Wände sind mit Oelfarbe zu streichen und zum Schutz gegen Feuchtigkeit um den Spültisch mit Wandfliesen, Marmor, Schiefer und dergl. zu bekleiden.

Die hauptsächlichsten Ausstattungsgegenstände bestehen aus dem Spültisch, welcher mit 2 Spülbecken aus gebranntem, glasirtem Thon, verzinntem Kupfer, emaillirtem Gußeisen und dergl., sowie mit Zuleitungen für kaltes und warmes Wasser versehen sein muß, ferner aus einem Wärmeschrank zum Warmhalten fertiger Speisen und der Eßgeschirre. Mit dem Wärmeschrank, der meistens durch Dampfröhren erwärmt wird, können zweckmäßig gleichzeitig ein Warmwasserbad (bain marie) und ein Wasserkochkessel verbunden werden. Fig. 140 u. 141, S. 145 zeigen einen Wärmeschrank in Verbindung mit beweglichen Dampfkochtöpfen, welche in zweckmäßigster und einfacher Weise an das Dampfrohr des Wärmeschrankes angeschlossen werden können. Die Kochtöpfe, welche zum Bereiten von Thee u. s. w. dienen, haben doppelte Wandungen, zwischen denen der mittels eines Ventils einzulassende Dampf cirkulirt. Der Anschluß der Kochtöpfe an das Dampfrohr erfolgt durch einen Konus, der in ein trichterförmiges Ventil des Dampfrohres eingesetzt wird.

Wird der Wärmeschrank mit Gas geheizt, wie z. B. nach Fig. 142, S. 145 im Kinderhospital zu Berlin geschieht, so muß für eine gute Abführung der Verbrennungsprodukte u. s. w. gesorgt werden.

Im Hamburg-Eppendorfer Krankenhause dürfen übrigens in den Krankenpavillons für gewöhnlich keinerlei Kocheinrichtungen, Gaskocher u. dergl. in Betrieb gesetzt werden, um etwaigen Mißbräuchen seitens der Wärter durch Aufkochen kalter Speisen u. s. w. vorzubeugen.

Ein Anrichtetisch, ein Geschirrschrank, Aufhängevorrichtungen für Geräthe, ein kleiner Thee- und Arzneischrank u. a. vervollständigen die Ausstattung des Theeküchen- und Spülraums.

13. Die Aborte (vergl. dies. Handb. 2. Bd. 1. Abthlg. 42 ff., 222; 4. Bd. 720)

Bei der Lage der Aborte ist noch mehr als bei den Baderäumen darauf zu achten, daß die Luft derselben nicht nach dem Krankensaal dringen kann. Zweckmäßig erscheint es daher im allgemeinen, die Aborte, die übrigens mit dem Krankensaal in naher Verbindung stehen sollen, von dem Flur

Fig. 140

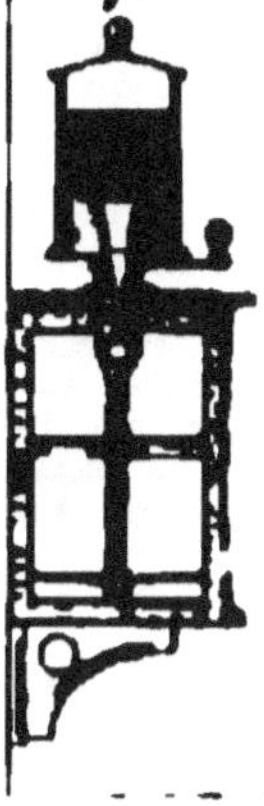

Fig. 141

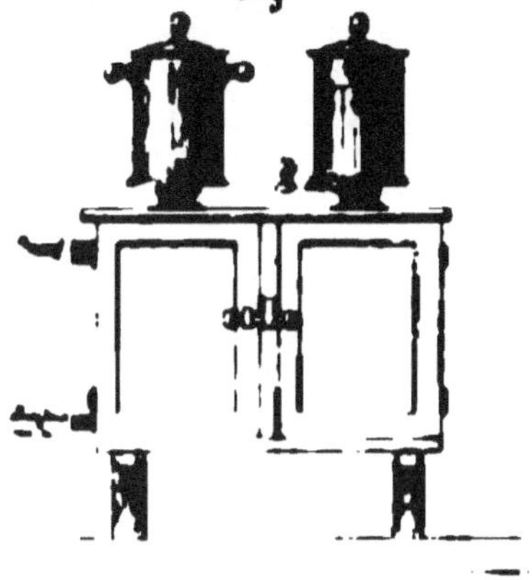

Fig. 140 und 141. Wärmeschrank in Verbindung mit beweglichen Dampfschüsseln.

des Gebäudes zugänglich zu machen vermittelst eines, zwischen diesem und dem eigentlichen Abortraum eingeschobenen, lüftbaren Vorraums. Bei einer angemessenen Beheizung der Flure hat diese Anordnung auch in der kälteren Jahreszeit keine Bedenken.

Werden jedoch die Aborte so angeordnet, daß sie von dem Krankensaal direkt betreten werden können, wie dies meistens bei den Pavillonbauten der Fall ist, so darf keinesfalls ein abgeschlossener Vorraum fehlen, der ebenso wie der Abortraum selbst gut lüftbar und nahezu auf Saaltemperatur heizbar sein muß, um zu verhüten, daß bei dem Oeffnen der Thüren die kältere, schlechte Luft des Abortraumes nach dem Saal dringe.

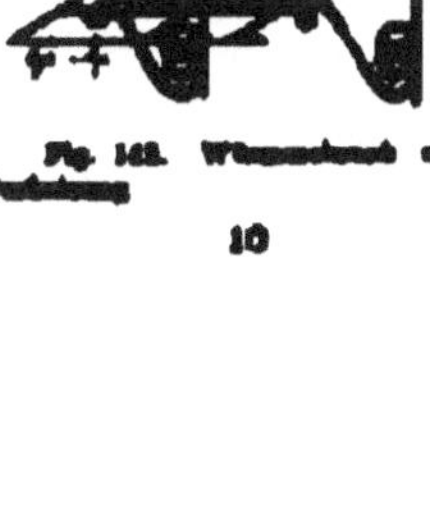

Fig. 142. Wärmeschrank mit Gasheizung.

Um eine gründliche Durchlüftung des Raumes zu ermöglichen, müssen die Fenster sich gegenüberliegen und mit Kippflügeln, Glasjalousien u. dergl. versehen sein. Neben diesen Vorrichtungen müssen jedoch zur jederzeitigen Sicherstellung der Lüftung noch besondere Abfallkanäle, event. mit Lockflammen u. dergl., vorgesehen werden.

Jede Krankenabteilung sollte einen besonderen Abortraum erhalten. Die Aborte für Aerzte, Wärter u. s. w. sind von denen der Kranken stets zu trennen. Auf je 10 Kranke rechnet man einen Abortsitz, für dessen Verschlag mindestens eine Breite von 1 m und eine Tiefe von 1,50 m anzunehmen ist. Diese Verschläge werden in der Regel aus Holz hergestellt und erhalten eine Höhe von ca. 2,5 m, während sie erst in einer Höhe von ca. 0,15 m über Fußboden beginnen, sodaß die Luft des ganzen Abortraumes frei durch dieselben zirkulieren kann. Soweit es sich mit der Zweckmäßigkeit des Betriebes und der Krankenpflege vereinigen läßt, sind die Aborte zusammen und in den einzelnen Geschossen übereinander zu legen.

Jeder Abortsitz muß möglichst ein besonderes, kleines Fenster erhalten, nicht nur der Lüftung wegen, sondern auch, weil nur bei einer guten Beleuchtung eine peinliche Reinigung der Aborte durchzuführen ist.

Wände und Decke, sowie alle Holzteile der Abortverschläge sind mit Oel- oder Emaillefarbe zu streichen. Der Fußboden ist massiv herzustellen und erhält einen undurchlässigen Belag von Terrazzo, Fliesen, Asphalt, Cement u. dergl. Da hier ein öfteres Waschen und Spülen erforderlich ist, so empfiehlt es sich, in dem mit Gefälle zu verlegenden Fußboden einen mittels Wasser-Geruchverschluß mit dem Siel verbundenen Bodenablauf herzustellen, durch welchen das Spülwasser direkt nach dem Siel ablaufen kann.

Wenn irgend thunlich, so sind die Klosets mit Wasserspülung einzurichten. Solche gewähren verhältnismäßig die größte Reinlichkeit und Geruchlosigkeit und bringen die Fäkalien am schnellsten und sichersten aus dem Bereich der Krankenanstalt. Voraussetzung für eine solche Anlage ist allerdings eine Kanalisation und eine Wasserleitung. Letztere wird sich da, wo eine öffentliche Druckleitung fehlt, unschwer durch Aufstellung eines erhöhten, mittels einer Pumpe zu füllenden Reservoirs, herstellen lassen. Fehlt die Kanalisation, so wird man in der Regel auf ein Tonnen- oder Grubensystem angewiesen sein. In allen Fällen empfiehlt es sich, die Abort-Sitzbecken möglichst ohne Holzverkleidungen frei im Raume aufzustellen oder diese Verkleidungen, wenn sie nicht gut entbehrt werden können, möglichst eng an die Aborttrichter anzuschließen, um keine unkontrollierbaren Schmutzecken entstehen zu lassen und eine leichte Reinigung zu ermöglichen.

Die Abfallrohre müssen überall zur Vornahme etwaiger Reparaturen, Beseitigung von Verstopfungen u. s. w. zugänglich sein, also frei auf der Wand liegen und mit Reinigungsöffnungen in jedem Geschoß versehen sein. Von dem höchsten Punkte aus ist ein genügend weites Entlüftungsrohr (event. ein Mauerkanal) bis über Dach hinauszuführen. Die senkrechten Abfallrohre sind möglichst aus Gußeisen oder Blei herzustellen, welche letztere allerdings vor gewaltsamen Beschädigungen mehr geschützt sein müssen als erstere.

Von den Klosetbecken für Wasserspülung, die besonders in England eine vorzügliche Ausbildung erfahren haben, ist eine große Zahl verschiedenartiger Konstruktionen in Anwendung, die z. T. in sanitärer Beziehung kaum zu wünschen übrig lassen. Namentlich zeichnen sich die Klosets aus emailliertem Thon bzw. aus Fayence nach Twyford's (in Hanley) System (Deluge-, Unitas-, Tornado- u. s. w.-Klosets geans. ab) durch Geruchlosigkeit und gute Spülung aus. Diese ventilierten, aus einem emaillierten Steingut- bzw. Fayencebecken bestehenden, mit ω-förmigem Wasser-Geruchverschluß, kräftiger Randspülung und einem aufklappbaren Holzsitz versehenen Klosetts, von denen Fig. 143 ein Beispiel darstellt, stehen frei auf dem Boden ohne Holzverkleidung und gestatten eine leichte Reinhaltung aller Teile des Abortes.

Eine noch gründlichere Abführung der Klosetgase, verbunden mit größter Bequemlichkeit und Sicherheit des Betriebes, wird erzielt bei dem in Fig. 144 und 145 dargestellten sog. „Century-Closet" von G. Jennings, das allerdings auch teurer ist, als die vorgenannten Arten.

Das stets bis zu einer gewissen Höhe gefüllte Becken hat ebenfalls kräftige Randspülung. Bei der Spülung strömt das Wasser gleichzeitig injektorartig in das mit Wasserverschluß und einem besonderen Entlüftungsrohr versehene Abfallrohr (vergl. Fig. 145), wodurch hinter

Fig. 143. Twyford's Deluge-Klosett.

Fig. 144. Fig. 145.

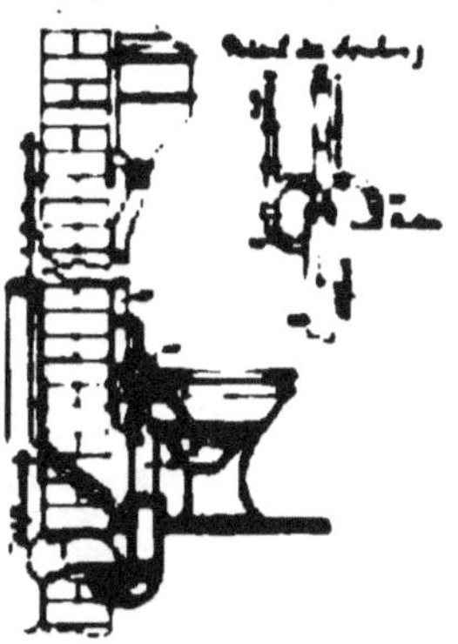

Fig. 144 und 145. Century-Klosett von G. Jennings.

der Beckenfüllung ein Vakuum erzeugt wird, das den gesamten Klosetinhalt und alle Gase überaus kräftig in die Abfalleitung hineinzieht. In die Nähe der Aborte können die Fäkalbecher verlegt werden, welche man zur Desinfektion der Fäzes von Cholera- und Typhuskranken benutzt.

19. Ausgußbecken, Abwurfschächte, Aufbewahrung schmutziger Wäsche.

In dem Abortraum oder im Vorraum desselben findet zweckmäßig das Ausgußbecken zur Entleerung der Steckbecken, Schmutzeimer, Uringläser u. s. w. seine Aufstellung. Dasselbe kann aus emailliertem Steingut oder Gußeisen bestehen, auch aus Monier-Masse oder glatt verputztem Cementmauerwerk u. dergl. hergestellt werden und muß mit Warm- und Kaltwasserzufluß, ferner mit Wasser-Geruchsverschluß und Deckel versehen sein. Es empfiehlt sich, die Wandflächen um den Ausgußbecken mit glasierten Wandplatten zu verkleiden. Die meisten auch im Abortraum aufbewahrten Scheuergeräte, Nachtstühle, Steckbecken und sonstige, störende Gegenstände sind am besten in einem schrankartigen Verschlag ohne Decke aufzustellen. Ferner können in dem Vorraum, wenn derselbe in direkter Verbindung mit dem Krankensaal steht, verschließbare Abwurfschächte für schmutzige Krankenwäsche angelegt werden. In den Pavillons des Hamburg-Eppendorfer Krankenhauses dienen die im Klosett-Vorraum angebrachten Schächte für infizierte Wäsche, während für die sonstige, schmutzige Wäsche im Querkorridor vor dem Krankensaal besondere Abwurfschächte vorgesehen sind, die aus Blech bestehen und in einem verschlossenen Drahtkasten im Flur des Kellergeschosses münden, wo die Wäsche sortiert und dann nach dem Waschhaus gebracht wird. Dagegen wird die infizierte Wäsche, welche ebenfalls in einen verschließbaren Kasten fällt, durch eine in der Außenmauer befindliche Thür direkt nach dem Desinfektionsgebäude gebracht.

Da es zweifellos von großem Wert ist, die schmutzige Wäsche möglichst schnell aus dem Bereich des Krankensaals zu schaffen, so sind besondere Räume zur Aufbewahrung dieser Wäsche in den Pavillons oder in einem Korridorbau nicht empfehlenswert. Wenn deshalb ein sofortiger oder wenigstens täglicher Transport nach der Waschküche mittels Kleidersäcken oder in geeigneten, dicht schließenden Behältern nicht angängig ist, so werden immerhin Abwurfschächte in der Nähe der Krankensäle das beste Mittel sein, um die Wäsche nach einem ungefährlichen Ort im Keller etc. am schnellsten zu befördern. Um aber den Bedenken möglichst zu begegnen, die gegen die Abwurfschächte vielfach erhoben werden, weil an den Wandungen leicht Blut, Eiter u. dergl. haften bleiben und diese Stoffe bei geöffnetem Deckel oder Schiebefenster durch den nach oben gehenden Luftzug den Krankenräumen in Staubform zugeführt werden können, so sollten die Schächte stets aus glatten, leicht abwaschbaren Materialien (glasierten Steinen, Glas, glasierten Thonröhren von genügender Weite u. s. w.) hergestellt und mit Entlüftungsrohren von ihrem oberen Ende bis über Dach versehen werden. Im übrigen empfiehlt es sich, die zu befördernden Wäschestücke in Leinenbeutel oder Netze zu verpacken, nachdem diese, event. auch die Wäschestücke, vorher mit desinfizierenden Flüssigkeiten angefeuchtet worden sind.

Im Krankenhaus am Urban wird die schmutzige Wäsche in zwei Kästen gesammelt, die in einem abgetrennten Raum des Klosetts aufgestellt sind, und von denen der kleinere die für die Desinfektionsanstalt bestimmte, zugleich zu befördernde, infizierte Wäsche in einem mit rotem Kreuz gekennzeichneten Sack erhält.

Der Kehricht wird bei Pavillonbauten am besten in dichten, event. eisernen Gefäßen gesammelt, die außerhalb des Gebäudes aufgestellt und täglich geleert werden. In Korridorbauten werden der leichteren Beförderung wegen besondere Abwurfschächte, die in einen Kasten oder Abfuhrwagen im Kellergeschoß münden, erwünscht sein. In diesem Fall muß allerdings der Betrieb gut überwacht werden.

20. Aufzüge.

Bei mehrgeschossigen Krankenhäusern und Pavillons ist es unbedingt erwünscht, zur leichteren Beförderung der Kranken in ihren Betten von einem Geschoß nach dem anderen, einen Fahrstuhl einzubauen, der entweder durch Menschenkraft oder durch Wasserdruck getrieben werden kann. Der Fahrstuhl muß an einem Korridor liegen und gegen diesen durch Sicherheitsthüren abgeschlossen sein. Als lichteste Lichtmaße sind für die Länge 2,50 m, für die Breite 1,50 m anzunehmen, da noch auf die Begleitung wenigstens eines Wärters Rücksicht genommen werden muß. Außerdem ist auf einen ruhigen Gang, einfache, aber durchaus sichere Konstruktion, sowie auf die Möglichkeit einer leichten Reinhaltung des Fahrkorbes Bedacht zu nehmen.

21. Der Operationsraum.

Da in jedem Krankenhause die Notwendigkeit eintreten kann, daß Operationen, und zwar in dringlichen Fällen, ausgeführt werden müssen, so darf für solche Zwecke ein geeignetes Zimmer nicht fehlen. Bei kleineren Hospitälern, wo in der Regel mit den vorhandenen Mitteln sehr gerechnet werden muß, kann man das Operationszimmer event. mit demjenigen für den Arzt vereinigen. Dasselbe sollte jedoch nicht in unmittelbarer Nähe der Krankensäle liegen oder gar mit denselben in direkter Verbindung stehen.

Um eine Blendung des operierenden Arztes durch das Sonnenlicht zu vermeiden, müssen die Fenster des Zimmers möglichst nach Norden gerichtet sein. Die möglichst groß und einheitlich zu gestaltende Lichtfläche darf keine breiteren, schattenwerfenden Teilungen durch Holz, Mauerwerk u. dergl. erhalten und muß möglichst vom Fußboden bis zur Decke reichen.

Alle an einen Krankensaal zu stellenden technisch-hygienischen Anforderungen sind bei dem Operationszimmer in erhöhtem Maße zu erfüllen. Namentlich ist dahin zu wirken, daß mit Rücksicht auf die große Gefahr, der die zu Operierenden durch eine mangelhafte Reinlichkeit ihrer Umgebung ausgesetzt sind, alle Teile des Operationszimmers jederzeit leicht und gründlich gereinigt und abgespült, überhaupt aseptisch gehalten werden können.

Mit der Größe des Krankenhauses wächst auch die Bedeutung des Operationsraumes, der bei einem chirurgischen Krankenhause oder bei einer derartigen Abteilung in allgemeinen Krankenhäusern überhaupt den Hauptraum bildet. In Korridorhospitälern muß dieser Raum mit seinen Nebenräumen, die bei einer größeren Anlage notwendig werden, in der Regel auch in der Hauptachse, d. h. in der Mitte des Gebäudes angeordnet werden (vergl. den Grundriß des chirurgischen Krankenhauses in Bremen, Fig. 113, S. 130, des städtischen Krankenhauses zu Offenbach a. M., Fig. 11, S. 41 u. a.), während in Krankenhäusern des Pavillonsystems, wenn nur ein einzelner chirurgischer Pavillon vorhanden ist, eine ähnliche Anordnung wie bei den Korridorbauten zu treffen ist (vergl. Fig. 144, S. 150, Grundriß des chirurg. Pavillons im Krankenhause zu [illegible]), oder, wenn mehrere chirurgische Pavillons vorhanden sind, ein besonderes Operationsgebäude erforderlich wird, das im Mittelpunkt der chirurgischen Abteilung, auf der Scheidelinie der Männer- und Frauenseite liegen muß und zum geschützteren Transport der Kranken mit den Pavillons durch geschlossene Korridore (wie z. B. in Frankfurt a. M., Fig. 147) oder durch bedeckte, seitlich offene Gänge in Verbindung gebracht werden kann. Daß indessen solche Verbindungen noch einen Nachteil für den Operierten ganz fehlen können, zeigt das Beispiel des Hamburg-Eppendorfer Krankenhauses.

Die mit jedem größeren Operationsraum zu verbindenden Nebenzimmer bestehen etwa aus einem Warte- bez.

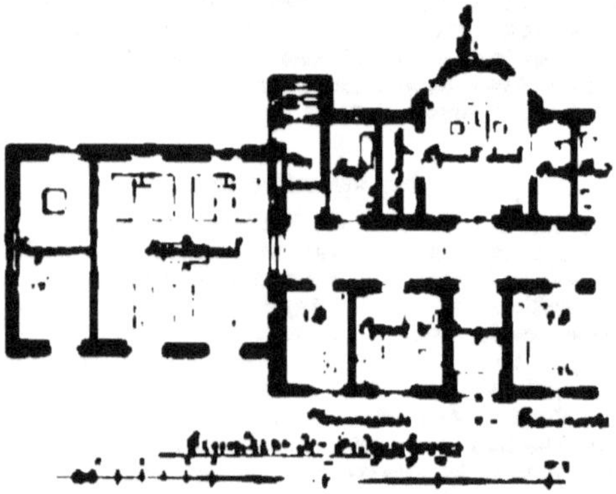

Fig. 146. Chirurgischer Pavillon des Krankenhauses in Aarau.

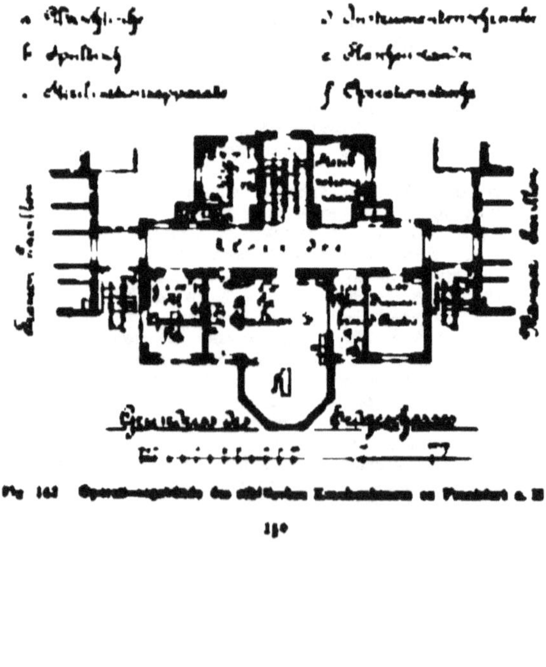

Fig. 147. Operationsgebäude des städtischen Krankenhauses zu Frankfurt a. M.

Vorbereitungszimmer (event. zu einem besonderen für Männer und Frauen), einem Raum für Verbandstoffe, einem Sterilisations- und Instrumentenzimmer, einem Zimmer für den Arzt und einem Bad. In größeren Krankenhäusern wird meistens noch neben dem Haupt-Operationssaal ein kleinerer Operationsraum für bestimmte Fälle (Bauchschnitte, für septische oder infektiöse Kranke u. s. w.) vorgesehen, der mit besonderem Instrumentarium auszustatten, überhaupt von dem Haupt-Operationsraum ganz zu isolieren ist. Einem noch weitergehenden Bedürfnis ist nicht durch Vergrößerung der Operationsräume selbst, sondern durch eine Vermehrung derselben abzuhelfen. So sind z. B. im Hamburg-Eppendorfer Krankenhaus 3 größere Operationsräume in dem Operationsgebäude (vergl. Fig. 147 und 148, S. 151) eingerichtet und außerdem noch in den Pavillons für Augenkranke und diphtheriekranke Kinder besondere Operationszimmer vorgesehen.

Die für Operationszwecke dienenden Räume sind möglichst im Erdgeschoß so anzuordnen, daß die Kranken in ihren Betten leicht hineingefahren werden können. Dagegen können andere Räume, z. B. für Aufbewahrung von Gipsverbänden, Verbandstoffen und sonstigen Präparaten, ferner etwaige Wohnräume für Assistenzärzte und Wärter, Baderäume u. s. w. teils in einem Ober-, teils im Kellergeschoß untergebracht werden.

Die aseptische Wundbehandlung, welche z. Zt. fast allgemein die frühere antiseptische Methode verdrängt hat, erfordert die peinlichste Fernhaltung aller Infektionskeime von den Operationsräumen, wobei solche (chemischen) Mittel, welche den menschlichen Körper selbst angreifen, möglichst zu vermeiden sind.

Dies Ziel ist zunächst nur zu erreichen durch ausgiebigste Beachtung aller Teile des Raumes, sodann durch vollkommenste Reinhaltung, welche erfordert, daß eine Reinigung und Desinfektion durch Abspülen mit Wasser und desinfizierenden Flüssigkeiten (Karbol- und Sublimatlösungen u. dgl.) überall leicht bewerkstelligt werden kann. Ferner sind, wenn irgend thunlich, Vorrichtungen zu treffen, daß der Raum ganz unter Wasser- oder Karboldampf gesetzt werden kann, um die Luft durch Niederschlagen aller schädlichen Bestandteile (Staub u. s. w.) vollständig zu reinigen. Endlich müssen alle bei einer Operation erforderlichen Instrumente, Verbandstoffe, Geräte u. dgl. sorgfältig durch Wasserdampf sterilisiert werden. Nicht zum letzten aber haben sich die bei der Operation mitwirkenden Personen selbst der peinlichsten Reinlichkeit zu befleißigen. Es muß daher keimfreies, durch Kondensation von Wasserdampf gewonnenes Wasser zur Verfügung stehen und bei den Waschtischen möglichst nur Wasser von etwa 40° C benutzt werden. Im übrigen ist alles zu vermeiden, was irgend Veranlassung zur Staubbildung oder zum Absetzen und Ansammeln von Staub- und Infektionsstoffen geben könnte.

Was die bauliche Einrichtung des Operationssaales im einzelnen anbelangt, so müssen die Fußböden durchaus undurchlässig, widerstandsfähig gegen Säuren und leicht von Blut- und Eiterflecken u. s. w. zu reinigen sein. Hierfür ist Holz durchaus ungeeignet, das überhaupt grundsätzlich aus dem Operationssaal soviel wie möglich ferngehalten werden sollte. Am meisten empfehlen sich Terrazzo- oder mit (Mettlacher) Fliesen belegte Fußböden. Dieselben müssen mit einem oder mehreren Abflüssen zum Siel und daher nach den betreffenden Stellen hin mit leichtem Gefälle versehen sein, sodaß alle unreinen Flüssig-

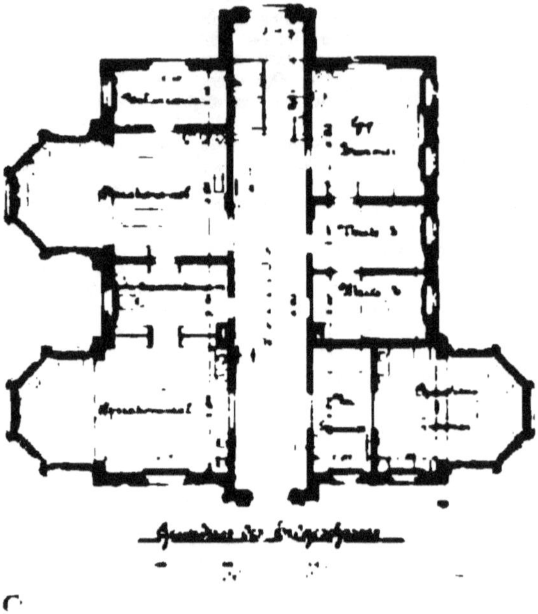

Fig. 162.

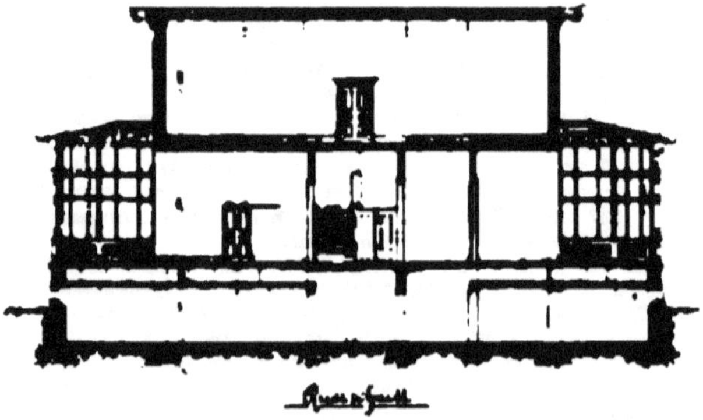

Fig. 163.

Fig. 162 u. 163. Operationshaus des Hamburg-Eppendorfer Krankenhauses.

heiten gründlich vom Fußboden abgespült und direkt dem Siel zugeführt werden können. Diese Abflüsse erhalten sicheren Geruchverschluss (sog. Syphons), die öfters, namentlich nach jeder Operation, tüchtig gespült und ev. auch durch antiseptische Lösungen desinficiert werden müssen.

Die Wände und die massiv herzustellenden Decken werden am besten vollständig mit glasierten Steinen verblendet bzw. gewölbt und glatt, ohne Gesimse oder sonstige vortretende Teile, hergestellt. Wo die Mittel hierzu nicht ausreichen, sollten wenigstens die unteren Wandteile in einer Höhe von 1,50–2,0 m in der beschriebenen Art ausgeführt werden, während alle übrigen Flächen mit Cement glatt geputzt und mit heller Lack- oder Emaillefarbe gestrichen werden müssen.

Um dem Operationssaal möglichst viel Licht, und zwar Oberlicht wie Seitenlicht, welches beides bei Operationen erwünscht ist, zuzuführen, werden in der Regel runde oder vieleckige Ausbauten angelegt (vgl. Fig. 145), deren Wände und Decken fast vollständig aus Glas in Eisenrahmen doppelt hergestellt werden. Die inneren Glasflächen erhalten am besten, um Blendungen zu verhüten, eine matte Verglasung. Oft werden auch unter oder über dem inneren Oberlicht stellbare Verdunkelungsvorrichtungen (Velarien) angebracht. Dieselben sind indessen wenig empfehlenswert, weil sie leicht zu Staubansammlungen Veranlassung geben.

Zur Lüftung des Raumes sind in den Wänden reichlich Fenster, die in den oberen Teilen als Kippflügel auszubilden oder mit anderen Lüftungsvorrichtungen, Glasjalousien u. dgl. zu versehen sind, anzubringen. Auch die Glasdecken müssen Ventilationsklappen, Luft-Absaugerohre u. dgl. erhalten. Im übrigen dürfen reichlich passend angelegte Abzugskanäle in den Wänden mit Lockflammen u. s. w. nicht fehlen.

Im Operationssaal muß ferner für eine gute künstliche Beleuchtung Sorge getragen werden (vergl. dies. Handb. 4. Bd. 1. Abtlg. S. 97 ff., 105 ff., 143 ff.). Hierfür eignet sich in erster Linie das elektrische Licht. Am zweckmäßigsten wird eine Anzahl Glühlichter zu einer Deckenlampe vereinigt, deren Licht mittels eines größeren Reflektorschirmes auf das Operationsfeld konzentriert wird. Jedoch empfiehlt es sich zur Vermeidung von Schatten, außerdem noch an den Wänden einige Lampen anzubringen, wodurch ein mehr zerstreutes Licht erzeugt wird. Bogenlampen sind ihres unruhigen und stärkere Schatten verursachenden Lichtes wegen weniger günstig, als Glühlampen. Bei Operationen leisten auch elektrische Handlampen mit Reflektoren sehr gute Dienste. Solche Lampen können leicht mittels längerer Drahtleitungen an die Glüh- und Bogenlichter der Decken und Wände angeschlossen werden, wie denn auch galvanokaustische Instrumente durch den Anschluß an die elektrischen Leitungen in Betrieb gesetzt werden, wenn der Strom durch einen Rheostaten entsprechend (auf ca. 12 Volt) abgeschwächt ist.

Bei Anwendung von Gaslicht, das wegen Bildung von reizenden Gasen, besonders bei Chloroformierungen, gefährlich werden kann, sind Gasglühbrenner oder Siemens'sche Lampen (invertierte Regenerativbrenner) am empfehlenswertesten, mit denen aber stets eine Deckenventilation verbunden werden sollte.

Petroleumlampen werden stets nur als Reservelampen anzuwenden sein.

An die Heizung des Operationssaales sind etwas höhere Ansprüche

wird geschützt werden kann, oder es muß wenigstens eine mit einem Schutzdach versehene Vorfahrt vorhanden sein. Im ersteren Falle ist es zweckmäßig, neben dem Einfahrtsthor eine besondere, kleine Eingangsthür für Fußgänger anzulegen. Treppenstufen sind im Aeußeren des Gebäudes thunlichst zu vermeiden und, wenn solche nach dem erhöhten Erdgeschoß erforderlich werden, im Inneren, seitlich der Durchfahrt, anzulegen.

Der Eingang muß von einem direkt an demselben gelegenen Zimmer für den Portier, falls ein solcher überhaupt erforderlich wird, übersehen werden können. Es läßt sich aber auch durch eine passende Anordnung der Verwaltungsräume am Eingang des Hospitals ein Portier, der selbst bei dem Umfang des Krankenhauses notwendig sein würde, ersparen. Dies ist z. B., wie Fig. 161 zeigt, bei dem städtischen Krankenhause zu Offenbach a/M., dadurch erreicht, daß in dem Eingangskorridor zwischen den beiden Thüren des Schreibzimmers ein Glaswandabschluß hergestellt ist, wodurch das Publikum gezwungen wird durch die Thür a

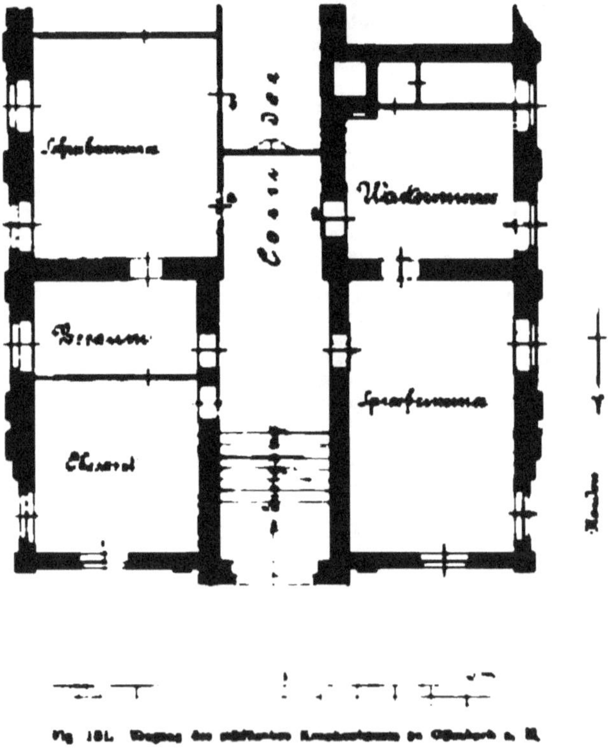

Fig. 161. Eingang des städtischen Krankenhauses zu Offenbach a. M.

das Schreibzimmer zu betreten. Von dort gelangen diejenigen, welche das Krankenhaus selbst aufsuchen, durch die Thür b in das Innere des Gebäudes, nachdem sie entweder im Schreibzimmer [illegible] oder zuvor von dem Oberarzt in den angrenzenden Zimmern untersucht worden sind.

Diejenigen Kranken, welche nur den Arzt besuchen wollen, kommen nicht in das Gebäude, sondern gehen durch die Thür c in das Wartezimmer und von da in das Sprechzimmer. Lieferanten, Handwerker u. s. w. benutzen einen besonderen Eingang zu den Wirtschaftsräumen, eine Anordnung, welche stets getroffen werden sollte, wenn diese Räume mit den Krankenräumen unter einem Dach vereinigt sind.

Im übrigen empfiehlt es sich im allgemeinen, die Räume eines besonderen, nicht mit Koch- und Waschküche etc. verbundenen Verwaltungsgebäudes so anzuordnen, daß auf der einen Seite des mittleren Haupteinganges im Erdgeschoß an einem genügend beleuchteten Korridor ein Warte- und Untersuchungsraum, ein Raum für den dienstthuenden Arzt, das Aufnahmebureau und sonstige Verwaltungsräume, auf der anderen Seite des Einganges bei größeren Anstalten die für die Apotheke (bez. Dispensieranstalt) erforderlichen Räume, Zimmer für den Provisor u. s. w., bei kleineren Verwaltungsgebäuden dagegen die Wohnung des Hausmeisters oder sonstiger Angestellten des Krankenhauses untergebracht werden. In dem Obergeschoß würden die Wohnungen für den Direktor, für Inspektoren, Aerzte, Wärterpersonal, ferner Zimmer für zahlende Kranke, ein leicht zugänglicher Kapellenraum oder Betsaal, eine Bibliothek, Auditorium u. s. w. vorzusehen sein, welche Räume in zweckmäßiger Weise nach ihrer besonderen Bestimmung für sich abgeschlossen werden müssen, sodaß überall ein ungestörter Verkehr stattfinden kann.

Das Kellergeschoß des Verwaltungsgebäudes kann Magazine, Wohnungen für Wärter, Hausdiener, Heizer u. s. w., Laboratorien und Vorratsräume für die Apotheke, Räume für eine Centralheizung, Badezimmer u. s. w. aufnehmen.

Es wird im übrigen stets die Frage zu prüfen sein, ob etwa mit dem Verwaltungsgebäude besondere Beobachtungsräume für neu ankommende Kranke und im Zusammenhang hiermit Bade- und Desinfektionsräume, Kleidermagazine u. s. w. verbunden werden sollen. Derartige Beobachtungs- und Aufnahmeräume sollten zur Verhütung von Ansteckungen stets vorgesehen werden, andernfalls können dieselben unter sorgfältigster Isolierung auch in die Krankengebäude selbst verlegt werden. Im Hamburg-Eppendorfer Krankenhause sind die dem Verwaltungsgebäude zunächst gelegenen Isolierpavillons als besondere Beobachtungspavillons (für Männer und Frauen) bestimmt, in denen alle neu aufgenommenen, zweifelhaften Kranken zunächst Aufnahme finden und den ersten Tag verbleiben, um dann erst einer bestimmten Abteilung überwiesen zu werden.

In baulicher Beziehung haben die Räume des Verwaltungsgebäudes, so weit sie gewöhnlichen Wohnzwecken dienen, den an gesunde Wohnräume überhaupt zu stellenden Anforderungen durchaus zu entsprechen, wobei zwar die bei dem ganzen Krankenhausbau angezeigte, zweckmäßige Einfachheit in der Ausstattung nicht aus dem Auge zu lassen, aber auch auf eine bevorzugtere architektonische Ausbildung besonderer Räume, wie Kapelle, Bibliothek, Sitzungssaal, Auditorium u. s. w., Bedacht zu nehmen sein wird.

Als Beispiel einer guten Raumanordnung eines Verwaltungsgebäudes für ein kleines Hospital diene der in Fig. 152 dargestellte Erdgeschoßgrundriß von dem Verwaltungsgebäude des Kaiser Franz Joseph-Spitals in Bielitz, wo das Kellergeschoß die Koch- und Waschküche enthält.

Für große Krankenanstalten giebt der in Fig. 153 dargestellte Erdgeschoßgrundriß des Verwaltungsgebäudes des Hamburg-Eppendorfer Krankenhauses ein Beispiel. In dem Obergeschoß daselbst

Fig. 152. Verwaltungsgebäude des Kaiser Franz Joseph-Spitals in Bielitz.

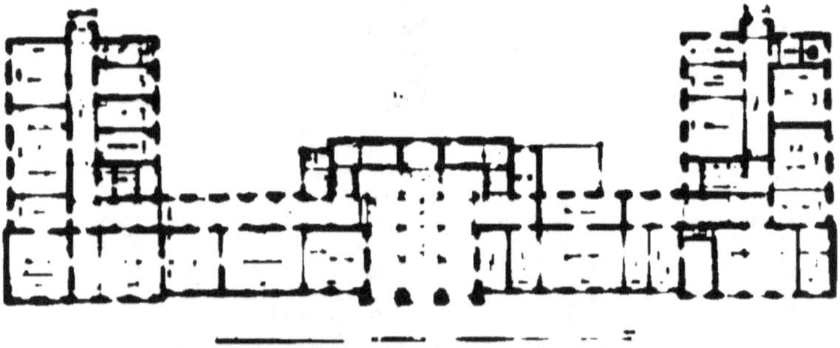

Fig. 153. Verwaltungsgebäude des Hamburg-Eppendorfer Krankenhauses.

befinden sich hauptsächlich Wohnräume für Assistenzärzte u. s. w., Wohnungen für den Oberapotheker und den Oekonomen, außerdem ein Sitzungssaal mit Vorzimmer, ein Konversations- und Lesezimmer für die Assistenzärzte und dergl.

23. Die Kochküche mit ihren Nebenräumen.

Bei der Einrichtung der Küchenräume eines Krankenhauses sind zwar keine speciellen, durch den Krankendienst bedingte Maßregeln zu beobachten, wohl aber sind bei diesem wichtigen Teile des Hospitals alle Forderungen, die nach den sanitären Grundsätzen und Erfahrungen an derartige Räume überhaupt zu stellen sind, sorgfältig zu erfüllen.

Den ersten Grundsatz sollte eine möglichste Sicherheit in allen Teilen der Küche bilden. Die Speisen müssen schnell, gut und ökonomisch bereitet werden können.

Selbst bei kleineren Küchenanlagen, die sich sonst von denjenigen gewöhnlicher Wohnhäuser kaum unterscheiden, wird man vorteilhaft den Dampf als Kochkraft verwenden, zumal, wenn derselbe auch für die Waschküche, für Bereitung der Bäder, für Desinfektion, Sterilisation und sonstige Zwecke erwünscht ist. Nur wenn die Beschaffung von Dampf hierfür einen unverhältnismäßig hohen Aufwand erfordert und die Mittel knapp sind, erscheint die Aufstellung von Kochherden mit direkter Feuerung, von denen es übrigens eine große Zahl guter Systeme giebt, gerechtfertigt. Mit solchen Kochherden ist zweckmäßig der Bratherd und ev. eine Vorrichtung zur Bereitung warmen Wassers zu verbinden, welches letztere direkt nach den Theeküchen, Badezimmern u. s. w., oder zunächst nach einem größeren, isolierten Behälter im Dachraum und von dort nach den einzelnen Verwendungsstellen geleitet werden kann.

Bei einer größeren Dampfkücheneinrichtung geschieht die Aufstellung der Dampfkochkessel am besten frei in der Mitte des Küchenraumes, wobei die Kessel zweckmäßig in einen schmiedeeisernen Herdmantel eingebaut werden. Der Herd ist zur Ableitung von Wasser und sonstigen Flüssigkeiten mit einer kleinen halbverdeckten Rinne zum Gefälle zu umgeben. Da in Krankenhäusern in der Regel sehr mannigfaltige Speisen zu bereiten sind, so ist eher eine größere Zahl kleiner Kessel, als eine kleinere Zahl großer Kessel aufzustellen. Dieselben sind mit direkten Zuleitungen für warmes und kaltes Wasser zu versehen.

Erforderlich sind außer den eigentlichen Kochkesseln noch Apparate zum Kartoffelkochen, zum Braten, zum Brennen und Kochen von Kaffee. Gewöhnlich werden auch noch Reserve-Koch- und Bratherde mit direkter Feuerung vorgesehen.

Zur Warmhaltung der Speisen bis zur Ausgabe derselben müssen auch Wärmeschränke vorhanden sein, die am besten mit Dampfröhren erwärmt werden, ebenso wie die Anrichtetische, unter deren von Eisenblech herzustellenden Tischplatte zu dem Zweck Dampfröhren in einem geschlossenen Kasten angeordnet werden.

Im übrigen muß die Kochküche mit einem oder mehreren Ausgußbecken nebst Wasserzuleitungen, ferner, wenn keine besondere Spülküche vorhanden ist, mit einem besonderen Spülstein versehen sein, welcher letzterer Zuleitungen von kaltem und warmem Wasser erhält.

In größeren Anstalten findet oft zweckmäßig eine Trennung in Koch- und Bratküche statt.

Die Küchenräume sind zu überwölben, um den schädlichen Einwirkungen des Wrasens auf die Decken zu begegnen. Damit sich die feuchten Dämpfe an den Decken nicht niederschlagen, sollen dieselben möglichst gegen Kälte im Winter geschützt sein. Es empfiehlt sich daher nicht, die Decke gleichzeitig als Dach auszubilden, sondern über derselben noch Räume anzuordnen.

Die Fußböden werden ebenfalls massiv hergestellt und am besten mit geriffelten Fliesen, Stampfplatten oder Terrazzo, weniger gut mit Asphalt- oder Cementestrich belegt. Es empfiehlt sich, im Fußboden Bodenfenster anzulegen, die mittels Wasserverschluß an das Siel angeschlossen sind, und somit eine leichte, gründliche Spülung des Fußbodens gestatten.

Die Wände erhalten glatten Cementputz und Oel- oder Emaillefarbenanstrich, besser noch eine Verkleidung mit glasierten Ziegeln oder Wandplatten, die wenigstens bis zu einer Höhe von ca. 2 m über Fußboden hergestellt werden sollte.

Als Material für die Fenster eignet sich, der feuchten Dünste wegen, nicht Holz, das sich leicht wirft, sondern Eisen, das aber zum Schutz gegen Rost in gutem Oelfarbenanstrich gehalten werden muß. Die Beleuchtung muß reichlich sein und womöglich von zwei gegenüberliegenden Wandseiten aus erfolgen. In den Fenstern sind für eine energische Lüftung kleinere Luftflügel anzubringen, doch muß auch sonst noch durch Kanäle in der Decke oder in den oberen Wandteilen, or durch Dachreiter, für den Abzug der Dünste u. s. w. gesorgt werden. Wenn irgend möglich, sind diese Kanäle neben warme Schornsteinröhren zu legen, oder es müssen aspirierende Einrichtungen (Dampfspiralen etc.) angeordnet werden. Die Kochapparate erhalten Dunstabzüge aus Eisenblech oder Kupfer nach dem Schornstein hin, wo die Dünste gut abgeführt werden, wenn in demselben das gußeiserne Rauchrohr einer Heizung eingebaut und dadurch eine stark absaugende Wirkung hervorgebracht wird.

Im Winter bedarf es zu einer wirksamen Ableitung des Wrasens einer reichlichen Zufuhr von frischer Luft, die in besonderen Heizkammern vorgewärmt werden muß. Diese verhütet auch infolge ihrer größeren Trockenheit die Kondensation der Dünste an Wänden und Gegenständen.

Die Höhe der Küche darf nicht zu sehr beschränkt werden, da die Lüftung sonst erschwert wird. Als das geringste und nur in Kellerküchen zulässige Maß sollte eine lichte Höhe von 6 m gelten, die aber sonst bei kleineren Küchen auf etwa 4 m anzunehmen und bei sehr großen Küchen in besonderen Gebäuden, wie beispielsweise in der durch Fig. 164, S. 161 veranschaulichten Küche des Hamburg-Eppendorfer Krankenhauses, auf 5 m und mehr zu steigern ist.

Der notwendigste Nebenraum der Küche, wenn in dieser die größtmögliche Reinlichkeit aufrecht erhalten werden soll, ist der Spülraum. Derselbe ist bezüglich im allgemeinen nach denselben Gesichtspunkten wie die Kochküche selbst herzustellen. Das in dem Spülraum aufzustellende Spülbecken wird aus Gußeisen oder in Monier-Konstruktion, weniger günstig aus Holz mit Zinkblechauskleidung, hergestellt und besteht aus zwei Abteilungen zum Waschen und Spülen der Geschirre. Zuleitungen für warmes und kaltes Wasser dürfen nicht fehlen.

Wünschenswert ist bei größeren Kücheanlagen ferner ein besonderer Gemüseputzraum, der einen einfachen Asphalt- oder Cementfußboden und einen Cementwandputz mit Oelfarbenanstrich, wenigstens bis zu einer Höhe von etwa 2 m, erhalten kann. Der

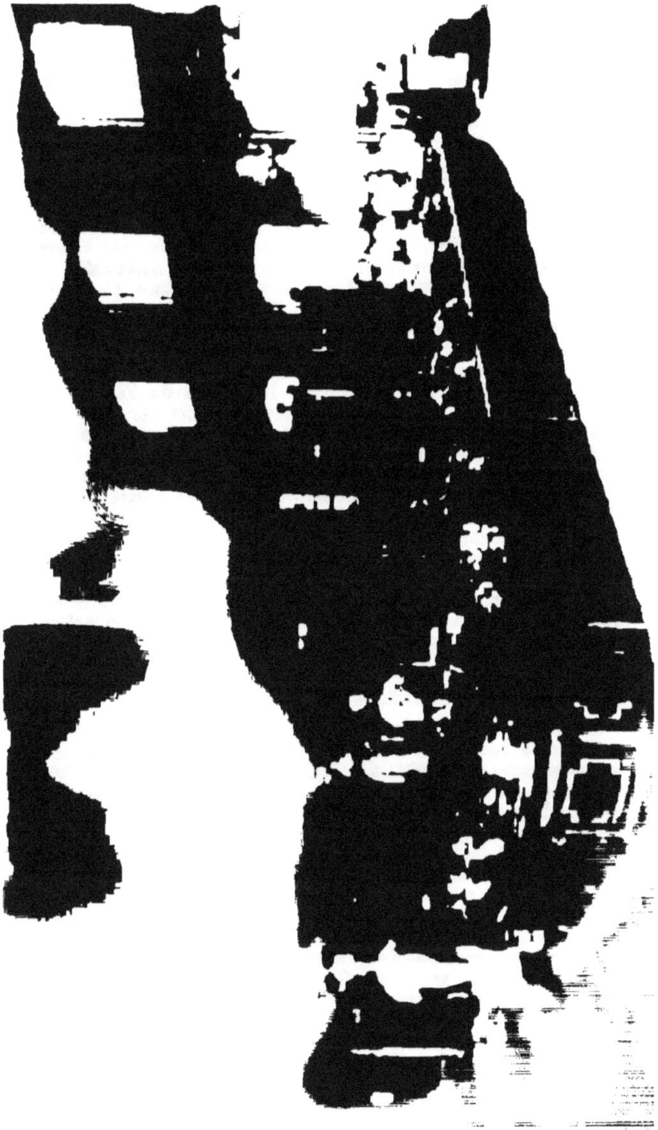

noch hier an der Wand anzubringende Spülstein darf nicht zu klein bemessen werden und muß eine Zuleitung von kaltem Wasser haben.

Wird ein besonderer Speisenausgaberaum vorgesehen, so ist derselbe in unmittelbare Verbindung mit der Küche zu bringen, gleichzeitig aber von außen direkt zugänglich zu machen, im übrigen mit einer Schaltereinrichtung zu versehen.

Die Speisekammer (ev. mehrere) muß ebenfalls in nächster Nähe der Küche angeordnet werden. Vorräte, welche vor Feuchtigkeit bewahrt bleiben müssen, wie Brot, Mehl, Eier u. s. w., sind im Erdgeschoß unterzubringen, während Fleisch am besten, der kühleren Luft wegen, in nach Norden gelegenen Kellerräumen aufbewahrt wird. Solche Räume sind jedoch vor Feuchtigkeit zu schützen und gut zu ventilieren, ev. durch kalte Luft oder Eis zu kühlen. Die Wände müssen abwaschbar hergestellt werden. Zum Aufhängen des Fleisches sind entsprechende Holzgerüste und dergl. vorzusehen.

Die Größenbemessung der Küchenräume wird in erster Linie bedingt durch die Größe des Hospitals bez. durch die Zahl der aufzustellenden Kessel, wie überhaupt durch die Art der Kücheneinrichtung, hängt aber auch ferner von den zur Verfügung stehenden Mitteln und davon ab, ob mehrere der oben genannten Räume zusammengefaßt oder getrennt gehalten werden sollen. Wenn sich daher bestimmte Anhaltspunkte schwerlich aufstellen lassen, so sollte doch in jedem einzelnen Falle bei der Größenbemessung auf eine gewisse Geräumigkeit Bedacht genommen werden, weil diese den Betrieb sehr erleichtert und auf die Reinlichkeit bei der Speisenbereitung großen Einfluß hat.

Alle Kücheräume sind leicht zugänglich in einem Erdgeschoß, Wohnräume für das Küchenpersonal dagegen in einem oder in mehreren Obergeschossen anzuordnen.

34. Die Waschküche mit ihren Nebenräumen.

Bei der Anordnung der zur Waschkücheneinrichtung gehörenden Räume ist zu beachten, daß die Reihenfolge derselben dem Gange der Wäschereinigung entspricht, die Wäsche also von der Einlieferung an bis zur Ausgabe einen stetigen und kürzesten Weg durch die einzelnen Räume nimmt, ohne mit reiner Wäsche wieder in Berührung zu kommen.

Da hiernach die Waschanstalt eine mehr oder weniger geschlossene, feste Anordnung erhält, die eine etwaige spätere Erweiterung schwierig macht, so ist es ratsam, die Räume auch für eine etwaige spätere Vergrößerung des Hospitals von vornherein ausreichend zu bemessen.

Wie in der Kochküche, so sollte auch in der Waschküche der Betrieb, wenn irgend möglich, mittels Dampf erfolgen, weil dieser Betrieb im allgemeinen für die Gesundheit weniger nachteilig ist und in ökonomischer Beziehung viele Vorteile bietet, sodaß sich derselbe schon für kleinere Krankenanstalten oft vorteilhafter herausstellt, als der Handwaschbetrieb.

Man nimmt an, daß durchschnittlich für einen Kranken täglich 0,80 kg Wäsche zu reinigen sind, obwohl diese Menge von mancherlei Verhältnissen und auch namentlich davon abhängig ist, ob das Krankenhaus ein allgemeines, oder für spezielle bez. ansteckende Krankheiten bestimmt ist. Der Wasserbedarf für dieses Quantum stellt sich auf etwa 20—30 l. An maschineller Betriebskraft sind für 1000 kg Wäsche mindestens 5 Pferdekräfte erforderlich. Für die Berechnung des Dampfverbrauchs nimmt man an, daß außer dem für den maschinellen Betrieb erforderlichen Dampf noch etwa die doppelte Menge für die sämtlichen Zwecke einer Waschanstalt, also zur Erzeugung von heißem Wasser für das Anwärmen, Beuchen (d. h. Brühen oder Kochen der Wäsche in Seifenlauge oder mit Dampf) und Spülen der Wäsche, Erwärmung der Trockenräume durch Dampfluftheizung u. s. w. erforderlich ist.

Hinsichtlich der Einrichtung der einzelnen Räume einer Waschanstalt sind folgende Gesichtspunkte zu beachten:

Der Wäsche-Annahme- und Sortierraum, in welchem die schmutzige Wäsche des Krankenhauses eingeliefert und sortiert wird, muß einen massiven, mit Fliesen, Steinplatten, Asphalt oder Cement belegten Fußboden erhalten, der behufs leichter und bequemer Spülung mit Gefälle nach einem Einlaufrost hin zu versehen und an das Siel angeschlossen ist. Die Wände erhalten, um dieselben gut abwaschbar zu machen, am besten eine Verblendung von glasierten Steinen.

Für gute Lüftungseinrichtungen ist Sorge zu tragen.

Oft werden noch besondere Lüftungskammern angelegt, in denen die Wäsche vor der Reinigung auf Lattengestellen u. dergl. ausgelüftet und getrocknet wird.

Die eigentliche Waschküche, in welcher die Wäsche gebrüht, gewaschen und ausgewrungen oder in Centrifugen ausgeschleudert wird, muß eine noch sorgfältigere Ausstattung als der Annahmeraum erhalten. Zu dem Fußboden sind zweckmäßig geriefelte Fliesen zu verwenden, um ein Ausgleiten auf den nassen Steinen zu verhüten. Das Wasser wird in kleinen Schlitzrinnen gesammelt und dem Siel direkt zugeführt. Die Decke ist massiv und wasserdicht, sei es als Ziegel- oder Betongewölbe mit Cementputz und Oelfarbenanstrich, oder mit glasierter Ziegelstein-Verblendung herzustellen, um den Einwirkungen der Feuchtigkeit zu begegnen. Metall-Decken oder Dächer aus Wellblech u. dergl., an denen die feuchten Dünste sich leicht niederschlagen und abtropfen, sind wenig empfehlenswert. Holzcementdächer, welche gleichzeitig die Decke bilden, müssen unterwölbt, geschalt und geputzt, außerdem zwischen Dach- und Deckenschalung gut gelüftet werden. Die Höhe der Waschküche muß ebenso wie bei der Kochküche reichlich bemessen werden, desgleichen ist hier, wie dort, für eine kräftige Ventilation Sorge zu tragen.

In der Waschküche sind für die Reinigung der Wäsche folgende Apparate erforderlich:

1) Hölzerne Einweichbottiche oder massive (gemauerte oder Monier-)Behälter mit Zuleitung von warmem und kaltem Wasser und mit Wasserableitung zum Einlegen der Wäsche.

2) Waschmaschinen mit maschinellem oder Hand-Betrieb, in denen die Wäsche mit Lauge und Seifenwasser kräftig durchgearbeitet, vom Schmutz befreit und gespült wird. Die Waschmaschinen können mit Zuleitung von warmem und kaltem Wasser und von Dampf versehen werden, um die Waschlauge zum Kochen zu bringen, desgleichen Wasser-Ablaßvorrichtungen erhalten. Es muß gefordert werden, daß dieselben, bei möglichst billigem Betrieb, die Wäsche gründlich reinigen, ohne letztere besonders anzugreifen. In dieser Beziehung haben sich von den vielen bestehenden Systemen die sog. Hammer-

und Walkmaschinen von O Schimmel in Chemnitz (vergl Fig 156 und 158), die Dampfwasch- und Spülmaschine von E Martin in Duisburg (vergl Fig 157 u 158), die Trommelmaschine (System Schimmel, Fig 159, S 165) u a gut bewährt. Die ersteren werden die

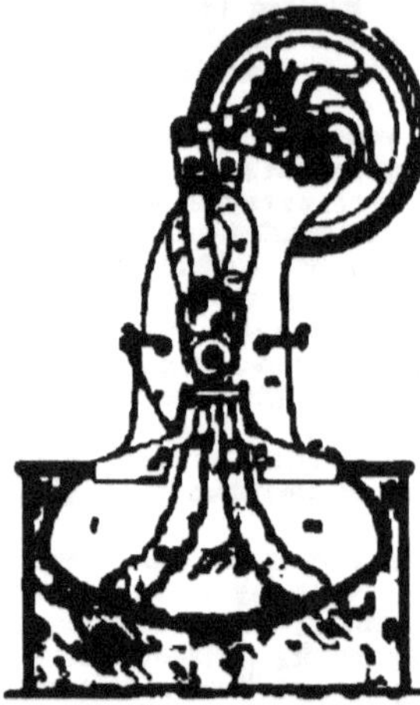

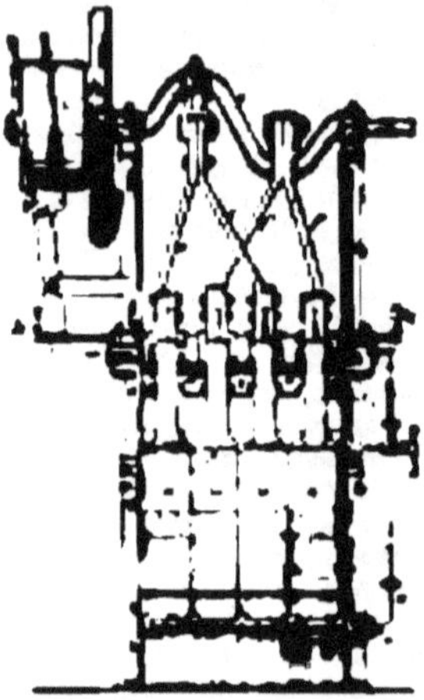

Fig 157 Längenschnitt. Fig 158 Querschnitt.

Fig 157 und 158 Hammer- und Walkmaschine von O Schimmel in Chemnitz

[illegible]

a [illegible] b [illegible] c [illegible] d [illegible]

Fig 160 Fig 159

Fig 157 und 158 Dampf-Wasch- und Spülmaschine von E Martin in Duisburg

in den Räumen I u. II anzubringenden Wäschekessel durch die nach verschiedenen Seiten ausschlagenden Walkhämmer u und v hin und her gespült, ausgepreßt, gewendet u. s. w., während bei den Spülmaschinen die Wäschestücke durch das Rotieren der inneren, sechsseitigen Trommel fortwährend auf- und niedergeworfen werden, wo-

Fig. [illegible]. Trommel-Waschmaschine von O. Schimmel.

durch eine größere Schonung der Wäsche erzielt wird. In diesen Maschinen kann die Waschlauge durch Dampfeinleitung zum Kochen gebracht werden.

3) Kochgefäße aus Holz oder verzinktem Eisenblech mit direkter oder Dampf-Heizung zum Brühen (Beuchen) der Wäsche in Sodalauge oder mittels Dampf. Im letzteren Fall erhält das Kochgefäß (vergl. Fig. 160 u. 161, S. 166) einen doppelten Boden, in dessen Hohlraum die ringartig durchlöcherten Dampfröhren liegen. Die Lauge zirkuliert in Fig. 161 durch die beiden sich gegenüberliegenden, unten mit Dampfdüsen versehenen Kupferröhren a, überrieselt von oben fortwährend die Wäsche und fließt durch die Löcher des oberen Bodens zu den Dampfröhren zurück. Der Siedepunkt der Lauge kann reguliert werden, wenn durch eine am Kessel angebrachte Luftpumpe der Luftdruck in demselben entsprechend erhöht oder vermindert wird. Das Kochgefäß muß mit einem Wrasen-Abführungsrohr und einem Wasserablaßhahn versehen sein.

4) Waschfässer mit Zuleitung von warmem und kaltem Wasser und mit Wasserableitung. In denselben wird die Wäsche mit Seife durchgewaschen und von etwa noch vorhandenen Flecken befreit. Statt dieser Prozedur kann auch die Wäsche noch einmal in den Waschmaschinen mit Seifenlösung und heißem Wasser durchgearbeitet und dann mit kaltem Wasser nachgespült werden.

Fig. 180. Dampfwaschfaß [illegible]

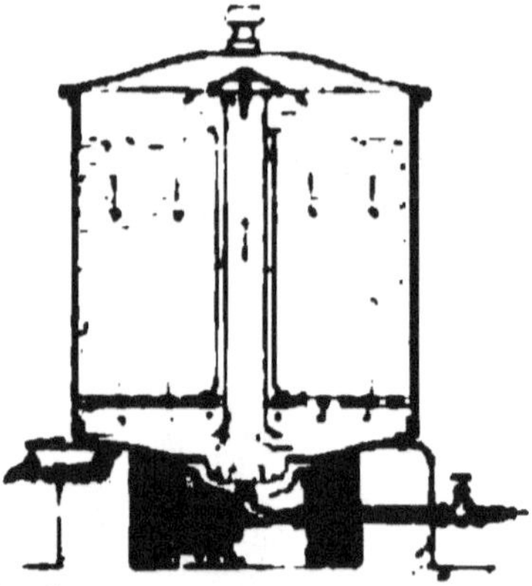

Fig. 181. Dampfwaschfaß mit [illegible]

b) Spülmaschinen mit Zuleitung von warmem und kaltem Wasser und mit Wasserableitung. Bei einer von O. Schimmel gebauten, in Fig. 182 dargestellten Maschine wird das Wasser durch ein Schaufelrad in fließender Bewegung gehalten und die Wäsche hierdurch, sowie durch den Druck des Rades gut gespült. Bei Handbetrieb kommen Spülbottiche oder massive Spülkasten zur Anwendung.

Fig. 182. Wasch-Spülmaschine von O. Schimmel.

c) Schleudermaschinen (Centrifugen) zur ersten Trocknung der Wäsche. Sie bestehen, wie Fig. 168 zeigt, aus einer siebartig durchlöcherten, horizontalen, kupfernen Trommel in einem geschlossenen cylindrischen Kessel, welche an einer senkrechten Welle befestigt ist und mittels derselben in rotierende Bewegung (1200—1600 Umdrehungen in 1 Minute) versetzt wird. Durch diese schnelle Bewegung wird der Wäsche etwa 60 Proz. der Feuchtigkeit entzogen.

In kleineren Krankenhäusern wird die erste Trocknung mit der Hand ausgeführt durch Auswringen oder mittels Wringmaschinen.

Die weitere Trocknung geschieht entweder auf den Trockenböden, wohin die Wäsche durch Aufzüge befördert werden kann, oder zur Sommerzeit auf der Bleiche im Freien.

Die Trockenböden müssen auf ca. 40° C heizbar sein, für welchen Zweck sich in den meisten Fällen eine Dampfluftheizung empfiehlt. Es ist daneben für gute Lüftungsvorrichtungen durch Abluftkanäle, Fensterjalousien u. s. w. Sorge zu tragen und der Raum vor dem Eindringen von Staub und Ruß zu schützen.

Fig. 168. Centrifugal-Trockenmaschine von O. Schimmel.

Um die Wäsche schnell zu trocknen, sind verschiedene Apparate und Einrichtungen im Gebrauch. In einer gemauerten oder aus doppeltem Eisenblech hergestellten Kammer mit hohlen Umfassungen ist eine der Stirnseiten mit senkrechten Schlitzen versehen, durch welche kulissenartige eiserne Gestelle, auf Rollen und Schienen im Fußboden laufend, aus- und eingeschoben werden können (vgl. Fig. 169). Diese Rahmengestelle, auf denen die Wäsche aufgehängt wird, schließen mit einem entsprechend breiten Eisenblech an der Vorderseite die Schlitze der Kammer. Unterhalb des durchbrochenen Fußbodens sind Heizrohre angebracht, an denen die hier zugeführte, frische Luft erwärmt wird. Diese trockene warme Luft streicht durch die Kammer und wird in dem oberen Teil derselben durch gemauerte, mit Aspirationsvorrichtungen versehene Abluftöffnungen abgeführt.

Empfehlenswerter noch als derartige Trockenapparate, welche in den verschiedensten Größen, meistens unter Anpassung an die betreffenden Raumverhältnisse hergestellt werden, sind die Wäsche-Trockenmaschinen, wie sie nach Fig. 169 von O. Schimmel u. a. hergestellt werden. Diese bilden ein größeres Gehäuse aus Eisenblech mit Heizröhren und Frischluftzuführungen am Boden und Entlüftungsöffnungen an der Decke. In dem Gehäuse laufen über Rollen endlose Ketten-

Fig. [illegible] [illegible] von G. Schimmel.

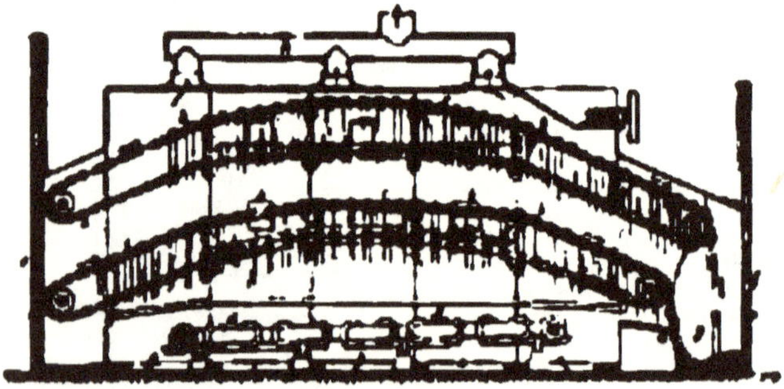

Fig. [illegible] [illegible] von G. Schimmel.

[illegible]

paare mit Ausschnitten, in denen Stäbe zum Aufhängen der Wäsche liegen. Nachdem die letztere an einer Seite des Gehäuses eingebracht ist, werden die Stäbe mit den Ketten langsamer oder schneller, je nachdem es die Trocknung der Wäsche erfordert, von der Maschine durch den Trockenraum fortbewegt und an der anderen Seite in einen Wäschekasten abgeworfen. Diese Maschinen, welche ebenfalls in den verschiedensten Größen hergestellt werden, besitzen bei ununterbrochenem, selbsttätigem Betrieb und bequemer Bedienung eine große Leistungsfähigkeit.

Das **Rollen der Wäsche**, das gewöhnlich in einem besonderen Raum, der **Roll- und Plattstube**, vorgenommen wird, kann ebenfalls maschinell mittels Kastenmangeln (System O. Schimmel, E. Martin u. a.) oder mit Handbetrieb erfolgen. Ebenso bestehen auch Bügelmaschinen (Heißmangeln) zum Plätten glatter Wäschestücke (Bettdecken, Tischtücher u. a. m.)

Zur Verhütung von Flecken durch das Maschinenöl sind entsprechende Schutzvorrichtungen zu treffen, auch müssen diejenigen Eisenteile, welche mit Wäsche in Berührung kommen, verzinnt oder vernickelt werden.

Der Wäsche-Magazinraum zum Lagern der Wäsche muß heizbar und mit guten Lüftungseinrichtungen ausgestattet sein. Bei dem Einlegen der Wäsche in die Gestelle ist darauf Bedacht zu nehmen, daß dieselbe möglichst von der Luft umspült wird, um das Stockigwerden zu verhüten.

25. Die Desinfektionsanlage.[1]

Je mehr die bakteriologischen Forschungen gezeigt haben, daß die Ursachen von ansteckenden Krankheiten auf bestimmte Bakterien im menschlichen Organismus zurückzuführen seien, um so mehr hat sich die Ueberzeugung Bahn gebrochen, daß es für die Salubrität eines Krankenhauses von größter Wichtigkeit ist, Desinfektionseinrichtungen vorzusehen, durch welche diese Bakterien mit Sicherheit vernichtet oder unschädlich gemacht werden. Da der menschliche Organismus meistens selbst der Träger der Krankheitsstoffe ist und diese durch die Ausscheidungen des Körpers und durch die mit demselben in Berührung kommenden Gegenstände, Wäsche, Möbel, Zimmerwände, Fußböden u. s. w. weitere Verbreitung finden, so muß die Vernichtung der Infektionsstoffe möglichst sofort nach dem Verlassen des Organismus vorgenommen werden, ehe die Infizierung auf andere Personen und Gegenstände übergeht. Diese Vernichtung bzw. Desinfektion geschieht nach den z. Zt. üblichen Methoden und je nach der Natur der Gegenstände hauptsächlich durch Kochen, durch Behandlung mit Chemikalien (Antiseptica) und durch heiße Wasserdämpfe von 100—110° C., während andere Methoden mittels trockener Hitze, Ausschwefelung u. s. w. in Brenn- und Räucherkammern nach dem heutigen Stand der Kenntnis über die Lebens- und Abtötungs-Bedingungen der krankheitserregenden Mikroorganismen als veraltet und ungenügend angesehen werden.

Die Desinfektion kann in einem Krankenhause nur dann zur wirksamen Anwendung kommen, wenn besondere, zweckentsprechend eingerichtete Räume vorhanden sind, mögen diese auch in noch so bescheidenen Grenzen gehalten sein. Werden die Räume nicht in einem besonderen Gebäude untergebracht, obwohl eine derartige Isolierung am empfehlenswertesten ist, sondern etwa mit dem Kesselhaus, der Waschküche u. s. w. verbunden, so müssen dieselben wenigstens so isoliert werden, daß die Gefahr einer Uebertragung von Ansteckungsstoffen ausgeschlossen ist. Die erste Desinfektionsanstalt mit strömendem Wasserdampf wurde auf Grund der Entdeckungen R. Koch's in Berlin 1886 errichtet. Die Pläne derselben rühren von Merke[1] her und sind für alle ähnlichen Einrichtungen maßgebend und vorbildlich geworden.

Die Desinfektionsanlage muß zwei vollständig voneinander getrennte Abteilungen erhalten, von denen die eine nur für unreine, die andere nur für reine Gegenstände bestimmt ist. Auch bei den in beiden Abteilungen beschäftigten Personen muß bei Ausführung der Desinfektion eine persönliche Berührung vollständig ausgeschlossen sein. Von der streng durchgeführten Trennung der infizierten und desinfizierten Abteilungen, sowohl in Bezug auf Gegenstände, wie auf Personen, hängt der Wert der Desinfektionsanlage in erster Linie ab.

Zu den notwendigsten Räumlichkeiten einer Desinfektionsanstalt gehören ein oder zwei Räume für die unreinen Sachen, wo diese gelagert und in die Desinfektionsapparate (Kochkübel, Dampfapparate u. s. w.) eingebracht werden, ferner ein oder zwei Räume für reine Sachen, wo diese nach stattgehabter Desinfektion gelagert werden. Außerdem erscheint selbst bei kleinen Desinfektionsanstalten zur Desinfizierung der auf der unreinen Seite beschäftigten Personen, sobald diese ihre Arbeitsstätte verlassen, noch ein Badezimmer mit Brause und ein Um- bez. Auskleideraum, sowie ein besonderer Klosetraum auf der infizierten Seite erforderlich. Hiernach erscheint das in Fig. 166, S. 171 abgebildete Schema für eine kleine Desinfektionsanstalt recht zweckmäßig.

Die Größe der Desinfektionsräume richtet sich nach der Größe des Krankenhauses, bez. nach der Zahl und der Größe der Desinfektionsapparate, Kochvorrichtungen u. s. w. Oft werden auch noch besondere Lagerräume oder Arbeitsstuben mit der Desinfektionsanstalt verbunden. Dieselben können in einem Keller oder in einem oberen Geschoß untergebracht werden, wobei natürlich ebenfalls für eine strenge Absonderung der reinen Gegenstände von den unreinen zu sorgen ist. Empfehlenswert ist es, die eigentlichen Desinfektionsräume im Interesse eines guten und bequemen Betriebes nicht zu knapp zu bemessen.

In den Fig. 167–169, S. 172 ist als Beispiel einer größeren Desinfektionsanstalt diejenige des Hamburg-Eppendorfer Krankenhauses dargestellt, welche besondere Räume für das Desinfektionsverfahren mittels Dampfapparaten und Kochkübeln, Chemikalien u. s. w. enthält. Auf der durch feste Wände streng von der desinfizierten Seite abgeschlossenen, infizierten Abteilung befindet sich zur Desinfizierung von Personen ein Raum, in welchem die Anstaltskleidung an- oder abgelegt wird (Auskleideraum) und neben dem ein Klosett für die auf der unreinen Seite beschäftigten Personen angeordnet ist. An den Auskleideraum schließt sich ein Baderaum mit Wannen- und Brausebad zur Reinigung, und in weiterer Folge ein Raum, in welchem die gewöhnliche, reine Kleidung angelegt, bez. beim Betreten der Anstalt von außen, abgelegt wird. Auch die reine Seite enthält außer den Desinfektionsräumen ein besonderes Klosett, ferner eine Treppe und einen Aufzug nach einem oberen und einem Dachgeschoß, in welchen sich Werkstätten (für Tapezierung u. s. w.) und Lagerräume befinden.

Die Desinfektionsapparate, Dampfdesinfektoren und Kochkübel sind dicht in die Trennungswand der beiden Gebäudeabteilungen eingebaut, und zwar so, daß sie zur Hälfte in der reinen, zur Hälfte in der unreinen Seite stehen.

Werden bei den Dampfapparaten die zu desinfizierenden Sachen in der unreinen Abteilung eingebracht, wobei also die Einladethür hier geöffnet ist, so muß die Thür in der reinen Abteilung stets geschlossen sein und umgekehrt. Ebenso sind die Kochkübel mit zweiteiligen Deckeln versehen, von denen die eine, in der unreinen Abteilung liegende Hälfte nur dann zu öffnen ist, wenn die andere in der reinen

Abteilung geschlossen ist und umgekehrt. Dies ist einfach dadurch erreicht, daß die hin und her zu schiebende Sperrriegel stets nur eine Seite zu öffnen gestattet.

Zur Verständigung zwischen den auf den getrennten Seiten der Anstalt beschäftigten Personen sind entsprechende Signalvorrichtungen, Telephon u. s. w. vorhanden.

Auf der unreinen Seite des Dampfkochraumes sind außer den Kochfässern noch Einweichbottiche in Monier-Konstruktion vorgesehen, und zwar infolge der Erfahrungen, die durch vielfache Versuche im Hamburg-Eppendorfer Krankenhause mit der Desinfizierung von Wäsche gewonnen worden sind. Es hat sich nämlich gezeigt, daß die mit Blut

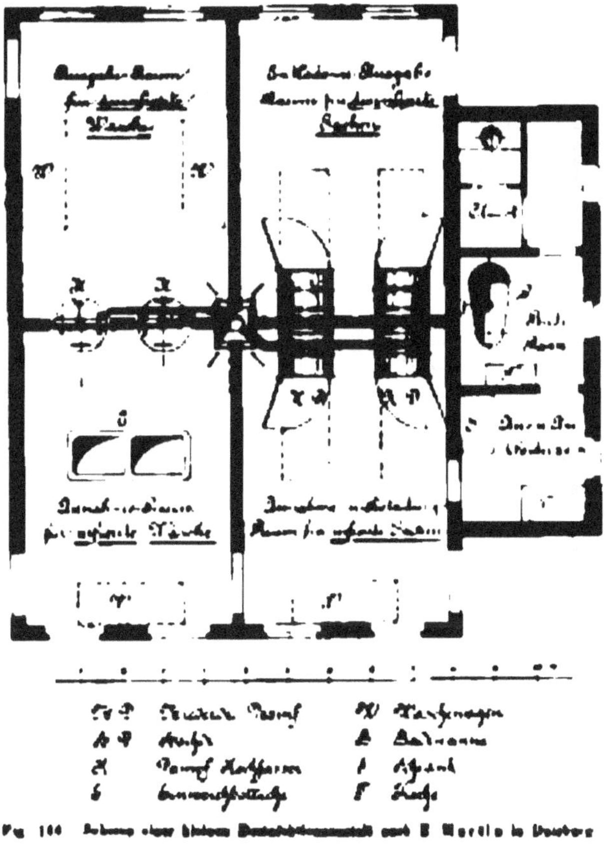

Fig. 144. Schema einer kleinen Desinfektionsanstalt nach E. Merke in Berlin.

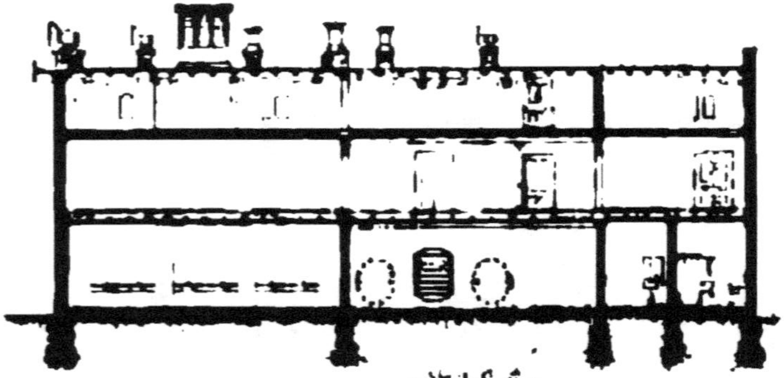

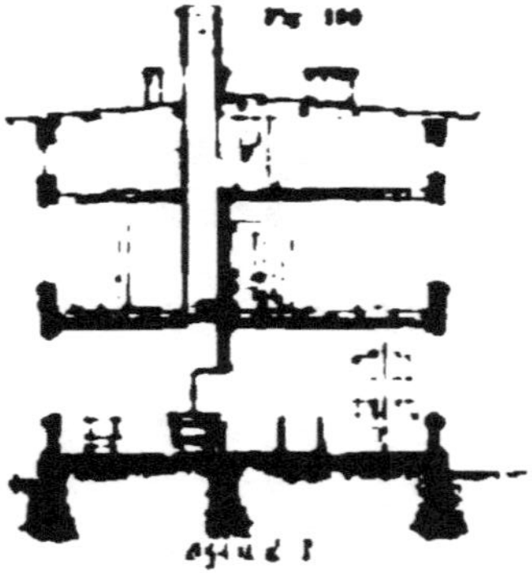

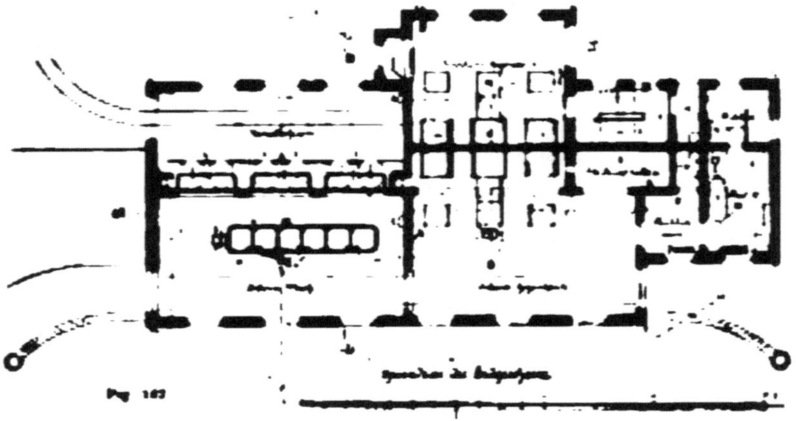

Fig. 187—190. Desinfektionsanstalt des Krankenhauses Hamburg Eppendorf.

und Eiter beschmutzte Wäsche fleckig wird, wenn sie ohne weiteres in heißes oder kochendes Wasser geworfen oder noch strömendem Dampf ausgesetzt wird. Um die Flecken in der Wäsche zu vermeiden, muß dieselbe zunächst eine Zeit lang kalt eingeweicht und dann allmählich zum Kochen gebracht werden, am besten mit einer 5-prozentigen Sodalösung.

Gegenstände, bei denen eine Desinfektion mittels Kochen oder Dampf nicht anwendbar ist (Lederzeug, Pelze, Zeuge u. s. w.), werden mit Chemikalien, Lösungen von Chlor, Brom, Jod, Sublimat, Karbolsäure, Lysol, Salol, Kalkmilch u. s. w. behandelt, hierauf gewaschen und event. in einem Desinfektionsapparat getrocknet.

Bezüglich der *baulichen Ausstattung der Desinfektionsräume* ist zu beachten, daß dieselben überall leicht desinfizierbar hergestellt werden müssen. Die *Fußböden* erhalten daher am besten einen Fliesenbelag, Cementestrich oder, was allerdings wegen der eventuellen Anwendung von Säuren weniger günstig ist, einen Asphaltestrich. Dieselben werden ferner mit Gefälle nach einem Entwässerungsschlauch [illegible] angelegt, der mittels Wasserverschluß an den Siel anzuschließen ist. Auf der unreinen Seite empfiehlt es sich jedoch, eine kleine Desinfektionsgrube herzustellen, in der die Abflüsse, ehe sie ins Siel gelangen, desinfiziert werden. Ueberhaupt sollten alle Flüssigkeiten der unreinen Seite, so den Einweichbottichen u. s. w., vor ihrem Abfluß in den Siel unschädlich gemacht werden.

Die *Wände* sind mit Cement zu putzen oder mit glatten, harten, wenn möglich glasierten Steinen zu verblenden. Ebenso empfiehlt es sich, die Decken massiv herzustellen und mit Cement zu putzen, um jederzeit die Räume in allen Teilen mit Wasser bespritzen oder abwaschen zu können. Alle Ecken und Vorsprünge sind möglichst zu vermeiden oder zu runden.

Für den Anstrich der Wände und Decken ist Oel- oder Emaillefarbe zu wählen.

Die Räume müssen heizbar und mit guten Lüftungseinrichtungen (event. Pulsionsventilatoren) versehen sein, wobei jedoch darauf zu achten ist, daß eine Uebertragung von Infektionsstoffen von der unreinen nach der reinen Seite ausgeschlossen ist.

Wasserzuleitungen müssen in reichlichem Maße vorhanden sein.

Für die *Höhe der Desinfektionsräume* ist im allgemeinen ein lichtes Maß von 4 m ausreichend, nur bei großen Räumen kann diese Höhe zweckmäßig etwas gesteigert werden.

Zur Lagerung von Gegenständen sind reichlich Tische, Bretter, Regale u. s. w. vorzusehen.

Was die *Desinfektion von Gegenständen mittels Dampf* anbelangt, so ist hierfür in neuerer Zeit eine große Zahl von *Apparaten* und Ofen hergestellt worden, die in den verschiedensten Größen, fahrbar oder feststehend, mit oder ohne besondere Dampfentwickler, geliefert werden. Für kleine Krankenhäuser, bei denen es sich nur um eine gelegentliche Desinfizierung von Verbandzeug, Wäsche und Kleidungsstücken vereinzelter, ansteckender Kranken handeln kann, wird man sich mit einem für diese Gegenstände geeigneten, kleineren Apparat begnügen können. Sollen jedoch auch Matratzen, Möbel, Sophas, ganze Betten u. s. w. desinfiziert werden, so müssen die Apparate mindestens einen Fassungsraum von 2 cbm haben, d. h. etwa 2 m lang sein, bis einem Viereckigen, runden oder ovalen Querschnitt von ca. 1 qm. Es empfiehlt sich aber, den Fassungsraum, wenn irgend thunlich, größer zu wählen, damit die Desinfizierung größerer Gegenstände bequem und ohne Schwierigkeit vorgenommen werden kann.

Diese größeren Desinfektionsapparate, welche, wie oben erwähnt, je zur Hälfte in die Trennungswand der reinen und unreinen Seite des Gebäudes eingebaut werden, sind, wie Fig. 170 zeigt, an beiden Stirn-

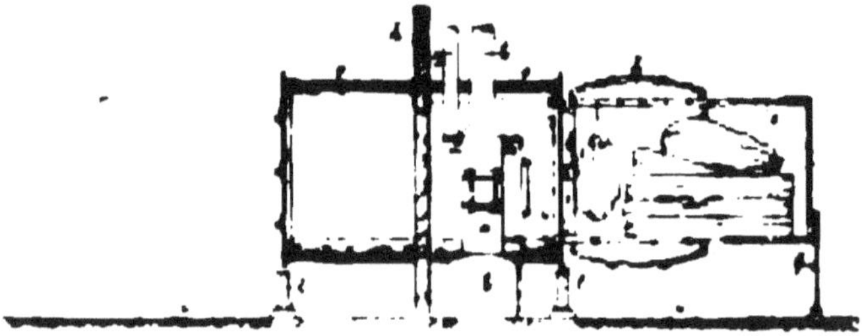

Fig. 170. Dampf-Desinfektionsapparat. a Dampfentwickler, b Feuerung desselben, c Desinfektionskammer, d Thüre der beiden Stirnseiten, e Wagengestell, f Umlegbare Bodenstücke, g Abdampf- und Ventilationsrohr, h Zuleitrohr, i Laufschienen für den Wagen, k Füße der Desinfektionskammer.

seiten mit Thüren versehen und enthalten in der Regel ein fahrbares Gestell, auf welchem die zu infizierenden Gegenstände geladen, aufgehängt oder sonst befestigt und in die Dampfkammer eingeschoben werden. Letztere erhält zur Vermeidung von Wärmeverlusten, die durch Kondensation des Dampfes an den Wandungen des Apparates hervorgerufen werden, eine gute Isolierung.

Die Desinfektion selbst geschieht durch Wasserdampf von mindestens 100° C., welcher vollständig von Feuchtigkeit gesättigt sein muß, also keine Beimischung von Luft, selbst wenn diese auch so heiß und trocken ist, erhalten darf. Es muß deshalb die in der Desinfektionskammer befindliche Luft entfernt werden, was dadurch geschieht, daß, wie z. B. bei der in Fig. 171 dargestellten Desinfektionskammer von Schäffer & Walcker, der Dampf von oben durch das Rohr c in den Apparat einströmt und die von demselben verdrängte Luft unten, an der tiefsten Stelle der Kammer, durch das Rohr ab_1, zugleich mit dem Kondensationswasser, entweicht. Die an den Wandungen und an den zu desinfizierenden, kühleren Gegenständen sich als Feuchtigkeit niederschlagende Dampfmenge muß durch neuen Dampf stetig ersetzt werden, weshalb also die Desinfektion einen strömenden Dampf erfordert, der entweder mit einem Überdruck von 0,05—0,20 Atmosphären oder mit dem einfachen Gewichtsunterschied von Luft und Wasserdampf, also völlig ungespannt, arbeiten kann. Im letzteren Falle erfordert die Desinfizierung der Gegenstände in der Regel etwas längere Zeit, als im ersteren Falle. Eine Druckerhöhung über das vorgenannte äußerste Maß, etwa bis zu 1 Atmosphäre, wie sie bei den sog. Hochdruckapparaten zur Anwendung kommt, bringt nur eine geringe Zeitersparnis, und ist zur größeren Sicherheit der Desinfektion keineswegs erforderlich.

Obwohl bei richtiger und vorsichtiger Handhabung der Apparate vermieden werden kann, daß sich der strömende Dampf an den Kleidungsstücken u. s. w. niederschlägt und diese zu sehr durchnäßt oder beschädigt, so werden doch, um diesen Uebelstand sicherer zu vermeiden und um die Gegenstände nach beendeter Durchdämpfung nachzutrocknen, die Apparate vielfach mit besonderen Trockenvorrichtungen,

Fig. 173. Desinfektionsapparat von Schäffer & Walcker.

d. h. mit Zuführung von warmer Luft oder mit Heizröhren, hergestellt. So zeigt z. B. die Fig. 172 einen Desinfektionsapparat von Rietschel & Henneberg mit Vorwärmeeinrichtung, und mit einem besonderen Dampfentwickler, während die Fig. 173 einen Apparat von Schäffer & Walcker mit Dampfheiz-Rippenröhren darstellt.

Die Trockenvorrichtungen dürfen jedoch keine Wärme an den strömenden Dampf abgeben und müssen deshalb bei der Dampfzuführung selbst abgestellt werden. Liegen die Heizröhren am Boden des Apparates, wie in Fig. 173 der Fall ist, so muß der Abzug für Luft und Dampfdunst oben angebracht und frische Luft am Boden zugeführt werden durch ein besonderes Rohr, dessen Mündung in dem Raum der reinen Seite des Hauses liegen muß. Diese Apparate mit Trockeneinrichtung eignen sich hauptsächlich für größere Krankenanstalten mit starkem Betrieb, der auch voluminöse Gegenstände umfaßt.

Oft wird der Desinfektor noch mit einem Dampf-Luftabsaugungsapparat (System Rohrbeck) versehen, um die unreine Luft in demselben vor dem Einlassen des Dampfes gründlich zu beseitigen und den Dampf infolge der Luftverdünnung um so besser in die Poren der Wäsche eindringen zu lassen. Die Absaugeleitung für die unreine Luft wird mit der Kondenswasser-Ableitung des Apparates verbunden und nach dem Siel geführt.

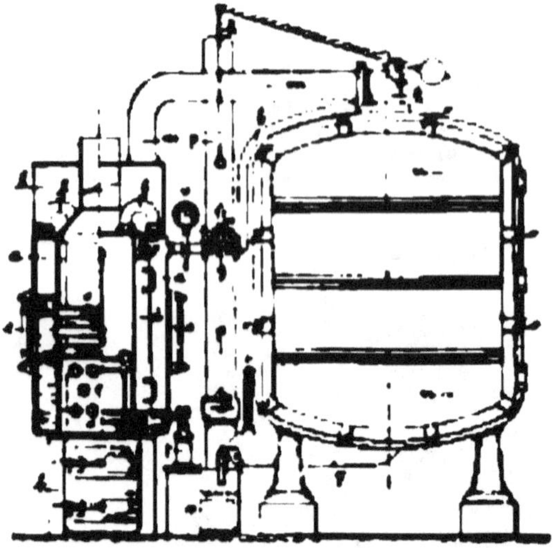

Fig. 119. Desinfektionsapparat von Rietschel und Henneberg mit Vorwärmeeinrichtung. a [illegible] b Feuerung, c [illegible] [illegible] für die innere Reinigung der Wasserrohre, f [illegible] [illegible] Dampfrohr zur Desinfektionskammer, [illegible] [illegible] Luftheizkammer [illegible] [illegible] Wasservorwärmer, [illegible] Thermometer [illegible] [illegible] Manometer

Das Dampf-Ausströmungsrohr ist mit Manometer und mit einer Regulierung zu versehen, die nur so viel Dampf kontinuierlich ausströmen läßt, daß das durch Kondensation verbrauchte Dampfquantum ersetzt wird. Die aus den Objekten herausgedrängte Luft muß fortwährend mit dem abströmenden Dampf entweichen, dessen Temperatur (mindestens 100° C) durch Thermometer am Abzugsrohr zu kontrollieren ist.

Für die Kontrolle des Desinfektionsprozesses kommen elektrische Kontrollthermometer und Maximalthermometer zur Anwendung, die in die Wäsche u. s. w. verpackt werden und von denen die ersteren einen Klingelapparat in Thätigkeit setzen, sobald die Temperatur von 100° C in den Objekten erreicht ist.

Die Dauer der mit dieser Temperatur beginnenden Desinfektion ist abhängig von der Art der Gegenstände und der Beladung, beträgt aber in der Regel etwa 10—15 Minuten.

Für den Transport der infizierten Wäsche von den Krankenräumen nach der Desinfektionsanstalt sind bei längeren Wegen geschlossene Gefäße aus Metall (Eisenblech u. dgl.) oder Wagen zu benutzen, welche einen Kasten von Eisenblech mit dicht schließender Thür oder Klappe erhalten, sodaß eine Verbreitung von Ansteckungsstoffen auf dem Wege nach der Anstalt ausgeschlossen ist.

8) F. Goldmann und Hintze, Die erste öffentl. Desinfektionsanstalt der Stadt Berlin. [illegible] (1888) — Hintze, D. V. f. öffentl. Gesundheitspfl. 19 Bd. 811 (1888). Vergl. auch Festschrift der Stadt Berlin, dargeboten dem X. internat. med. Kongreß, Berlin 1890 S. 70.

26. Die Siel-Desinfektion.

An gut eingerichtete Krankenhäuser der Neuzeit wird mit Recht die Forderung gestellt, daß sich die Desinfektion auch auf die infizierten menschlichen Auswurfstoffe, Exkremente u. s. w. erstrecken solle. Zwar sind diese Stoffe bisher bis zu einem gewissen Umfange wohl allgemein in besonderen Gefäßen, Bettschüsseln, Spucknäpfen u. s. w., oder in größeren Sammelgefäßen, durch Zusatz von Chemikalien (Karbolsäure, Sublimat, Lysol, Kalkhydrat u. s. w.) desinfiziert und erst dann dem Siel zugeführt worden, auch sind in neuerer Zeit Kochapparate, z. B. im Krankenhause Moabit-Berlin, zur Anwendung gekommen, in denen die Ansteckungsstoffe durch Aufkochen der Dejektionen unschädlich gemacht werden. Indessen sind diese Desinfektionsmethoden in großem Maßstab nicht durchführbar und bieten auch keine ausreichende Gewähr dafür, daß nicht dennoch Ansteckungsstoffe ins Siel gelangen, durch Spülwasser u. s. w. Es muß daher im allgemeinen sanitären Interesse als eine nicht unwichtige hygienische Aufgabe eines Krankenhauses angesehen werden, durch geeignete Vorkehrungen für eine sichere Desinfektion aller infizierten Sielabflüsse Sorge zu tragen, wie eine solche z. B. neuerdings für die Epidemieabteilung des Hamburg-Eppendorfer Krankenhauses ausgeführt worden ist.

Fig. 173. Desinfektionsapparat von Schäffer & Walcker mit Trockeneinrichtung [illegible]

Bei dieser in den Figuren 174—176 S. 179 dargestellten Anlage sind die Sielleitungen für Regenwasser und für die sonstigen Abflüsse aus den

Pavillons der Epidemieabteilung getrennt werden, um nicht auch die großen Mengen von Regenwasser mit desinfizieren zu müssen.

Die 20 cm weiten Stielleitungen führen die Abflüsse nach einem kleinen Gebäude (dem Kalkgrubenhaus) mit 6 gemauerten, cylindrischen Gruben, die abwechselnd gefüllt und geleert werden. Die Zuflüsse liegen ca. 1,50 m oberhalb der Grubensohlen, in welchen sich die mittels hölzerner Stangenverschlüsse verschließbaren Abflußöffnungen befinden. Sobald eine Grube gefüllt und das Desinfektionsmittel (eine 20-proz. Kalkmilchlösung) zugesetzt ist, wird der ganze Grubeninhalt mittels eines Rührwerks in Bewegung gesetzt und innig durcheinander gemengt. Die Zuführung der desinfizierenden Kalkmilchlösung zu den Gruben geschieht durch einen verteilbaren Holzbottich c, der über den letzteren central aufgestellt ist und in dessen einzelne Abteilungen eine dem

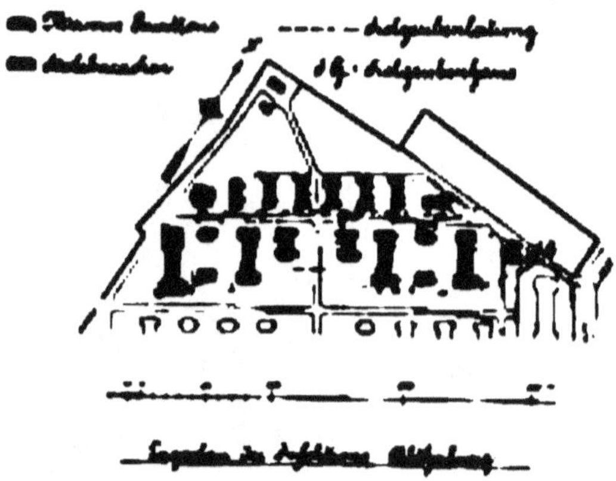

Fig. 178. Kalk-Desinfektionsanlage des Krankenhauses Hamburg-Eppendorf.

Inhalt jeder Grube entsprechende Menge Kalkhydrat mit dem erforderlichen Wasserzusatz eingefüllt wird. Durch die Bodenöffnungen d in jeder Abteilung fließt dann die Kalkmilchlösung in die betreffende, zu desinfizierende Grube.

Während die Desinfektion in einer oder in mehreren Gruben vorgenommen und der Zufluß zu denselben daher solange abgeschlossen wird, muß wenigstens eine Grube als Reserve für die Aufnahme der Fäkalien während dieser Zeit dienen.

Bei kleineren Krankenhäusern können natürlich weniger Gruben angenommen werden, doch müssen deren stets mindestens zwei vorhanden sein, damit eine stets die Fäkalien aufnehmen kann, wenn die andere gefüllt ist und geleert werden soll.

Bei der Größenbemessung der Gruben ist in Hamburg-Eppendorf nach Rubner die Annahme zu Grunde gelegt, daß die Menge der Abwässer pro Kopf und Tag etwa 30 l beträgt mit Ausschluß des Badewassers, für welches eine durchschnittliche Menge von 100 l pro Kopf und Tag angenommen worden ist. Uebrigens dürfen die

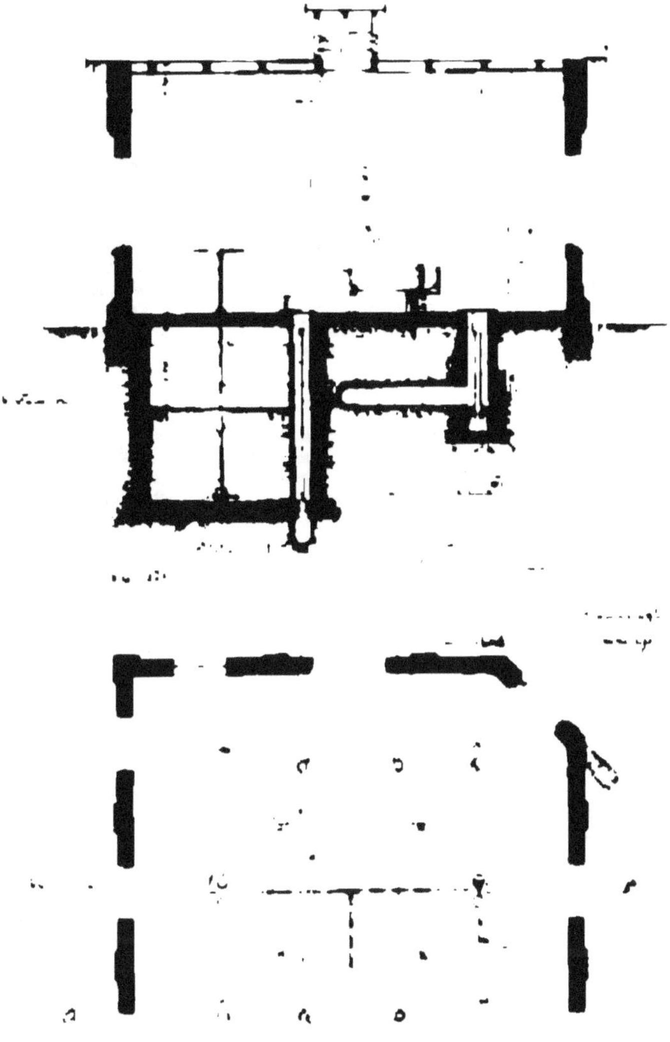

Gruben eine gewisse Größe (etwa 1,5—2,0 m Durchmesser) nicht überschreiten, wenn man gründliche Umrührung und innige Vermischung der Fäkalien mit den Desinfektionsmitteln durchgeführt werden soll.

Das Mauerwerk muß sorgfältig in Cement aus harten Steinen hergestellt und am besten mit Cement verputzt werden.

Alle Verschlüsse (Kappen) müssen dicht sein. Um zu erkennen, ob die überwölbten, nur mit einer Einsteigeklappe versehenen Gruben bis zur Höhe des Zuflußrohres gefüllt sind, hat man in Hamburg-Eppendorf den pneumatischen Wasserstandsanzeiger e (s. Fig. 176) angebracht.

Es empfiehlt sich, bei der Anlage einer Sedimentierbassins ein besonderes, kleines Gebäude, das in einfachster Weise aus Fachwerk mit Pappdach hergestellt werden kann, an einer abgelegenen Stelle zu errichten. Dasselbe muß nicht nur Raum für die Vornahme der Desinfektionen selbst, sondern auch für Lagerung von Desinfektionsmaterial, Reinigungsgeräten u. s. w. gewähren.

23. Das Verbrennungshaus.

Für diejenigen infizierten Gegenstände, welche sich nicht mehr für eine Desinfektion eignen (Verbandmaterial, alte Strohsäcke und sonstige abgenutzte Stoffe, Unrat u. s. w.), muß wenigstens in größeren Krankenhäusern ein besonderer Verbrennungsofen vorhanden sein, da eine anderweitige Vernichtung (auf dem Rost von Heizkesseln, Vergrabung u. dgl.) mit Infektionsgefahren und anderen Unzuträglichkeiten verbunden ist.

Ein zweckmäßig konstruierter Ofen ist von dem Ingenieur Kori erfunden und in der Fig. 177, S. 181 dargestellt. Derselbe wird in verschiedenen Größen hergestellt und besteht aus einem Sammelbehälter a, der mit Chamottesteinen gemauert und mit seitlichen Durchbrechungen c zum Eindringen der den Sammelbehälter umspielenden Feuergase versehen ist.

Die in dem Behälter angesammelten Stoffe fallen durch den ganz oder teilweise zu öffnenden Klappenverschluß e in den Feuerungs- und Verbrennungsraum f, dessen schräg liegender Rost von dem Füllschacht b aus beschickt wird. Zur vollständigen Verbrennung der Flammen im Verbrennungsraum tragen die seitlichen Luftzuführungen h bei. Der Deckel d des Sammelbehälters ist in Sand gedichtet und wird nur bei einer etwaigen Reparatur dieses Behälters aufgenommen. Der Einwurf der zu verbrennenden Abfälle, Verbandstoffe u. s. w. geschieht durch den schrägen Füllschacht a, doch können diese Gegenstände auch von hinten unter der Klappe e hindurch direkt in den Verbrennungsofen geworfen werden, welcher eine kleinere oder größere Menge angesammelter Stoffe schnell und vollständig zu vernichten gestattet.

Für größere Hospitäler kann der im Hamburg-Eppendorfer Krankenhaus von H. O. Meyer ausgeführte, in der Fig. 178, S. 182 dargestellte Verbrennungsofen als gutes Vorbild dienen. Derselbe kann teilweise oder ganz in Thätigkeit gesetzt werden, je nachdem kleinere oder größere Stücke oder Quantitäten zu verbrennen sind. Zu dem Zweck ist eine Teilung des Ofens durch die aus Chamottesteinen bestehende Wand g ermöglicht. In gewöhnlichen Zeiten befindet sich nur der Ofen I in Betrieb. Derselbe dient dann hauptsächlich zum Verbrennen der sich täglich ansammelnden, abgenutzten und infizierten

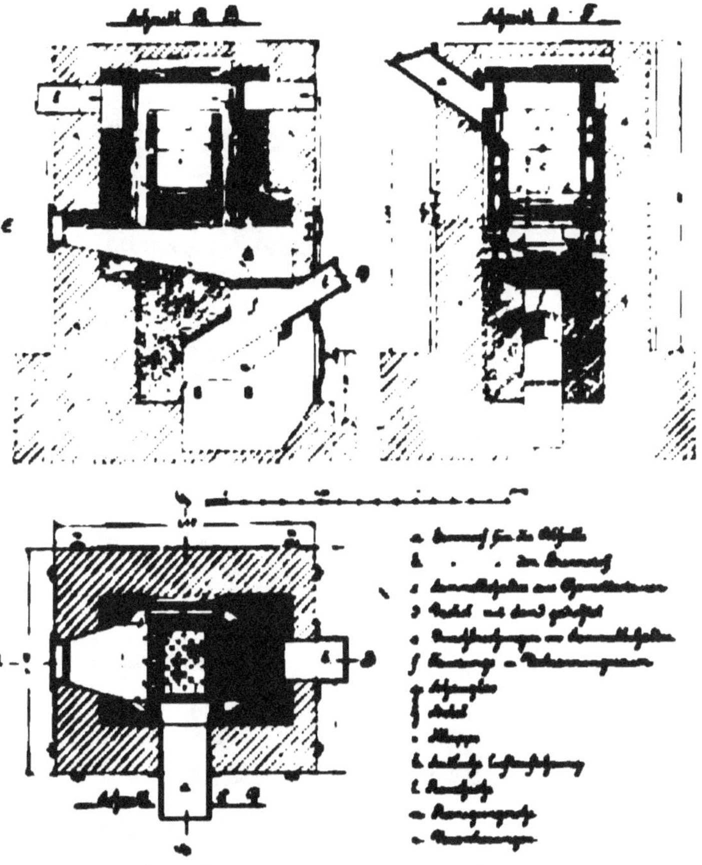

Fig. 177. Verbrennungsofen von Kori.

Verbandstoffe, welche in mit Deckeln versehenen Blechkannern aus den Pavillons abgeholt und in den auf dem Ofen befindlichen, eisernen Trog geschüttet werden. Nachdem die seitlichen Feuer a und b angezündet sind und der Verbrennungsraum derart erhitzt ist, daß trockene, leichte Verbandstoffe aufflammen, wird durch den mit einem schweren, eisernen Deckel versehenen Einwurfschacht c ein Teil der infizierten Stoffe auf den mittleren Rost d eingeworfen. Die Stichflammen vom Feuer a, welche z. T. von unten durch den Rost d dringen, deren größerer Teil aber in der Richtung der Pfeile über

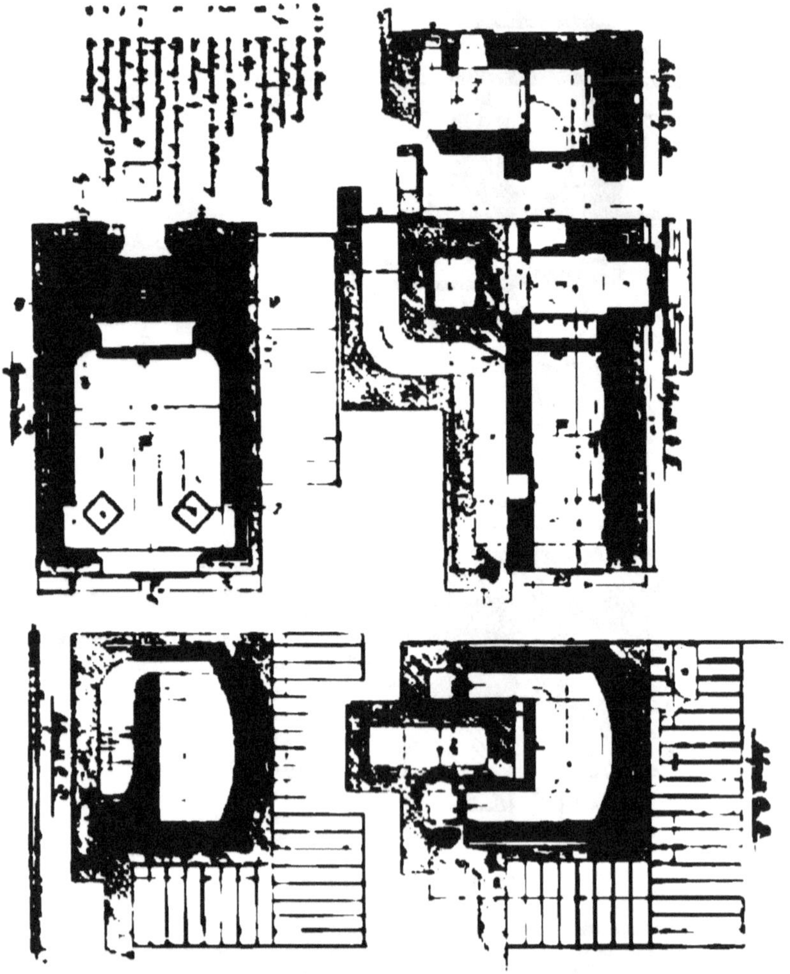

Fig. 18. Verbrennungsofen von R. O. Meyer in [illegible]

diesen Rost gehen, verzehren die auf letzterem liegenden Stoffe. Damit die bei der Verbrennung der Verbandstoffe auf dem Rost entstehenden Gase nicht unverbrannt durch den Schornstein ins Freie gelangen können, werden dieselben durch das Feuer b geleitet und dadurch unschädlich gemacht. Bei e und f sind Zuführungen von frischer Luft für die beiden Feuer a und b angeordnet.

Bei Epidemieen, wenn stark infizierte Matratzen oder sonstige größere, leicht wieder zu ersetzende Gegenstände verbrannt werden sollen, wird auch der größere Ofen II in Thätigkeit gesetzt. Zu dem Zweck wird die Wand g entfernt und die an einer gußeisernen Welle befestigte, gußeiserne Klappe h durch das Gegengewicht i von außen umgelegt. Damit Welle und Klappe nicht von der Hitze angegriffen werden, sind beide mit einem Luftwechselraume versehen, und zwar so, daß die äußere Luft durch Welle und Klappe in den Schornstein gesogen wird.

Die infizierten Gegenstände werden durch die Thür k in den Verbrennungsraum hineingeschoben. Um den Hitzegrad der Flammen von den Feuern a und b möglichst zu erhöhen, kann noch durch die Kanäle l und m frische Luft dem Feuer zugeführt werden. Die Verbrennungsgase gehen den mit Pfeilen bezeichneten Weg nach dem Fuchs, welcher mit Reinigungsklappen n versehen ist, und weiter zum Schornstein. Zur Regulierung des Zuges dient der bei o angebrachte Schieber.

18. Das Eishaus.

Der Bedarf eines Krankenhauses an Eis für wirtschaftliche und therapeutische Zwecke ist für 1000 Kranke auf etwa 80—100 cbm jährlich anzunehmen, ungerechnet den Verlust, welcher durch das Schmelzen herbeigeführt wird. Letzterer hängt hauptsächlich von der Konstruktion der Eisbehälter ab.

Es empfiehlt sich nicht, Räume zur Aufbewahrung größerer Eismassen im Keller eines Krankenhauses oder des Wirtschaftsgebäudes unterzubringen, sondern hierfür ein besonderes Eishaus anzulegen, das aber wenigstens einen Fassungsraum von 12 cbm haben sollte. Bei einer geringeren Größe wird der Schmelzverlust unverhältnismäßig groß.

Bei der Herstellung des Eisraumes ist vor allem darauf Bedacht zu nehmen, daß derselbe gegen den Zutritt von Wärme geschützt und das Schmelzwasser des Eises direkt abgeführt wird, daß ferner der Innenraum bei Frostwetter ausgekühlt und gelüftet werden kann. Unterirdische Anlagen haben sowohl hinsichtlich der Konservierung des Eises, als auch der Anlagekosten im allgemeinen keinen Vorzug vor den oberirdischen, da erstere gegen die Wärme der tieferen Erdschichten ebenso, wie letztere gegen die Luftwärme zu schützen sind. Zweckmäßig baut man das Eishaus ca. 1—1,5 m in die Erde ein und führt die Umfassungswände mit Hohlräumen bei doppelten Mauern auf. Auch die Decke ist am besten als doppeltes Gewölbe herzustellen, während sich sonst hierfür ein Holzcementdach, oder auch ein Stroh- und Rohrdach gut eignet. Die Dächer sind aber möglichst durch einen besonderen Dachraum von der eigentlichen, einfach gewölbten, oder hölzernen Decke des Eisraumes zu sondern.

Zum größeren Schutz gegen die Luftwärme kann man das Gebäude mit einer Erdanschüttung versehen oder mit einem leichten Holzbau umgeben.

Der Mauerstein wird bei unterirdischen Anlagen allein in Frage kommen können. Bei oberirdischen Anlagen findet meist das Holz Anwendung, das allerdings leicht durch Schwamm oder Fäulnis zerstört wird.

Für erstere Art stellt die in den Figuren 178—181, S. 185 dargestellte, zweckmäßige Konstruktion ein gutes Beispiel dar, während die Figuren 182 u. 183, S. 186 ein nach dem amerikanischen System hergestelltes Eishaus von Holz zeigen, das mit Stroh- oder Rohrdach versehen werden kann und sehr leistungsfähig ist, indessen keine große Dauer besitzt.

Bei dem in den Figuren 184 und 185, S. 187 dargestellten Eishause des Garnison-Lazarettes zu Tempelhof bei Berlin sind die doppelten Umfassungswände aus ausgemauertem Fachwerk auf massivem Fundament hergestellt und in den 0,75 m breiten Zwischenräumen mit Häcksel ausgefüllt, außerdem innen und außen mit gespundeten Bohlen verkleidet.

Als Füllmaterial für doppelte Wände und Hohlräume, das die Wärme schlecht leitet, dienen hauptsächlich Sägemehl, Häcksel, Torf, Asche, Holzkohle, Lohabfälle, Stroh, Infusorienerde u. s. w.

Der Boden des Eisraumes wird am besten massiv aus Ziegelpflaster in Cement oder aus Beton hergestellt. Derselbe erhält von allen Seiten nach der Mitte hin Gefälle, um das Schmelzwasser mittelst Syphonverschluß nach dem anschließenden Siel direkt abzuführen. Der Wasserverschluß muß das Eindringen warmer Luft und schlechter Dünste aus dem Siel nach dem Eisraum verhindern.

Damit das Eis mit dem Schmelzwasser nicht in Berührung kommt und gleichzeitig gegen die aufsteigende Erdwärme noch geschützt wird, erhält der Fußboden einen Lattenrost oder eine Lage von Reisig.

Der Eingang zum Eishause muß möglichst nach Norden liegen und dichte, doppelte Thüren erhalten, die auf der Innenseite mit Stroh oder Rohr zu verkleiden sind. Zweckmäßig ist es, im Interesse der Konservierung des Eises, den Zugang zum Eisraum von der Decke aus anzulegen, da hierdurch am besten der Zutritt warmer Außenluft vermieden wird.

Werden mit dem Eishause noch besondere, kleinere Lagerräume für Fleisch und sonstige kühl zu haltende Lebensmittel verbunden, so sind dieselben am besten über dem Eisraum anzuordnen. Liegen sie jedoch neben dem Eisraum, so muß der Fußboden derselben sich in größerer Höhe als derjenige des Eisraumes befinden und eine Verbindung beider Räume durch Wandöffnungen hergestellt werden. Ein Beispiel hierfür liefert das in Fig. 186 und 187, S. 188 dargestellte Eishaus des Hamburg-Eppendorfer Krankenhauses, dessen innerer Holzbau mit einer isolierenden, massiven Umfassung umgeschlossen ist.

Um dem Schmelzprozeß des Eises, der um so größer ist, als die Oberfläche vom

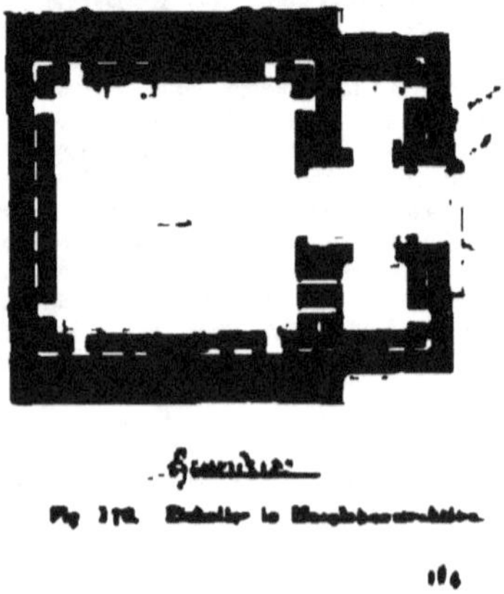

Fig. 178. Eiskeller in [illegible].

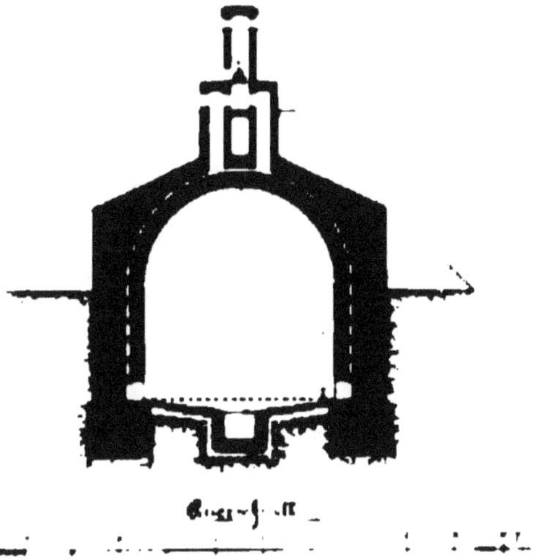

Querschnitt

Fig. 181

Längenschnitt

Fig. 182

Fig. 180, 181 und 182. Eiskeller in [illegible]

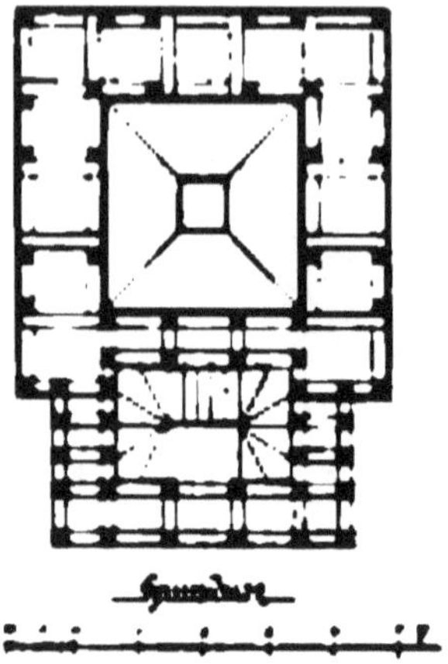

Fig. 162

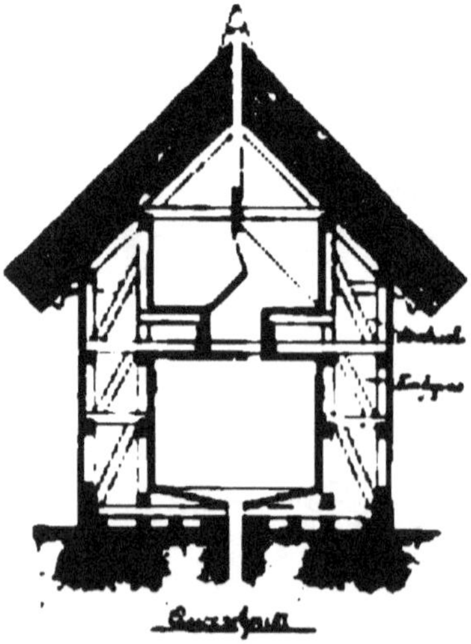

Fig. 163

Fig. 162 und 163. Eishaus nach amerikanischem System.

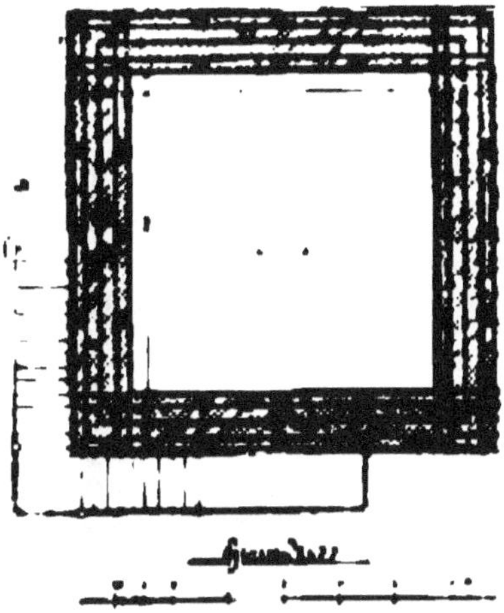

Fig. 184

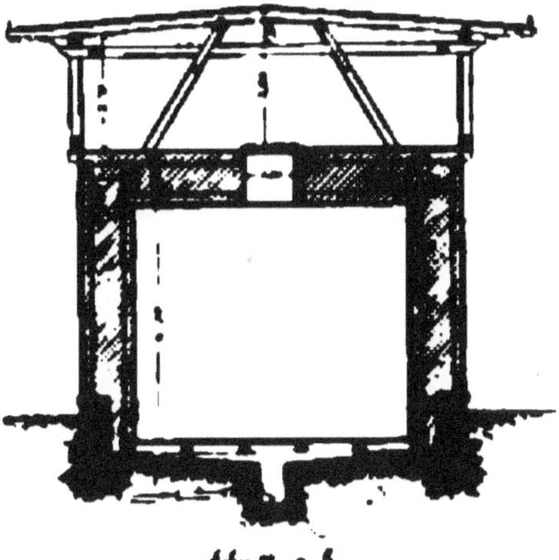

Fig. 185

Fig. 184 und 185. Eiskeller des Garnison-Lazareths zu Tempelhof bei Berlin.

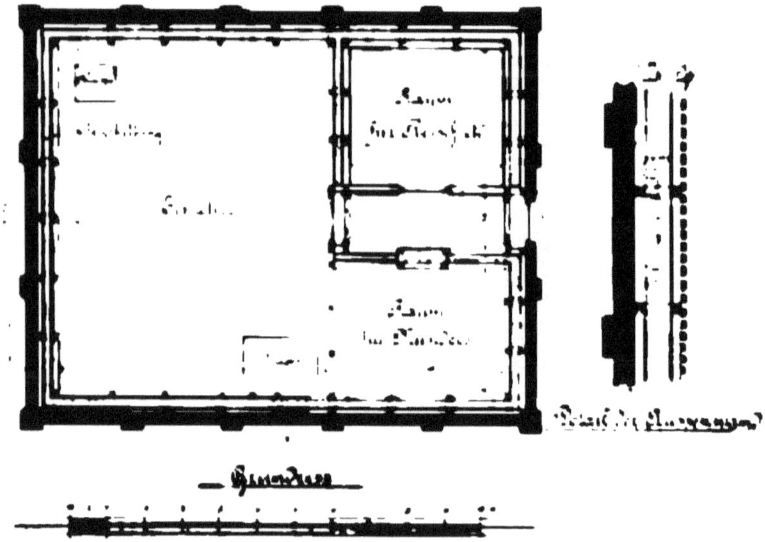

Fig. 166.

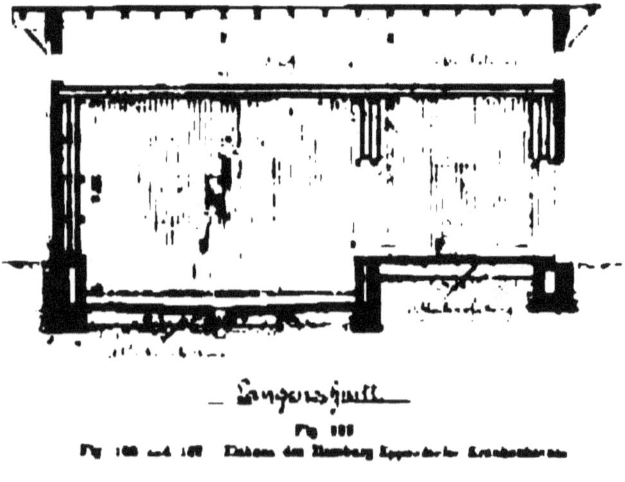

Fig. 167.

Fig. 166 und 167. Dahome des Hamburg-Eppendorfer Krankenhauses.

der Luft berührt wird, möglichst vorzubeugen, muß das Eis ohne größere Zwischenräume, also möglichst in regelmäßig geformten Stücken, dicht zusammengelagert werden.

Für die Lage der Eishäuser ist eine möglichst kühle Stelle, im Schatten einer Baum- und Strauchanpflanzung, zu wählen.

38. Das Leichenhaus.

Von den für ein Leichenhaus vorzusehenden Räumen, deren Zahl und Art je nach dem Umfang des Krankenhauses und den daselbst vorzunehmenden wissenschaftlichen Untersuchungen u. s. w. sehr verschieden ist, erfordert besonders die Leichenkammer und der Obduktions- oder Secierraum eine zweckentsprechende Durchbildung. Erstere muß eine kühle Lage haben, also nach Norden und am zweckmäßigsten im Keller liegen. Der Fußboden ist undurchlässig aus Cementestrich oder Fliesen herzustellen und mit leichtem Gefälle nach einem in der Mitte angebrachten Abfluß nach dem Siel zu versehen. Zum Zweck einer gründlichen Spülung muß die Leichenkammer mit Wasserleitung und Spritzschlauch versehen werden und demgemäß auch mit Cement geputzte Wände erhalten. Da der Raum zeitweilig auch wird geheizt werden müssen, so ist daselbst ein Ofen aufzustellen, wie dies sich auch aus gleichem Grunde für die übrigen Räume empfiehlt. Auf gute Lüftungseinrichtungen ist besonders Bedacht zu nehmen.

Die in der Leichenkammer aufzustellenden Pritschen für die Leichen werden am zweckmäßigsten aus etwas schräg geneigten Schieferplatten auf einem eisernen Untergestell hergestellt und mit Irrigationsvorrichtungen versehen. Der Obduktionsraum muß mit der Leichenkammer direkt, bzw., wenn diese im Keller, ersterer aber darüber liegt, durch einen Aufzug für die Leichen verbunden sein. An den Obduktionsraum sind ähnliche bauliche Anforderungen, wie an das Operationszimmer, zu stellen, also reichliche Beleuchtung durch nach Norden gerichtete Fenster, ev. durch Oberlicht, massiver, undurchlässiger, mit Abflußvorrichtungen versehener Fußboden, abspülbare Wände, gute Lüftungsvorrichtungen (ev. Firstventilation), reichliche Wasch- und Spülbecken mit Kalt- und Warmwasserzufluß, Wasser-Spritzvorrichtungen u. s. w.

Das wichtigste Inventarstück des Obduktionsraumes bildet der Seciertisch. Derselbe besteht aus einer etwa 2 m langen und 1 m breiten Platte aus (Eichen-)Holz, besser aus Schiefer oder Eisenblech, welche auf einem Eisengestell drehbar und so eingerichtet ist, daß alle Flüssigkeiten auf der geneigten, mit kleinen Rinnen versehenen Oberfläche nach der Mitte in ein, den Seciertisch direkt mit der Sielleitung verbindendes Rohr abfließen können. Die Leitungen für warmes und kaltes Wasser sind auch nach den Seciertischen zu führen, um hier mittels Schlauch die Leichen und den Tisch überspülen zu können.

Aus bereits früher erörterten Gründen sollten auch hier die Abflüsse, bevor sie in das öffentliche Siel gelangen, einer Desinfektion unterworfen werden.

Die Fig. 1[illegible] giebt eine allgemeine Anschauung von dem großen Seciersaal des Hamburg-Eppendorfer Krankenhauses.

Sind noch weitere Räume mit dem Leichenhause verbunden, die,

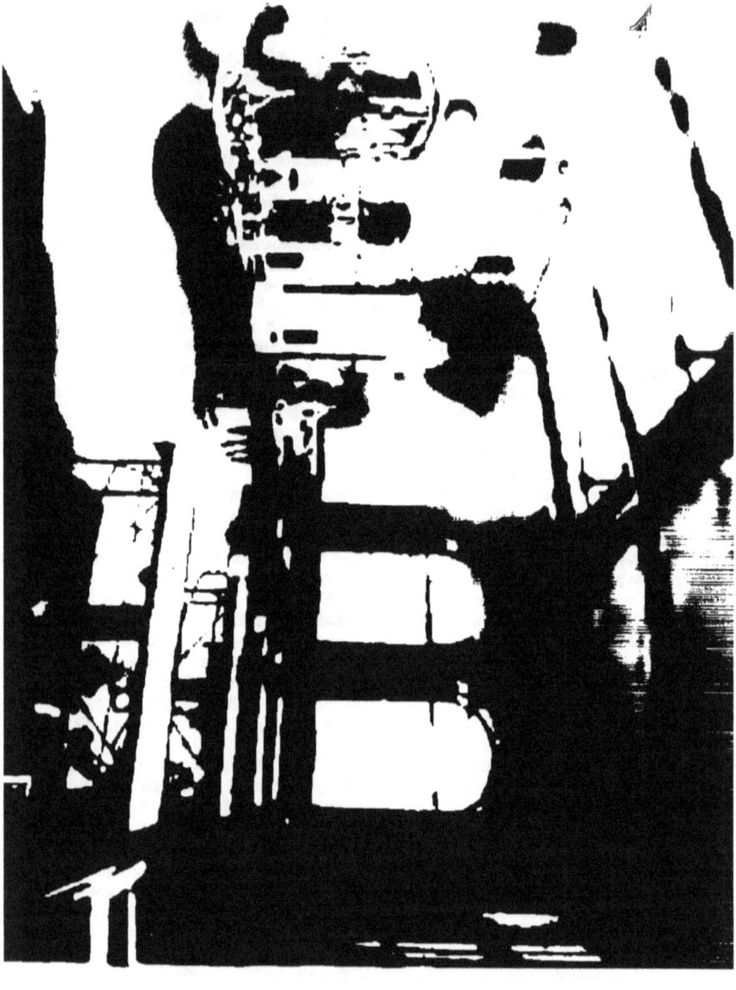

wie z. B. die Begräbnisskapelle, die Morgue u. a. nach dem Publikum zugänglich sind, so sind dieselben so anzuordnen, daß sie, bei zweckmäßiger Verbindung mit den übrigen Räumen, doch direkt von dem Publikum betreten werden können. Die für wissenschaftliche Arbeiten bestimmten Räume, wie Mikroskopier- und bakteriologische Arbeitszimmer u. dergl., müssen gute Beleuchtung, womöglich durch nach Norden gerichtete Fenster, erhalten.

30. Die allgemeine künstliche Beleuchtung.

Die einfachste, überall anwendbare, künstliche Beleuchtungsweise ist das Petroleumlicht, von dem man aber bei einem Krankenhause nur für einen Reservefall und sonst nur dann Gebrauch machen wird, wenn Gas nicht vorhanden ist.

Bei Einrichtung einer Gasbeleuchtung sollte man aber der mit derselben zusammenhängenden Verschlechterung der Luft — eine Argandbrennerflamme von 10 Normalkerzen Leuchtkraft entwickelt stündlich ca. 0,035 kg Kohlensäure und 0,050 kg Wasser — möglichst vorzubeugen suchen. Zu dem Zweck kann man die Verbrennungsgase mittels eines Blechschirmes auffangen und durch ein Blechrohr nach außen oder in einen Entlüftungskanal leiten, wodurch gleichzeitig eine kräftigere Ventilation des Raumes erzielt wird. Andernfalls muß die Wirkung der sonst vorhandenen Lüftungseinrichtungen in dem Maße verstärkt werden (durch intensivere Erwärmung der Lockkamine etc.), als die Luft durch Gasflammen verschlechtert wird.

Die beste Art der Gasbeleuchtung ist diejenige mit Glühlicht, weil hierbei die Kohlensäureentwicklung (ca. 0,07 kg pro Stunde bei 10 Normalkerzen), ebenso die Wärmeentwicklung und ferner der Gasverbrauch geringer ist, als bei jeder anderen Brennerart. Es ist indessen eine entsprechende Abblendung des Glühlichts mittels matter Cylinder oder Blendschirme erforderlich, damit die Kranken, von denen im allgemeinen eine gedämpfte Beleuchtung angenehmer empfunden wird, als große Helligkeit, nicht belästigt werden. Aus diesem Grunde ist überhaupt die Beleuchtung im Krankenraum auf das notwendigste Maß zu beschränken.

Wenn irgend möglich, sollte jedoch eine elektrische Beleuchtung eingeführt werden, deren Herstellung bei größeren Krankenhäusern mit maschinellen Anlagen, Centralheizungen u. s. w. keine Schwierigkeit haben wird. Diese Beleuchtungsart entspricht am meisten den hygienischen Anforderungen, da die Wärmeentwicklung des elektrischen Lichtes sehr gering, und die Kohlensäure- und Wasserentwicklung gleich 0 ist.

Die Betriebssicherheit kann durch Anordnung mehrerer getrennter Stromkreise in dem Leitungsnetz, durch Aufstellung von Akkumulatoren u. dergl. so erhöht werden, daß selbst von einer Reserve-Gasleitung vollständig abgesehen werden kann. Wenn dennoch nicht anderweitige, zwingende Gründe für die Gasbeleuchtung sprechen, so wird man nunmehr eine elektrische Beleuchtung wählen, als hierbei die mit der ersteren Art verbundenen Gefahren, wie Ausströmungen von Gas u. dergl., vermieden werden und bei einem größeren Krankenhauskomplex bei bei einer Kraftstation größeren Umfanges sich die Kosten der elektrischen Beleuchtung unter Umständen billiger stellen, als diejenigen einer Gasbeleuchtung, wie dies beispielsweise von

Hagemeyer[1] für das Krankenhaus am Urban in Berlin nachgewiesen ist.

Es ist zu beachten, daß für die Krankensäle nur Glühlicht in Betracht kommen kann, welches ebenso, wie Gasglühlicht, gedämpft (durch farbige oder matte Glocken) und außerdem nicht zu reichlich vorgesehen werden muß. Bogenlicht ist nur zur Beleuchtung des Krankenhausterrains, also im Aeußeren, zu verwenden. Einen weiteren Vorteil gestattet eine elektrische Beleuchtungsanlage dadurch, daß leicht ein Anschluß beweglicher Lampen an die Leitungen hergestellt und auf diese Weise jederzeit eine helle Beleuchtung der Kranken in nächster Nähe ermöglicht werden kann.

1) Hagemeyer, *Das neue Krankenhaus der Stadt Berlin am Urban* (1894) Berlin.

61. Das Kessel- und Maschinenhaus.

Das Kessel- und Maschinenhaus wird am zweckmäßigsten mit der Koch- und Waschküche direkt verbunden, wenn nicht die Kesselanlage einen solchen Umfang erhält, daß der Betrieb derselben besser von demjenigen der Wirtschaftsräume ganz losgelöst und in einem besonderen Gebäude mit besonderem Bedienungspersonal untergebracht wird. Das Kesselhaus muß dann aber in möglichster Nähe des Küchengebäudes belegen sein und Räume für den Maschinisten, den Heizer, ferner eine Reparaturwerkstatt, ev. eine Centesimalwage, Kohlenräume u. s. w. enthalten.

Ist eine elektrische Maschinenanlage für Beleuchtungszwecke vorhanden, so wird dieselbe ebenfalls am besten mit dem Kesselhause direkt verbunden. Ueberhaupt wird das Augenmerk bei einer rationell angelegten Krankenanstalt auf einen möglichst centralen Betrieb zu richten sein, um sowohl an Anlage- wie an Betriebskosten zu sparen, die Kontrolle und Uebersicht des Anstaltsbetriebs zu erleichtern, einen möglichst ruhigen und sicheren Gang des letzteren zu erzielen, sowie endlich die Zahl der die Luftverhältnisse ungünstig beeinflussenden Schornsteine möglichst zu beschränken.

Wichtig ist es, daß stets eine Reserve für die Kesselanlage vorhanden ist, damit bei etwaigen Unfällen, Kesselreinigungen u. dergl. der Betrieb nicht gestört werde. Auch ist gegebenenfalls auf eine Erweiterung der Kesselanlage schon bei der ersten Einrichtung Rücksicht zu nehmen.

62. Die Wasserversorgung (vergl. dieses Handb. I. Bd. 2. Abtlg.)

Die Versorgung des Krankenhauses mit Wasser kann durch eine künstliche, öffentliche Wasserleitung, durch Quellen, Brunnen, seltener durch Regenwasser-Cisternen, oder auf die eine und andere Weise zugleich erfolgen. In jedem Fall muß jedoch die gute Beschaffenheit und die genügende Menge des Wassers vor Anlage des Krankenhauses festgestellt werden.

Der Verbrauch an Wasser ist in den Hospitälern oft recht verschieden und hängt auch von den besonderen Einrichtungen derselben ab. So wird beispielsweise der Bedarf in Hospitälern, in denen hauptsächlich eine Wundbehandlung stattfindet, ein größerer sein, als in solchen für innerlich Kranke.

Esse giebt den täglichen Wasserverbrauch in dem Charité-Krankenhause zu Berlin auf 15 Kubikfuß (463 l) für jeden Kranken und zwar ausschließlich des Bedarfs der Küche und Waschhaus an. Im Hamburg-Eppendorfer Krankenhause stellt sich der gesamte Wasserverbrauch auf etwa 500 l, während derselbe bei dem Krankenhaus am Urban in Berlin von Hagemeyer durchschnittlich sogar auf 600 l pro Kopf und Tag angegeben wird.

Hiernach erscheint es ratsam, bei einem großen, gut eingerichteten Hospital mit einem Wasserverbrauch von durchschnittlich 500 l zu rechnen. Anderweitige Erfahrungen lassen aber auch, besonders für mittlere Krankenhäuser, ein Gesamtquantum von 300 l pro Kopf und Tag ausreichend erscheinen. Die Preußen-Sanitätsordnung verlangt sogar nur 150 l und mit diesem Quantum wird man auch bei kleineren Hospitälern ohne Nachteile für die Salubrität derselben immer noch auskommen können, wenn das Wasser möglichst zweckentsprechend verwendet wird. Es wird sich allerdings für solche Fälle empfehlen, für Waschzwecke Regenwasser zu nehmen und dasselbe in Tonnen oder Cisternen zu sammeln.

Ist eine ausgedehnte Rohrleitung auf dem Krankenhausgrundstück vorhanden, so erscheint es zweckmäßig, dieselbe an verschiedenen Stellen an die öffentliche Wasserleitung anzuschließen, um bei etwaigen Betriebsstörungen, Rohrbrüchen u. s. w. das Krankenhaus vor einem Wassermangel zu bewahren. Ebenso müssen die einzelnen Gebäude des Krankenhauses selbst wieder durch besondere Absperrhähne von der Wasserleitung auszuschalten, und ihre Leitungen demnach unabhängig von einander sein.

Ueber die Wasser-Entnahmestellen in den Gebäuden ist bereits bei den einzelnen Fällen das Erforderliche gesagt. Im allgemeinen ist noch darauf hinzuweisen, daß dieselben überall in reichlichem Maß angelegt werden sollten, da die bequeme Entnahme von Wasser auf die Reinlichkeit von großem Einfluß ist.

Die Anlage der Hauptleitungen, der Wasserreservoire u. s. w. unterscheidet sich nicht von derjenigen eines gut eingerichteten Wohnhauses, und es mag daher nur darauf hingewiesen werden, daß die Leitungen vor dem Einfrieren geschützt und überall leicht zugänglich sein müssen, also nicht in das Mauerwerk eingelassen werden dürfen. Etwaige Reservoire sind gut zu isolieren und vor dem Eindringen von Staub, schlechten Dünsten u. s. w. zu schützen. Es sind ferner Schutzmaßregeln für den Fall eines Brandes zu treffen. Zu dem Zweck empfiehlt es sich, einen oder mehrere Wasserhähne mit Schlauchverschraubungen zu versehen, mittels welcher die stets in Bereitschaft zu haltenden Feuerschläuche an die Wasserleitung angeschlossen werden können. Ebenso sind im Freien Hydranten anzulegen, die zum Besprengen der Gartenanlagen event. auch für Feuerlöschzwecke dienen. Um jederzeit einen genügenden Vorrat von Wasser zum Löschen zu haben, kann es oft sehr zweckmäßig sein, einen kleinen Teich auf dem Grundstück anzulegen, in welchem das reine, überschießende Wasser (z. B. bei einer Quellleitung) gesammelt wird.

Brunnen sollten stets als artesische (Tiefbrunnen) angelegt werden, da die oberirdischen (Flachbrunnen) leicht einer Infektion ausgesetzt sind. Das Wasser ist dann, wenn die Mittel hierzu irgend vorhanden sind, mittels Maschinenkraft in ein genügend hoch gelegenes Reservoir zu heben und von hier nach den Zapfstellen bzw. den Reservoiren der einzelnen Gebäude zu leiten.

22. Die Kanalisation (vergl. dies. Handb. 2. Bd. 1. Abtlg.).

Die Ableitung der Verbrauchswässer und der Fäkalien zugleich mit den atmosphärischen Niederschlägen ist für die Salubrität eines Krankenhauses von großer Bedeutung, da eine mangelhafte Kanalisation, oder eine ungenügende Beseitigung aller Abfallstoffe, schwerwiegende, hygienische Bedenken herbeiführen kann. Daß die Frage einer guten Entwässerung deshalb eine wichtige Vorfrage für die Anlage eines Krankenhauses bildet, ist bereits erwähnt worden.

Das leitende Prinzip bei der Anlage einer zweckmäßigen Kanalisation muß die möglichst direkte Ableitung der abzuführenden Stoffe aus den Gebäuden und aus dem Grundstück sein, wobei allerdings im Interesse der Ökonomie auf eine möglichst praktische Zusammenfassung einzelner Gruppen von Ableitungsröhren und auf die schließliche Vereinigung zu einem Hauptrohr gebührend Rücksicht zu nehmen ist.

Am besten geschieht die Ableitung nach dem Schwemmsystem, das in sanitärer Beziehung allen anderen weit überlegen ist. Vorausgesetzt ist hierbei, daß die Entwässerung nach einem bestehenden öffentlichen Siel bzw. nach einem Flußlauf möglich sei.

In den meisten Fällen wird jedoch nur gestattet, die durch eine Kläranlage abgesonderten, mechanisch und chemisch gereinigten Flüssigkeiten der Fäkalien durch das Siel oder den Flußlauf abzuführen, während die festen Stoffe, welche als Bodensatz in den Klärgruben zurückbleiben, abgefahren und anderweitig als Düngemittel u. s. w. verwendet werden.

Die Kläranlage hat mindestens 2, meistens aber 3—4 Gruben, durch welche die Effluvien geleitet werden, und in welchen sich die festen Stoffe von den flüssigen sowohl mechanisch, durch Absetzen am Boden, als auch durch Beimengung chemischer Substanzen absondern. Von den vielen bisher zur Anwendung gekommenen, chemischen Fällungsmitteln sind hauptsächlich zu nennen: Kalkhydrat, die Süvern'sche Masse (100 Teile gelöschter Kalk, 15 Teile Steinkohlenteer und 15 Teile Chlormagnesium), das Büchner-Rothe'sche Fällungsmittel (welches in seiner Zusammensetzung geheim gehalten wird), ferner mangansaures Natrium, Chlorkalk u. s. w. Dieselben bewirken nicht nur eine Absetzung der festeren Stoffe, sondern auch eine Fällung der gelösten organischen und mineralischen Stoffe, d. h. eine Desinfektion der Kanalwässer, die aber nach der Klärung alsbald erheblich (nach Knauff um das Fünfzigfache) verdünnt werden müssen, wenn eine baldige Zersetzung der immer noch vorhandenen Schmutzanteile verhütet werden soll. Es ist deshalb, wenn ein Siel nicht vorhanden ist, die Nähe eines Flußlaufes erforderlich.

Ueber andere Methoden zur Reinigung städtischer Abwässer vergl. dies. Handb. 2. Bd. 1. Abt.

Daß die Klärgruben einer sehr sorgfältigen Herstellung bedürfen, damit nicht etwa durch Undichtigkeiten das umgebende Krankenhausterrain infiziert werde, bedarf keiner besonderen Erwähnung. Die Klärgruben der klinischen Institute zu Halle a. S. sind beispielsweise in den Umfassungswänden und im Boden aus Mauerwerk in verlängertem Cementmörtel hergestellt, innen mit Cement verputzt, mit heißem Goudron verstrichen und mit Dachpappe, Rollenpapier und Holzcement ausgefüttert. Sodann ist noch eine innere ½ Stein starke Verblendung von Klinkern in Cementmörtel hergestellt, die mit geglättetem Cementputz versehen ist.

Wenn die Klärgruben, zu deren Anlage ein genügendes Gefälle des Bodens und der Sielleitungen vorhanden sein muß, auf dem Krankenhausgrundstück selbst angelegt werden, so sind dieselben an einer möglichst abgelegenen Stelle unterzubringen, von der nicht zu befürchten ist, daß die herrschenden Winde etwaige schlechte Dünste den Krankengebäuden zuführen.

Die Anlage von Klärgruben hat für das Gebäude immer den Vorteil, daß eine Wasserspülung der Klosets ermöglicht wird und demnach schlechte Gerüche u. dergl. in letzteren am besten verhütet werden. Eine Wasserspülung würde auch möglich sein, wenn geeignete und genügende Landflächen für ein Berieselungssystem vorhanden wären. Ein solches hat zwar vor den Klärgruben mancherlei Vorzüge (schnellere und einfachere Beseitigung, sowie bessere Verwertung der Abfallstoffe), doch wird dasselbe in der Regel erheblich teurer werden, da, wenn auch maschinelle Anlagen zum Fortschaffen der Fäkalien nicht erforderlich werden, doch die Rieselfelder in größerer Entfernung vom Krankenhaus anzulegen sein und somit lange und teuere Kanalleitungen erforderlich machen würden. Im übrigen bedarf es der sorgfältigsten Ermittelung, ob die Rieselflächen auch zu jeder Zeit, besonders bei außergewöhnlich starken Regenfällen, alle Effluvien aufzunehmen vermögen, für welchen Zweck event. das Regenwasser anderweitig abgeleitet werden könnte, obwohl dasselbe sonst zur Spülung der Kanalisationsrohre sehr erwünscht ist. (Vergl. dies. Handb. 2. Bd. 1. Abt. 330 ff.)

Schwieriger wird die Abführung der Fäkalien, wenn dieselben nicht von einem öffentlichen Siel oder von einem Flußlauf o. dergl. aufgenommen werden können und eine Wasserspülung der Klosets überhaupt nicht, oder nur in geringem Maße, möglich wird. In solchen Fällen hat sich bisher das Heidelberger Tonnensystem mit seinen mannigfachen Abarten (Torfstreuklosets u. s. w.) am meisten bewährt. Es werden dann nur die sonstigen Abwässer (event. zusammen mit dem Regenwasser) durch ein Thonrohrsiel abzuleiten sein, die entweder direkt, oder nachdem dieselben durch eine Schlammgrube von den beigemengten, schlammigen Stoffen gereinigt worden sind, von einem Wasserlauf aufgenommen werden. Wird eine weitere Reinigung und Desinfizierung der Abwässer vor der Aufnahme in den öffentlichen Wasserlauf gefordert, so wird entweder eine entsprechende Kläranlage notwendig, oder es könnte unter Umständen mit Vorteil eine Wiesenanlage angelegt werden, der die Abwässer zunächst zugeführt werden.

Wenig empfehlenswert sind die Sammel- oder Senkgruben, aus denen die angesammelten Fäkalien von Zeit zu Zeit pneumatisch ausgepumpt und abgefahren werden. Bei denselben ist in der Regel, wenn Verstopfungen längerer Leitungen verhütet werden sollen, eine entferntere Anlegung von dem Gebäude nicht angängig und deshalb eine Beeinträchtigung der Luftverhältnisse in dem Gebäude und in dessen nächster Umgebung schwer zu vermeiden, besonders jedesmal, wenn eine Entleerung der Gruben stattfindet. Auf alle Fälle müssen die Gruben, um eine Infektion des umgebenden Erdreichs zu verhüten, aufs sorgfältigste hergestellt und dicht gehalten, auch stets rechtzeitig geleert werden.

Bei der Herstellung von Siel-Rohrleitungen müssen letztere eine der Menge der abzuführenden Massen entsprechende, reichliche Abmessung erhalten und mit genügendem, möglichst gleichmäßigem Gefälle und ohne scharfe Krümmungen verlegt werden. Zweigrohre dürfen nur unter einem spitzen Winkel von weniger als 45° in das nächste Hauptrohr eingeführt werden. Um das Einfrieren der Rohre zu verhüten, sind dieselben auf eine frostfreie Tiefe von ca. 1 m in der Erde zu verlegen. Innerhalb der Gebäude sind Röhren aus Metall (Gußeisen, Blei) vorzusehen, während außerhalb gewöhnlich nur glasierte Thon- oder Cementröhren in Betracht kommen.

Alle Anschlüsse an die Kanalisationsröhren im Gebäude müssen mit Wasserverschluß (Syphon, Glockenverschluß und Sack u. s. w.) versehen sein, um das Eindringen von Kanalgasen in das Gebäude zu verhüten. Außerdem sind auf den oberen Enden aller Abfallrohre Entlüftungsrohre anzubringen, die über Dach geführt werden müssen.

34. Nebenanlagen.

Bei der Herstellung der Garten- und Wegeanlagen und dergl. ist nicht minder, als bei den Gebäuden, der die Genesung der Kranken fördernde Zweck stets im Auge zu behalten und auf möglichste Bequemlichkeit, Zweckmäßigkeit und freundliche, belebende Wirkung Bedacht zu nehmen. Was den Aufenthalt im Freien zu jeder Zeit irgendwie erträglich machen und befördern kann, Gartenpavillons, offene Hallen, Zelte u. s. w., sollte nicht gespart werden, um möglichst dem Ideal nahe zu kommen, die Kranken unter freiem Himmel lagern zu können, wenn die Witterung und die Verhältnisse der Krankheit dies irgend gestatten. Kann das Krankenhausgrundstück mit einem Walde (namentlich Nadelholz) in Verbindung gebracht werden, so ist das von besonderem Wert. — In vielen Fällen wird auch auf die Anlage eines kleinen Wirtschaftsgartens Rücksicht zu nehmen sein, der in gute Verbindung mit den Wirtschafts- und Verwaltungsräumen zu bringen ist, ohne daß er den Verkehr auf dem Krankenhausgrundstück selbst beeinträchtigt.

Die Fußwege sind durch Steinschlag, Kohlenschlacken, Kies u. s. w. zu befestigen, event. mit einem Streifen von Stein- oder Cementplatten zu versehen, während die Fahrwege am besten gepflastert werden. Alle, wenigstens aber die Hauptwege, müssen eine künstliche Beleuchtung durch Gas oder elektrisches Licht, sowie eine gute Entwässerung (event. durch Kanalisierung mit Sinkkastenschächten) erhalten.

Die Einfriedigung des Krankenhausgrundstückes ist da, wo etwa Störungen von außen zu befürchten sind, undurchsichtig, am besten mit einer hohen Mauer, herzustellen. Dies wird bei großen Krankenanstalten auch schon wegen der allgemeinen Sicherheit derselben erforderlich sein. Einen freundlicheren Eindruck wird dagegen, besonders bei kleineren Hospitälern, stets eine durchsichtige Einfriedigung, etwa ein eisernes Gitter auf einer niedrigen Mauerbrüstung, hervorrufen. Im übrigen wird diese Frage in jedem einzelnen Falle nach den einschlägigen Verhältnissen, nach der Art der Krankenanstalt, der örtlichen Beschaffenheit, der Nachbarschaft u. s. w. zu entscheiden sein.

Zu den notwendigen Nebeneinrichtungen, besonders bei größeren Hospitälern, gehört auch die telephonische oder telegraphische Verbindung mit dem nächstbenachbarten, öffentlichen Telephon- bez. Telegraphenamt oder mit sonstigen für den Anstaltsbetrieb in Frage kommenden Punkten, sowie eine gleiche (elektrische) Verbindung der einzelnen Gebäude der Anstalt untereinander, insbesondere des Verwaltungsgebäudes mit den Krankenpavillons, den Wirtschaftsgebäuden u. s. w.

Elektrische Verbindungen oder Glockenzüge sind auch bei den Krankenbetten erforderlich, wenn ein Wärter nicht jederzeit zugegen sein kann, wo aber oft die schnelle Hilfe desselben (bei Schwerkranken, Wöchnerinnen u. s. w.) notwendig ist. Die Druckknöpfe sind in leicht erreichbarer Nähe der Kranken anzubringen, event. an beweglicher Schnur auf die Bettdecken zu legen.

Zur möglichsten Sicherheit eines Krankenhauses sollten alle Hauptgebäude mit Blitzableitern versehen werden. Nur da, wo erfahrungsgemäß die Sicherheit gegen Blitzgefahr verhältnismäßig groß ist, wie im Innern eines größeren, bewohnten, durch ein Netz von Telegraphendrähten u. dergl. geschützten Stadtteils und wo schnelle Rettungsmaßregeln getroffen werden können, kann allenfalls von der Anlage einer Blitzableitung abgesehen werden. Wo aber eine solche ausgeführt wird, muß die größte Vorsicht unter Beobachtung aller, den neueren Forschungen auf diesem Gebiete entsprechenden Konstruktionsprinzipien (besonders hinsichtlich des Anschlusses aller Wasser- und Gasleitungsgegenstände und aller größeren Metallmassen, ferner hinsichtlich genügender Leitungsquerschnitte, reichlicher Verbindungen der Ableitungen untereinander u. s. w.), angewendet werden, wenn anders nicht die Blitzableiteranlage geradezu eine Gefahr für die Anstalt werden soll.

Für den Fall eines Brandes müssen, außer den bereits erwähnten Hydranten, Feuerlöschschläuchen u. s. w., noch mancherlei Schutzvorkehrungen getroffen werden, die schnell und sicher zur Anwendung gebracht werden können. Hierher gehören kleinere, tragbare, mit der Hand zu bedienende Feuerlöschapparate (Handspritzen, Feuereimer u. s. w.), sowie event. größere, fahrbare Feuerspritzen, die in eigenen besonderen Schuppen unterzubringen sind. Gegebenen Falls müssen auch Rettungsapparate stets in Bereitschaft gehalten werden. Die Löschgeräte müssen einfach zu handhaben sein und von Zeit zu Zeit revidiert werden, damit sie leicht erreicht und ohne Mühe in Thätigkeit gesetzt werden können.

Zur Unterbringung von mancherlei Geräten und Materialien, Wagen, Garten- und Handwerksgeräten u. s. w. empfiehlt es sich, einen besonderen Raum vorzusehen oder einen Schuppen herzustellen, der in leichtester Bauart, Holzfachwerk mit Bretterverschalung, gehalten werden kann und am zweckmäßigsten in der Nähe der Wirtschaftsräume unterzubringen ist.

25. Das Mobiliar.

Die für die Herstellung aller zum eigentlichen Bau eines Krankenhauses gehörigen Teile maßgebenden, hygienischen Grundsätze sind ebenso und zum Teil in noch erhöhterem Maß bei der Anfertigung des Mobiliars zu berücksichtigen. Material und Konstruktion müssen in erster Linie derart sein, daß das Mobiliar leicht aseptisch gehalten werden kann. In den Krankenräumen selbst sollte daher das Holz aus den bereits früher angegebenen Gründen nur da (und zwar mit einem guten Öl- oder Lackfarbenanstrich versehen) Anwendung finden, wo es seiner sonstigen Eigenschaften wegen nicht gut ersetzt werden kann. Dagegen entsprechen Eisen und sonstige Metalle, Glas, Milchglas, geschliffene und polierte Steinplatten (Schiefer, Marmor, Granit u. s. w.), gebrannte und glasierte Thonfabrikate und ähnliche Materialien der obigen hygienischen Forderung. Bei der Herstellung der Möbel müssen alle schwer zugänglichen Fugen und Ecken, scharfe Kanten u. s. w. vermieden und möglichst einfache Formen gewählt werden, bei denen eine etwaige Verunreinigung überall leicht bemerkt und beseitigt werden kann.

Hierzu kommt dann ferner die technisch-praktische Forderung, daß das Mobiliar bei aller Einfachheit doch seinem Zweck in vollkommenster Weise entspreche und solid gestaltet werde.

Von den einzelnen Mobiliarstücken, deren Herstellung fast in jedem Krankenhause eine verschiedenartige ist, mögen hier nur einige bewährte Konstruktionen angeführt werden.

Das wichtigste Mobiliarstück ist das Bett. Dasselbe erhält für Erwachsene eine Länge von etwa 2 m und eine Breite von etwa 0,95 m, für Kinder ca. 1,60 m bezw. 0,70 m, ev. auch noch andere, kleinere Abmessungen.

Das Gestell besteht am zweckmäßigsten aus Gasröhren von 26 bis 33 mm Durchmesser, die gut verzinkt werden müssen. Um ein elastisches Lager herzustellen, erhalten die Gestelle nach Fig. 189 eine Einlage von Drahtgeflecht mit verstellbarem Kopfteil, auf welcher die Matratze und die übrigen Bettstücke lagern. Seitenlehnen sind in der Regel fortzulassen, um das Ein- und Aussteigen der Kranken nicht zu erschweren. Dagegen dürfen solche bei den Kinderbettstellen nicht fehlen, müssen aber zum Herabklappen eingerichtet werden.

Detail des Kopfteils

Fig. 189. Bettstelle mit Drahtgeflecht und verstellbarem Kopfteil.

Eine andere bessere, aber teurere, in den Fig. 190—192 (S. 199) dargestellte Einlage, die sich gut bewährt hat, besteht aus einem Holzlattenrost, der auf 3 Querreihen Spiralfedern aufruht, welche durch Eisenschienen miteinander verbunden sind. Die Holzplatten sind an allen Kanten abgerundet und gut zu ölen.

In dem Hamburg-Eppendorfer Krankenhause und in anderen Hospitälern ist fast durchgängig als Einlage eine Federrahmenmatratze zur Anwendung gekommen, die zwar erheblich teurer ist, als die vorige Einlage, aber auch wesentliche Vorzüge: größere Dauerhaftigkeit und Elastizität, geringe Dicke und somit einen höheren, freieren Raum unterhalb des Bettes besitzt. Diese durch Fig. 193 (S. 199) veranschaulichte Federrahmenmatratze von Grothoff besteht aus einem Netz horizontaler Spiralfedern, welche

[illegible]

[illegible]

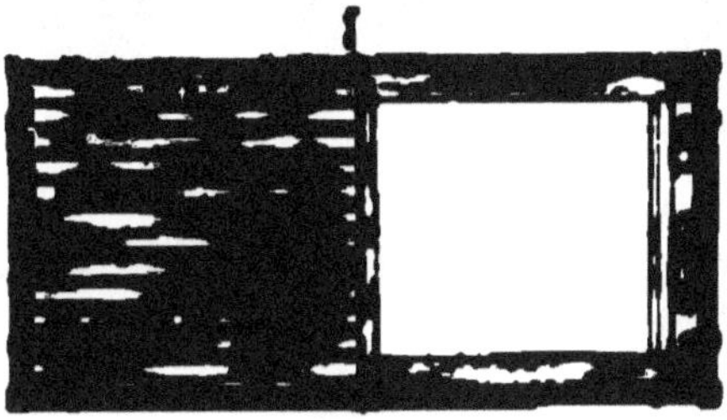

[illegible]

[illegible]

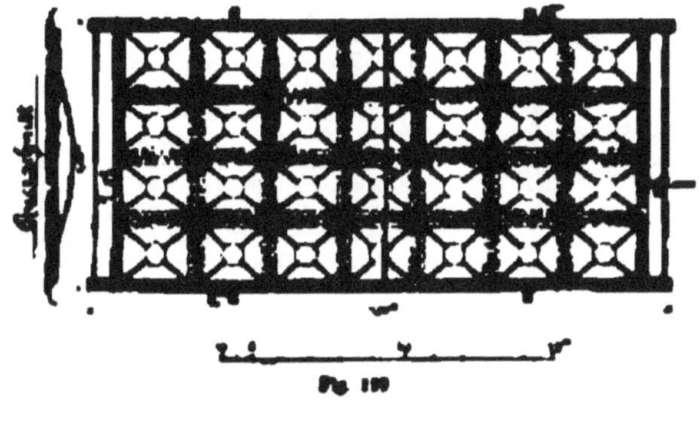

[illegible]

gelenkweise durch Ringe verbunden sind. Die Höhe des Lagers vom Fußboden beträgt ca. 0,66 m und gestattet deshalb eine leichte Reinigung des Raumes unter dem Bett. Am Kopfende des Bettes sind Vorrichtungen zum Aufhängen von Kleidern anzubringen, entweder ein eiserner Bügel, oder eine Eisenstange mit Haken, welche

Fig. 194. Bettgestell mit Aufrichtebügel.

Fig. 193. Eiserner Betttisch.

in der Regel gleichzeitig eine Tafel zur Verzeichnung des Namens des Kranken und der Diagnose der Krankheit trägt. In vielen Fällen werden auch Vorrichtungen angebracht, mittels deren dem Kranken ein Emporrichten ermöglicht wird (vergl. Fig. 194). Zur Schonung des Fußbodens empfiehlt es sich, die unteren Enden der eisernen Bettfüße mit abgerundeten Knöpfen aus hartem Holz (Pockholz) zu versehen.

Die übrigen Möbelstücke des Krankenzimmers, wie Bettstuhl, Bettschemel, Betttisch zum Aufstellen der Gebrauchsgegenstände für den Kranken, Schale, Medizin, Uringläser u. s. w. (vergl. Fig. 193), ferner die Wärtertische (Fig. 196, S. 301), Waschtische, Verbandtische u. dergl. sind ebenfalls

Fig 196 Eiserner Waschtisch.

am zweckmäßigsten aus Gasröhren und Rohglas, Milchglas-, Schiefer- oder Eisenblechplatten herzustellen. Nur zu dem Sitz- und der Rückenlehne des Stuhles eignen sich am besten einfache, geschweifte Holzplatten, die leicht zu reinigen sein müssen.

Bei den Waschtischen ist besonders darauf zu achten, daß alle Teile sichtbar bleiben und mit leichter Mühe zu reinigen sind. Wie bereits früher angedeutet, verdienen die festen Porzellan-Waschschalen, die nach Fig. 197 (S. 202) im Hamburg-Eppendorfer Krankenhause mit Kugelhahn und Griffstangenverschluß im Abflußrohr versehen sind, wegen der leichteren Reinhaltung den Vorzug vor den Kippbecken. Als Platte eignet sich für den Waschtisch besonders Schiefer sowohl wegen seiner Haltbarkeit, als auch wegen seiner Widerstandsfähigkeit gegen scharfe Desinfektionsmittel, von denen Marmor leichter angegriffen wird.

Bei den Medizin- und Instrumentenschränken, von denen Fig. 198 (S. 203) ein ebenfalls in dem letztgenannten Krankenhause ausgeführtes Beispiel darstellt, sind die Schubladen zweckmäßig aus Eisenblech herzustellen und mit Rohglasplatten auszulegen, um jede Staubablagerung und sonstige Verunreinigung leicht erkennen zu können. Aus demselben Grunde bestehen auch die Borter, Wände, Zwischenwände u. s. w. möglichst aus Glas, das von einfachsten Formeisen eingefaßt wird.

Für den Untersuchungs- und Operationstisch giebt es eine große Zahl verschiedenartiger Konstruktionen. Fig. 199 (S. 204) zeigt einen einfachen Operationstisch des Hamburg-Eppendorfer Krankenhauses, Fig. 200 (S. 205) einen solchen des Krankenhauses am Urban in Berlin. Dieselben sind zur Ausführung der mannigfachen Operationen mit Stellvorrichtungen für beliebige Höhen, sowie zur operationsgerechten Lagerung der einzelnen Körperteile (Kopf, Rücken, Arme, Beine u. s. w.), ferner mit abnehmbaren Teilen, Abflußeinrichtungen für Blut und sonstige Flüssigkeiten versehen. Vielfach werden dieselben auch fahrbar hergestellt. Für fahrbare Operationstische bietet Fig. 201 (S. 204) ein Beispiel, bei welchem der das Lager bildende, eiserne Kasten auf einem festen Untergestell ruht.

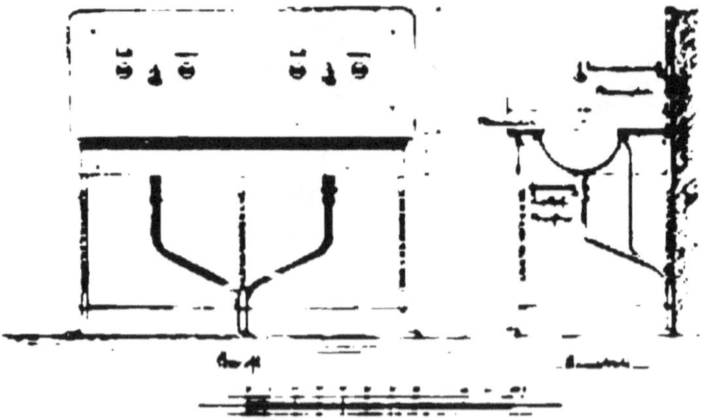

Fig. 167. Waschtisch im Hamburg-Eppendorfer Krankenhaus.

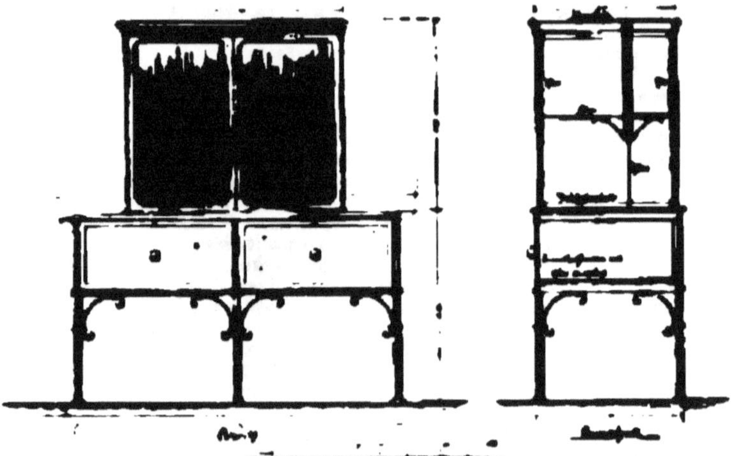

Fig. 168. Medizin- und Instrumentenschrank im Hamburg-Eppendorfer Krankenhaus.

und durch regulierbare Röhren der Centralheizung erwärmt wird. Hierbei muß jedoch der Kranke durch Filzdecken u. dergl. auf den Liegeflächen vor der Gefahr einer Verbrennung geschützt werden. Die Liegeflächen werden entweder aus Glas oder besser aus Eisenblech, da letzteres haltbarer und widerstandsfähiger gegen verschiedene Temperaturen ist, hergestellt und mit Gummiplatten abgedeckt.

Zum Krankentransport sind die verschiedensten Geräte

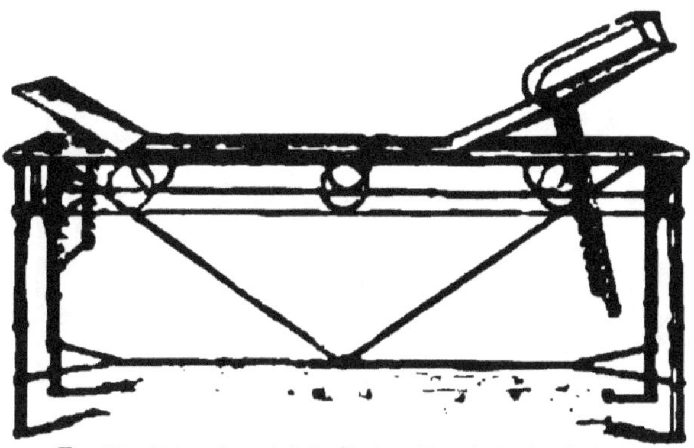

Fig. 199. Untersuchungstisch im Hamburg-Eppendorfer Krankenhause.

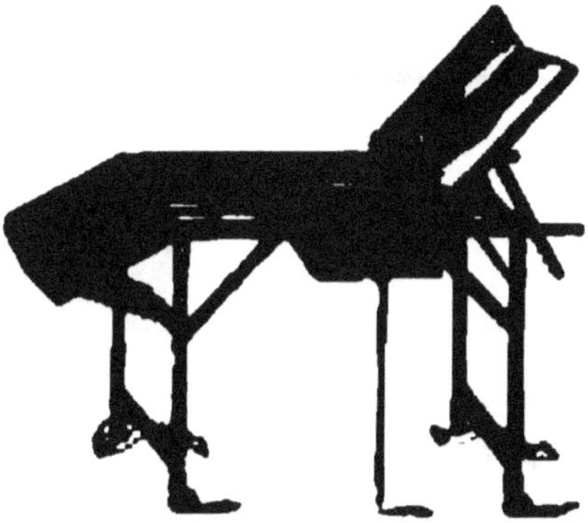

Fig. 200. Operationstisch im Krankenhaus am Urban in Berlin.

stätlich, und zwar, um die Kranken für sich oder in ihren Betten zu befördern. Diese Geräte werden nicht nur je nach dem Zustand des Kranken, sondern auch, je nachdem der Kranke im Hause oder im Freien befördert werden soll, eingerichtet. Dieselben müssen bequem, leicht, einfach, solid, leicht zu handhaben und zu reinigen sein. Für den äusseren Transport kommen Tragbahren (Fig. 202, S. 204), ferner Trag- oder Fahrkörbe (Fig. 203, S. 204), die zum Tragen eingerichtet sind, oder auf eine zweiräderige Karre gestellt werden können, u. dergl. zur Anwendung. Die Räder müssen mit Gummireifen, die Fahrgestelle mit elastischen Federn versehen sein.

Zum Fortbewegen von Betten, sei es im Innern, sei es im Aeusseren der Gebäude, dienen Wagengestelle, die unter das Bett geschoben werden und deren Tragflächen und Tragstangen entweder, wie bei dem in Fig. 204 dargestellten Transportwagen des Krankenhauses am Urban durch Hebel, oder, wie bei demjenigen des Ham-

Fig. [illegible] [illegible] Operationstisch im Hamburg-Eppendorfer Krankenhaus.

Fig. 320 Eiserne Tragbahre.

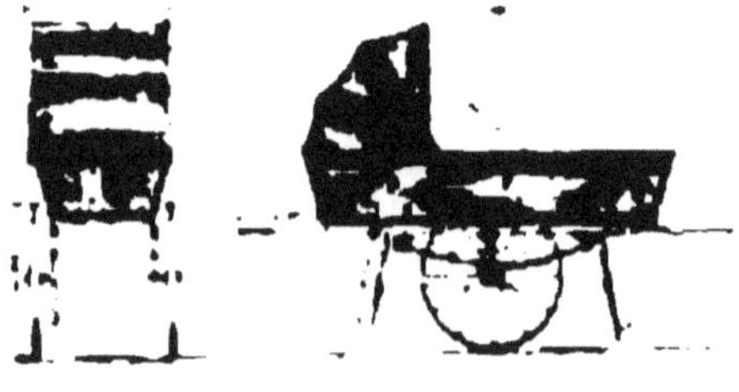

Fig. [illegible] Fahr- und Tragbrett (Dr. Krause).

burg-Eppendorfer Krankenhauses (vergl. Fig. 215), durch Excenter c hochgestellt werden können. Diese letzteren Excenterpaare, welche auf den sie verbindenden Achsen Zahnräder besitzen, werden durch eine Stellstange b mit Schneckengewinde gleichzeitig gedreht, sodaß das Brett von einer Person gleichmäßig gehoben und fortgefahren werden kann. Die Achsen der mit Gummireifen versehenen Räder müssen drehbar sein.

Alle Eisen- und Holzteile des Mobiliars erhalten einen Anstrich mit Oel- oder Lack-, besser noch mit Emaillefarbe.

36. Bau- und Ausstattungskosten.

Ueber die Baukosten eines Krankenhauses lassen sich bestimmte Angaben, die eine allgemeinere Geltung haben könnten, nicht machen. Abgesehen von den Kosten des Grunderwerbs, ergeben die verschiedenen Arbeits- und Materialien-Preise der einzelnen Länder, bez. der einzelnen Teile eines Landes, die schwankenden Konjunkturen des Baumarktes, die Lage, die Zufahrwege und besonderen Nebenanlagen eines Hospitals,

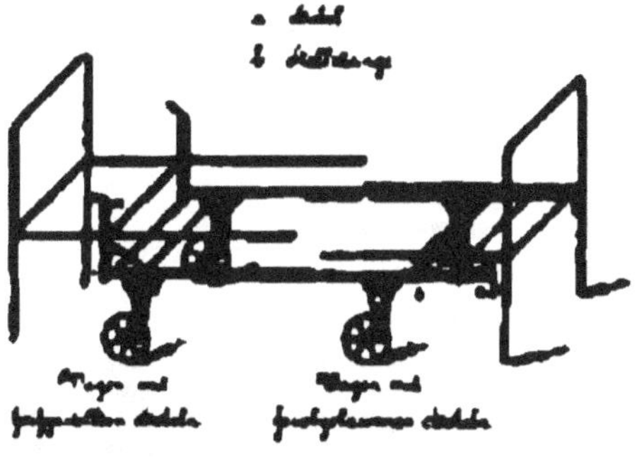

Fig. [illegible] Betten-Transportwagen des Krankenhauses am Urban in Berlin

Fig. [illegible] Betten-Transportwagen des Hamburg-Eppendorfer Krankenhauses.

die reichere oder einfachere Ausbildung der Gebäude, die Größe und das Bausystem der Anstalt und vieles andere, oft ganz erhebliche Unterschiede in den Kosten für die Nutzeinheit bzw. für ein Krankenbett. Beispielsweise betragen diese [illegible]:

			Kosten		Betten	
	bei dem	Hospital Lariboisière (vgl. Fig. 47) (einschl. Kosten für Grunderwerb u. Einrichtung)	M. 13 000	bei	612	Betten
[illegible]	„ „	Hôtel Dieu in Paris	„ 18 000	„	466	„
	„ „	Hospital in Montpellier (vgl. Fig. 55)	„ 2 860	„	600	„
	„ „	St. Thomas-Hospital in London (vgl. Fig. 54) ca.	„ 13 000	„	588	„
		Ohne die [illegible] Fundierung stellten sich die Baukosten auf	„ 9 000			
	„ „	Birmingham Epidemie-Hospital (vgl. Fig. 68)	„ 6 000	„	82	„
	„ „	Civilspital in Antwerpen (vgl. Fig. 59) ca.	„ 7 200	„	300	„
	„ „	John Hopkins-Hospital in Baltimore (vgl. Fig. 56) ca.	„ 18 000	„	400	„
	„ „	Städtisch. Friedrichshain, Berlin (vgl. Fig. 60)	„ 6 735	„	600	„
	„ „	„ am Urban „ (vgl. Fig. 70)	„ 4 300	„	600	„
	„ „	„ Hamburg-Eppendorf (vgl. Fig. 66) ca.	„ 3 500	„	1 500	„
	„ „	Provinzen-Krankenhaus Hamburg (vgl. Fig. 1[illegible]) ca.	„ 3 000	„	70	„
	„ „	Kinderspital in Dresden (Pavillonsystem)	„ 4 887	„	114	„
	„ „	akadem. Krankenhaus in Heidelberg (einschl. der Kosten für [illegible] Gebäude [illegible])	„ 4 345	„	360	„
	„ „	Kaiserin-Rudolf-Spital in Wien (kombiniert. Pavillon- u. Korridorsystem)	„ 6 300	„	800	„
	„ „	Rudolfiner-Haus in Wien (vgl. Fig. 64) ca.	„ 4 700	„	66	„
	„ „	Kaiser Franz Jos.-Spital in Stettin (vgl. Fig. 69)	„ 3 660	„	76	„
	„ „	Kaiser Franz Joseph-Spital in Böhm. Leipa (vgl. Fig. 73) ca.	„ 5 000	„	60	„
	„ „	städtisch. Krankenhaus in Langensalza (vgl. Fig. 79) ca.	„ 6 300	„	30	„
	„ „	städtisch. Krankenhaus in Offenbach a. M. (vgl. Fig. 11)	„ 3 000	„	250	„
	„ „	städtisch. Krankenh. in [illegible] (vgl. Fig. 80)	„ 1 944	„	30	„
	„ „	Krankenhaus in Gelsenkirchen (vgl. Fig. 33)	„ 1 800	„	30	„
	„ „	„ Aachen (vgl. Fig. 48) ca.	„ 3 000	„	125	„
	„ „	Knappschafts-Krankenhaus „Bergmannstrost" in Halle a. S. (vgl. Fig. 18) (einschl. der Kosten für [illegible]) ca.	„ 4 000	„	150	„
	„ „	Cottage Hosp. in Walthamstow Green (vgl. Fig. 38) (einschl. Einrichtung)	„ 6 670	„	9	„
	„ „	Cottage Hosp. in St. Pauls-Cray (vgl. Fig. 30 u. 31)	„ 3 [illegible]	„	15	„

Aus den vorliegenden, voneinander erheblich abweichenden Beträgen läßt sich immerhin erkennen, daß zwar einfache, aber doch den hygienischen Anforderungen wohl entsprechende Korridor-Krankenhäuser, bei denen die Verwaltungs- und Krankenräume unter einem Dach vereinigt sind, für den Preis von M. 3000 für die Nutzeinheit herstellbar sind, wenn nicht etwa die Ausführung durch schwierige lokale Verhältnisse oder hohe Preise über ein gewöhnliches Maß verteuert wird.

An mittlere und größere Krankenhäuser werden im allgemeinen erhöhtere Ansprüche in Bezug auf Raumgestaltung und Ausstattung gestellt. Hierdurch werden auch noch die Kosten um so mehr steigern, je mehr eine Decentralisation der einzelnen Teile des Krankenhauses durchgeführt wird. Korridorbauten mit besonderen Verwaltungs- und Wirtschaftsgebäuden oder ein kombiniertes Korridor- und Pavillonsystem erfordern mindestens M. 3500—4000, größere Krankenhäuser im Pavillonsystem dagegen M. 3000—4000 Baukosten für die Nutzeinheit, wobei alle baulichen Nebenanlagen mit einbegriffen, aber auch eine einfache Ausführung und sonstige normale Bedingungen vorausgesetzt sind. Es ist zu beachten, daß, je mehr die Kranken in einzelnen Gebäuden verteilt werden, die Einheitskosten wachsen. So stellen sich z. B. die Baukosten pro Bett:

bei dem zweigeschossigen Krankenpavillon mit 72 Betten im Hamburg-Eppendorfer Krankenhause	auf M.	1900
„ eingeschossigen Pavillon daselbst mit 33 Betten	ca. „	2600
„ „ „ „ „ 15 „	„ „	2330
„ zweigeschossigen Pavillon mit 67 Betten im Krankenhaus am Urban in Berlin	„ „ „	1990
„ dem eingeschossigen Pavillon mit 19 Betten daselbst	„	2900
„ den „ Pavillons „ ca. 30 Betten im städtischen Krankenhause zu Dresden	„ „	1858
„ „ zweigeschossigen Pavillons mit 78 bzw. 128 Betten im städtischen Krankenhause zu Magdeburg	durchschn. „ „	1346

Ebenso wie die Baukosten variieren auch die Kosten der inneren Einrichtung der Krankenhäuser erheblich.

In vielen Fällen handelt es sich nicht um eine gänzliche Neueinrichtung, sondern nur um eine Ergänzung von vorhandenem Mobiliar und Inventar, das bei dem Uebergang in einen Neubau in der Regel einer gründlichen Ausbesserung unterzogen wird.

Bei gänzlicher Neubeschaffung wird man für die gesamte, zweckentsprechende Inventar-Einrichtung, jedoch ohne Instrumente, etwa einen Betrag von M. 400—600 pro Krankenbett rechnen müssen. Während die letztere Grenze der Ausstattungskosten auch bei reich ausgestatteten, grösseren Hospitälern seltener überschritten wird, hat sich der erstgenannte Betrag für die Neueinrichtung bei kleineren Krankenhäusern vielfach auch noch wesentlich niedriger gestellt. Beispielsweise betrugen die Ausstattungskosten pro Bett:

bei dem Krankenhaus Hamburg-Eppendorf (einschliesslich Instrumente)	M.	776
„ „ „ Friedrichshain Berlin	„	756
„ „ „ am Urban	„	637
„ „ Rudolfspital in Wien	„	500
„ „ Gruppenhaus-Krankenhaus „Bergmannstrost“ zu Halle a. S. (nur für chirurgische Krankenstation)	ca. „	345
„ „ städtischen Krankenhaus in Mannheim	ca. „	281
„ „ Krankenhaus in Gross-Lichterfelde	„ „	200

Litteratur zu den Abschnitten 2—20*)

1) L. Degen, *Das Krankenhaus und die Kaserne der Zukunft.* München 1882.
2) L. Degen, *Der Bau der Krankenhäuser unter besonderer Berücksichtigung der Ventilation und Heizung.* München 1862.
3) C. H. Esse, *Die Krankenhäuser, ihre Einrichtung und Verwaltung.* Berlin 1868.
4) C. H. Esse, *Das Augusta-Hospital,* Berlin 1873.
5) F. Sander, *Ueber Geschichte, Statistik, Bau und Einrichtung der Krankenhäuser,* Köln 1875.
6) F. Oppert, *Die Einrichtung von Krankenhäusern,* Berlin 1859.
7) F. Oppert, *Hospitäler und Wohltätigkeitsanstalten,* Hamburg 1872.
8) B. Hagen, *Studien über Krankenhäuser,* in *Erbkam's Zeitschrift f. Bauwesen,* Jahrg. 1870.
9) F. Gruber, *Neuere Krankenhäuser,* Wien 1879.
10) F. Gruber, *Das Rudolfiner-Haus (Separatabdruck aus der „Wiener Bauindustrie-Zeitung“),* Wien 1883.
11) J. Becker, *Studien über Krankenhäuser,* Wien 1861.
12) F. Knauff, *Das neue akademische Krankenhaus zu Heidelberg.* München 1879.
13) E. Plage, *Die bewährteste Ventilation und Heizungssysteme,* Altona 1878.
14) Roth u. Lex, *Handbuch der Militär-Gesundheitspflege,* Berlin 1874.

*) Um vielfache Wiederholungen zu vermeiden, sind die bei den Abschnitten 2—20 wiederholt benutzten litterarischen Werke hier nur einmal angeführt.

15) [illegible], Berlin [illegible]
16) [illegible] u. [illegible] [illegible] zu Berlin, [illegible] ([illegible] u. [illegible])
17) [illegible], Berlin [illegible]
18) [illegible], Leipzig u. Wien [illegible]
19) [illegible] für die Anlage von [illegible] ([illegible]) [illegible]
20) [illegible], [illegible], [illegible], [illegible] Wien [illegible]
21) [illegible] für Bau, [illegible] und [illegible] [illegible] ([illegible])
22) [illegible], [illegible], Leipzig [illegible]
23) [illegible] Berlin [illegible]
24) [illegible] [illegible]
25) [illegible] [illegible]
26) [illegible], [illegible], Berlin, [illegible] ([illegible])
27) [illegible] u. [illegible] [illegible]
28) [illegible] ([illegible])
29) [illegible] u. [illegible] [illegible] ([illegible])
30) [illegible], Berlin [illegible]
31) [illegible], Berlin [illegible]
32) [illegible], Berlin [illegible]
33) [illegible], Berlin [illegible]
34) [illegible], Berlin [illegible]
35) [illegible], Paris [illegible]
36) [illegible], Paris [illegible]
37) [illegible], [illegible]
38) [illegible], [illegible]
39) [illegible] ([illegible])
40) [illegible], [illegible]
41) [illegible], Berlin [illegible]
42) [illegible], Berlin [illegible]
43) [illegible] [illegible]
44) [illegible], Paris [illegible]
45) [illegible], Paris [illegible]
46) [illegible]
47) [illegible], Paris [illegible]
48) [illegible], Paris [illegible]
49) [illegible] [illegible]
50) Florence Nightingale [illegible], London [illegible] ([illegible])
51) [illegible] Hospitals and asylums of the world, London [illegible]
52) Douglas Galton, [illegible] on hospital construction
53) Douglas Galton, Healthy hospitals, Oxford [illegible]
54) [illegible] Hospital construction and management, London [illegible]
55) [illegible], [illegible], Copenhagen [illegible]
56) [illegible] [illegible]
57) [illegible] [illegible]
58) [illegible], Paris [illegible]
59) [illegible]
60) [illegible]

B. Isolier-Gebäude und Hospitäler für ansteckende Kranke.

1. Notwendigkeit der Isolierung Infektionskranker.

Wenn es auch wohl zu allen Zeiten allgemein als notwendig anerkannt worden ist, die von gewissen ansteckenden Krankheiten, wie Pest, Pocken, Cholera, Aussatz u. dergl. Befallenen von anderen Kranken und von Gesunden streng abzusondern, um solche ansteckende Krankheiten erfolgreich bekämpfen zu können, so hat sich doch erst in neuerer Zeit die Ueberzeugung Bahn gebrochen, daß auch andere infektiöse Krankheiten, wie Typhus (exanth. und abdom.), Scharlach, Masern, Diphtheritis u. s. w., eine mehr oder minder strenge Absonderung erfordern, um andere Kranke oder Gesunde vor der Gefahr einer Ansteckung zu schützen. Bezüglich der Frage, welche Krankheiten als infektiös anzusehen sind, sowie bezüglich des Grades der Absonderung bei den einzelnen Infektionskrankheiten gehen allerdings, wie bereits früher erwähnt, die ärztlichen Ansichten z. Zt. noch ziemlich weit auseinander.

Vom allgemeinen hygienischen Standpunkt aus ist es zum Schutz der Allgemeinheit wünschenswert, daß durch gesetzliche Bestimmungen die Absonderung wenigstens der bösartigeren, ansteckenden Krankheiten überall obligatorisch gemacht werde. Diesem Ziel stehen freilich mancherlei Rücksichten der Pietät und der persönlichen Freiheit, nicht minder auch die Kostenfrage und die in den einzelnen Ländern bestehenden, verschiedenen Gewohnheiten und Einrichtungen in der öffentlichen Krankenpflege u. a. entgegen, so daß bisher hauptsächlich nur gesetzliche Bestimmungen bezüglich der unerläßlichsten Maßnahmen bei dem epidemischen Auftreten bösartiger Seuchen ins Leben gerufen worden sind.

Nur in England, wo das Isolierungssystem schon am längsten besteht und am weitesten durchgeführt ist, hat die öffentliche Gesundheitsakte von 1875 die Isolierung Infektionskranker (Blattern, Cholera, Darm- und Flecktyphus, Rückfallfieber, Diphtherie, Scharlach und Erysipel) in Spitälern obligatorisch gemacht. In Frankreich müssen alle Cholerakranken in isolierten Räumen (Baracken) untergebracht werden. In Schweden und Norwegen sind Stadtbewohner, die an den vorbezeichneten Krankheiten leiden, in Isolierspitäler überzuführen, wenn die Isolierung im Hause ungenügend und für andere Mitbewohner gefährlich ist. In Italien ist die Isolierung ebenfalls nicht obligatorisch, doch sind daselbst Vorschriften für die Art der Isolierung und für die Einrichtung von Isolierspitälern vorhanden. In den deutschen Staaten liegt den Gemeinden die gesetzliche Verpflichtung ob bei Epidemien temporäre Hospitäler zu errichten, und in Preußen speziell wird gesetzlich die Errichtung von Spitälern zur Isolierung ansteckender Kranken bis zu deren Genesung gefordert, während Pockenkranke in eigenen Gebäuden untergebracht werden müssen.

Für die wirksame Bekämpfung ansteckender Krankheiten erscheint es notwendig, daß diese nicht nur überhaupt, sondern daß namentlich die ersten Fälle so schnell als möglich isoliert werden, denn mit der Verbreitung einer solchen Krankheit wächst auch ganz erheblich die Schwierigkeit der Bekämpfung derselben.

Die Kranken sollen aber niemals vor völliger Genesung entlassen werden. Neben den eigentlichen Kranken-Isolierräumen sind deshalb entweder besondere Räume für Rekonvaleszenten, oder selbständige Rekonvaleszentenspitäler erwünscht. Letztere verdienen vor jenen Räumen in Isolier-Gebäuden oder Spitälern selbst natürlich den Vorzug, da es für die schnellere, völlige Genesung der Rekonvaleszenten von großem Einfluß ist, wenn diese vollständig aus der niederdrückenden Atmosphäre der Schwerkranken gebracht werden.

Indessen ist nicht zu verkennen, daß hierzu erhebliche Mittel erforderlich sind, die nur in seltenen Fällen von den Gemeinden aufgebracht werden können.

Hier ist es wiederum England, in welchem durch Privat-Wohltätigkeit die Errichtung zahlreicher Rekonvaleszenten-Spitäler ermöglicht worden ist. Auch Berlin hat seit einigen Jahren diese Art der Krankenpflege mit größeren Mitteln zu fördern begonnen.

Hinsichtlich des Bedürfnisses an Krankenbetten rechnet man in England auf je 1000 Einwohner mindestens eines, vielfach aber auch und besser 1,5 Fieberkranke.

2. Aerztliche Anforderungen an Isolierspitäler.

Bei der Herstellung von Isolierspitälern für ansteckende Kranke sind im allgemeinen dieselben technisch-hygienischen Gesichtspunkte maßgebend, wie bei den allgemeinen Krankenhäusern, nur müssen alle sonstigen Anforderungen in erhöhtem Maß erfüllt und die baulichen Einrichtungen so getroffen werden, daß alle Teile des Krankengebäudes auf das Leichteste aseptisch gehalten werden können und eine Infizierung derselben nach Möglichkeit verhütet wird.

Im übrigen erfordern die infektiösen Krankheiten sowohl mit Rücksicht auf die Kranken selbst, wie auf die Gefahr einer von denselben ausgehenden Ansteckung manche Besonderheiten in der Anordnung und Herstellung der Krankenräume und ihres Zubehörs, die im wesentlichen in den folgenden, speziell an Isolier-Gebäude oder derartige Spitäler zu stellenden Forderungen bestehen.

1) Vollständige Trennung der einzelnen Krankheitsformen und des zugehörigen Wärter- und Dienstpersonals.

2) Strenge Absonderung der Krankenräume von der Verwaltung und den Wohnräumen des Krankenhauspersonals, insbesondere möglichste Trennung der Wasch-, Bade-, Klosetteinrichtungen u. s. w. für die

Kranken von denjenigen für die übrigen Personen des Krankenhauses.

3) Absonderung zweifelhafter Krankheitsfälle in besondern Beobachtungsräumen bis zur genauen Feststellung der Diagnose.

4) Reichliche Zuführung von Licht und Luft zu allen Gebäuden und Räumen.

5) Sicher wirkende Einrichtungen zur Desinfizierung von infizierten Gegenständen und Personen, sowie zur Unschädlichmachung aller von dem Isolierspital abgehenden, infizierten Stoffe, Abwässer, Fäkalien u. s. w.

6) Einrichtung besonderer Ambulanzen zum Transport der infektiösen Kranken.

Im übrigen sollen in solchen Hospitälern bakteriologische, mikroskopische u. dergl. Arbeitsräume vorhanden sein, welche dem Arzt ermöglichen, die Natur und die nähere Ursache der Krankheiten zu studieren, um dadurch auch die Wege und Mittel zur Bekämpfung der Krankheit zu finden.

Diese Forderungen zu erfüllen ist nach Möglichkeit anzustreben, so schwierig diese Aufgabe in Wirklichkeit auch sein mag.

Denn so gut auch die getroffenen baulichen Einrichtungen und die ausgearbeiteten Regulative sein mögen, nicht nur die Kranken, sondern auch die Wärter und Aerzte sind es, welche Einrichtungen und Regulative vielfach illusorisch machen.

3. Art der Absonderung.

In kleineren Gemeinden, in denen die Errichtung und jederzeit betriebsfähige Unterhaltung besonderer, ständiger Isoliergebäude nicht möglich ist, wird man sich damit begnügen müssen, einzelne Zimmer in einem isolierten Gebäude oder in einem allgemeinen Krankenhause, die jedoch vollständig und auf das Strengste von den anderen Krankenräumen sowohl in baulicher Beziehung, wie in Bezug auf das Wärterpersonal abgesondert sind, einzurichten. Weit mehr vorzuziehen ist die Herrichtung provisorischer Unterkunftsräume etwa in Form einer beweglichen Baracke, die mit geringen Mitteln beschafft oder vorrätig gehalten, und, wenn erforderlich, in kürzester Frist auf einem vorher bestimmten Platz aufgeschlagen werden kann. Diese selbst für kleinere Gemeinden oder Gemeindeverbände ausführbare Maßregel wird zur Notwendigkeit, wenn es sich um die Isolierung bösartiger, kontagiöser Krankheiten, wie Pocken, Cholera, Fleckfieber u. dergl. handelt.

Bei mittleren und größeren allgemeinen Krankenhäusern müssen, wenn besondere Isolierspitäler nicht vorhanden sind, wenigstens besondere, ständige Isoliergebäude vorgesehen werden, da hier die infektiösen Kranken ein regelmäßiges Kontingent bilden. Diese Isoliergebäude können zwar im allgemeinen mit dem übrigen Teil des Krankenhauses gemeinsam verwaltet werden, müssen aber ein besonderes Wärterpersonal erhalten. Dieselben werden ferner am besten nur für eine Krankheitsform eingerichtet. Sollen jedoch aus ökonomischen Gründen mehrere Krankheitsformen in denselben verpflegt werden, wogegen keine wesentlichen hygienischen Bedenken zu erheben sind, wenn es sich nicht um bösartige, ansteckende Krankheiten handelt und wenn eine strenge Trennung der verschiedenen Krankheitsformen durchgeführt wird, so sollten hierbei 4 Kranken-Abteilungen das Maximum bilden und keine infektiösen chirurgischen Kranken mit Fieberkranken zusammen unter einem Dach gelagert werden.

Die beste Isolierung läßt sich in besonderen Isolierspitälern erzielen, von denen wiederum diejenigen für nur eine bestimmte Gattung infektiöser Krankheitsformen vor denjenigen für mehrere Gattungen in hygienischer Beziehung den Vorzug verdienen, allerdings aber auch reichere Mittel erfordern.

Das Ideal würde in der Isolierung nicht nur jeder einzelnen Krankheitsform, sondern auch jedes einzelnen Kranken zu suchen sein.

Ständige Isolierspitäler sollten in allen größeren Städten vorgesehen werden, zumal gerade hier die sofortige Isolierung der ersten Fälle infektiöser Erkrankungen von besonderer Wichtigkeit für die Verhütung einer Weiterverbreitung ist, und weil im übrigen gewisse endemische Krankheiten, deren epidemieartiges Auftreten hier vielfach eine regelmäßige Erscheinung bildet, permanente Isolierräume in größerem Umfange notwendig machen.

In den meisten Fällen sind bisher Isolierspitäler aus praktischen und ökonomischen Gründen für mehrere Krankheitsformen eingerichtet worden. Solche Hospitäler bieten den Vorteil, daß dem wechselnden Bedürfnis an Krankenunterkünften in den einzelnen Abteilungen durch Verschiebungen leicht Rechnung getragen werden kann und vermieden wird, den Bevölkerungsdistrikt für ein Hospital zu groß annehmen zu müssen, ein Uebelstand, der leicht bei einem Hospital für nur eine Krankheitsform mit einer geringen Bettenzahl eintreten kann.

Bei Pocken müssen jedoch die ökonomischen Rücksichten gegen die hygienischen jedenfalls zurücktreten und Isolierräume in besonderen Hospitälern und in größerer Entfernung von menschlichen Wohnungen gefordert werden.

4. Allgemeine Anordnung der Isolierhospitäler.

Die Lage der Isolierspitäler soll außerhalb dicht bewohnter Stadtteile, in möglichst freier Gegend gewählt werden, doch so, daß die Wege für den Krankentransport nicht zu lang werden. Die Krankengebäude sollen nach Pistor nicht weniger als etwa 100 m von menschlichen Wohnungen entfernt liegen. Bei Pockenhäusern soll dieser geforderte Abstand nach Felix etwa 300 m betragen. Zweckmäßig wird das Isolierspital von einem breiten, mit Bäumen bepflanzten Fahrweg umgeben, der zum größeren Schutz der Nachbarschaft gegen Ansteckung beiträgt. Innerhalb des Hospitals sollen die Krankengebäude mindestens einen Abstand von 30—40 m voneinander und von anderen Wohngebäuden haben. Mehr als bei einem allgemeinen Krankenhause muß hier gefordert werden, daß die Pavillons vollständig frei liegen und keinerlei Verbindung mit anderen Gebäuden durch bedeckte Gänge u. dergl. haben.

Die größere Entfernung der Gebäude untereinander sowie die Rücksicht darauf, daß das Hospital in Epidemiezeiten durch Errichtung provisorischer Baracken erweiterungsfähig sei, erfordern eine größere Grundstücksfläche als bei einem allgemeinen Krankenhaus. Diese soll womöglich nicht unter 200 qm für ein Krankenbett betragen.

Die Forderung, daß die Zahl der Betten nicht ein gewisses Maß überschreiten soll, ist bei Isolierspitälern von größerer Bedeutung als bei allgemeinen Krankenhäusern. Das Maximum soll nach Felix 600, nach Pistor 200 betragen. Die erstere Zahl bildet meistens in England, namentlich bei den Fieberhospitälern des Metropolitan Asylums Board in London, die Grenze. Jedenfalls ist es von weit größerem Werte, mehrere kleinere Isolierhospitäler zu errichten und dieselben über einen größeren Bevölkerungsbezirk zu verteilen, als alle Infektionskranken des letzteren in einem großen Hospital zu vereinigen.

Was die Verteilung der Gebäude anbelangt, so muß zunächst der Eingang zu dem Hospital von einer besonderen Pförtnerloge gut überwacht werden können.

Die Verwaltungs- und Wirtschaftsräume sind in besonderen Gebäuden, oder doch in ein und demselben Gebäude räumlich gut getrennt, anzuordnen.

Für das Wärter- und Dienstpersonal sind möglichst besondere Wohnräume, sei es in einem Gebäude, sei es, was entschieden vorzuziehen ist, in mehreren, den verschiedenen Krankenabteilungen entsprechenden, Gebäuden vorzusehen, damit Krankheitsübertragungen von einer Abteilung auf die andere ausgeschlossen werden.

Ebenso sind die Wascheinrichtungen für die Krankenwäsche und für diejenige des Krankenhauspersonals zu trennen und event. in besonderen Gebäuden unterzubringen, oder aber die infizierte Wäsche muß, ehe dieselbe zur allgemeinen Waschküche gelangt, zuvor einer gründlichen Desinfektion unterzogen werden. Bei Errichtung je eines besonderen Gebäudes für die Wäsche des Krankenhauspersonals und für diejenige der Kranken empfiehlt es sich, das dem letzteren Zweck dienende Gebäude in der Nähe des Einganges zum Krankenhausgrundstück oder derart anzuordnen, daß fremde Personen, die mit den Wirtschaftsräumen zu tun haben, nicht in den Bereich der Krankenräume kommen und vor Ansteckung gesichert sind.

Desgleichen müssen die Beobachtungsräume für ankommende, zweifelhafte Kranke in der Nähe des Hospitaleinganges, entweder in einem besonderen Gebäude oder in dem Verwaltungsgebäude, unter sorgfältigster Absonderung von anderen Räumen, untergebracht werden.

Die Desinfektionsanlage ist von allen Gebäuden mindestens 30 m entfernt anzuordnen. Dieselbe kann event. aus Betriebsrücksichten mit dem Waschhause für infizierte Krankenwäsche unter einem Dach vereinigt werden, muß aber dann von den Räumen der Waschküche durch feste Mauern so isoliert werden, daß Luftströmungen von Personen und Gegenständen in dem Waschhause selbst sicher verhütet werden.

Die besten und zahlreichsten Beispiele ausgeführter Isolierspitäler, von den kleinsten Anlagen mit wenigen Betten bis zu den umfangreichsten (d. h. mit etwa 600 Betten), hat England aufzuweisen, wo es durch die vielen privaten Stiftungen und den großen Wohltätigkeitssinn der Bevölkerung auch ermöglicht worden ist, vielfach Hospitäler für die Aufnahme nur einer Krankheitsform zu errichten und somit die Isolierung fast über das praktische Bedürfnis hinaus auszubilden.

In London bestanden 1891 unter der Leitung des 1867 ins Leben gerufenen Metropolitan Asylums Board 4 Fieberhospitäler mit zusammen ca. 2400 Betten für infektiöse Fieberkrankheiten und Diphtherie. Inzwischen sind diese Fieberspitäler durch weitere gleichartige, sehr gut eingerichtete Anlagen vermehrt worden, die sich gleichmäßig, wie die älteren Hospitäler, über die einzelnen Distrikte Londons verteilen. Alle diese Krankenhausanlagen sind im Pavillonsystem errichtet und enthalten meistens zweistöckige, massive Pavillons, z. T. aber auch einstöckige Baracken aus Eisen, Stein oder Holz. Jeder Pavillon ist nur für eine Krankheitsform bestimmt. Die Maximalzahl der Betten in den einzelnen Isolierspitälern ist verschieden, beträgt aber in keinem Falle über 600. Durchschnittlich entfällt in den Krankensälen auf ein Bett ein Flächenraum von 144 □' engl. (= 13,4 qm) und ein Luftraum von 2000 cb' (= ca. 57 cbm).

Für Pockenkranke, die bei der letzten Pockenepidemie im Jahre 1884 ebenfalls in diesen Hospitälern untergebracht waren, und zu einer Verschleppung der Krankheit in der Umgebung der Hospitäler Anlaß gegeben hatten, wurde in der Folge ein besonderes schwimmendes Hospital auf der Themse bei Long Reach (15 engl. Meilen unterhalb London Bridge) auf 3 Schiffen für 350 Betten eingerichtet, zu welchem noch ein weiteres Hospital für Pocken-Rekonvaleszenten mit 600 Betten gehört. Für die Ueberführung der Patienten nach den Pockenschiffen sind 3 besonders eingerichtete Ambulanzdampfer und eine Dampfpinasse für den Stab eingerichtet, ferner 3 Einschiffungsstege bei Landeplätzen mit Zubehör innerhalb des Stadtbezirkes angelegt.

Das eigentliche Hospital besteht aus den mit „Atlas", „Endymion" und „Castalia" bezeichneten Schiffen, welche, wie Fig. 206 zeigt, in einer Linie, etwa 150 Yards (= ca. 136 m) vom Ufer festgelegt und durch Brücken miteinander verbunden sind.

Der „Atlas", ein altes Kriegsschiff, ist für 200 Betten eingerichtet und enthält die Räume für das ärztliche Personal und für die Apotheke. Hier befindet sich auch der Aufnahmeraum der Patienten.

Das mittlere Schiff „Endymion", eine alte Fregatte, nimmt die Verwaltung, die Küche, die Eß- und Schlafräume für das Dienstpersonal u. s. w. auf.

In dem dritten Schiff „Castalia", einem einstigen Doppelschiff, das früher zur Beförderung von Passagieren zwischen Dover und Calais diente, wurde nach Entfernung der Maschinen u. s. w. ein zweigeschossiges Hospital eingerichtet, dessen unterer Teil, wie Fig. 207 zeigt, durch einige Zwischenwände in 5 Säle mit zusammen 70 Betten zerlegt ist, während der obere Teil über Deck (vergl. Fig. 208 und 209) aus 5 selbständigen, steildachförmig angeordneten und durch bedeckte Gänge miteinander verbundenen Krankenbaracken für im ganzen 84 Betten besteht. Mit den beiden anderen Sälen jedes Geschosses sind die Nebenräume, ein Aufnahmeraum, Isolierzimmer, Bäder, Waschzimmer, Klosetts u. s. w. verbunden.

Die 3 Schiffe werden von dem „Endymion" aus mittels Dampf geheizt, der durch bewegliche Röhren nach dem „Atlas" und der „Castalia" geführt wird, jedoch hat jedes Schiff noch eigene Dampfkessel, die mit

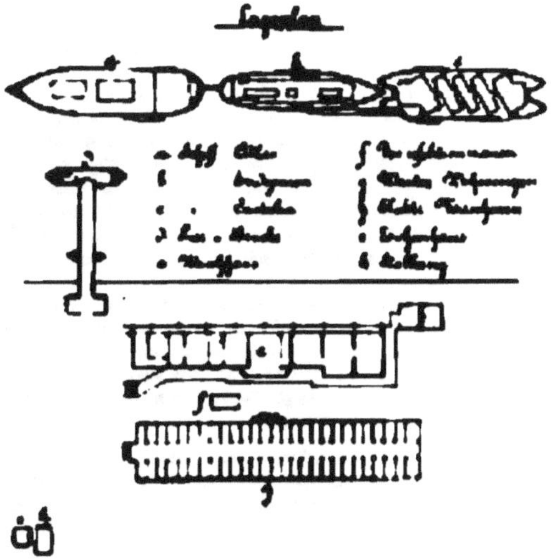

Fig. [illegible] Schwimmendes Hospital auf der Themse bei London.

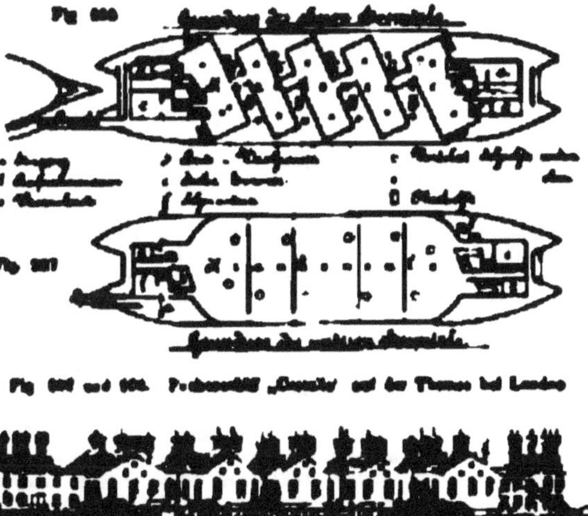

Fig. [illegible] und [illegible]. Pockenschiff „Castalia" auf der Themse bei London.

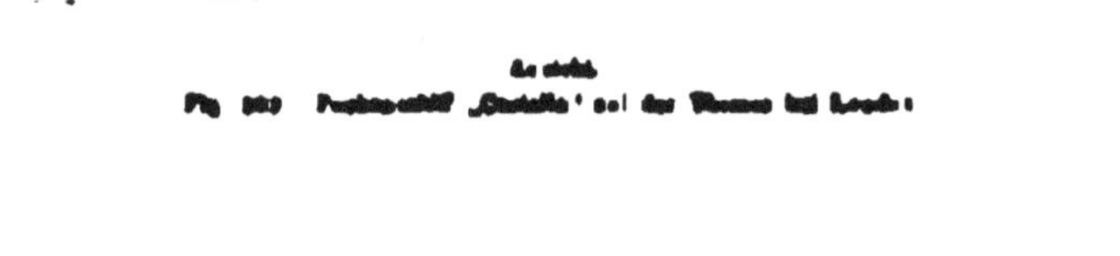

Ansicht.
Fig. [illegible] Pockenspitalschiff „Castalia" auf der Themse bei London.

den Hauptmagazinen verbunden sind und im Nothfall die Heizung besorgen können. Die Heizröhren sind auf der „Castalia" rings um den Fußboden der Krankenräume geführt und in eisernen Kasten eingeschlossen, die mit regulirbaren Einlaßöffnungen für frische Luft versehen sind, andererseits mit den Krankensälen durch Oeffnungen in Verbindung stehen. Die schlechte Luft wird abgeführt durch Luftabzugsschächte, welche mit Boyle'schen Saugköpfen versehen sind und mit denen ein vorzüglicher Ventilationseffekt erzielt sein soll (vergl. Fig. 207).

Auf dem „Atlas" geschieht die Ventilation mittels Oeffnungen auf den sich gegenüberliegenden Längsseiten jeder Decke, die so eingerichtet sind, daß die frische Luft aufwärts über die Betten der Kranken geleitet wird, während die schlechte Luft durch große, obere Luken abgeführt wird.

Gegenüber den Hospitalschiffen ist am Ufer ein Waschhaus, eine Desinfektionsanlage und ein Gebäude, in dem sich die Schlafräume des Wärterpersonals befinden, errichtet (vergl. Fig. 208).

Das Rohnaveleasante Hospital, das auch für leichte Pockenkranke bestimmt ist, liegt ca. 4 engl. Meilen von den Schiffen entfernt in freier Gegend, auf erhöhtem Terrain.

Wenn sich auch die Einrichtung der Pockenschiffe, die ohne Zweifel eine gute Absonderung der Pockenkranken gestattet, bewährt haben soll, so dürfen doch die Gefahren, die mit einer derartigen größeren Anlage im Falle eines Feuers, Sturmes, einer Kollision und dergl. verbunden sind, nicht verkannt werden. Auch können große allgemeine Epidemiespitäler auf schiffahrtsreichen Flüssen, namentlich zu Epidemiezeiten, zu manchen Unzuträglichkeiten und Störungen für den Verkehr Veranlassung geben.

Einen anderen Charakter tragen diejenigen schwimmenden Hospitäler, welche in größeren Häfen Englands zur Verhütung von Einschleppungen infektiöser Krankheiten durch ankommende Schiffe vielfach hergestellt worden sind. So wurde z. B. im Jahre 1872 von den Lowestoft Improvement Commissioners eine schwimmende Baracke auf einer Barke hergerichtet, um die an Schiff ankommenden Cholerakranken aufzunehmen. Diese Baracke enthielt 2 Krankenräume, einen für Männer mit 4 Betten, und einen für Frauen mit 2 Betten. Zwischen diesen Räumen lag ein Wärterzimmer und die Küche, sowie ein kleiner Eingangsflur, während an den Giebelseiten je ein Klosetraum angebaut war. Je eine Badewanne war in den Krankenräumen selbst aufgestellt.

Auch im Tyne-Hafen war von der dortigen Hafen-Gesundheitsbehörde (River Tyne Port Sanitary Authority) in den siebziger Jahren ein schwimmendes Hospital, dessen Anlage im allgemeinen aus Fig. 210 und 211 hervorgeht, auf dem Deck eines alten Fahrzeuges errichtet worden. Dasselbe hatte die zu Schiff ankommenden infektiösen Kranken aufzunehmen. Für Choleraepidemieen war außerdem ein kleineres, temporäres Hospital für 10 Betten auf einer alten Galliot hergestellt. Hierzu gehörte ein kleines Floß, auf welchem sich das Waschhaus u. s. w. befand.

An Stelle dieses inzwischen untauglich gewordenen schwimmenden Hospitals wurde im Jahre 1885 ein neues von derselben Be-

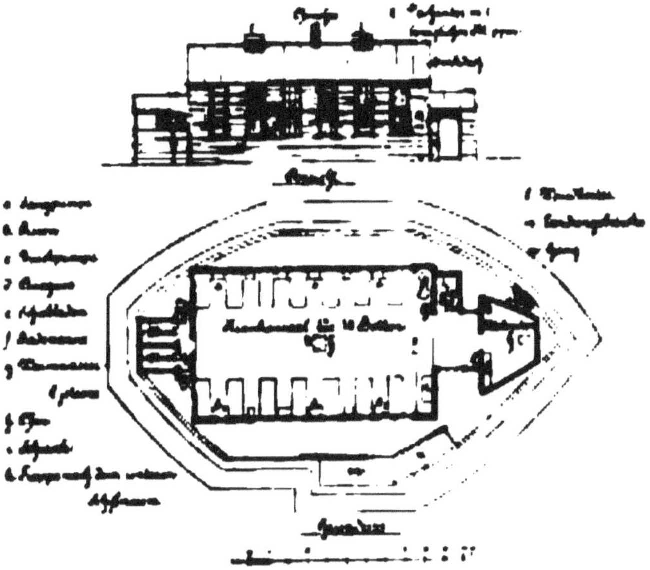

Fig. 210 und 211. Altes schwimmendes Hospital im Hafen des Tyne-Flusses

hörde auf dem Tyne-Fluß bei Jarrow Slake erbaut, welches, nach den Fig. 212 und 213, aus 3 Baracken mit zusammen 30 Betten besteht.

Diese Baracken, welche auf einer, von 30 eisernen Pontons getragenen Plattform von 62,7 m Länge und 21,5 m Breite stehen, sind auf den 3 Seiten dieser Plattform angeordnet und schließen einen geschützten, offenen Raum für die Rekonvaleszenten ein. Das Verwaltungsgebäude ist auf einem besonderen Floß verankert.

Die cylindrischen Pontons, auf denen das Hospital-Floß ruht, haben eine Länge von 23 m und einen Durchmesser von 1,5 m und besitzen eine Wasserverdrängung von je 33½ Tons, zusammen also von 1005 Tons.

Sieben eiserne Hauptträger verbinden die Pontons und ruhen auf gekrümmten Sätteln, die mit den Cylindern vernietet sind. Ueber diesen I-Trägern sind Balken gestreckt, auf denen ein Belag von 0,075 m starken Bohlen ruht. Zur Versteifung des Floßes dient ein System diagonal über die Längsträger gelegter T-Eisen, welche auf den Oberflanschen der Träger vernietet sind. Die Cylinder-Pontons haben auf der Oberfläche zwei dicht geschlossene Mannlöcher für den eventuellen Zutritt zu dem Inneren.

Der Zugang vom Schiff zum Deck erfolgt mittels einer Rampe. Das Deck liegt 1,20 m über dem Wasserspiegel und ist durch ein Hand-

Fig. 215. Schwimmendes Hospital Jarrow Slake auf dem Tyne-Fluß.

Fig. 216. Schwimmendes Hospital Jarrow Slake auf dem Tyne-Fluß.

geländer eingefaßt. Rings um die Plattform ist ein 0,6 m breiter Gang hergestellt.

Die Krankenblöcke bestehen aus Holz-Fachwerk mit doppelter Bretterverkleidung und sind mit Zinkdach auf Schalung versehen. Die Höhe beträgt bis zur Dachtraufe 3,0 m, bis zum First 6,3 m. Jeder Krankenblock besteht aus 2 Krankensälen für 6 bzw. 4 Betten, einem Wärterzimmer mit einem Bettraum, sowie einem Anbau an jeder Kopfwand, der eine Theeküche und einen Klosetraum enthält. Die Rauchrohre der in der Mitte der Krankensäle aufgestellten Öfen sind durch einen Vor-

Ventilationsschacht geführt, sodaß eine starke Luftbewegung hervorgebracht wird, die durch leichte, eiserne Klappen reguliert werden kann.

Die innere Pitch-pine Bretterverschalung der Krankensäle ist gehobelt und gefirnißt. Die Fenster sind in den unteren $^2/_3$ Teilen als Schiebefenster, im oberen $^1/_3$ Teil als Klappfenster eingerichtet. Der Zutritt frischer Luft erfolgt, außer durch die Fenster, durch Ventilationsöffnungen in den Wänden unter jedem Bett.

Jeder Krankenblock hat einen besonderen Fußboden auf Balken, 25 cm über dem Deck, dessen Hohlraum die Ventilation begünstigt. Zwischen den beiden Krankensälen der Blocks befindet sich je ein Baderaum und ein Zimmer für die Wärterinnen, von welchem letzteren durch Fenster nach beiden Seiten hin alle Betten übersehen werden können. Hier befindet sich auch ein Warmwasser-Cirkulationsofen, welcher mit einem Reservoir im Dachraum verbunden ist und durch Röhren warmes Wasser für die Bäder und Theeküchen liefert. Ebenso sind im Dachraum, oberhalb der Decken, Reservoire für frisches Wasser und für Flußwasser zum Waschen aufgestellt.

Alle Abfallröhren führen direkt nach dem Fluß und sind 0,90 m unter Deck abgeschnitten, sodaß sie für den Zutritt der Luft zugänglich sind. In jeder Theeküche befindet sich eine Druckpumpe zum Heben des Flußwassers für Waschzwecke. Die Frischwasser-Reservoire werden von Wasserbooten auf dem Fluß versorgt, außerdem sind zum Auffangen des Regenwassers unter den Dachtraufen Wassertonnen aufgestellt.

Das Badezimmer enthält einen Waschtisch mit 2 Kippbecken und eine fahrbare Badewanne.

Von der Tees-Hafen-Gesundheitsbehörde ist ebenfalls 1893 zur Aufnahme infektiöser Kranken auf ankommenden Schiffen ein neues schwimmendes Hospital auf dem Tees-Fluß, ca. $^3/_4$ engl. Meile unterhalb Essex Jetty, erbaut worden, welches dieselbe Konstruktionsweise wie dasjenige auf dem Tyne-Fluß aufweist und auf einer Plattform von ca. 45 m Länge und ca. 25 m Breite hergestellt und durch eiserne Kabel an eisernen, in den Fluß eingerammten Pfählen verankert wurde. Die Konstruktion der Plattform geht aus den Figuren 214—217, S. 220—221 hervor*).

Das Hospital selbst besteht, wie Fig. 218, S. 222 zeigt, aus zwei Krankenblocks und einem zwischen beiden gelegenen Verwaltungsgebäude. Unmittelbar hinter dem letzteren befindet sich das Waschhaus, das Leichenhaus und der Verbrennungsofen.

Der erste Krankenblock enthält einen kleineren Raum für 2 Betten, der zur Aufnahme und Isolierung der Kranken bis zur Feststellung der Diagnose dient, ferner einen größeren Krankenraum für 8 Betten. Zwischen beiden Sälen ist ein Raum für Wärterinnen und ein Badezimmer untergebracht.

Der zweite Block besitzt eine ähnliche Anordnung, jedoch enthält der kleinere Saal 4 Betten, der größere 6 Betten.

Im Verwaltungsgebäude befinden sich ein Raum für die Oberin, der zugleich als Speisezimmer dient, ferner eine Küche, ein Aufbewahrungsraum,

*) Die Abbildungen der beiden schwimmenden Hospitäler auf dem Tyne und Tees sind dem Verfasser durch die Freundlichkeit des Erbauers derselben, Herrn City Engineer W. Geo. Laws, Newcastle-on-Tyne zugänglich gemacht worden.

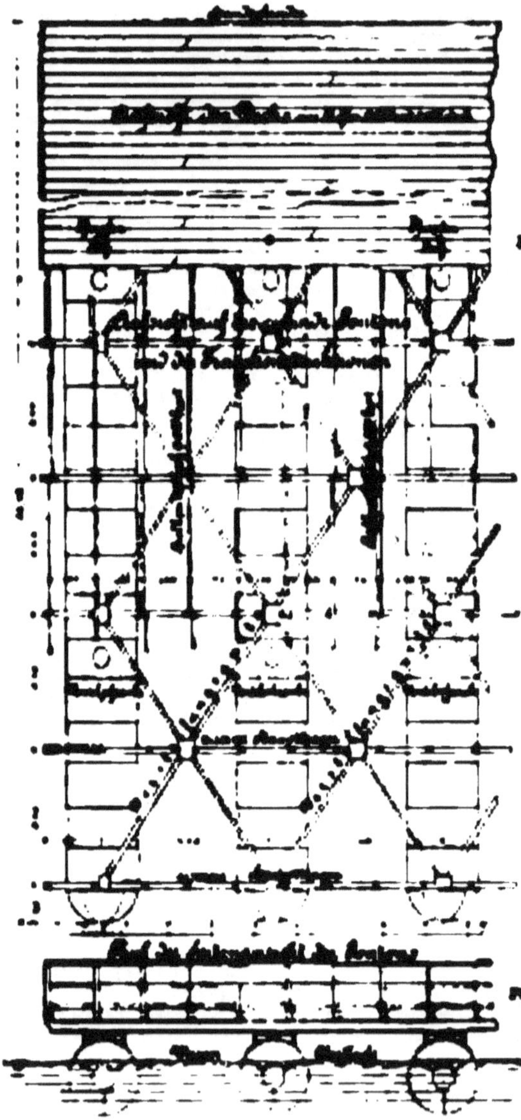

Fig. 244

Fig. 245

Fig. 244 und 245. [illegible] auf dem [illegible], [illegible] der [illegible].

Fig. 616

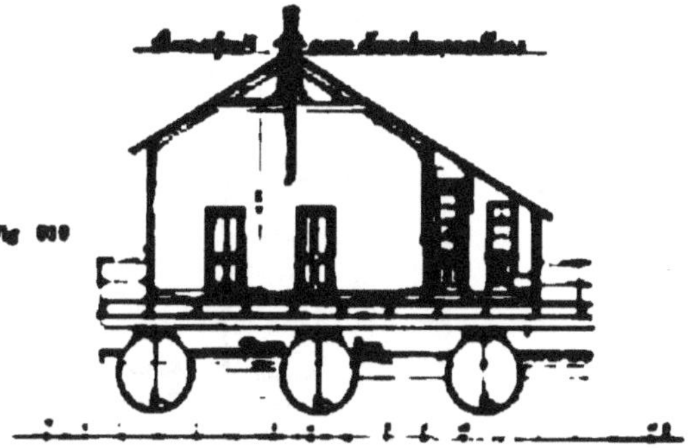

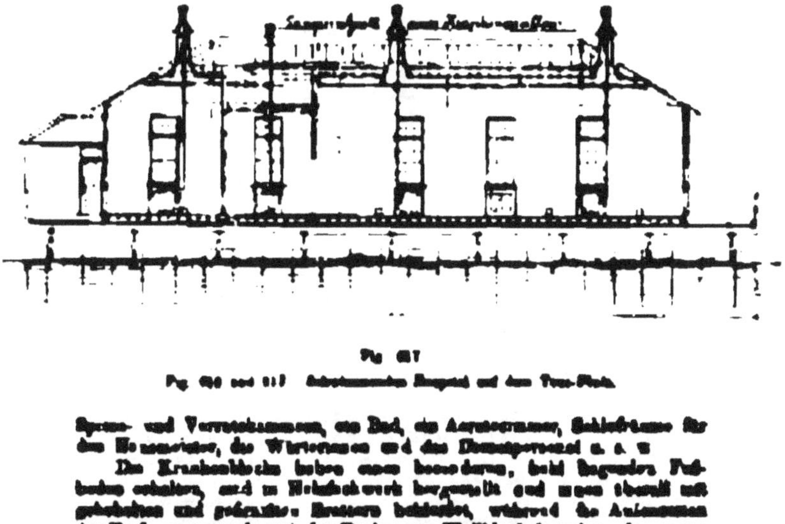

Fig. 617

Fig. 616 und 617. Schwimmendes Hospital auf dem Tees-Fluss.

Speise- und Vorratskammern, ein Bad, ein Aerztezimmer, Schlafräume für den Hausmeister, die Wärterinnen und das Dienstpersonal u. s. w.

Die Krankenblocks haben einen besonderen, hohl liegenden Fußboden erhalten, sind in Holzfachwerk hergestellt und innen überall mit gehobelten und gefalzten Brettern bekleidet, während die Außenwände der Umfassungswände und der Dächer aus Wellblech bestehen, das gegen den Innenraum durch eine Bekleidung mit gespundeten Brettern und dichtem Filz isoliert ist.

Die Ventilation erfolgt, außer durch Kippflügel in den mit Läden versehenen Fenstern, noch durch Luftzuführungsöffnungen unter dem Kopfende jedes Bettes in Höhe des Fußbodens, während die schlechte Luft durch Ventilationsschlote, die durch das Dach gehen, abgeführt wird. Auf jedes Bett entfällt eine Fläche von ca. 12 qm und ein Luftraum von ca. 54 cbm.

Die schwimmenden Hospitäler sollen ihren Zweck gut erfüllen und einen leichten Betrieb gestatten.

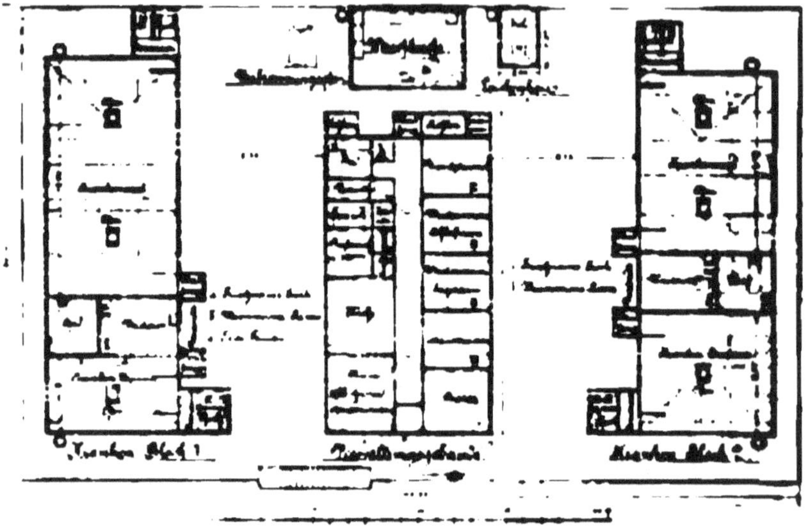

Fig. 222. Schwimmendes Hospital auf dem Tees-Fluss.

Zur Sicherung von Hafenplätzen gegen Einschleppungen von ansteckenden Krankheiten und zur sofortigen Aufnahme infektiöser Kranken von ankommenden Schiffen zu geeigneten Lazaretten, sind in England fast allgemein, vielfach aber auch in anderen Ländern Spitäler auf dem Land in unmittelbarer Nähe der Hafeneinfahrt errichtet worden.

So wurde z. B. bei Cuxhaven das in den Figuren 21[illegible]—22[illegible], S. [illegible] dargestellte, ursprünglich (seit 1884) aus 2 kleinen Baracken I und II (vgl. Fig. 223 und 224), einer Wärterwohnung und einem Desinfektionsschuppen (vgl. Fig. 225 und 226) bestehende Quarantäne-Lazarett im Jahr 1896 durch ein Wohngebäude für das Anstaltspersonal, einen Krankenpavillon für 12 Betten und ein Aussonderungshäuschen (vgl. Fig. 227) zu einer zweckmäßigen, allen Anforderungen entsprechenden Krankenhausanlage erweitert und umgebaut, nachdem bereits 1873 auch die Gemeinde Cuxhaven daselbst eine Holzbaracke zur Unterbringung von Cholerakranken errichtet hatte.

Die Einbringung der Kranken in das Lazarett geschieht auf dem Wasserwege, indem das verseuchte oder verdächtige Schiff, mit einem Ruderboote im Schlepptau, bis vor das Lazarett fährt. Sodann werden die Kranken in das Boot gebracht, bei einer hölzernen Landungstreppe (Fig. 230) gelandet und über den Seedeich hinweg nach dem Lazarett, das von einem Wassergraben rings umgeben ist, gebracht. Die beiden kleineren Baracken I und II dienen zur Beobachtung

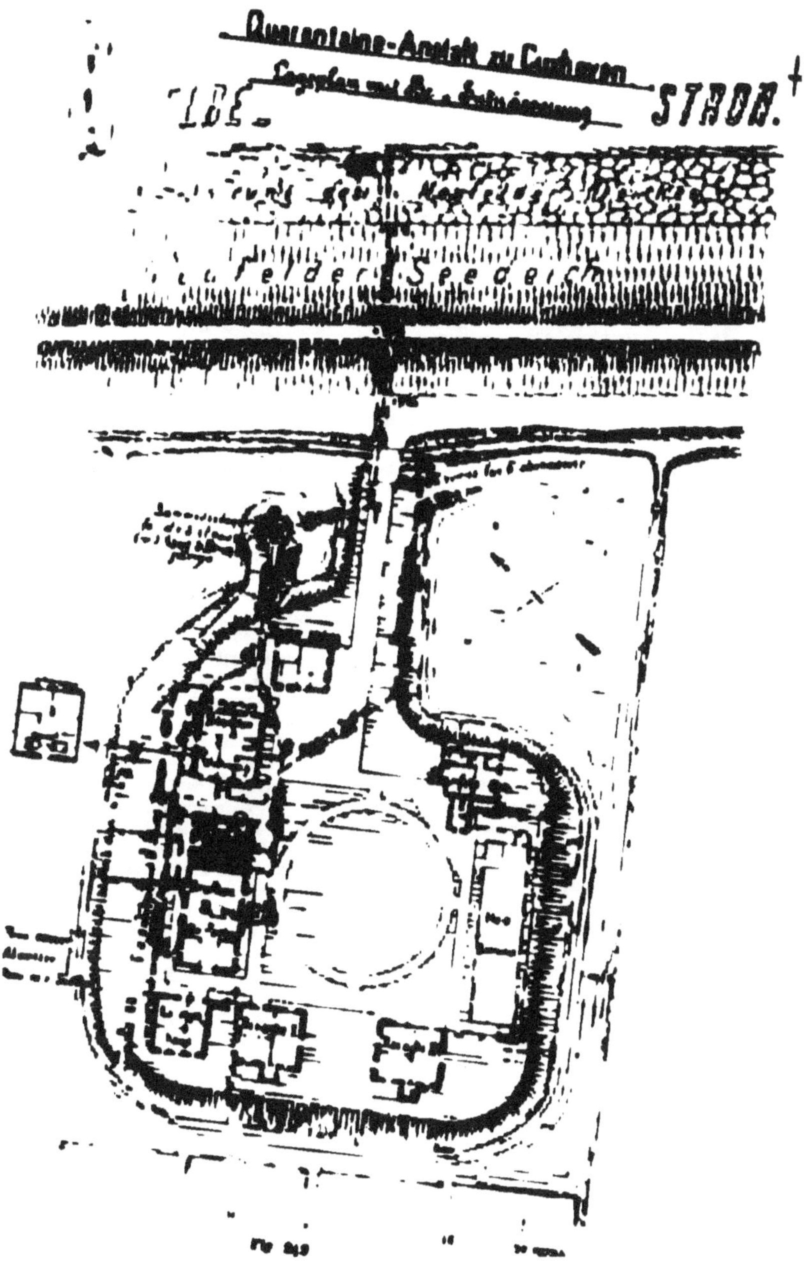
Quarantaine-Anstalt zu Cuxhaven
Felder
Speedeich

Fig. 220.

verdächtiger und zweifelhafter Kranken, während der neue, größere Pavillon die Infektionskranken aufnimmt. Dieser an beiden Giebelseiten zugängliche Pavillon enthält, wie die Figuren 221 und 222 zeigen, außer dem allgemeinen Krankensaal für 10 Betten, noch 2 Isolierzimmer für Kapitäne und Schiffsoffiziere, ferner einen Wäscheverwahrraum, ein Geräteraum, ein Badezimmer und eine Aufwaschküche mit einem Herd, von welchem auch Rohre das Wasserleitungswasser für die Waschküche erwärmt werden kann. Die Klosettanlage mit 2 Abortsitzen ist in einem Nebenbau, getrennt vom Hospitale, untergebracht, aber durch einen gedeckten, gut lüftbaren Korridor mit letzterem verbunden. Die Lüftung des Saales erfolgt durch die Fenster, die Heizung durch 2 Mantelöfen mit außen mündenden Luftzuführungsschächten.

Zur Wasserversorgung des Lazaretts wird das Regenwasser in einer, unterhalb der Nebenräume des Krankenpavillons hergestellten, wasserdichten Cisterne gesammelt, von welcher Rohrleitungen zunächst zu zwei hoch gelegenen Reservoiren und von dort zu allen Verbrauchsstellen führen. Brunnenwasser ist, wie in anderen Marschgegenden, so auch in Cuxhaven stark eisenhaltig, z. T. auch brackig und deshalb wenig zu Genußzwecken geeignet. Im Notfalle können die Klosetts, die Waschküche und das Badezimmer aus einer brunnenartigen Cisterne (vgl. Fig. 219) versorgt werden, in welche das Wasser aus dem umgebenden Marschgraben durch ein Kiesfilter hindurchgelangt.

Die Sielleitung des Quarantäne-Lazaretts a b c d e f g ist, wie die Figuren 219 und 220 zeigen, nach einem brunnenartigen, gemauerten, wasserdichten Sammelschachte geleitet, in welchem mittels eines Rührwerks die Fäkalien u. s. w. mit Kalkmilch innig vermengt und desinfiziert werden. Sodann wird der Inhalt des Sammelschachtes durch eine Saug- und Druckpumpe in einem 10 cm weiten eisernen Rohr f unterirdisch über den Seedeich hinüber in die Elbe gepumpt.

Tritt eine Belegung des Lazaretts ein, so wird ev. das erforderliche ärztliche und Wärterpersonal telephonisch von dem Neuen Allgemeinen Krankenhause Hamburg-Eppendorf requiriert, während außerdem zur Sicherung jederzeitigen, schnellsten Rapports auch eine telephonische Verbindung zwischen dem Lazarett und dem ebenfalls innerhalb des Amtsphysikus

Quarantaine-Anstalt zu Cuxhaven

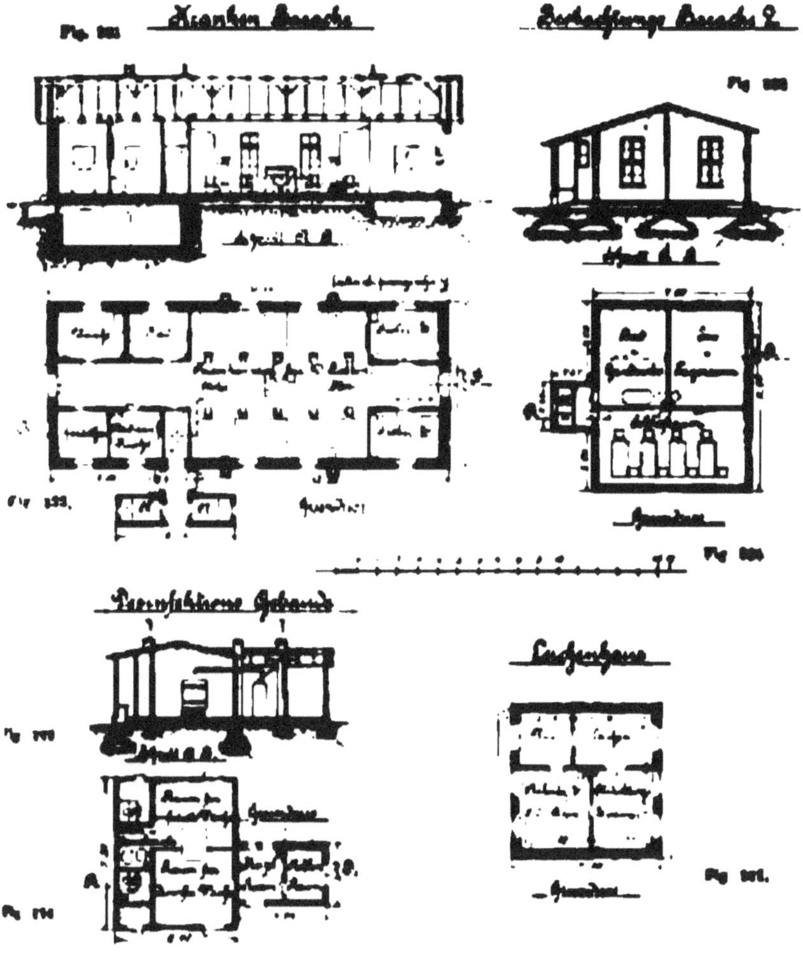

in Cuxhaven hergestellt ist. Die Beköstigung der Kranken übernimmt die Frau des Anstaltsverwalters gegen einen festen Verpflegungssatz von Mk. 2,50 pro Kopf und Tag.

Von den neueren, für allgemeine Zwecke errichteten Infektionsspitälern größerer englischer Städte bietet das in Fig. 61, S. 63 dargestellte Epidemiehospital in Nottingham ein gutes Beispiel, wo auch Pockenkranke aufgenommen, aber auf ein besonderes, durch ein Gitter von dem übrigen Krankenhausgrundstück abgetrenntes Gebiet verwiesen werden. Für die Wärterinnen des Pockenpavillons ist ein eigenes, isoliertes Wohnhaus erbaut, ebenso ist die Waschküche für das Krankenhauspersonal und für die Kranken je in einem besonderen Gebäude untergebracht. Die ankommenden Kranken werden im Verwaltungsgebäude aufgenommen, dort zunächst in isolierten Beobachtungsräumen untergebracht und gelangen dann in den betreffenden Pavillon, von denen jeder für eine Krankheitsform bestimmt ist.

Nicht unbedenklich erscheinen hier die bedeckten und nur an den Kreuzungsstellen seitlich offenen Gänge, welche die einzelnen Pavillons — mit Ausnahme des Pockenpavillons — untereinander und mit dem Verwaltungsgebäude verbinden.

Solche Verbindungsgänge sind bei dem 1896 eröffneten Fieberhospital zu Longshaw bei Blackburn nicht vorhanden, wo nach Fig. 226, S. 227 die einzelnen Zweige des Verwaltungs- und Wirtschaftsbetriebs ebenfalls zweckmäßig getrennt sind. Der Wert der Anlage wird erhöht durch ein besonderes Badehaus für diejenigen geheilten Patienten, welche das Hospital verlassen und vor Austritt aus demselben sich einer gründlichen Desinfektion zu unterziehen haben. Auch ist die Anordnung des Isolier- und Beobachtungspavillons, wie der übrigen Gebäude und die dadurch erzielte Trennung der einzelnen Krankenabteilungen, ferner die Sonderung der Waschräume für die Wäsche der Kranken und für diejenige des Krankenhauspersonals u. s. w. in mustergültiger Weise durchgeführt. Bei der mit der Heizung verbundenen Ventilation des Scharlach-Pavillons wird vorgewärmte, frische Luft durch 2 Ventilatoren, die durch eine Maschine von 4 HP getrieben werden, den Sälen in einer Höhe von 3 m über Fußboden zugeführt und die durch Austrittsöffnungen am Fußboden unter den Betten abgeführte, schlechte Luft mittels Thonröhren nach dem großen Schornstein des Waschhauses geleitet. Die frische Luft wird filtriert und kann, wenn erforderlich, angefeuchtet und bis zu einem gewissen Grad abgekühlt werden.

Eine Anordnung, die für Isolierspitäler besondere Beachtung verdient, ist bei dem neuen Fieberspital Shooters Hill, im Südosten Londons, getroffen worden. Hier sind zwei gesonderte Eingänge zum Hospital, einer für Infizierte und einer für reine Personen und Gegenstände vorhanden, die gleichzeitig von einer Portierloge gut beobachtet werden können und einerseits zu den Aufnahme- und Krankenräumen, bezw. zu den sonstigen, infizierten Gebäuden, andererseits zu den Wohnungen des Krankenhauspersonals und zu den Verwaltungs- und Wirtschaftsräumen führen. Auf diese Weise wird für diejenigen fremden Personen, welche von auswärts nach dem Hospital kommen, die Gefahr einer Ansteckung vermieden.

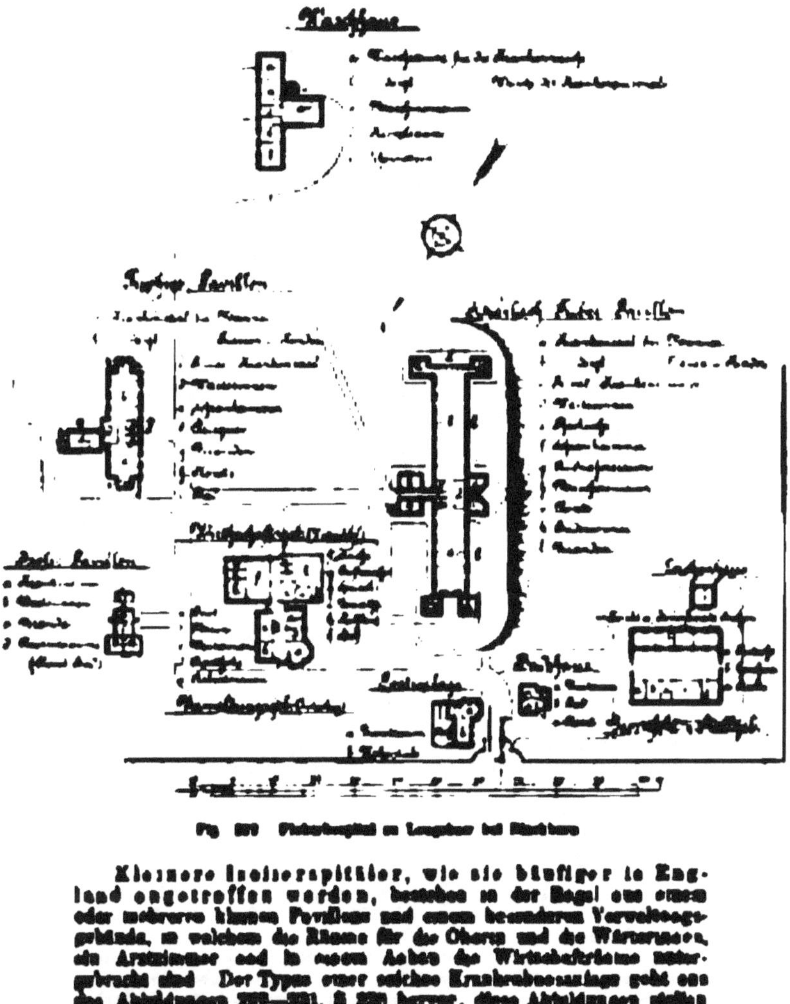

Fig. 288. Fieberhospital zu [illegible] bei [illegible]

Kleinere Isolierspitäler, wie sie häufiger in England angetroffen werden, bestehen in der Regel aus einem oder mehreren kleinen Pavillons und einem besonderen Verwaltungsgebäude, in welchem die Räume für die Oberin und die Wärterinnen, ein Arztzimmer und in einem Anbau die Wirtschaftsräume untergebracht sind. Der Typus einer solchen Krankenhausanlage geht aus den Abbildungen 289—291, S. 238 hervor; diese Abbildungen stellen ein Projekt dar, das gelegentlich einer kleinen Wettbewerbung mit dem ersten Preis bedacht wurde.

In anderen Ländern sind besondere Isolierspitäler für ansteckende Krankheiten nur vereinzelt errichtet worden und zwar hauptsächlich in großen Städten.

Fig. 230

Fig. 231

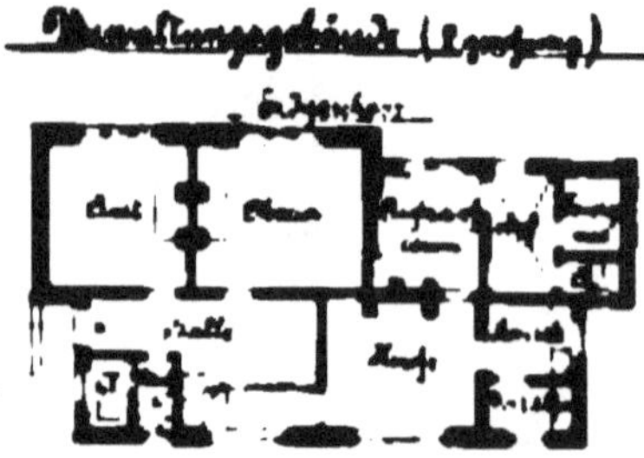

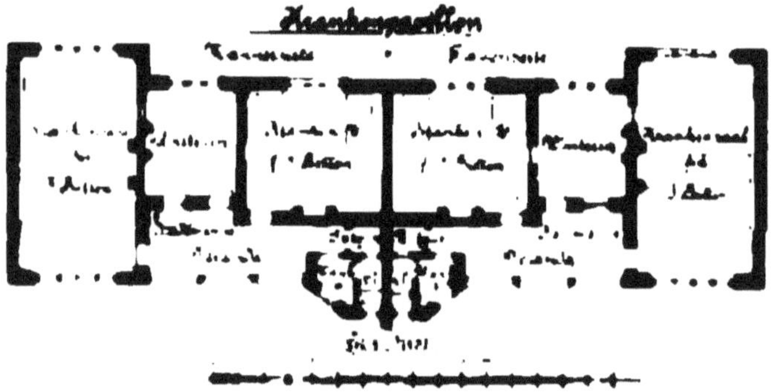

Fig. 232

Fig. 230, 231 und 232. Kleinere Krankenanlage für infektiöse Kranke.

So hat z. B. Kopenhagen zwei Epidemiespitäler, ein kleineres für 58 Betten am Oeresund und ein größeres für 140 Betten zu Blegdam. Während das erstere für Cholera- und sonstige ansteckende Kranke, die auf Schiffen in Kopenhagen ankommen, bestimmt ist, soll das Hospital zu Blegdam dem größeren Bedürfnis in Epidemiezeiten dienen, in gewöhnlichen Zeiten aber auch weniger gefährliche, kontagiöse Krankheitsfälle (Typhus, Ruhr u. dergl.) aufnehmen.

Das Hospital am Oeresund, dessen Lageplan in Fig. 232, S. 239 dargestellt ist, hat ein Areal von 10800 qm, sodaß auf ein Bett eine Grundstücksfläche von [illegible] qm entfällt.

Die Gesamtanordnung der Gebäude entspricht allen an ein derartiges Hospital zu stellenden sanitären Anforderungen, wobei namentlich die Unterbringung zweifelhafter Kranken in einem isolierten Beobachtungspavillon hervorzuheben ist.

Nach gleichen Gesichtspunkten ist das Epidemiespital zu Blegdam, dessen Gesamtanordnung aus Fig. 233 hervorgeht, angelegt. Hier entfällt bei einem Gesamt-Areal von 77000 qm und bei 140 Krankenbetten auf einen der letzteren eine Fläche von ca. [illegible] qm. Indessen ist

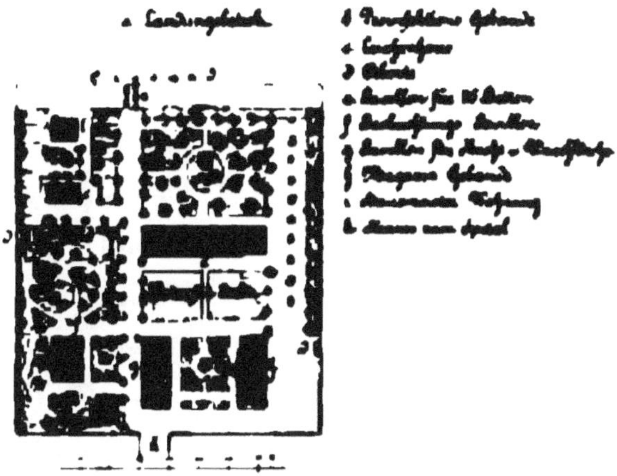

Fig. 168. Epidemie-Hospital am Öresund bei Kopenhagen.

darauf Rücksicht genommen, daß auf der reichlich bemessenen Grundstücksfläche bei großen Epidemien noch 6 weitere Pavillons und Zelte errichtet und somit Unterkünfte für mehr als 300 Kranke geschaffen werden können.

In Stockholm, wo bis Ende der 80er Jahre die ansteckenden Kranken noch in den allgemeinen Krankenhäusern untergebracht wurden, ist in neuerer Zeit ein Epidemiekrankenhaus für etwa 170 Kranke errichtet worden, das in vielen Beziehungen als ein Muster für derartige Anlagen angesehen werden kann. Dasselbe ist in dem Quartier Rodamannen frei und luftig an einem ansteigenden Gelände gelegen und umfaßt ein reichliches Areal, das eine Erweiterung des Krankenhauses durch Errichtung provisorischer Baracken gestattet. Die eigentlichen, nach einem einheitlichen Typus erbauten Krankengebäude bestehen, wie Fig. 224, S. 231 zeigt, aus je einem Pavillon für Scharlach, Typhus, Diphtherie, Pocken und Masern, die einen Abstand von 40 m unter einander und je einen für sich abgeschlossenen Hof für die betreffenden Kranken haben, sodaß die einzelnen Pavillons vollständig voneinander getrennt sind. Ferner ist ein Beobachtungspavillon vorhanden, der eine von den übrigen Krankenräumen gesonderte, zweckentsprechende Lage erhalten hat, wie auch die übrigen Gebäude — die Verwaltung am Eingang des Grundstücks, die Küche in der Mitte der ganzen Anlage, das Wasch- und Desinfektionsgebäude, das Leichenhaus u. s. w. seitwärts von allen vorgenannten Gebäuden — zweckmäßig angeordnet sind.

Die Entleerungen sämtlicher Pavillons sind nach einem gemeinschaftlichen Reservoir zusammengeführt, wo eine Desinfektion stattfindet, ehe die Fäkalien u. s. w. in das öffentliche Siel gelangen.

Die Wärter und Wärterinnen wohnen im Verwaltungsgebäude, müssen sich aber, ebenso wie die Aerzte, wenn sie von den Pavillons zurückkommen, vorher einer Reinigung und Desinfektion unterziehen, in welchem

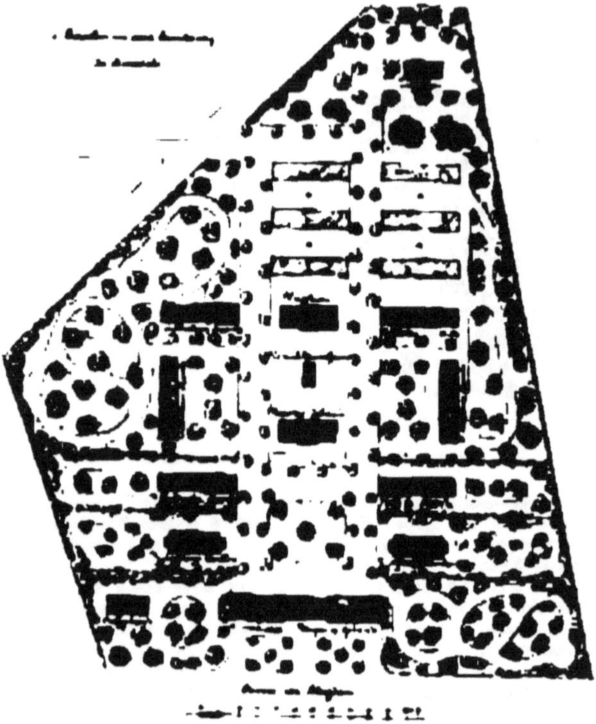

Fig. 230. Epidemie-Hospital zu Blegdam bei Kopenhagen.

Zweck vor den an der Rückseite des Verwaltungsgebäudes gelegenen und für inficirte Personen bestimmten Eingängen Umkleide- und Baderäume für Aerzte und Wärter in zwei gesonderten Abtheilungen vorgesehen sind (vergl. Fig. 225, S. 231).

Die ankommenden Kranken betreten das Verwaltungsgebäude durch den mittleren Haupteingang an der Vorderfront, gelangen von hier zu den Büreau, ferner zu dem Aufnahmezimmer zu dem untersuchenden Arzt und werden dann durch die Thür des rechten Flügels nach den betreffenden Pavillons gebracht, bei welchen der auf der Vorderseite befindliche Eingang nur für Gesunde bestimmt ist, während Kranke und inficirte Personen die Eingänge an der Rückseite benutzen.

Ueberall ist peinlichst dafür Sorge getragen, daß Ansteckungen durch inficirte Personen und Gegenstände vermieden werden.

Diesem Grundsatz entspricht auch das zweckmäßig angelegte, in Fig. 226, S. 232 dargestellte Wasch- und Desinfektionshaus, dessen

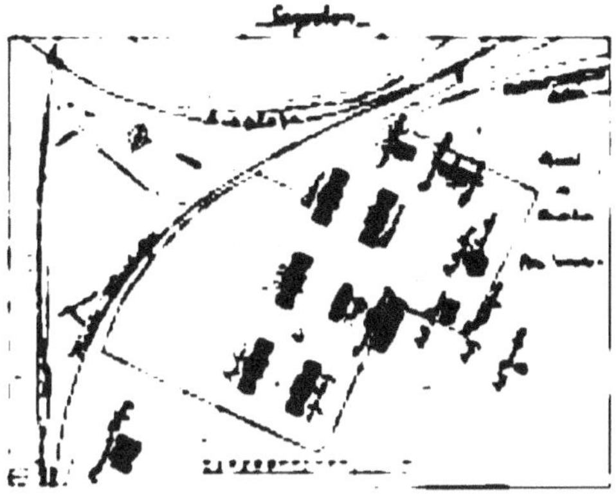

Fig. 224. Epidemie-Hospital in Stockholm

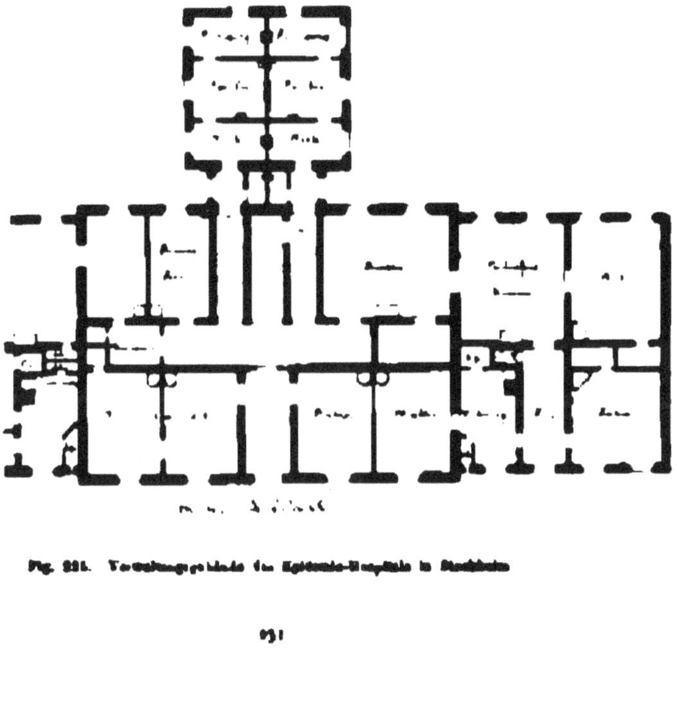

Fig. 225. Verwaltungsgebäude des Epidemie-Hospitals in Stockholm

infizierte Seite vollständig von der reinen Seite durch feste Mauern getrennt ist und welches einen Desinfektionsapparat, einen Verbrennungsofen, Desinfektionsräume für Personen, sowie anderen Wasch-, Trocken-, Magazinräume u. s. w. besitzt.

In Oesterreich-Ungarn wird in neuerer Zeit seitens der Obersten Sanitätsverwaltung auf die Errichtung von Spitälern für

Fig. 286. Wasch- und Desinfektionsgebäude des Epidemie-Hospitals in Stockholm.

Infektionskranke mit besonderem Nachdruck hingewirkt. Wie in anderen Ländern, sind allerdings diese Infektionsspitäler meistens mit bestehenden allgemeinen Krankenhäusern verbunden worden und bilden nur eine Abteilung der letzteren. Doch ist auch bereits eine Anzahl selbständiger Isolierspitäler errichtet worden, die z. T. dem Auftreten der Cholera im Jahre 1892 ihr Entstehen verdanken.

Fig. 287. St. Ladislaus Epidemie-Spital in Budapest.

In Wien tragen diese selbständigen Isolierräume bez. Choleraspitäler im allgemeinen mehr einen provisorischen Charakter, während daselbst in einer großen Zahl von allgemeinen Krankenhäusern permanente Isolier-Pavillons oder Abteilungen vorgesehen sind.

Ein neues, größeres (St. Ladislaus-)Hospital für ansteckende Krankheiten ist 1893 in Budapest mit einem Belegraum für 200 Krankenbetten errichtet worden, dessen Lageplan in Fig. 287 dargestellt ist. Die Gesamtanordnung desselben, Verteilung und Abstand der Pavillons, Lage der Küche und der einstigen Nebengebäude erscheint durchaus zweckmäßig, wie auch die Einrichtung den Anforderungen der Neuzeit nach allen Seiten gerecht wird. Eine Eigentümlichkeit, die mit manchen Vorzügen verbunden ist, bildet hier die Teilung der 6 Pavillons (Krankenabteilungen) in zwei durch einen breiten, lichten Korridor getrennte Bauteile, von denen der größere den gemeinschaftlichen Krankensaal für 16 Betten nebst Wärterzimmer, Wäscheabgabe, Theeküche, Badezimmer und Klosett, der kleinere 2 Krankenzimmer mit je 4 Betten, ein kleines Zimmer mit 1 Bett und ein Wärterzimmer enthält.

Für die innere Kommunikation zwischen den 6 Pavillons ist ein gedeckter, seitlich offener Gang in der Achse der Krankenhausanlage hergestellt, der aber nicht bis zum Verwaltungsgebäude durchgeführt ist. Diese Anordnung ist aus früher erörterten Gründen (S. 55) in hygienischer Beziehung nicht frei von Bedenken.

Als ein wichtiges Bedürfnis hat es die österreichische Oberste Sanitätsverwaltung erachtet, daß auch in Gemeinden, welche kein Hospital besitzen, wenigstens für die Fälle des ersten Bedarfs, Epidemie- oder Notspitäler errichtet, in Stand gesetzt und erhalten werden, um für den Fall des entstehenden Bedürfnisses sofort einen Infektionskranken aufnehmen zu können, denn eine rationelle und zielbewußte [illegible] im Anfang einer Epidemie garantiert den besten Erfolg für die Erstickung derselben im Keime.

Daß verhältnismäßig wenig Gelegenheit vorhanden ist, Infektionskranke sofort und zweckentsprechend zu isolieren, geht daraus hervor, daß bei insgesamt über 28 000 Ortsgemeinden der im Reichsrate vertretenen Königreiche und Länder Österreichs nur ca. 900 öffentliche und Privatspitäler vorhanden sind, während die Vorschrift besteht, daß Infektionskranke nicht aus einer Gemeinde in eine andere übertragen werden sollen. Ähnliche Verhältnisse bestehen auch fast in allen anderen Ländern. Es verdient deshalb Nachahmung, daß die kärntnerische Landesregierung in der Absicht, die Bestrebungen zur Errichtung ständiger Infektionsspitäler in kleineren Gemeinden zu fördern und letzteren Anhaltspunkte für die Anforderungen an derartige Hospitäler, in deren Einrichtung und Herstellung mit einem verhältnismäßig geringen Kostenaufwand zu geben, einen in den Figuren 238—240, S. 234 dargestellten Musterplan für ländliche Epidemiespitäler hat anfertigen und allen Unterbehörden durch Erlaß vom 30. März 1904 zugehen lassen, ein Plan, der in vielen Fällen als Beispiel und Anhalt bei den nach den besonderen Verhältnissen auszuarbeitenden Projekten dienen soll.

Der Bau dieses ca. 187 qm Bodenfläche umfassenden Musterspitals ist von dem Bau-Departement der kärntnerischen Landesregierung, bei Hauptmauern in Ziegelmauerwerk, bei Zwischenwänden aus Gipsdielen, ferner bei Holzfußböden und feuersicherer Bedachung, auf 4600—5400 K (M. 7800—9000), je nach den Lokalpreisen des Baumaterials, veranschlagt, sodaß auf das Bett ein Einheitspreis von 460—540 K (M. 780—900) entfällt.

In jedem einzelnen Fall wird die betr. Behörde auf eine isolierte Lage des Epidemiespitals, für zweckentsprechende Desinfektionseinrichtungen, für unschädliche Beseitigung der Abfallstoffe u. s. w. Sorge zu tragen haben.

Deutschland besitzt nur wenige ständige Isolierspitäler.

Fig. 338.

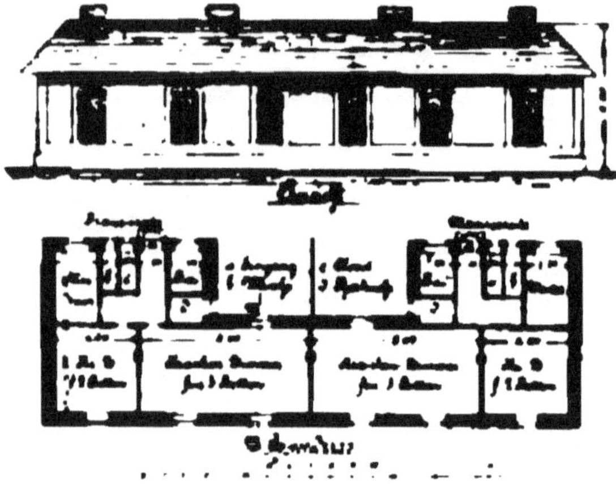

Fig. 339.

Fig. 340.

Fig. 338, 339 und 340. Musterpläne für ländliche Epidemiespitäler in Kärnten.

Das größte derselben ist das 1871/72 erbaute Baracken-Lazarett in Moabit, welches aus 30 Baracken mit etwa 700 Betten besteht und für alle Arten von ansteckenden Krankheiten, besonders Flecktyphus und Pocken bestimmt ist, aber auch in neuerer Zeit chirurgisch und medizinisch Kranke aufnimmt. Bei der Bauausführung, mit der man den Bau dieses Lazarettes z. Z. angesichts der schnellen Verbreitung der Pocken betrieben wollte, ist man zwar den wesentlichsten Anforderungen an ein Isolierspital für ansteckende Krankheiten gerecht geworden, doch kann dasselbe [illegible], schon wegen seiner provisorischen Bauart in ausgemauertem Fachwerk, ferner wegen des Mangels von Beobachtungsräumen in den übrigen Baracken, des geringen Luftraumes pro Krankenbett, der etwas gedrängten Anordnung der Pavillons, wozu noch jetzt die Lage in stark bewohnter Stadtgegend kommt, als mustergültig für permanente Isolierspitäler angesehen werden.

Das 1891 in Berlin erbaute Koch'sche Institut ist ebenfalls zur Aufnahme von infektiösen Kranken (108 Betten), daneben aber vornehmlich zu medizinisch-wissenschaftlichen Forschungszwecken bestimmt und deshalb mit einer großen, wissenschaftlichen Abteilung für bakteriologische Untersuchungen und Beobachtungen verbunden.

Soweit es hier die aus Fig. 241 hervorgehende langgestreckte Form des Grundstücks gestattete, sind die Gebäude in günstiger Weise an-

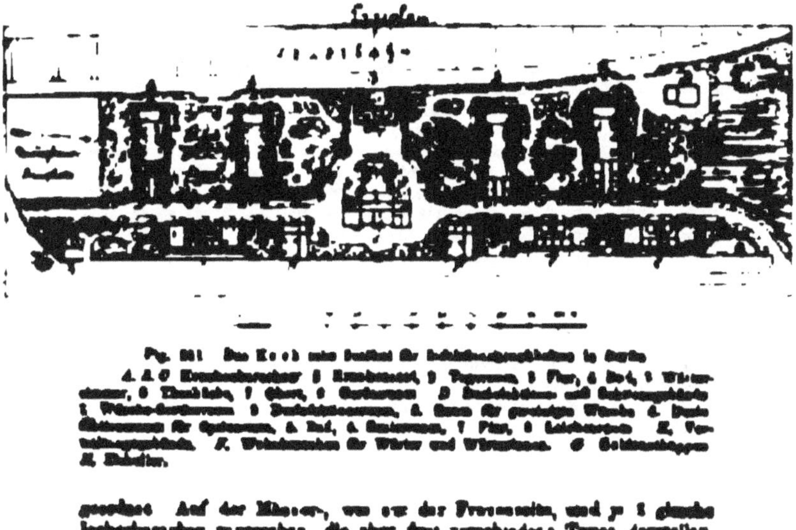

Fig. 241. Das Koch'sche Institut für Infektionskrankheiten in Berlin.
A, B, C Krankenbaracken: 1 Krankensaal, 2 Tagesraum, 3 Flur, 4 Bad, 5 Wärterzimmer, 6 Theeküche, 7 Closet, 8 Garderoben. D Beobachtungsbaracke und Schwesterngebäude: 1 Wäsche-Sortierraum, 2 Desinfektionsraum, 3 Raum für gereinigte Wäsche, 4 Dunkelkammer für Operationen, 5 Bad, 6 Badezimmer, 7 Flur, 8 Leichenraum. E Verwaltungsgebäude. F Wohnbaracken für Wärter und Wärterinnen. G [illegible]. H Eiskeller.

geordnet. Auf der Männer-, wie auf der Frauenseite, sind je 3 gleiche Isolierbaracken vorgesehen, die aber drei verschiedene Typen darstellen. Zwei der letzteren sind zur Aufnahme je einer Krankheitsform bestimmt, während der dritte Typus zwei, durch eine feste Mittelwand vollständig getrennte Abteilungen für zwei Krankheitsgattungen enthält. Ein besonderer Beobachtungspavillon für zweifelhafte Kranke fehlt und ist auch hier kaum erforderlich. Für Wärter und Wärterinnen, die je in einer gemeinschaftlichen Wohnbaracke untergebracht sind, würde jedoch eine bessere Trennung nach den bezüglichen Krankenabteilungen, in denen sie beschäftigt sind, erwünscht sein. Im übrigen ist mit besonderer Sorgfalt darauf hingewirkt worden, daß Krankheits-Uebertragungen nach Möglichkeit verhütet werden. Die gut eingerichtete Desinfektionsanstalt für infizierte Gegenstände und Personen enthält deshalb noch einen besonderen Raum zur Sterilisierung aller Reste von Speisen und Getränken aus den Krankenräumen, während der Kehricht der größeren Baracken in den Kesselfeuerungen der Warmwasserbereitungsanlage, welche zur Versorgung der Waschtische und Bäder in den Gartenbaracken aufgestellt sind, verbrannt wird.

Die Aufnahme infektiöser Kranken erfolgt, abgesehen von England mit seinen zahlreichen Isolierspitälern, sonst und namentlich in Deutschland der Regel nach in den allgemeinen Krankenhäusern und zwar in einem einzelnen Pavillon oder in einer von mehreren Isoliergebäuden gebildeten Abteilung, die von den übrigen Krankengebäuden räumlich und in Bezug auf das Wärterpersonal getrennt, im übrigen aber an die allgemeine Verwaltung und Oekonomie angeschlossen wird. Diese Anordnung entspringt ökonomischen Rücksichten, die es angezeigt erscheinen lassen, permanente Isoliergebäude, die oft längere Zeit nicht benutzt werden und in solchem Fall, zur Vermeidung einer teueren Unterhaltung, wohl immer des ärztlichen und Wärterpersonals entbehren müßten, mit bestehenden Krankenhäusern zu verbinden, um durch deren Verwaltung, Aerzte, Wärter u. s. w. gegebenenfalls die Isoliergebäude sofort in Betrieb setzen zu können. So ist beispielsweise in dem Hamburg-Eppendorfer Krankenhaus eine besondere Epidemie-Abteilung vorgesehen, die auf einem von dem übrigen Krankenhausgrundstück abgegrenzten Teil errichtet, aber in Bezug auf Verwaltung und Oekonomie ganz an die allgemeine Abteilung angegliedert ist. Während aber diese Epidemie-Abteilung für außergewöhnliche Fälle dient, ist noch, wie Fig. 36, S. 60 zeigt, eine größere Zahl von Isoliergebäuden für verschiedene endemische oder auch seltene Infektionskrankheiten zwischen den allgemeinen Krankengebäuden zerstreut angeordnet und somit Gelegenheit zu einer weitgehenden Isolierung gegeben. Hier ist allerdings das Bedürfnis für eine reichlichere Zahl von Isoliergebäuden mit größeren und kleineren Krankensälen durch die bei dem großen Schiffahrtsverkehr mehr als in anderen Städten vorkommenden Einschleppungen von Infektionskrankheiten gegeben.

Wo keine besonderen, für sich abgeschlossene Abteilungen für Infektionskranke gebildet werden, müssen die Isoliergebäude wenigstens so angeordnet werden, daß die allgemeinen Kranken nicht das Gebiet derselben zu betreten nötig haben, überhaupt eine Berührung zwischen beiden Arten von Kranken ausgeschlossen ist. Dieser Forderung entspricht z. B. die Anordnung der Isolier-Pavillons in den Krankenhäusern im Friedrichshain und am Urban in Berlin, in Auerbach, in Offenbach a. M. u. s. w.

Wenn die mit einem allgemeinen Krankenhaus verbundene Abteilung für Infektionskrankheiten eigene Verwaltungs- und Wirtschaftsräume erhalten kann, so verdient diese natürlich aus hygienischen Gründen den Vorzug vor der Gemeinschaftlichkeit solcher Räume.

In dem k. k. Kaiser Franz Joseph-Spital in Wien, dessen günstige Gesamtanordnung aus dem Lageplan Fig. 242, S. 237 hervorgeht, hat die von den allgemeinen Krankengebäuden vollständig ge-

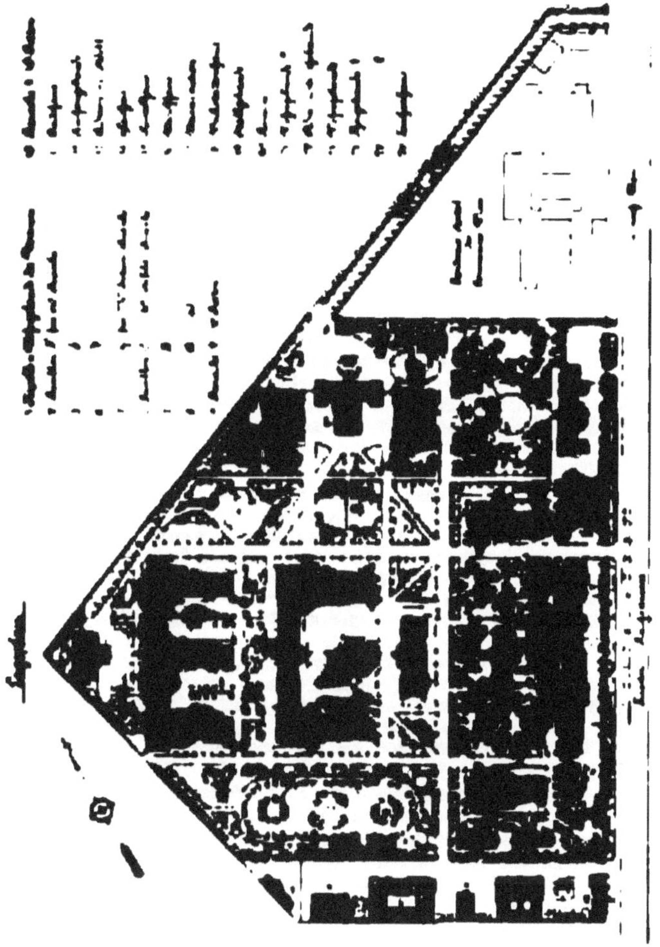

Fig. 233. Das k. k. Kaiser Franz Joseph-Spital in Wien.

trennte Infektions-Abteilung wenigstens ein eigenes Verwaltungsgebäude erhalten, während die Wirtschaftsräume gemeinschaftlich sind.

Vorteilhaft ist hier übrigens auch die besondere Zufahrt zu der Infektions-Abteilung von der Triester Straße aus, wo zur Ueberwachung dieser Zufahrt ein eigenes Thorgebäude errichtet ist. — Eine gute Reserve der Infektions-Abteilung bildet das auf dem angrenzenden Grundstück befindliche Epidemiespital der Gemeinde Wien, welches auch schon wiederholt als Filiale des k. k. Kaiser Franz Joseph-Spitals benutzt worden ist.

Im übrigen sei hierbei noch bemerkt, daß bei dem Gesamtareal des k. k. Kaiser Franz Joseph-Spitals von 84 814 qm und bei ca. 610 Betten auf jedes Bett eine Fläche von ca. 140 qm entfällt.

5. Raum-Anordnung in den Isoliergebäuden.

Für die Absonderung infektiöser Kranken eignet sich am besten der eingeschossige Krankenpavillon und zwar sollte derselbe immer nur für eine Krankheitsform eingerichtet oder, wenn mehrere derselben darin untergebracht werden sollen, durch feste Wände geteilt und mit einer entsprechenden Zahl gesonderter Zugänge versehen werden. Es ist jedoch hygienisch nicht empfehlenswert, mehr als höchstens 4 Kranken-Abteilungen in einem Pavillon zu vereinigen, der in diesem Fall gewöhnlich zweigeschossig angeordnet wird.

Korridorbauten sind ihrer bereits früher besprochenen Mängel wegen für die Aufnahme Infektionskranker ungünstig, wo aber die Not zu einer solchen Aufnahme zwingt, da muß eine Absonderung der infektiösen Kranken-Abteilungen untereinander, wie von den allgemeinen Kranken-Abteilungen, mit äußerster Vorsicht und Strenge durchgeführt werden.

Jede infektiöse Kranken-Abteilung muß ihre eigenen Wasch-, Bade- und Klosetträume erhalten, die, wenn irgend möglich, für Kranke und für das Wartepersonal etc. getrennt anzulegen sind. Neben dem Hauptkrankensaal müssen noch ein oder mehrere Isolierzimmer für Schwerkranke, Tobsüchtige u. dergl., sowie etwa für zahlende Kranke vorhanden sein, während im übrigen die Nebenräume aufs äußerste möglichst beschränkt werden. Aufbewahrungsräume für schmutzige Wäsche sind jedenfalls zu vermeiden. Muß letztere eine kurze Zeit im Pavillon bleiben, so können zu diesem Zweck ev. eiserne, verschließbare Kästen im Vorraum des Klosets aufgestellt werden. Indessen ist eine sofortige Beförderung nach der Desinfektionsanstalt in leinenen Beuteln, die mit einer desinfizierenden Flüssigkeit angefeuchtet werden, wie bereits früher (S. 148) erwähnt, das Empfehlenswerteste.

Mittelkorridore sind in Isolierpavillons noch mehr als in allgemeinen Pavillons zu vermeiden oder zu beschränken und, wie alle übrigen Räume, gut beleuchtet und ausgiebig lüftbar herzustellen.

Tageräume, offene Hallen oder Veranden für die Rekonvaleszenten sollten bei keinem Isolierpavillon fehlen. Generalarzt Roth schlägt vor, die Thüren der Zimmer eines Isoliergebäudes nicht auf einen geschlossenen Korridor, sondern auf eine an der Seite offene Veranda münden zu lassen.

Diesem Grundsatz entspricht das in Stahlfachwerk hergestellte Isolierhaus des Presbyterian-Hospitals in New York, wo nach Fig. 243 neben jedem Krankenzimmer ein zu demselben gehöriger Raum für Wärterinnen sich befindet. Beide Räume sind zugänglich von einem gemeinschaftlichen, kleinen Vorflur, welcher sich nach der das Gebäude umgebenden, offenen Halle öffnet. Die Wärterinnen dieser Isolierzimmer dürfen die übrigen Krankenräume nicht betreten. Eine derartige Anlage ist besonders für streng zu isolierende Einzelzimmer empfehlenswert.

Bei dem Beobachtungspavillon des Stockholmer Epidemiekrankenhauses hat dieses Isolierungsprinzip eine besondere interessante Anwendung gefunden. Hier sind, wie Fig. 244 u. 245, S. 240 zeigt, 8 Krankenzimmer in Form eines Halbkreises angeordnet, die vollständig voneinander durch feste Wände getrennt sind und deren Zugang von außen je durch einen kleinen, windfangartigen Vorbau geschützt ist.

Jedes Zimmer ist groß genug für 2 Betten, sodaß er eine Mutter mit ihrem Kinde zusammen darin untergebracht werden kann. An der inneren Seite der halbkreisförmigen Zimmerreihe ist ein durch seitliches Oberlicht erleuchteter, heller Korridor angeordnet, in welchem desinfizierte Wäsche und Leinenzeug aufbewahrt wird und Wasser-Zu- und Abfluß angebracht ist. Dieser Korridor ist ebenfalls durch feste Wände geteilt und zwar so, daß 4 Zimmer je eine für sich abgeschlossene Abteilung, und von den übrigen 4 Zimmern je 2 eine gemeinschaftliche Korridor-Abteilung erhalten, wie im letzteren Falle auch je 2 gemeinschaftliche äußere Windfangvorbauten vorgesehen sind. Auf diese Weise kann erforderlichenfalls ein Zimmer von einem Kranken, das andere von einem Angehörigen oder Pfleger benutzt werden. Von jeder einzelnen Korridorabteilung ist ein für die betreffende Isolierabteilung bestimmter Klosettraum zugänglich. Diese Klosetts liegen sämtlich in einem inneren mit Glas überdeckten Lichthof (vgl. Fig. 245), von dem auch je ein Gang nach den einzelnen Isolierabteilungen führt und welcher außerdem noch von dem an der geradlinigen Seite des Halbkreisbaues befindlichen Gebäudeteil mit Teeküche, Wärterzimmer und Baderaum zugänglich ist. Dieser Anbau hat von außen einen besonderen Eingang erhalten. Alle Krankenzimmer werden von einer gemeinsamen Wärterin bedient, in deren Händen sich auch allein die Schlüssel zu den Krankenzimmern befinden. Dieselbe hat zur Verhütung von Krankheits-Übertragungen vor dem Betreten eines Zimmers jedesmal einen Schutzmantel anzulegen und nach dem Verlassen des Zimmers den Mantel in dem Korridor wieder aufzuhängen und die Hände zu reinigen.

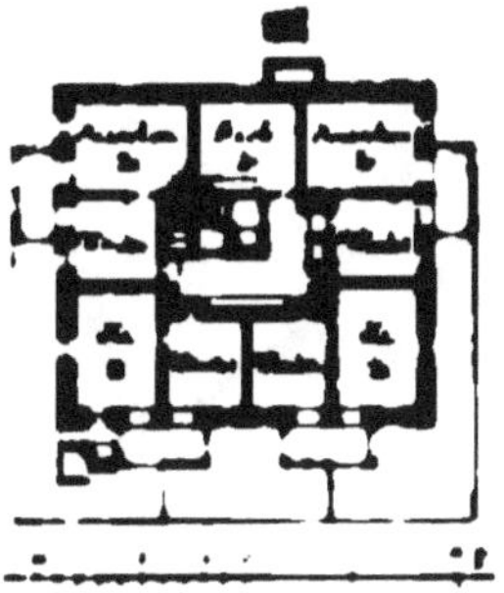

Fig. 243. Presbyterian-Hospital in New York (Isolierhaus).

Die Erwärmung der Zimmer erfolgt durch eine Warmwasser-Niederdruckheizung. Jeder Raum hat eine besondere Frischluftzuführung von außen nach dem in der Fensternische aufgestellten Heizkörper, während die verbrauchte Luft durch einen mit Lockflamme versehenen Abzugsschlot abgeführt wird.

Auch die übrigen Pavillons dieses Krankenhauses weisen eine sehr zweckmäßige Anordnung der Räume auf. Sie enthalten, wie Fig. 246, S. 242 zeigt, je eine Kranken-Abteilung für Männer und Frauen, die zu beiden Seiten eines zweigeschossigen Mittelbaues liegen, während die die Kranken-

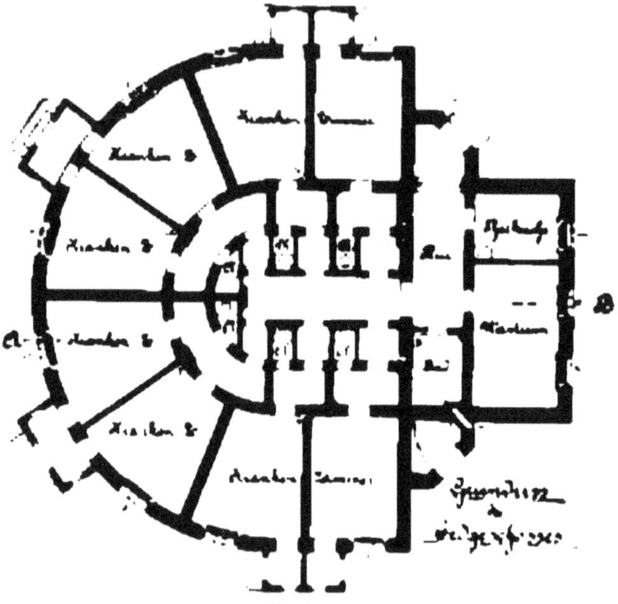

Fig. 244.

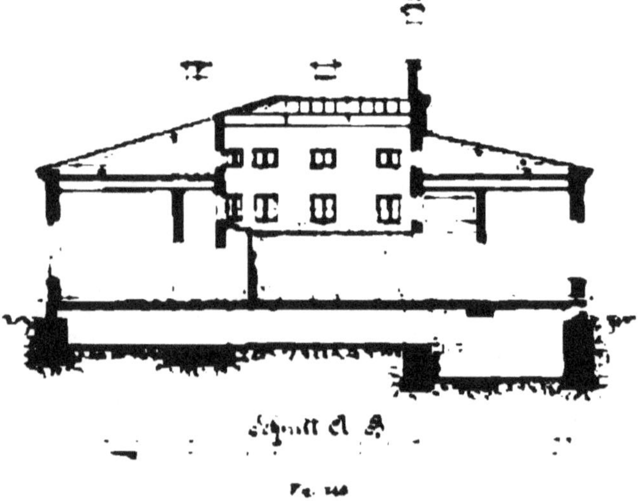

Fig. 245.

Fig. 244 und 245. Beobachtungs-Pavillon des Epidemie-Krankenhauses in Stockholm.

[illegible] Seitenbauten selbst eingeschrieben sind. Für [illegible]abtheilung ist ein größerer Saal mit 10 Betten und ein [illegible] 5 Betten, sowie ein gemeinschaftlicher Tagesraum vorge[sehen].

[Bei ge]ringer Belegung wird nur der kleinere Saal benutzt und die [illegible] größeren Saals gespart.

[Be]i [vol]ler Belegung bieten die beiden Säle den Vortheil, daß [illegible] (besonders Kinder) in dem kleinen Saal gut abgesondert [werd]en.

[Der Pavillon] enthält im Erdgeschoß für jede Krankenabtheilung [ein]en [illegible], einen Klosetraum mit 2 Abortsitzen für Erwachsene und [illegible], einen Baderaum, eine gemeinsame Theeküche und einen [illegible]. Die Theeküche besitzt nach dem Eingangsflur hin [ein] [Fens]ter zur Ausgabe von Thee an die Kranken, damit diese die [Küche] selbst nicht zu betreten brauchen.

[Der Be]suchsraum ist durch eine Barrière mit niedrigem Glaswand[aufsatz] [i]n zwei Theile getheilt, daß die Besucher, welche von dem [illegible] unmittelbar den Raum betreten, ihre Angehörigen, die von dem [illegible] aus in den anderen, abgetrennten Theil des Raumes ge[lang]en, [seh]en und sprechen, aber nicht berühren können. Auch der Arzt [betritt den] Krankenpavillon durch den Besuchsraum, wo Gelegenheit [zum Waschen] und Desinficiren der Hände u. s. w., sowohl für die Aerzte [als für die] Besucher vorhanden, auch für erstere ein Schutzmantel auf[gehängt ist], der bei dem jedesmaligen Besuch des Pavillons benutzt [wird].

[Im Ob]ergeschoß des Mittelbaues (vgl. Fig. 247, S. 242) befinden sich [zwei Zi]mmer mit je 1 Bett und 1 Zimmer mit 3 Betten für Privat[kranke] u. dergl., ferner ein Vorrathsraum für Leinenzeug, ein Wärterinnen[zi]mmer und ein Klosett.

Im Diphtheriepavillon ist ein nach Norden gelegenes Einzel[zi]mmer als Operationszimmer eingerichtet, außerdem aber sind die sonst für 5 Betten eingerichteten Säle des Erdgeschosses hier in etwas kleinere Räume zerlegt.

Für kleinere Infektionsspitäler, wie auch für Beobachtungspavillons, bildet ferner der Isolirpavillon des neuen Heathcote Infektions-Hospitals zu Leamington ein gutes Vorbild, bei dem, wie Fig. 248, S. 242 zeigt, die Thüren der Krankenzimmer, sowie diejenigen der Schwesternzimmer auf eine offene Veranda münden.

Die Eingänge der Räume haben Doppelthüren, die einen Windfang einschließen. Der Pavillon enthält 2 Abtheilungen, die derart getrennt sind, daß die Veranden und Zimmereingänge auf entgegengesetzten Seiten des Gebäudes liegen. Die Klosett- und Ausgußräume sind in vollständig [abgeschlossenen], luftigen Bauten neben den Veranden angeordnet.

In England, wo das Klima gestattet, die Fenster der Krankenzimmer etwa 300—320 Tage im Jahr während eines größeren Theiles des Tages offen zu halten, ohne den Kranken zu schaden, erscheint allerdings eine so freie und luftige Anlage unbedenklich. In Deutschland dagegen würde die Veranda durch einen geschlossenen Korridor ersetzt werden müssen.

Klimatische Verhältnisse werden überhaupt auf die Anlage der

Fig. 240

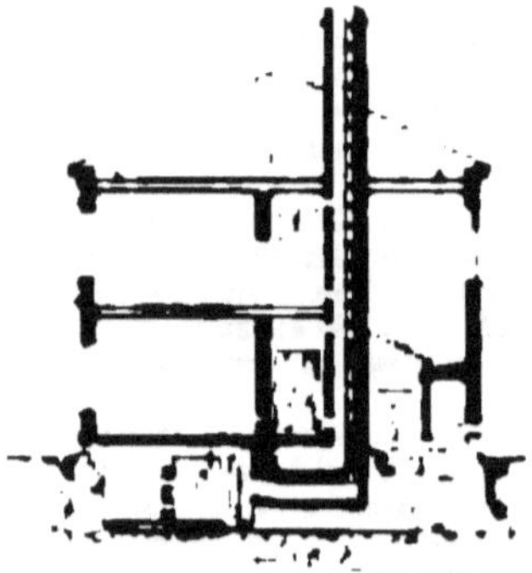

Fig. 241

Fig. 242.

Fig. 240, 241 und 242. [illegible]

Fig. 243. [illegible]

Krankengebäude stets einen großen Einfluß haben. So zeigen die nach Fig. 230 angelegten Infektionspavillons der Poliklinik Umberto I in Rom eine Anordnung, die dem warmen Klima Italiens Rechnung trägt.

Die Krankenzimmer, welche einige mit Isolierzimmern versehen und durch Korridore auf 3 Seiten umschlossen sind, werden hierdurch kühl und luftig gehalten. Dieselben sind die Fenster- und Thüröffnungen, um eine dem warmen Klima entsprechende, kräftige Lüftung der Räume zu ermöglichen, vom Fußboden bis zur Decke durchgeführt. Ungünstig erscheint bei der Anlage dieser Pavillons nur die Gemeinsamkeit des Baderaumes und des Klosets für alle Krankenzimmer, ein Uebelstand,

Fig. 230. Poliklinik Umberto I in Rom (Isolierbau).

der auch dem, in Fig. 231, S. 244 dargestellten, Beobachtungspavillon des Epidemiespitals am Oeresund anhaftet, neben der gleichfalls hier getroffenen, ungünstigen Anordnung eines in 2 Hälften geteilten Mittelkorridors.

Der Isolierpavillon des letztgenannten Krankenhauses (vergl. Fig. 232, S. 244), dem diejenigen des Epidemiekrankenhospitals zu Blegdam im allgemeinen nachgebildet sind, erfüllt dagegen die an derartige Gebäude zu stellenden Anforderungen, indem derselbe zur Aufnahme einer Krankengattung dient und die einzelnen größeren Krankensäle, die sämtlich direkt oder indirekt miteinander im Zusammenhang stehen und eine gemeinsame Theeküche besitzen, nur zur Trennung der verschiedenen Geschlechter bzw. von Männern, Frauen und Kindern dienen.

In den Isolierpavillons der größeren deutschen Krankenhäuser sind meistens mehrere Abteilungen vereinigt und für jede derselben ein Krankensaal und ein oder mehrere Separatzimmer, nebst je einem Kloset, Bade- und Wärterzimmer u. s. w. vorgesehen.

So enthalten z. B. die nach Fig. 234, S. 244 ausgeführten Isolierpavillons des Krankenhauses im Friedrichshain zu Berlin, ebenso wie die großen Isolierpavillons im Krankenhause am Urban daselbst, je 4 Krankenabteilungen in zwei Geschossen.

Fig. 202

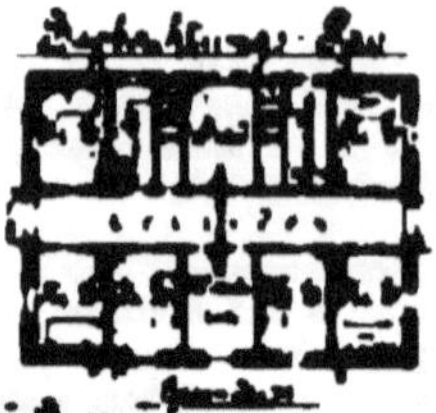

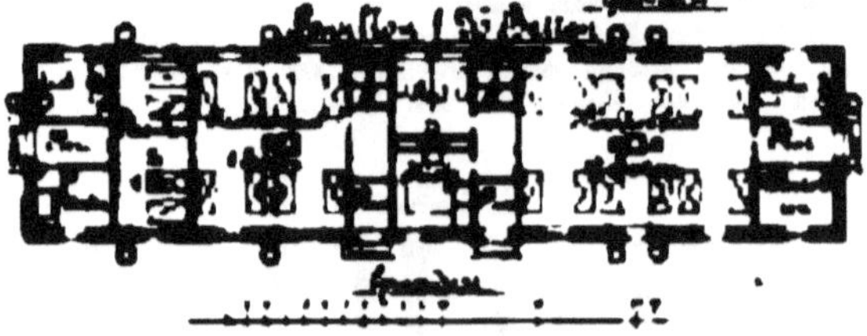

Fig. 201.

Fig. 201 und 202. Epidemie-Hospital am Öresund bei Kopenhagen.

Fig. 203. Zweigeschossiger Isolierpavillon des Krankenhauses im Friedrichshain in Berlin.

Während die Gebäude im Friedrichshain nur einen Eingang für alle Abteilungen haben, sind am Urban zwei Eingänge vorhanden und dadurch zwar bessere, aber doch nicht die befriedigendsten Trennungen ermöglicht.

Weit günstiger erscheint die Anordnung im Hamburg-Eppendorfer Krankenhaus mit besonderen Pavillons für die einzelnen Krankheitsgattungen. Hier sind 2 Typen von Isolierpavillons vorhanden, und zwar einer für 15 Betten (vergl. Fig. 72, S. 56), welcher für die gewöhnlich in größerer Zahl auftretenden Krankheitsfälle einer Großstadt bestimmt ist, während die anderen, kleineren Pavillons für 4 Betten in

2 Zimmern (vergl. Fig. 254 u. 255) die schwereren und seltneren oder komplicirte Krankheitsfälle aufnehmen sowie zur Beobachtung zweifelhafter Kranken dienen sollen. Bei der selten vorkommenden völligen Belegung der Krankenräume ist hier von der Anlage besonderer Zimmer für Wärter Abstand genommen und den letzteren der Krankensaal selbst als regelmäßiger Aufenthalts- und Schlafraum angewiesen worden.

Auch die Baracken des Koch'schen Institutes in Berlin, von denen 2 Typen in den Fig. 256 und 257 (S. 246) dargestellt sind, nehmen nur eine oder, bei vollständiger Trennung in zwei symmetrische Hälften (vergl. Fig. 257), zwei Krankheitsformen auf. Die Mittelbaracke, welche

Fig. 254.

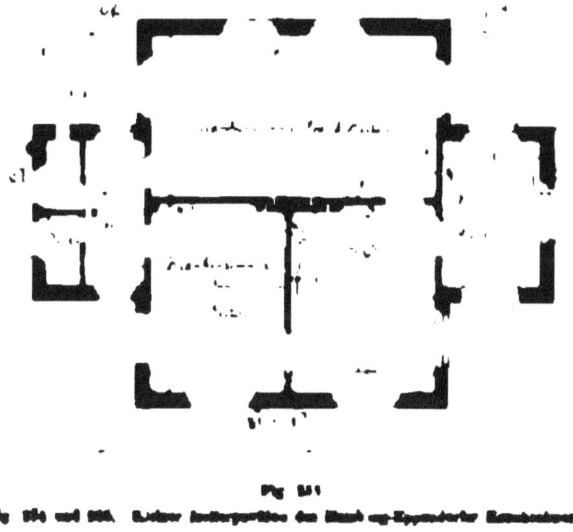

Fig. 255.

Fig. 254 und 255. Kleiner Isolierpavillon des Hamburg-Eppendorfer Krankenhauses.

Fig. 258.

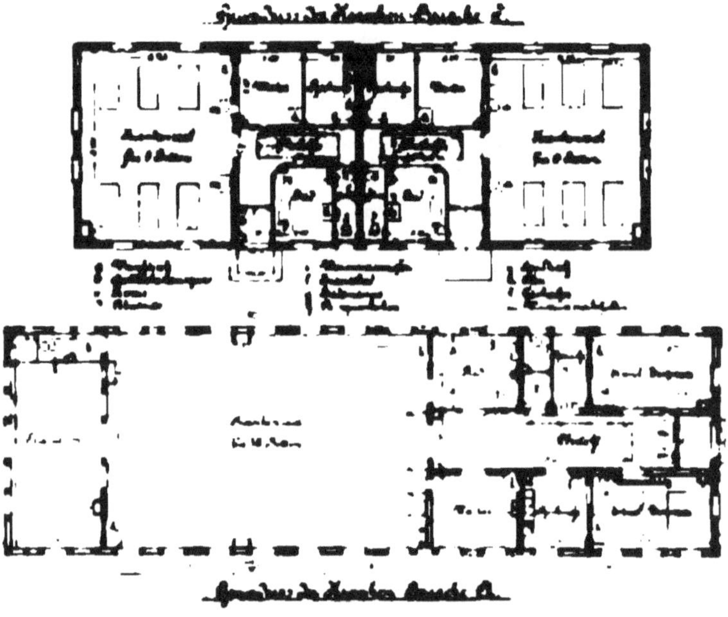

Fig. 259.

Fig. 258 und 259. Das Koch'sche Institut für Infektionskrankheiten in Berlin.

z. T. eine beträchtliche Länge erhalten, und wenigstens durch größere Oberlichtfenster gut erleuchtet und lüftbar. Hier, wie in Hamburg-Eppendorf, haben die großen Isolierpavillons sämmtlich anstoßende Tageräume erhalten, die mit den Krankensälen, wie mit den Gartenanlagen, in direkter Verbindung stehen, also den Rekonvalescenten einen sehr günstigen Aufenthalt bieten. Wenn zu dem vorliegenden, wie in vielen anderen Fällen, die Wärter auf eine mit den Kranken gemeinsame Benutzung der Klosets angewiesen sind, so läßt sich hierfür wohl der Grund anführen, daß die Wärter als infiziert zu betrachten sind, immerhin aber sollte denselben durch Anordnung eines besonderen Klosets Gelegenheit geboten werden, sich vor eigener Erkrankung durch direkte Uebertragung von Krankheitsstoffe soviel als möglich zu schützen.

Von denjenigen Fällen, in welchen eine Zusammenlegung mehrerer Krankheitsformen unter einem Dach stattgefunden hat, ist ein gutes Beispiel die Anordnung des in Fig. 256, S. 267 dargestellten, zweigeschossigen Infektionspavillons des k. k. Kaiser Franz Joseph-Spitals in Wien, trotz einer hohen Belegzahl für 60 Infektionskranke, anzuführen.

Dieser Pavillon enthält vier getrennte Eingänge von außen, von denen zwei direkt zu je einer durch einen Korridorabschluß für sich abgesonderten Krankenabteilung im Erdgeschoß, und die beiden anderen Eingänge zu je einem besonderen Treppenhause und zu ebensolchen Abteilungen im I. Stock führen, wie sie im Erdgeschoß angeordnet sind. Diese Krankenabteilungen, von denen jede ein eigenes Bad, eine eigene Theeküche und Doppelklosettanlage besitzt, können je nach Bedürfnis in ihrer Größe durch Verschiebung der Korridor-Trennungswand verändert gestaltet werden. Für eine gute, stetige Durchlüftung ist durch Einschaltung je eines Quer-Luftkorridors in jeder Abteilung, sowie durch Luftkorridore vor den in Anbauten angelegten Nebenräumen (Klosets, Abwasch- und Geräteraum) gesorgt. Zwei Trakte, in der Breite der Treppenhäuser, sind dreigeschossig und enthalten im obersten Stocke je einen großen Schlafsaal für Wärter.

Auch in dem in Fig. 289 dargestellten, eingeschossigen Infektionspavillon des Krankenhauses in Danzig sind durch Korridor-Trennungswände vier kleinere und größere Abteilungen gebildet, jede

Fig. 288. Pavillon für 60 Infektionskranke im Kaiser Franz Joseph-Spital zu Wien.

Fig. 289. Infektionspavillon des Krankenhauses in Danzig.

mit besonderem Klosetraum und je zwei mit einem gemeinschaftlichen Baderaum und Eingang. Die gesamte Raumanordnung erscheint durchaus günstig und erhält noch besonderen Wert durch die Anlage je eines größeren Tagesraumes neben den beiden Krankensälen.

In dem Krankenhause zu Offenbach a. M. sind zwei einge-

einheitige Isolierpavillons vorgesehen, dessen Grundriß in Fig 260 dargestellt ist und deren einfache und gute Raumanordnung, ebenso wie diejenige im Kaiser Franz Joseph Spital in Bielitz (vergl. Fig 261), als gutes Vorbild für Isolierpavillons kleinerer Hospitalanlagen dienen können.

Für ansteckende Krankheiten von Kindern (Masern, Scharlach, Diphtherie) sind in Deutschland vielfach besondere Krankenhäuser oder doch besondere Abteilungen in allgemeinen Krankenhäusern errichtet worden. So haben Berlin, Dresden, Leipzig und viele andere Städte besondere Kinderkrankenhäuser, in denen die einzelnen Krankengattungen streng gesondert sind, und

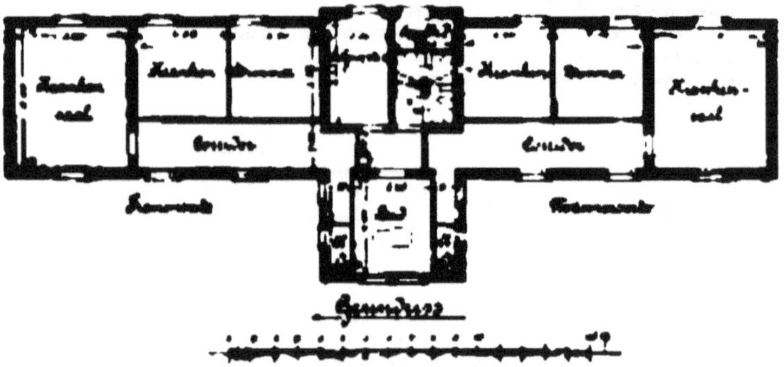

Fig 260. Isolierpavillon des Stadtkrankenhauses in Offenbach a. M.

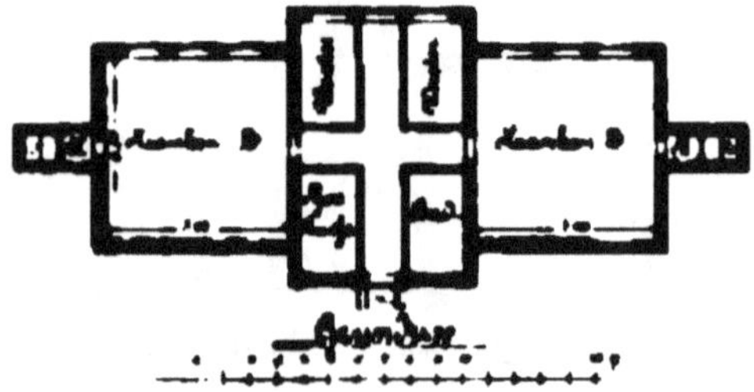

Fig. 261 Infektionspavillon des Kaiser Franz Joseph Spitals in Bielitz

zwar in isolierten Pavillons. Der Bau solcher Pavillons bei Spezialspitäler erfordert, wie dies namentlich bei dem Diphtheriepavillon des Kaiser und Kaiserin Friedrich Kinder-Krankenhauses zu Berlin an der Exerzierstraße berücksichtigt worden ist, für die einzelnen Krankheitsstadien die Einrichtung verschiedener Stationen bei jeder Krankenabteilung.

Nach dem von Fauvel und Vallin auf dem 6. internationalen hygienischen Kongreß zu Paris 1878 verfaßten Bericht über „Prophylaxis der kontagiösen und Infektionskrankheiten" wird bezüglich der Anlage von Pavillons für Diphtheritis verlangt, daß dieselben für Knaben und Mädchen getrennt werden und je ein Operationszimmer und 2 Zimmer mit 4—6 Betten für Schwerkranke und Rekonvaleszenten erhalten sollen, in deren Mitte die Wärterzimmer, das Bad und die Theeküche anzuordnen seien. In einem besonderen Gebäude mit 4 vollständig isolierten Zimmern sollen Kranke untergebracht werden, die außer von Diphtheritis auch noch von anderen Krankheiten befallen sind. Die Wärterinnen sollen im Krankenpavillon selbst wohnen.

Bei den Pavillons des in Fig. 282 (S. 230) dargestellten Kinderkrankenhauses für ansteckende Krankheiten bei der Königl. Charité in Berlin sind getrennte Abteilungen für Knaben und Mädchen nicht vorgesehen. Hier sind für Masern, Scharlach und Diphtherie besondere, eingeschossige Pavillons mit je einem Saal für 10 Betten nebst zugehörigen Nebenräumen, z. T. mit kleineren Isolierzimmern, der Diphtheritis-Pavillon außerdem mit einem Operationszimmer, errichtet.

Eine Teilung der Pavillons in eine größere Anzahl von Stationen für die einzelnen Stadien bei Scharlach und Diphtheritis, ebenso für Schwerkranke und Rekonvaleszenten u. dergl., wie dies bei dem Kaiser und Kaiserin Friedrich Kinderkrankenhause geschehen ist, hat nicht stattgefunden, doch entspricht die Raumanordnung im übrigen allen sanitären Anforderungen.

Der zweigeschossige Aufnahmepavillon enthält im Erdgeschoß ein Zimmer für die Aufnahme und mehrere Isolierzimmer zur Beobachtung zweifelhafter Krankheitsfälle, sowie Wärter-, Bade-, Geräteraum u. s. w., im 1. Stock mehrere Krankenzimmer für [illegible] Krankheitsfälle mit den erforderlichen Nebenräumen, während im Keller u. a. ein Desinfektionsapparat aufgestellt ist. Die 4 Pavillons sind durch seitlich offene Gänge mit einander verbunden, in deren Kreuzungspunkt ein Thurm errichtet ist, der die Zugangstreppe zum 1. Stock des Aufnahmepavillons bez. zu der dahin führenden Brücke (vergl. Fig. 282, S. 230), außerdem in seinem oberen Theil ein großes Warmwasser-Reservoir enthält.

6. Die bauliche Gestaltung der Krankenzimmer.

Die Krankensäle der Isolierspitäler sollen wegen der in ihnen zu behandelnden, schwereren Krankheitsfälle im allgemeinen für eine geringere Bettenzahl eingerichtet werden, als diejenigen für gewöhnliche Kranke und in keinem Falle mehr als 20 Betten enthalten, wobei noch vorausgesetzt ist, daß das Isoliergebäude im Pavillonsystem erbaut sei. Die genannte Bettenzahl ist auch nur zulässig bei weniger bösartigen Krankheiten, wie Masern u. dergl., während bei Diphtheritis, Flecktyphus, Pocken u. s. w. 10—12 Betten als Maximum anzusehen sind. Natürlich ist eine möglichste Decentralisation der Kranken in kleineren Krankenzimmern vom sanitären Standpunkte aus immer nur zu befürworten.

In den Fieberhospitälern Englands wird gewöhnlich die Maximal-

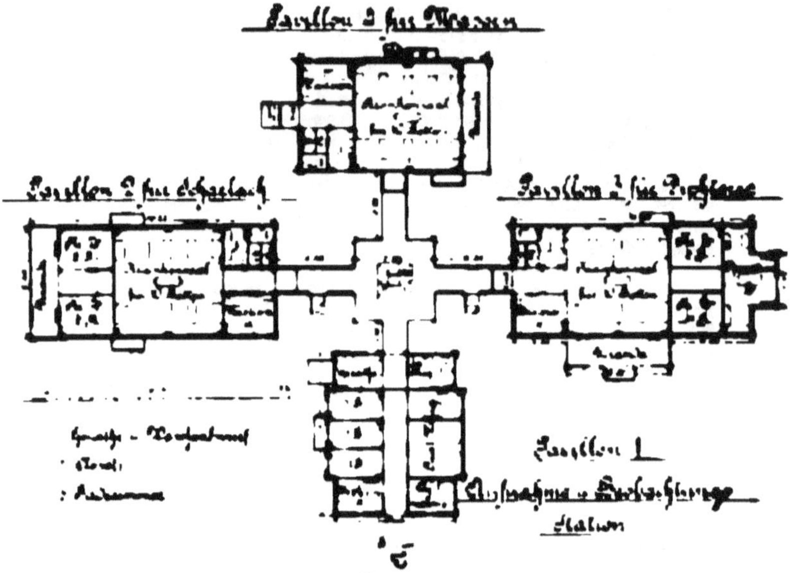

Fig. 199

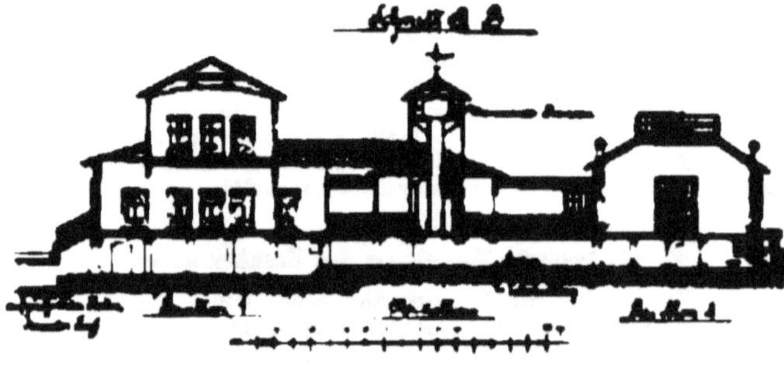

Fig. 200

Fig. 199 und 200. Kinderkrankenhaus für ansteckende Krankheiten bei der Königl. Charité in Berlin.

zahl der Betten des allgemeinen Krankensaales bei Scharlach auf 30, bei Diphtheritis und Flecktyphus auf 12 angenommen.

Bei einer größeren Zahl von Gebäuden oder Säle empfiehlt es sich, den Belegraum der Säle verschieden zu gestalten, um event. die zu scheidenden Krankengattungen, je nach dem wechselnden Bedürftigen an Betten, angemessen verteilen zu können. So sind z. B. die Säle der Koch'schen Baracken für 6, 14 und 18 Betten eingerichtet.

Der Luftraum für jedes Krankenbett soll ebenso, wie der Luftwechsel pro Stunde, größer sein als in Sälen für gewöhnliche Kranke. Für ersteren wird in englischen Fieberhospitälern gewöhnlich 60 cbm gefordert. Bei einer Höhe des Saales von etwa 4,5 m entfällt hiernach auf das Krankenbett eine Fläche von ca. 13 qm. Diese Abmessungen erscheinen reichlich und können bei guten Ventilationseinrichtungen und bei weniger bösartigen Krankheiten recht wohl auf 50 cbm bez. 11 qm herabgesetzt werden.

In den Isolierpavillons des Hamburg-Eppendorfer Krankenhauses entfällt durchschnittlich auf ein Krankenbett 6 qm Fläche und 40 cbm Luftraum, in den Krankensälen des Koch'schen Instituts etwa 9 qm bez. 40 cbm. In beiden Fällen ist allerdings eine recht wirksame Ventilation vorhanden. Die in dem Koch'schen Institut aufgestellten Käuffer'schen Ventilationsöfen, die sich gut bewährt haben, erhalten eine Frischluftzuführung aus Luftkammern, die, ebenso wie die Rohrleitungen für Gas, Wasser, Abzüge u. s. w., in dem hohen, kellerartigen (durch die Höhe der umgebenden Straßen bedingten) Unterbau untergebracht sind. Die Entlüftung geschieht durch Abluftschlote, Kippflügel in den Fenstern und durch Luftklappen in den Giebelwänden unterhalb des Dachfirstes (vergl. Fig. 264).

Querschnitt eines Pavillons.

Fig. 264. Koch'sches Institut für Infektionskrankheiten in Berlin.

In dem Epidemiekrankenhause zu Stockholm beträgt die Fläche pro Krankenbett in den größeren Sälen 8,8 qm, in den kleineren nur 7,2 qm, der Rauminhalt 35 bez. 29 cbm. Der Luftwechsel ist auf ca. 60 cbm pro Bett und Stunde angenommen und wird bewirkt in den Sälen durch große, 16 m hohe, für jede Krankenabteilung gemeinschaftlich angelegte Abzugsschlote, die im Sommer durch Feuerungen im Keller erwärmt werden können (vergl. Fig. 248, S. 242). Alle übrigen Räume haben eigene Luftabzugsrohre erhalten. Von Firstlüftung mittels Dachreiter u. dergl. ist bei den klimatischen Verhältnissen Schwedens, die auch die Annahme geringerer Raum- und Lüftungsmaße als in südlicheren Ländern rechtfertigen, abgesehen.

In dem Isolierpavillon des Spitals am Oresund entfällt ebenfalls auf das Bett nur eine Fläche von ca. 5 qm und ein Luftraum von 20 cbm. Die Lüftung erfolgt hier dadurch, daß den Ventilationsheizkörpern in der Mitte der Säle frische Luft von außen durch Kanäle unterhalb des Fußbodens zugeführt wird, während der Luftabzug teils durch die verglasten, um eine Mittelachse drehbaren Seitenklappen der Dachreiter, teils durch die am Fußboden und nahe an der Decke in den Rauchschloten der Öfen angebrachten, regulierbaren Oeffnungen bewirkt wird. Der Ventilationseffekt beträgt hierbei 90 cbm pro Stunde und Bett.

Meistens wird für Infektionskranke eine Lufterneuerung von 90—120 cbm, bei Pockenkranken sogar von etwa 150 cbm pro Stunde gefordert, was einem dreimaligen Wechsel in der Stunde gleichkommt. Dieser Effekt muß durch bewährte Lüftungseinrichtungen, event. durch ein künstliches Pulsions- oder Aspirationssystem sichergestellt werden. Am empfehlenswertesten ist eine Firstlüftung in Verbindung mit Fußbodenheizung, wie solche beispielsweise in Hamburg-Eppendorf, sowie in dem Kinderkrankenhause der Charité in Berlin eingeführt ist. Die Lüftung des letzteren erfolgt durch Zuführung frischer, filtrierter, in den unteren Luftkammern event. vorgewärmter und durch Dampf befeuchteter Luft in der Nähe des Fußbodens und durch Abführung der schlechten Luft durch die abgeflachten Oberlichtdächer und durch über Dach gehende Luftabzugsröhren.

Eine Kombinierung der Lüftungseinrichtungen mehrerer Pavillons ist wegen der Gefahr einer Uebertragung von Ansteckungsstoffen unzulässig, dagegen sind gegen eine von einem gemeinschaftlichen Kesselhause ausgehende Central-Dampf- oder Warmwasserheizung u. dergl. hygienische Bedenken nicht zu erheben. Für Isolierräume, die nicht regelmäßig, sondern sporadisch belegt sind, erscheint Lokalheizung geeigneter als Centralheizung.

Die Lichtzuführung ist möglichst reichlich zu gestalten und zwar so, daß die desinfizierend wirkenden Sonnenstrahlen alle Teile des Krankenhauses möglichst direkt treffen. Oberlichtbeleuchtung, wie solche in dem Kinderkrankenhause der Charité vorgesehen ist, kann deshalb vom hygienischen Standpunkt nicht gutgeheißen werden, trotz der sonstigen Vorteile, die diese Beleuchtungsweise in Bezug auf Ventilation, freie Anordnung der Betten u. s. w. haben mag.

Hinsichtlich der konstruktiven Herstellung der Krankensäle ist darauf Bedacht zu nehmen, daß leicht infizierbare Materialien, wie Holz u. dergl. möglichst ausgeschlossen werden, vielmehr nur solche Baustoffe zur Verwendung kommen, die leicht sauber gehalten werden können. Aus diesem Grund erscheint die Herstellung der Wände aus Fachwerk oder Holz, wenigstens für ständige Isoliergebäude, als unzulässig, da sie Infektionskeime leicht aufnehmen, lange Zeit festhalten, schwer desinfizierbar sind, und im allgemeinen während der kälteren Jahreszeit nicht genügenden Schutz gegen die Witterungseinflüsse gewähren. Außerdem aber sind Holzwände sehr feuergefährlich und bilden somit eine ständige Gefahr für die Kranken, sodaß Virchow schon diesen Grund allein als entscheidend gegen die Errichtung von ständigen Holzbaracken hinstellt. Allerdings treten die erwähnten Uebelstände der Fachwerkswände in wesentlich geringerem Maße ein, und es werden deshalb die letzteren dort, wo die Mittel sehr beschränkt sind, nicht ohne weiteres zu verwerfen sein. Um dieselben indessen soviel als möglich den sanitären Anforderungen entsprechend zu gestalten, empfiehlt es sich die Gefache mit Hohlsteinen auszumauern und, wenn nicht beide Seiten, so doch wenigstens die Innenseite der Außenwände, wie alle inneren Wandseiten mit Kalk-, besser noch mit Cementmörtel glatt zu putzen und mit Oelfarbe zu streichen. Eine Bekleidung der Wände mit Brettern zum besseren Schutz gegen Witterungseinflüsse, wie solche z. B. in dem Barackenlazarett zu Moabit hergestellt ist, erscheint, trotz eines Verputzes derselben, wenig empfehlenswert, da hierbei leicht Risse im Wandputz entstehen. Zweckmäßiger würde eine Auskleidung mit leichten Gipsdielen von 3–5 cm Stärke sein, die mit einem guten Oelanstrich versehen werden müssen. Bei den Baracken des Koch'schen Instituts ist wegen der geringen Tragfähigkeit des Untergrundes eine leichte Fachwerkskonstruktion aus Holz gewählt worden, die beiderseits mit Gipsdielen bekleidet worden ist. Die Dächer, welche gleichzeitig die Decke der Barackensäle u. s. w. bilden, haben eine dreifache Lage von Gipsdielen erhalten mit zwischenliegenden Luftschichten. Wenn auch diese Gipsdielenkonstruktion mehr einen provisorischen Charakter trägt, so entspricht sie doch allen wesentlichen sanitären Anforderungen.

Am vollkommensten entsprechen die Wände ihrem Zweck, wenn sie ganz massiv hergestellt werden. Ebenso sollten die Decken des Untergeschosses bei zweigeschossigen Isolierpavillons stets massiv sein, um eine Uebertragung von Krankheitsstoffen durch die Decke hindurch und eine Infizierung der letzteren mit Sicherheit zu vermeiden.

Auch die bei dem Kinderkrankenhause der Charité zur Anwendung gekommene, in diesem Fall durch die geringe Tragfähigkeit des Untergrundes bedingte, Konstruktion der Wände in Monierfachwerk, das in den Umfassungen zum besseren Schutz gegen Abkühlung mit einer innenliegenden Monierwand bekleidet ist (vergl. Fig. 265, S. 254), bietet dem Eindringen und Festsetzen von Krankheitskeimen guten Widerstand, ebenso wie die daselbst ausgeführte Dachdeckung aus doppelt gebogenem Wellblech, dessen untere Decke mit einer Lage von Strohlehm bedeckt ist.

7. Temporäre Kranken-Unterkunftsräume.

Schon oft hat sich bei Ausbruch von Kriegen oder Epidemien das Bedürfnis herausgestellt, schleunigst Massenunterkünfte für Kranke zu schaffen, oder bestehende Krankenhäuser durch provisorische Unterkunftsräume zu erweitern. Wenn auch jedes Krankenhaus bis zu einem gewissen Grad derartigen unvorhergesehenen und plötzlichen Ereignissen gegenüber gerüstet sein sollte, so läßt sich doch der Umfang solcher prophylaktischen Maßregeln niemals von vornherein übersehen, auch aus materiellen Gründen eine für alle Fälle ausreichende Vorsorge wohl niemals treffen. Es wird daher bei Epidemien an die einzelnen Gemeinden meistens die Aufgabe herantreten, für die Her-

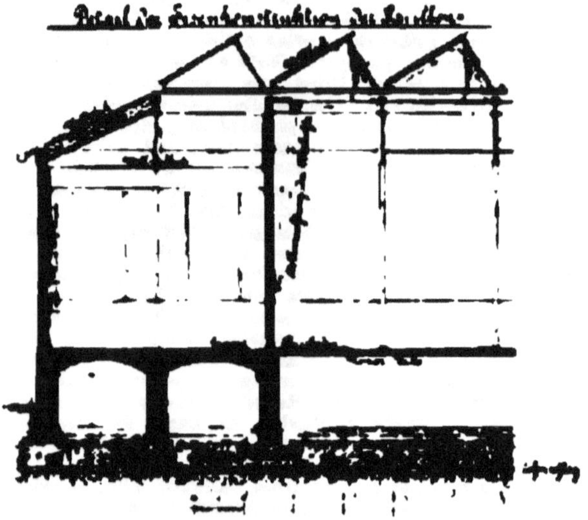

Fig. [illegible] Kinderkrankenbaracke der Königl. Charité in Berlin.

stellung temporärer Unterkunftsräume zu sorgen, bei denen es darauf ankommt, daß sie neben einer möglichst den hygienischen Anforderungen entsprechenden Einrichtung vor allen Dingen so schnell als möglich beschafft werden, um die von ansteckenden Krankheiten Befallenen sofort von den Gesunden absondern zu können.

Wie wichtig eine schnelle Isolierung selbst in primitiven Barackenräumen, für die Bekämpfung einer Epidemie ist, das hat, wie so oft, auch in jüngster Zeit wieder die Cholera-Epidemie in Hamburg mit erschreckender Deutlichkeit gezeigt.

Sicherlich und erfreulicherweise ist es auch dem rechtzeitigen und energischen Einschreiten der Sanitätsorgane zu verdanken, daß in neuerer Zeit einzelne Fälle bösartiger Infektionskrankheiten durch schleunigste Isolierung keine weitere Verbreitung gefunden haben. Es kann deshalb nicht genug empfohlen werden, daß die Gemeinden und die Krankenhausverwaltungen sich jederzeit Klarheit darüber verschaffen, wie in Notfällen nach fertig vorbereiteten Plänen temporäre Massenunterkunftsräume ohne Verzug hergestellt werden können.

Feste (unbewegliche) Baracken.

Handelt es sich bei Herstellung temporärer Unterkunftsräume um stabile Baracken, die bei geringstem Aufwand und schnellster Beschaffung ihrem Zweck möglichst entsprechen sollen, so kommen in erster Linie nur solche Materialien in Frage, die überall leicht erhältlich und am leichtesten zu bearbeiten sind. In dieser Beziehung aber bietet das Holz die größten Vorteile und wenn dasselbe auch in hygienischer Beziehung mit vielerlei Mängeln behaftet ist, so werden diese doch wiederum zum großen Teil durch die luftige Bauart provisorischer Baracken paralysiert. Zweckmäßig eingerichtete Holzbaracken für Massen- und Notunterkünfte haben sich denn auch zu allen Zeiten, namentlich aber in dem amerikanischen Kriege, wie später bei den zahlreichen Lazarettanlagen in dem deutsch-französischen und in anderen Kriegen sehr bewährt.

Wohl das bedeutendste deutsche Lazarett in den Jahren 1870/71 war dasjenige auf dem Tempelhofer Felde bei Berlin, dessen Baracken nach Fig. 266 staffelförmig hinter einander, ähnlich, wie z. B. bei dem amerikanischen Lincoln Hospital in Washington angeordnet und bei einem Abstand von ca. 12 m von einander den herrschenden Winden gut

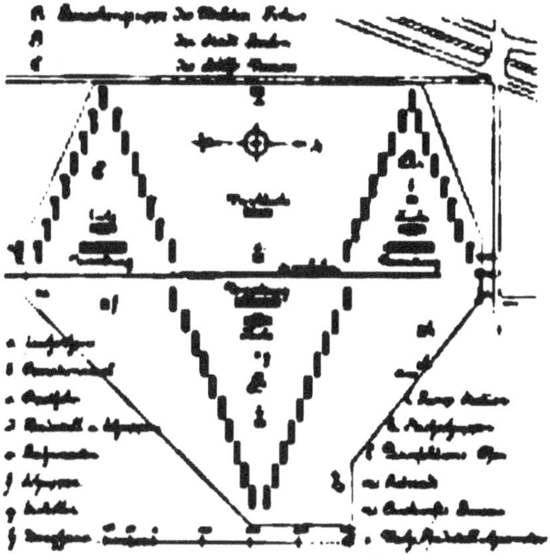

Fig. 266. Barackenanlage auf dem Tempelhofer Felde bei Berlin (1870/71).

zugänglich gemacht wurden. Die ganze Barackenanlage zerfiel in 6 gesonderte Gruppen mit je einem eigenen Verwaltungs- und Oekonomiegebäude. Die nach 3 Grundrißtypen angelegten Baracken, deren Gestalt aus den Fig. 267—270 (S. 256) hervorgeht, wurden sehr eilig aus Holzfachwerk mit äußerer Bretterverschalung und einer Bekleidung aus Dachpappe hergestellt, mußten aber später für den Winterbetrieb mit einer zweiten inneren Verschalung versehen werden. Zum Teil standen die Baracken, wie Fig. 270 zeigt, auf niedrigen, gemauerten Pfeilern, z. T. nach Fig. 268 auf einem hohen Pfahlunterbau, der sich unten, besonders

Fig. 269

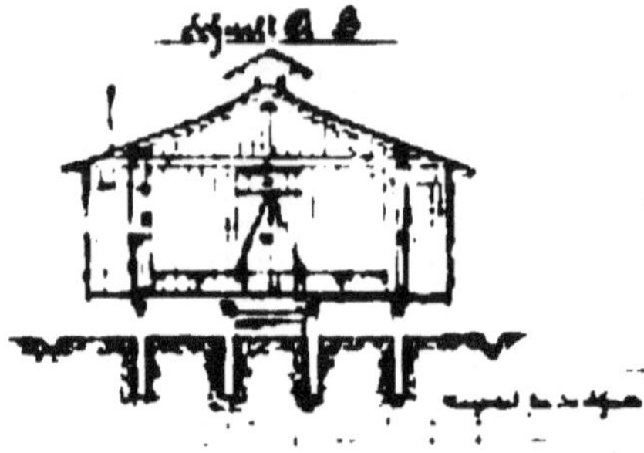

Fig. 270

Fig. 267

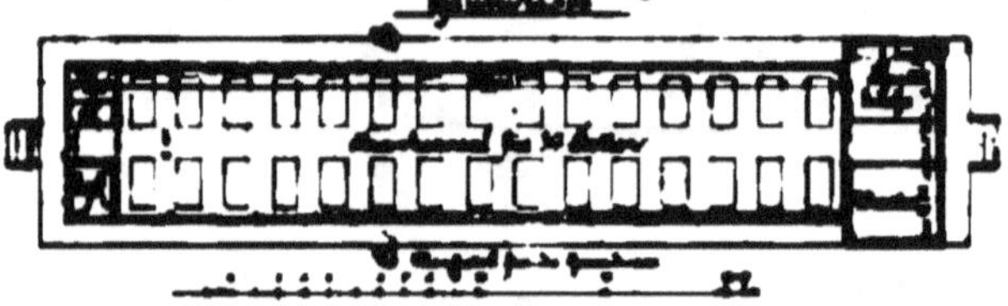

Fig. 268.

Fig. 267 268, 269 und 270. Baracken auf dem Tempelhofer Felde bei Berlin (1870/71).

in der Winterszeit, nach Virchow weniger bewährt hat, als die erstgenannte Anordnung auf niedrigen Pfählern. Die Ventilation wurde durch Dachreiter in ganzer Länge der Baracken mit stellbaren, seitlichen Klappfenstern bewirkt. Von günstiger Wirkung bezeichnet Virchow die an der westlichen Giebelwand angebrachten Oeffnungen, die bei einem Teil der Baracken scheunentorartig ausgebildet, mit einspannbaren Leinwandvorhängen versehen waren und den Strahlen der Abendsonne den Eintritt in die ganze Baracke gestatteten.

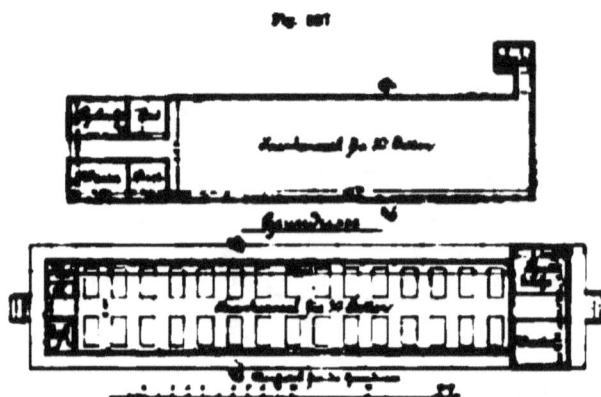

Auch bei der Cholera-Epidemie in Hamburg 1892 war es nur möglich dem plötzlichen Bedürfnis nach umfangreichen Massenunterkünften hauptsächlich durch einfache Holzbaracken abzuhelfen, die in einer nach wenigen Tagen zählenden Frist für Hunderte von Kranken hergerichtet werden mußten. Diese Barackenlazarette, die fast alle in der Nähe bestehender Krankenanstalten improvisiert und der Oberleitung der letzteren unterstellt wurden, hierzu ein lehrreiches Beispiel, wie eine derartige Nothanlage größeren Umfangs geleitet werden kann.

Es sind hierbei hauptsächlich zwei Typen von Baracken zur Anwendung gekommen. Der eine Typus, welcher durch Fig 271 (S 258) repräsentiert wird und zu Anfang der Epidemie zur Ausführung kam, bezweckte eine Unterbringung der Cholerakranken in Sälen mit etwa 10 Betten, um eine zu starke, nach manchen Richtungen hin ungünstige Anhäufung von Kranken in einem Saal zu vermeiden und eine individuellere Behandlung der letzteren zu erleichtern.

Bei dem zweiten, in Fig 272 (S 259) dargestellten Typus mußte dem im weiteren Verlauf der Epidemie dringend gewordenen Bedürfnis zur Unterbringung großer Mengen von Cholerakranken entsprochen werden und deshalb eine Zusammenlegung in größeren Sälen für 30—40 Betten stattfinden.

Der Fußboden wurde z. T. aus einer Cement-Konkretplatte, z. T. — der schnelleren Herstellung wegen — aus fertigen Cement-Trottoirplatten auf einer Sandbettung in Cementmörtel hergestellt und mit Gefälle nach einigen [illegible] in der Mittellinie des Krankensaales versehen. Der frische Konkretfußboden ist mit Asphaltpapier überzogen und dann mit Linoleum belegt worden, während letzteres auf den trockenen Trottoirplatten direkt aufgebracht werden konnte.

Die anfangs mit einfacher, äußerer Brettverschalung versehenen Fachwerkswände wurden später für eine winterliche Benutzung auch im Innern mit Brettern und außen mit durch Holzleisten gesicherter Asphaltpappe bekleidet. Auf gleiche Art sind die mit Dachpappe eingedeckten Dächer hergestellt, die mit je 3 Dachreitern versehen wurden (vgl. Fig 273). Die seitlichen Stellklappen dieser Dachreiter sind [illegible] mit anderen, in der Dachfläche liegenden Klappenpaaren so gekuppelt, daß stets ein sich gegenüberliegendes Klappenpaar der Dachfläche und des Dachreiters gleichzeitig und beliebig weit geöffnet werden kann. Bei dem doppelten Klappenverschluß im Dach der Baracke ist der Wärmeverlust im Winter auf ein unbedeutendes Maß reduziert worden, sodaß die Beheizung der Baracken durch zwei bzw. drei große, mit Ummantelungen versehene Öfen im Winter sich als vollkommen ausreichend erwies. Eine Lüftung der Baracken ist außer durch die Dachreiter auch durch obere Kippflügel in den Fenstern ermöglicht worden.

Die Nebenräume zum Krankensaal sind durch einfache Bretterwände von ca. 2,50 m Höhe, die z. T. erst 15 cm über dem Fußboden beginnen, um eine leichtere Spülung des ganzen Barackenfußbodens zu ermöglichen, abgetrennt, sodaß dieselben oben mit dem ca. 4,50 m hohen sonstigen Raum der Baracke in freier Luftverbindung stehen und von diesem aus erwärmt werden. Nur die beiden [illegible] der Fig 271 sind mittels ganz bis zur Decke durchgehender Wände vollständig für sich abgeschlossen.

Auch die Inventareinrichtung der Baracken mußte z. T. in provisorischer Weise schleunigst hergestellt werden. Während die Betten und Stühle den Beständen der Krankenhäuser entnommen oder doch sofort angekauft werden konnten, wurden die Nachttische z. T. durch einfache an den Holzwänden befestigte stell-

Fig. [illegible]

Fig. [illegible]

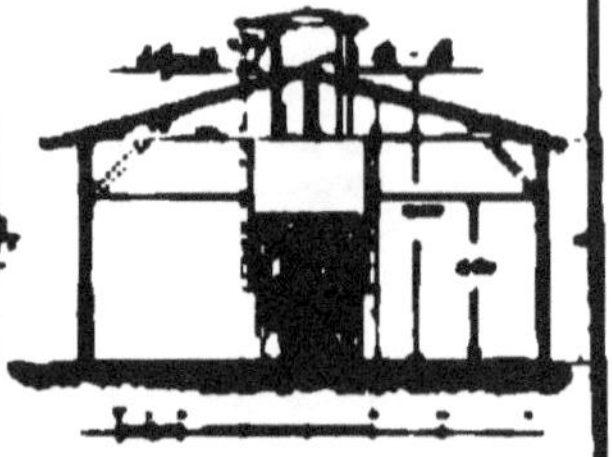

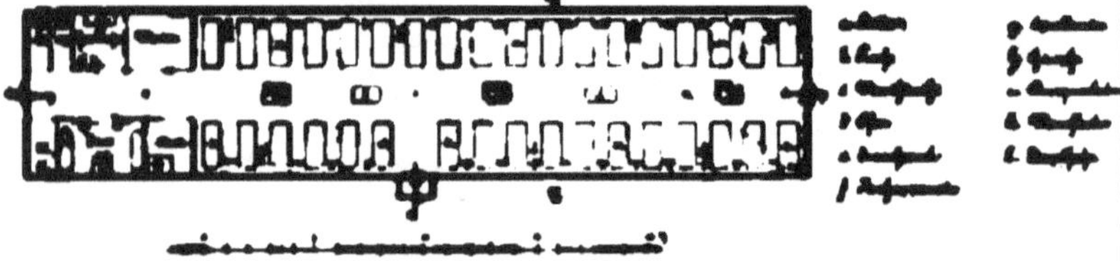

Fig. [illegible]

Fig. 271, [illegible] und [illegible] Cholerabaracken in Hamburg

bare Klappfenster (vgl. Fig. 274) ersetzt. Die für den Gebrauch der Aerzte und des Wärterpersonals bestimmten Waschtische haben nach Fig. 275—277 (S. 259) eine Holzplatte mit drei runden Oeffnungen erhalten, in denen drei Schüsseln ruhen. Eine derselben aus emaillirtem Eisen ist dazu bestimmt, eine Kochsalzlösung zur Vornahme von Infusionen bei den Cholerakranken durch einen unterhalb angebrachten Gasbrenner auf einer bestimmten Temperatur zu erhalten. Die beiden anderen Schalen dienen zum Waschen der Hände und sind von ersterer durch eine Holzwand getrennt, an welcher ein Warmwasserbehälter mit Niederschraubhahn angebracht ist. Dieser Behälter liefert für eine der beiden Schalen aus Steingut warmes Wasser, während in der 3. (Glas-)Schale Sublimatlösung aus mehreren, auf einem Bordgestell oberhalb des Tisches aufgestellten Glasflaschen mittels Gummischläuche eingelassen werden können.

Fig. [illegible] Klappfenster in den Cholerabaracken in Hamburg

In den Theeküchen und Gas-[illegible], ferner Ausguß- und Spülbecken aus Holz mit Zinkausfütterung hergestellt worden. Die Baderäume erhielten Aachener Gasbadeöfen auf gemauertem Sockel und eine bez. zwei fahrbare Badewannen. In den Räumen für Aerzte sind Waschtische und Börter für mikroskopische und sonstige Untersuchungen angebracht und für letzteren

Fig. 878 Fig. 880

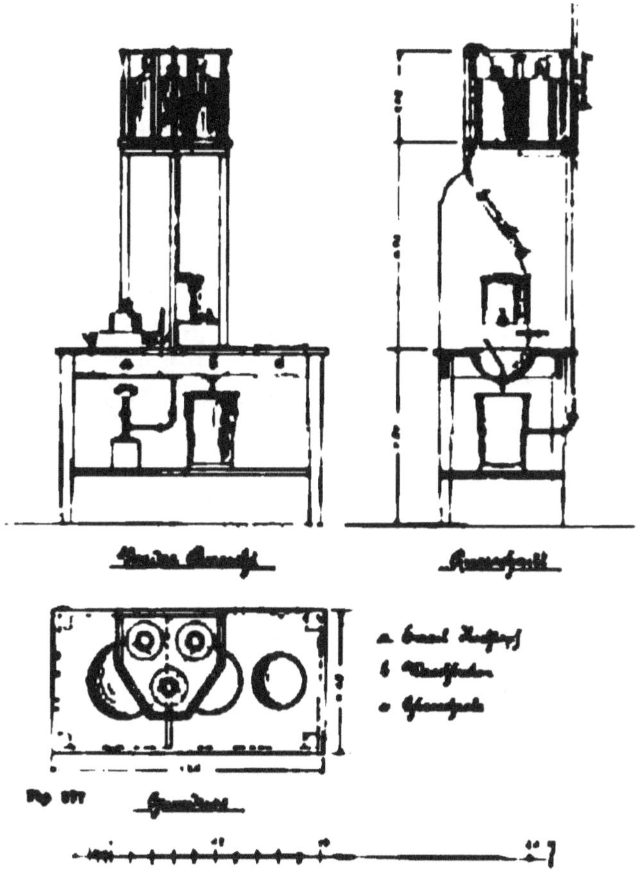

Fig. 877

Fig. 878, 879 und 877. Waschtisch in den Operationsräumen zu Hamburg.

Zweck Gasröhren mit Schlauchverschraubungen bis zu den Tischplatten geführt, um daselbst ev. noch Flüssigkeiten mittels Gas erwärmen zu können.

Die Abortanlagen wurden, entsprechend den größeren Baracken, doppelt, für die Kranken und für das Wärterpersonal getrennt, angelegt, die Fäkalien, ehe dieselben in das Siel gelangten, in gemauerten, reinen Gruben mittels Kalk, Chlorkalk u. dergl. desinfiniert, ähnlich wie in dem auf S. 178 beschriebenen Beigrubenbau des Hamburg-Eppendorfer Krankenhauses.

Zur Desinfektion der Kleider und Wäschestücke waren bei einigen Choleralazaretten in kleinen Schuppen Holzbottiche von ca. 1,5 m im Durchmesser und 1,10 m Höhe aufgestellt, deren Wasserinhalt in der in Fig. 278 u. 279 dargestellten Weise von einem Lokomobilkessel mittels Dampfleitung zum Kochen gebracht werden konnte. Die Dampfleitung war in den Holzbottichen z. T. mit Dampfaustrittsöffnungen versehen, z. T. geschlossen und in ihren verschiedenen

Fig. 278.

Längsschnitt.

Fig. 279.

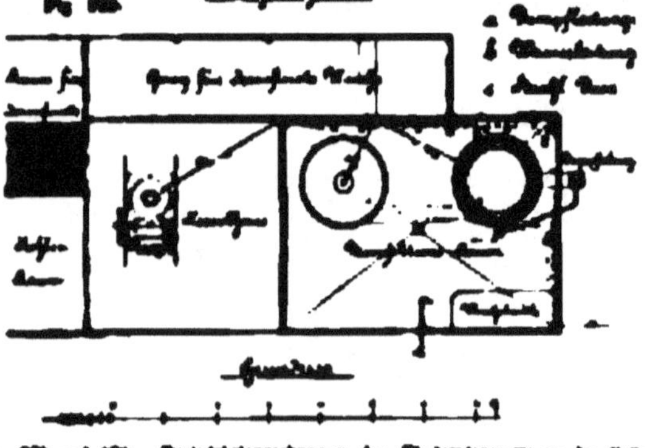

Grundriss.

Fig. 278 und 279. Desinfektionsschuppen der Choleralazarette an der Eilbeckstraße in Hamburg.

Verzweigungen übersehbar, sodaß eine Desinfektion auf nassem Wege mittels heißer Dämpfe, sowie auch durch trockene Hitze ermöglicht war.

Die Choleralazarette hatten, soweit dieselben nicht an die benachbarten, ständigen Krankenhäuser angegliedert waren, für einen selbständigen Betrieb noch ein eigenes Verwaltungs- und Wirtschaftsgebäude, ferner besondere Magazine für die Kleider der Kranken, für reine Wäsche, Kohlen u. s. w., sowie einen Leichenschuppen und andere kleinere Nebenräumlichkeiten.

In den Krankenräumen entfiel, ohne Berücksichtigung des Luftraumes der Nebenräume bis zur Dachhöhe, auf ein Krankenbett durchschnittlich eine Fläche von 6—7 qm und ein Luftraum von 25—30 cbm, was sich bei der reichlichen Lüftung der leichten Baracken als vollkommen ausreichend erwiesen hat.

In dem allgemeinen Hamburg-Eppendorfer Krankenhause ist ein Teil der Baracken der Epidemie-Abteilung ebenfalls aus Holz auf einer massiven Unterlage, einer Konkretplatte, die direkt auf dem Erdreich ruht, hergestellt worden. Diese ersten, in provisorischer Weise 1884 errichteten Gebäude des genannten Krankenhauses bildeten ursprünglich eine prophylaktische Maßregel gegenüber der damals drohenden Cholera-Epidemie. Das Fachwerk und die aus großen Brettertafeln bestehenden, einfachen Wände und Dachflächen sind so eingerichtet, daß sie leicht auseinandergenommen, aufbewahrt und ebenso schnell wieder mittels der Hakenverschlüsse aufgeschlagen werden können. Diese Holzbaracken sind später z. T. mit einer zweiten inneren Wandverkleidung versehen und haben sich wiederholt, auch zur Winterszeit, bei Evakuierungen u. s. w. recht gut bewährt.

Eine besondere Art von Baracken, die in größeren Städten Nachahmung verdient, hat die Freiwillige Rettungsgesellschaft in Wien 1892 aus Anlaß der drohenden Cholera-Epidemie in mehreren Stadtteilen erbaut. Dieselben bilden Ambulanzstationen, von denen aus die Kranken mittels Transportwagen nach einem der Epidemiespitäler gebracht werden und in denen auch plötzlich auf der Straße Erkrankte Aufnahme finden sollen. Die nach Angaben von Mundy hergestellte Station besteht aus einer Krankenbaracke und einem Stallgebäude, welches letztere eine Kochküche, eine Kutscherstube, Stall für 4 Pferde, eine Remise für drei, innen mit Blech beschlagene Transportwagen, ein Zimmer für 6 Sanitätsdiener und einen Magazinsraum enthält. In diesem Schuppen sind die Desinfektionsapparate und weitere Transportwagen für Cholerakranke untergebracht. Die in den Fig. 260—262 (S. 262) dargestellte Krankenbaracke ist, ähnlich dem System Tollet, im Ovalbogenstil aus Eisen und Holz konstruiert und außen mit Dachpappe überzogen. Sie enthält ein Krankentageszimmer für 2 Feldbetten, das ebenso, wie alle Gegenstände dieses Zimmers (Tische, Stühle, Waschkasten u. s. w.) mit Blech überzogen und mit Emaillelack angestrichen ist. Die Bettdecken und Fenstervorhänge sind von Kautschukstoff. Ferner sind in der Baracke vorgesehen ein Mannschaftszimmer, ein Arztzimmer, ein Baderaum mit zwei in den Boden eingelassenen und mit glasierten Fliesen bekleideten Badewannen und zwei Aborträume, deren Klosettbecken neben der gewöhnlichen Wasserspülung noch eine solche für Karbollösung erhalten haben (vgl. „Der Bautechniker", VII. Jahrgang, S. 769).

Um provisorische Holzbaracken für Krankenunterkünfte möglichst geeignet zu machen, sollten dieselben stets einen Öl- oder Emaillefarbenanstrich erhalten.

Wo der Untergrund nicht ungünstig ist und keine Befürchtungen zu schlechten Ausdünstungen giebt, kann der Fußboden aus Holz hergestellt und hohl gelegt werden, sodaß die Luft alle äußeren Teile der Baracke bestreichen kann. Die Dichtheit des Fußbodens läßt sich ev. durch Linoleumbelag oder doppelte Brettlagen u. s. w. erreichen. Im übrigen ist ein massiver Cementfußboden, der direkt auf das Erdreich gelegt werden kann, vorzuziehen. Eine Füllung doppelt verschalter Holzwände mit Lohe, Torfmull, Sägemehl u. dergl. zum Schutz gegen Wärmeverluste ist wenig empfehlenswert, da diese Isolierstoffe zusammensacken, aus den Fugen rieseln, leicht Feuchtigkeit aufnehmen können u. s. w. Besser ist ein trockenes Aussetzen mit porösen Steinen, ohne Mörtel.

Ein anderes, sehr gutes Material für die Herstellung provisorischer, stabiler Baracken bildet das verzinkte Wellblech, das allerdings teurer ist als Holz und wegen der schwierigeren erstmaligen Beschaffung und Bearbeitung für schleunigst herzustellende Massenunterkünfte sich weniger eignet als jenes. Auch besitzt Wellblech

Fig. 259.

Fig. 260.

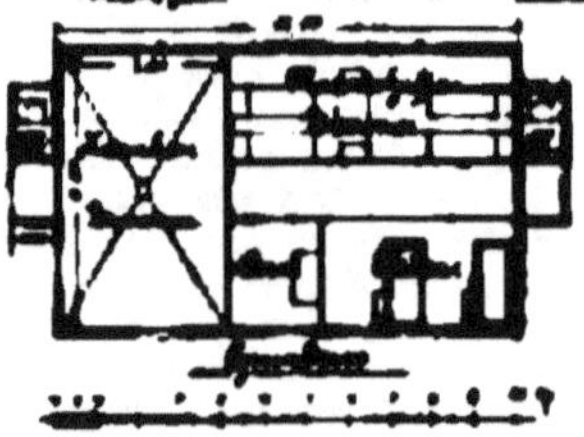

Fig. 261.

Fig. 259, 260 und 261. Musterbaracke der Freiwilligen Rettungs-Gesellschaft in Wien.

eine große Wärmedurchlässigkeit, die in der Regel eine innere Auskleidung desselben mit isolierenden Baustoffen, Holz, Gipsdielen, Korksteinen u. dergl. erforderlich macht. Andererseits ist die Wellblechbaracke standhaft, dauerhaft, leicht zerlegbar, gut aufzubewahren und schnell wieder aufzuschlagen, demnach auch als bewegliche Baracke zu gebrauchen.

Bei der von der Firma L. Bernhard & Co. in Berlin erfundenen Wellblechbaracken-Konstruktion, die gelegentlich einem Wettbewerbe vom Königl. Preußischen Kriegsministerium mit dem ersten Preis ausgezeichnet wurde, bestehen die Dach- und Wandflächen aus einzelnen gebogenen Wellblechtafeln von 1,2 m Breite, die im Innern mit einer dünnen Bretterbekleidung auf den in den Wellen befestigten Holzleisten bekleidet sind.

Je zwei solcher Tafeln werden in Kreisbogenform nach Fig. 262—265 (S. 263) zusammengestellt, im First zusammen verschraubt und durch eine 1,2 m breite Wellblechkappe überdeckt, während dieselben auf einer ebenfalls 1,2 m breiten, 5,4 m langen Fußbodentafel aus Holz aufruhen, die durch

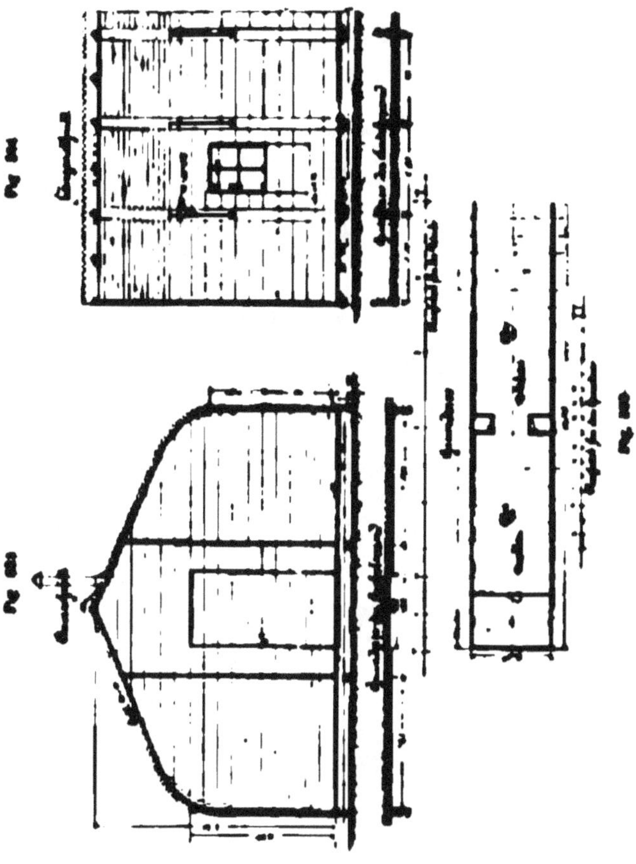

Fig. 263, 264 und 265. Wellblechbaracke von L. Bernhard & Co. in Berlin.

Asphaltpappe auf den Lagerschwellen gegen Erdfeuchtigkeit geschützt ist. Die aus 8 Teilen bestehenden Giebelwände werden mittels Winkeleisen an den Langseiten angeschraubt.

Die beliebig zu verlängernde Baracke kann im Innern durch hölzerne Querwände in mehrere Räume zerlegt werden. Die Fenster werden als Schiebefenster hergestellt.

Das Wellblech muß zur besseren Konservierung mit einem guten Ölfarbenanstrich innen und außen versehen werden. Die innere, gehobelte Holzverkleidung kann leicht erneuert werden, falls sich dies wegen einer Infizierung als nötig erweisen sollte. Wird die Bretterverkleidung der

Fig. 266. Äußere Ansicht.

Fig. 267. Innere Ansicht.

Fig. 266 und 267. Stahlblechbaracke von D. Grove in Berlin.

Wandtafeln auf einer Lage Filzpappe aufgebracht, es wird dadurch eine bessere Isolierung des Innenraumes erreicht.

In ähnlicher Weise, wie die vorgenannte, wird die in den Fig. 266 und 267 dargestellte transportable Stahlblechbaracke von D. Grove in Berlin aus einzelnen 5–6 cm dicken, mit Isoliermasse gefüllten Wand- und Dachtafeln zusammengestellt, die außen mit Stahlblech und innen mit [illegible] Brettchen bekleidet sind. Der Fußboden besteht aus Latten, die durch Drahtseile untereinander zu befestigen und von Jedermann aufstellbar sind. Zur Lüftung sind am Fuße der Wand 10 Luftschieber und im Dach 5 je 26 cm weite Lüftungsrohre mit Dachkappen, sowie aufklappbare Oberfenster angebracht.

Die nur aus 14 Konstruktionseinheiten bestehenden Stücke dieser Baracke können leicht, ohne lose Zwischenteile, aneinander befestigt und verbunden werden. Der Preis einer vollständigen Baracke (für ca. 20 Betten) stellt sich auf etwa 6000 Mark.

Die Isolierwand im Innern einer Wellblechbaracke wird in neuerer Zeit auch vielfach aus Gipsdielen (Hartgipsdielen, Schilfbretter, Spreutafeln u. s. w.) hergestellt, d. h. im wesentlichen aus Gips bestehendes Material, welches viele Vorzüge des Holzes und einer Massivkonstruktion in sich vereinigt. Die Gipsdielen sind leicht zu bearbeiten, besitzen eine verhältnismäßig große Festigkeit bei geringem Gewicht, ein geringes Wärmeleitungsvermögen, sind feuersicher und für Infektionskeime schwer zugänglich. Außerdem lassen sich dieselben zu jeder Jahreszeit schnell verarbeiten, trocknen leicht und stellen sich hinsichtlich der Kosten zwar teurer als Holzverkleidungen, aber nicht unwesentlich niedriger als massive Gebäude von gleicher Stabilität und Isolierfähigkeit. Von Wichtigkeit ist auch, daß Gipsdielen jetzt eine Marktware bilden, die fast überall ohne Schwierigkeit in beliebigen Quantitäten zu beziehen ist.

Die Befestigung der inneren Gipsdielenverkleidung an der äußeren Wellblechwand kann nach Fig. 268 erfolgen, wonach die Gipsdielen auf Holzleisten, die in den Wellen eingelassen sind, genagelt und auf der Innenseite glatt mit Gips-Kalkmörtel verputzt werden.

Die Wände können auch aus einem Fachwerk von T- und L-Eisen u. s. w. hergestellt werden, an welchen letzteren das Wellblech außen und die Gipsdielen innen nach Fig. 269 zu befestigen sind.

Fig. 268

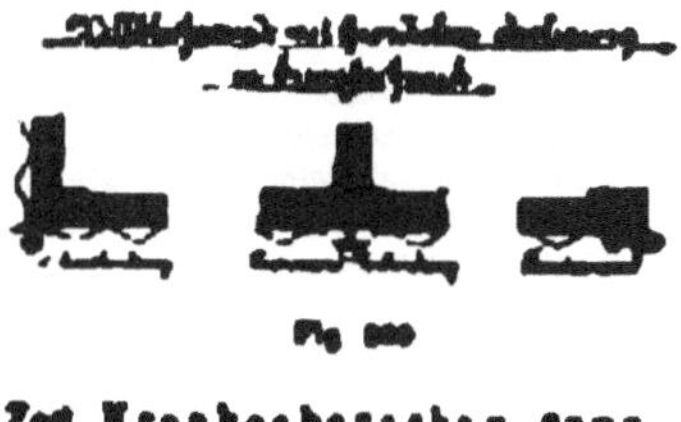

Fig. 269

Häufiger werden in neuerer Zeit Krankenbaracken ganz aus Gipsdielen hergestellt. Dieselben bestehen in der Regel aus einem Gerippe von Holzfachwerk, das beiderseits mit Gipsdielen verkleidet wird. Der Hohlraum der Wände, welcher eine gute Isolierschicht gegen das Eindringen der Wärme und Kälte bildet, bleibt am besten unausgefüllt, muß aber zur Trockenhaltung der Wände lüftbar gemacht werden, indem am unteren Teil der letzteren im Innern des Gebäudes und am oberen Teil nach außen hin Luft-Ein- und Ausströmungsöffnungen angebracht werden, die durch Vergitterungen zu sichern sind. Es empfiehlt sich, das Holz der Fachwerkwände außerdem gegen Fäulnis u. s. w. mit einem antiseptischen

Anstrich (Carbolineum oder Antimerulline) zu versehen, event. auch — wie bei den Baracken des Koch'schen Institutes — mit Asphaltpappstreifen zu benageln, besonders wenn die Gypsdielen noch nicht vollkommen ausgetrocknet sind. Auf den Aussenseiten der Umfassungswände muss der Wetterbeständigkeit wegen ein Anstrich von heisser Paraffinlösung oder ein viermaliger Oelfarbenanstrich aufgetragen, am besten jedoch ein harter Kalk-Cementputz hergestellt werden.

Auch sind mit Vorteil für Aussenwände die sog. Cementgipsdielen, deren eine Seite gleich bei der Fabrikation durch einen Ueberzug von Cementmörtel gehärtet wird, zu verwenden. Die gleichzeitig als Decken dienenden Dächer können je nach den Anforderungen an dieselben eine doppelte oder dreifache Gypsdielenlage oder anstatt der obersten eine hölzerne Dachschalung mit Pappeindeckung erhalten. Der Fussboden wird, wenn derselbe auf Holzbalken über einem ventilierten, mit den Hohlräumen der Wände und Decken in Verbindung zu setzenden Hohlraum ruht, zweckmässig nach Fig. 290 hergestellt, nach welcher über einem Zwischenboden von Gypsdielen eine Papplage, hierüber eine Sandschicht und sodann ein Gypsestrich aufgebracht wird. Letzterer erhält entweder einen guten Oelanstrich oder eine Abdeckung von Linoleum. Empfehlenswerter als diese Konstruktion, wenn auch etwas kälter, ist ein massiver Fussboden aus Beton mit Cement- oder Asphaltestrich oder mit Plattenbelag.

Fig. 290.

Nach der vorbeschriebenen Konstruktionsweise sind 1893 und später in vielen Städten provisorische Baracken errichtet worden. In Wien sind auch dauernde Epidemiespitäler fast vollständig aus Gypsdielen hergestellt worden.

Ein Beispiel hiervon ist das in Fig. 291 dargestellte Epidemiespital der Gemeinde Wien im II. Bezirk an der Engerth-Strasse, wo ein ehemaliges Arbeitshaus als Hauptgebäude für die Verwaltung und für ca. 100 Krankenbetten eingerichtet und durch 4 Gypsdielenbaracken nach Fig. 292—294 (S. 267), sowie durch ein Waschhaus und Desinfektionsgebäude ergänzt wurde.

Von anderen Baumaterialien haben nur noch die Cementdielen für den Barackenbau Bedeutung, die eine grössere Festigkeit und Impermeabilität besitzen als Gypsdielen, aber auch höher im Preise sind, im übrigen ähnlich, wie die Gypsdielen, oft auch mit diesen zusammen verwendet werden, während Materialien, wie Xylolith- und Magnesitplatten u. dergl., als nicht sehr wetterbeständig, für die Herstellung von Baracken weniger geeignet sind.

Bewegliche Baracken.

Von grosser Bedeutung für das Krankenhauswesen, und zwar für die Herstellung provisorischer oder Massen-Unterkünfte, nicht nur im Kriege, sondern auch im Frieden zu Epidemiezeiten, ist in neuerer

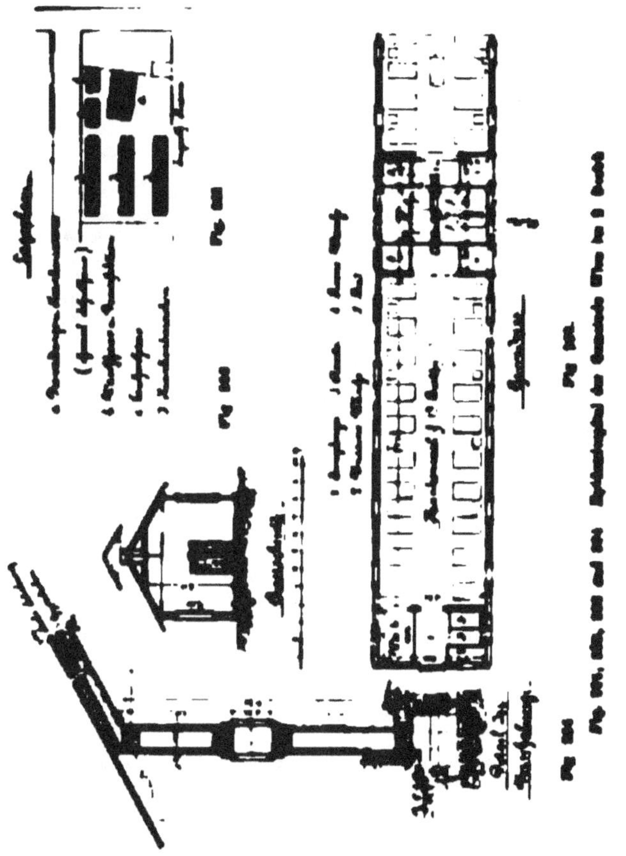

Zeit die bewegliche Baracke geworden, welche den Namen ihres Erfinders, des Rittmeisters v. Döcker in Kopenhagen, trägt und auf der Antwerpener Ausstellung 1885, bei dem von der Kaiserin Augusta veranlaßten Preisausschreiben für die beste Konstruktion einer sowohl im Kriege, wie auch bei einer Seuche verwendbaren Baracke den ersten Preis erhielt.

Die Hauptbestimmungen des Programms gingen dahin, daß die Baracke

1) leicht und schnell aufstellbar und zerlegbar, ferner leicht, sowohl zu Wagen, wie mit der Eisenbahn zu befördern, und standsicher bei Winddruck und Schneebelastung sei,

2) sowohl im Sommer benutzbar sei, als auch leicht für den Winter gebrauchsfähig eingerichtet werden könne,
3) nicht nur als Teil zur Bildung einer größeren Lazarettanlage, sondern auch als Einzellazarett diene.

Außerdem wurde eine möglichst einfache, leicht verständliche Konstruktion, entsprechende Schaubarkeit, gute Lüftungseinrichtungen bei einem Luftraum von 19 cbm für jedes Bett, leichte Desinfizierbarkeit der Wände und Decken, möglichst geringes Gewicht, möglichst geringe Kosten u. s. w. gefordert.

Die von der Firma Christoph & Unmack (Kopenhagen) hergestellten Döcker'schen Baracken, welche bei den Heeresverwaltungen Deutschlands, Frankreichs, Dänemarks, Oesterreichs u. s. w. eingeführt und bisher in vielen allgemeinen Krankenhäusern zur Isolierung ansteckender Kranken benutzt worden sind, haben sich sehr gut bewährt, sind jedoch im Laufe der Zeit noch mancherlei Verbesserungen, besonders durch die Firma L. Stromeyer & Co in Konstanz, unterzogen worden.

Die Konstruktion des in den Fig. [illegible]—290 (S. [illegible]) dargestellten verbesserten Döcker'schen Systems besteht in folgendem.

Der Fußbodenunterbau wird gebildet durch die kofferartigen Verpackungskästen der Wand- und Dachtafeln, indem die beiden Kofferhälften, mit der Deckenfläche nach oben, aneinander geschoben und durch Haken untereinander verbunden werden.

Der Oberbau hat kein eigentliches Gerippe, sondern wird gebildet von einzelnen, aus 2,5 cm starken Holzrahmen bestehenden Wand- und Dachtafeln, welche auf beiden Seiten mit wasserdichter Leinwand (bei den älteren Baracken mit Filzpappe) bekleidet sind. Der ca. 30 mm breite Hohlraum zwischen der äußeren und inneren Leinwand (bez. Pappbekleidung) bleibt entweder als isolierende Luftschicht oder wird mit einem, die Wärme schlecht leitenden Material (Moostorf-, Korkplatten u. dergl.) ausgefüllt. Die Tafeln werden entweder durch Hakenverschlüsse oder mittels Deckleisten, die nach Fig. 290 auf dem Stoß zweier Rahmen fest aufgeschraubt werden, miteinander verbunden. Alle Wand- und Dachteile sind mit Oelfarbe gestrichen, die Fußböden mit heißem Leinöl getränkt. Es ist deshalb eine Desinfektion leicht ausführbar.

Zur Beheizung dienen am zweckmäßigsten 1 oder 2 Mantel-Füllöfen, deren Rauchrohre in der Dachfläche durch einen mit Eisenblech bekleideten Ausschnitt geführt, oft auch mit einem Luftabzugsmantelrohr umgeben werden. Die Lüftung der Baracken geschieht durch Dachreiter, ferner durch eine Reihe von Kippfenstern in den oberen Teilen der Wandtafeln und durch Aufklappen einzelner Wandfelder.

Das Klosett (Nachtstuhl) ist in einem, von dem Barackenraum abgeteilten, ca. 1 qm großen Raum eines Giebelanbaues untergebracht und mit offenem Vorraum versehen.

Die Länge einer Baracke beträgt bei der Militärverwaltung gewöhnlich 15 m, die Breite 5 m, die Wandhöhe 2,30 m, die Firsthöhe 3,55 m, der Flächenraum 75 qm, der Rauminhalt 225 cbm. Bei Aufstellung von 18—20 Betten entfällt auf ein jedes derselben 4,17 bis 3,75 qm Fläche und 12,5 bis 11,25 cbm Luftraum.

Die Kosten einer vorbeschriebenen Baracke betragen (ausschließlich Oefen, Gardinen u. s. w.) ab Fabrik der Firma Stromeyer & Co in Konstanz etwa 5000 Mark.

Fig. 255

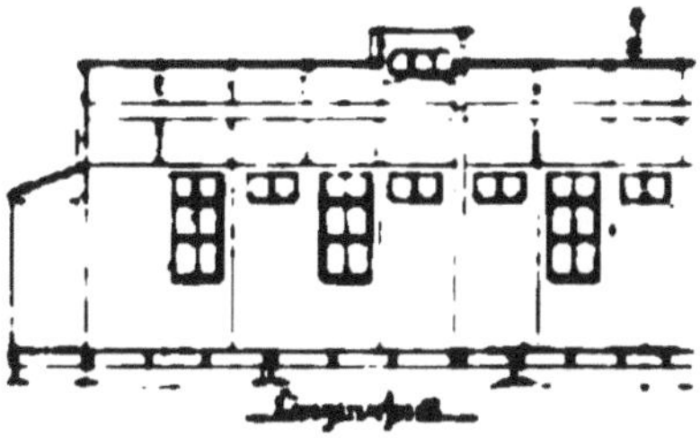

Fig. 256

Fig. 257

Fig. 258

Fig. 255, 256, 257 und 258. Krankenbaracke von L. Strohmeyer & Co. (verbesserte Döcker'sches System.)

In ähnlicher Weise, wie die Krankenbaracken, werden auch Wirtschaftsbaracken hergestellt, die mehrere, durch Zwischenwände abgeteilte, kleinere und größere Räume für Küche, Apotheke, Aerzte, Wärter, Bad, Theeküche u. s. w. enthalten. Es können sonst bei gemeinsamer Verwendung von Kranken- und Wirtschaftsbaracken vollständig selbständige Lazarette hergestellt werden. Im übrigen ist aber die Döcker'sche Baracke mehr als jede andere geeignet, eine den hygienischen Anforderungen wohl entsprechende Krankenunterkunft zu schaffen, sei es in dringenden Fällen zur Herstellung eines selbständigen Lazaretts oder zur Erweiterung bestehender Krankenanstalten, sei es als prophylaktische Maßnahme für den etwaigen Ausbruch von Epidemien. In letzter Beziehung kann die Baracke namentlich für ländliche Distrikte, denen zwar nicht die Errichtung permanenter Krankenhäuser, wohl aber die Beschaffung einer oder mehrerer transportabler Baracken möglich ist, von großem Wert sein, indem bei dem Bereithalten einer solchen Baracke plötzlich auftretende Epidemiefälle in wenigen Stunden zweckmäßig abgesondert und die Folgen einer Weiterverbreitung vermieden werden können.

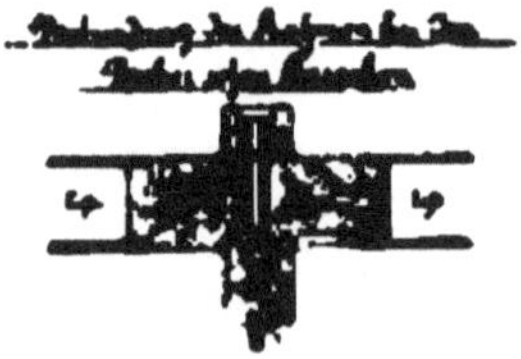

Fig. 299.

Von anderen Baracken-Konstruktionen sei noch diejenige von Solberg & Schlüter erwähnt, die sich von der Döcker'schen hauptsächlich nur insofern unterscheidet, als das zu Wänden und Decken benutzte Material aus Papiermaché besteht, das durch maschinellen Druck mit einem zwischenliegenden Stahldrahtgewebe fest zusammengepreßt ist und sich als schlechter Wärme- und Kälteleiter in allen klimatischen Verhältnissen bewährt haben soll.

Zeltbaracken.

Als provisorische Krankenunterkunftsform, die allerdings in gewöhnlichen und selbst in Epidemie-Zeiten seltener, dagegen im Kriege häufiger zur Anwendung kommen, sind noch die Zeltbaracken zu nennen.

Das ebenfalls von der Firma L. Stromeyer & Co. nach den Abbildungen 300—302 (S. 271 u. 272) für die deutsche Heeresverwaltung und den Verein vom roten Kreuz hergestellte Zelt besteht, wie Fig. 300 zeigt, aus einem Doppeldach, dessen oberer, wasserdichter Zeltstoff das aus Segelleinwand hergestellte Unterdach an jeder Längsseite um je 1 m überragt und mittels 9 Zugriemen an Erdpflöcken befestigt ist, während das Dach selbst im First auf einem von 3 Ständern getragenen Firstbalken ruht. Das Unterdach hängt an Tragegurten, die von dem First nach den in den Längswänden des Zeltes eingeschlagenen, kurzen Stangen gehen. An diesen Zeltstangen, sowie an Erdpfählen sind die aus Segeltuch bestehenden, senkrechten Seitenteile befestigt, während die Giebelseiten durch je zwei übereinander fallende Vorhänge aus Segeltuch geschlossen sind. Im Innern können durch ebensolche Vorhänge zwei kleine Räume für einen Wärter und für die Aufstellung eines Klosetts hergestellt werden. Das Zelt wird durch Sturmleinen an eingeschlagenen Pflöcken nach allen Seiten hin gesichert (vergl. Fig. 302).

Wenn der Untergrund geeignet ist, so können die Betten un-

Fig. [illegible]

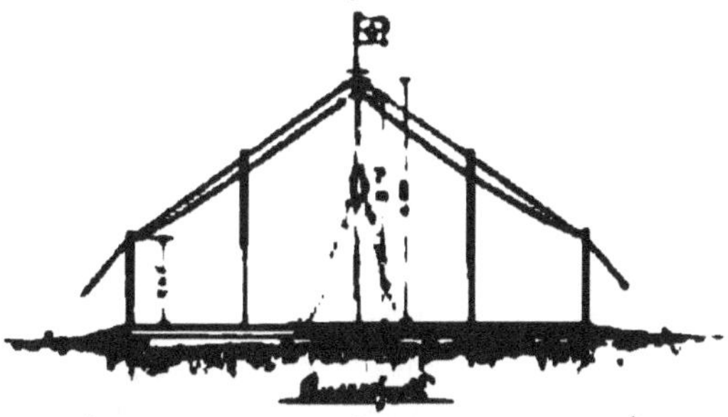

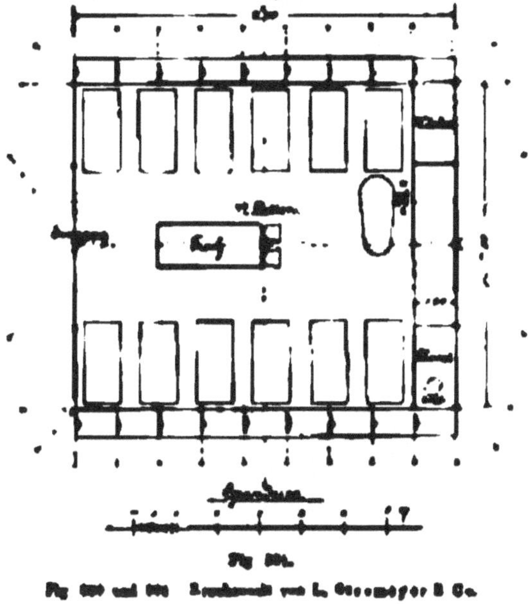

Fig. [illegible]

Fig. [illegible] und [illegible]. Zeltbaracke von L. Stromeyer & Co.

unmittelbar auf demselben aufgestellt werden, nachdem der Platz geebnet, von einer etwaigen Grasnarbe gesäubert und mit einer Kiesschicht u. dergl. versehen ist. Zur Vermeidung von Staub wird der Mittelgang zweckmäßig mit Brettern belegt, oder es wird noch besser der ganze Zeltraum mit einem hölzernen Fußboden versehen. Rings um das Zelt ist ein Graben oder eine Böschung herzustellen, um das Eindringen von Regenwasser in den Raum zu verhüten.

Die Lüftung des Zeltes erfolgt außer durch die Firstventilatoren,

Fig. 86. Krankenzelt von L. Stromeyer & Co., Konstanz.

durch runde Ausschnitte am First, durch Zurückschlagen der Giebelverhänge u. s. w.

Das bei der deutschen Heeresverwaltung eingeführte Zelt ist 9 m lang, 7,5 m breit, 4,25 m bez. 1,6 m im First und an den Seitenwänden hoch und bietet Raum für 12 Krankenbetten.

Die Kosten stellen sich ohne innere Einrichtung ab Fabrik in Konstanz auf M. 1100.

Krankenzelte werden auch noch in vielfachen anderen Konstruktionen, ihrem jeweiligen Zweck gemäß, z. B. auch als geschützte Aufenthaltsräume für Rekonvaleszenten u. s. w. hergestellt. Wenn

Fig. [illegible]. Zelt- und Baracken-Lazarett in Hamburg für Cholerakranke.

eine Benutzung der Zelte auch im allgemeinen nur im Sommer möglich ist, so hat doch schon öfter in kälterer Jahreszeit durch Aufstellen von Oefen ein erfolgreicher Gebrauch von Krankenzelten stattgefunden.

Wie groß aber der Nutzen der Zelte in dringenden Fällen bei einer schleunigen Herstellung von Massenunterkünften sein kann, das hat sich nicht nur wiederholt in Kriegen, sondern auch bei der Choleraepidemie in Hamburg 1892 gezeigt, wo in wenigen Tagen durch die Errichtung eines in Fig. [illegible] dargestellten Zelt- und Baracken-Lazaretts, dessen Bestandteile bereitwilligst vom Kriegsministerium zur Verfügung gestellt wurden, Vorsorge zur Aufstellung von etwa 500 Krankenbetten getroffen werden konnte.

Auch bei der plötzlichen Evakuierung des infolge der Erdbebenkatastrophe am 14./15. April 1895 unbewohnbar gewordenen Spitalgebäudes in Laibach wurde mit Hilfe von Zelten für Hunderte von Kranken innerhalb 3 Tagen die notwendigste Unterkunft geschaffen werden, ehe dieselben in einem schleunigst hergestellten Barackenlazarett, dessen Lageplan die Fig. [illegible] zeigt, eine im ganzen zweckentsprechende Unterkunft finden konnten.

Fig. [illegible]. Baracken-Lazarett in Laibach (Lageplan).

Von Interesse sind die auf die Beobachtung während 5 Monate gestützten, kritischen Bemerkungen des K. K. Sanitätsrats v. Marchthurn zu Laibach über die Vor- und Nachteile der in Verwendung gestandenen Baracken des dortigen Hospitals.

Diese Bemerkungen lauten im wesentlichen folgendermaßen (vergl. „Das Oesterreichische Sanitätswesen" 1895 No. 43):

„Zerlegbare Spezialbaracken werden immer nur als Nothbehelf dienen, jedoch in Bedarfsfällen nach Elementarereignissen, gleich wie in unserem Falle, dankbarst in Verwendung zu ziehen sein.

Vorteile: 1) Der größte Vorteil dieser zerlegbaren Baracken, welcher im Bedarfsfalle alle Nachteile überwiegt, ist und bleibt die entsprechend rasche und leichte Zufuhr und Aufstellung derselben, wodurch die Möglichkeit geboten ist, in sich ergebenden Dringlichkeitsfällen der Delogierung den Notleidenden durch baldige Unterbringung derselben in geschlossenen Räumen momentan entsprechende Unterkünfte zu verschaffen.

2) Ein weiterer Vorzug derselben liegt ferner darin, daß man die ansteckenden Kranken leicht isolieren kann, daß Aseptische von Septischen getrennt behandelt werden können, was besonders im Kriegsfalle wichtig ist.

3) Sehr vorteilhaft ist die Möglichkeit, daß auch schwächere Kranke bei günstiger Witterung leicht ins Freie gelangen oder dahin getragen werden können.

4) Die Ventilation der Baracken ist im großen und ganzen eine befriedigende zu nennen — nur muß solche richtig gehandhabt werden.

5) Die zu den Baracken gehörigen Badewannen sind recht praktisch, und könnten die zum Wasserwärmen dienenden Oefen auch zur Beheizung verwendet werden.

6) Hygienisch sehr wichtig ist die Erfahrung, daß sich das Wartpersonal bei der Pflege in den Baracken entschieden wohler befindet als in den geschlossenen Spitalsräumen; die barmherzigen Schwestern bekamen bei dem steten Aufenthalte in der Gartenluft eine auffallend bessere Gesichtsfarbe.

Nachteile: 1) Den Hauptnachteil bildet in den Baracken die ungleichmäßige Temperatur — mittags oft eine fast unerträgliche Hitze, welche durch Begießen der Dächer mittels der Hydranten teilweise bekämpft wurde, nachts eine grimmige Kälte. Ist aus diesem Grunde schon im Sommer der Aufenthalt in Baracken lästig und nachteilig, so kann von einem Ueberwintern mit Kranken in solchen einfachen Baracken kaum die Rede sein.

2) Ist die Ueberwachung und Verpflegung der Kranken schwieriger und teurer, jedenfalls ein größeres Wartpersonal erforderlich.

3) Die Aborte sind in allen Dimensionen beschränkt,

sodaß die Unterstützung eines schwachen oder blinden Kranken durch eine Wartperson unmöglich wird.

4) Große Feuersgefahr.

5) Schwierige Reinhaltung überhaupt und insbesondere des Bodens, durch dessen Ritzen Verunreinigungen leicht eindringen.

6) Fehlen Nebenkonstruktionen, mittels welcher eine größere Anzahl von Baracken untereinander durch einen gedeckten Gang verbunden würden, damit die Aufstellung provisorischer Gänge aus Brettern und Latten entfalle.

7) Bei Regen oder Hagelwetter ist der Lärm von den auf die dünnen Barackendächer niederprasselnden Regentropfen und Hagelkörnern schon bei Tage höchst aufregend, bei Nacht jedoch schlafstörend."

Diese mannigfachen Nachteile, mit denen man freilich zu rechnen hat, können indessen die große Bedeutung der beweglichen Baracken für Epidemien, Evakuierungen, Isolierungen u. s. w. nicht abschwächen. Im übrigen darf, wenn man bedenkt, daß der Bau von Baracken nach den neueren Lehren der Hygiene erst eine verhältnismäßig kurze Entwicklungszeit aufzuweisen hat, mit Recht der Hoffnung Raum gegeben werden, daß die fortschreitende Gesundheitstechnik noch manche Verbesserungen auch auf diesem Gebiet herbeiführen wird zum Wohle der Menschheit.

—

Literatur zu den Abschnitten [illegible]

1) E. [illegible], *Grundzüge für Bau, Einrichtung und Verwaltung von Absonderungsräumen und Sonderkrankenhäusern für ansteckende Krankheiten.* Dtsch. Vierteljahrsschr. f. öff. Gesundheitspfl. [illegible] Bd. [illegible]

2) [illegible], *Notwendigkeit und Anlage von Isolierspitälern. Referat auf dem VI. intern. Kongreß f. Hygiene u. Demographie in Wien 1887.* Dtsch. Vierteljahrsschr. f. öff. Gesundheitspfl. [illegible] Bd. [illegible]

3) v. Langenbeck, v. Coler, Werner, *Die transportable Lazarettbaracke.* Berlin 1890.

4) [illegible], *[illegible] Isolierhospitäler, ihre Einrichtung und Verwendung etc.,* Berlin [illegible]

5) R. Virchow, *Ueber Lazarette und Baracken,* Berlin 1871.

6) W. Lange, *Der Barackenbau.* Leipzig [illegible]

7) *Das [illegible] Institut für Infektionskrankheiten zu Berlin.* Centralblatt der Bauverwaltung ([illegible]) S. [illegible]

8) *Epidemiespitäler auf dem Lande,* Das Österreichische Sanitätswesen. Wien, [illegible] Jahrg. [illegible]

9) *Das [illegible] Baracken-Spital* [illegible] Jahrg. [illegible] Nr. [illegible]

10) *Programm für den Bau kleinerer Hospitäler für epidemische Krankheiten in ländlichen Distrikten.* Centralblatt für allgemeine Gesundheitspflege [illegible] Bd. [illegible]

11) [illegible], *Die transportable Lazarettbaracke in ihrer jetzigen Gestalt und Einrichtung.* Gesundheits-Ingenieur, München, [illegible] Bd. [illegible]

12) *Die neue [illegible] für ansteckende Krankheiten bei der Kgl. Charité zu Berlin.* Klinisches Jahrbuch von A. Guttstadt. Berlin, [illegible] Bd. [illegible]

13) Jahrbuch der Wiener Krankenanstalten [illegible] Jahrg. [illegible]

14) *The Hospital and Ambulance Organisation of the Metropolitan Asylums Board for the Removal and Isolation of cases of Infectious Disease.* Transactions of the VII intern. Congress of Hygiene and Demography [illegible] London. [illegible] Bd. [illegible]

15) [illegible] u. [illegible], *Der Bau von Hospitälern für ansteckende Krankheiten,* Lancet, London ([illegible]) [illegible] Bd. [illegible]

16) *The floating Hospital belonging to the [illegible] Port Sanitary Authority.* The Surveyor and Municipal and County Engineer, [illegible] Bd. Nr. [illegible]

17) J. [illegible], *Notwendigkeit von Hospitälern für ansteckende Krankheiten,* Glasgow med. Journal [illegible] Bd. [illegible]

18) [illegible], *[illegible] und Epidemiespitäler für ansteckende Krankheiten.* Boston med. and surg. Journ. [illegible] Bd. [illegible]

19) Roth, Ueber den Versuch [illegible] Isolierspitäler [illegible] und R. Thorne Thorne, Englische Isolierhospitäler (Referate auf d. VII. intern. hyg. Kongress zu London), [illegible] Pflege, 13 Bd. 171
20) Dobrowsky u. [illegible], Die Isolierhospitäler in Europa, daselbst 16 Bd. [illegible]
21) S. Engelsted, Hospitaler für epidemische Krankheiten in kleinen Gemeinden, Ugeskr. f. Laeger, Kopenhagen, 24 Bd. [illegible] 431

Außerdem viele andere Referate und Aufsätze sowohl in obigen Zeitschriften, wie ferner in
The Builder, z. B. 59 Bd. 190 des Jahrg. 1890 u. a. m.
Brit. med. Journal, London
Publ. Health, London,
Sanitary Record, London etc. etc.
Vergl. ferner das Litteratur-Verzeichnis auf S. 201

Verzeichnis der Abbildungen.

Fig. 1 Plan des Hospitals zu Stonehouse bei Plymouth
„ 2 Krankenhaus-Projekt nach Beschluss der Kommission der Akademie der Wissenschaften zu Paris (1788)
„ 3 Hospital des heiligen Ludwig von Gonzaga zu Turin.
„ 4 }
„ 5 } Ambulanzen des Metropolitan Asylums Board in London
„ 6 Krankenwagen in Hamburg (geschlossen)
„ 7 Tragbahre (geöffnet), nebst Tragstuhl.
„ 8 Plan des Asyls für Pocken in Amsterdam
„ 9 Militär-Hospital zu Vincennes
„ 10 Städtisches Krankenhaus zu Offenbach a. M., Lageplan
„ 11 Dasselbe, Grundriss des I. u. II. Geschosses vom Hauptgebäude
„ 12 Kranken- und Genesungsheim „Bergmannstrost" der IV. Sektion der Knappschafts-Berufsgenossenschaft Halle a. S., Lageplan
„ 13 Dasselbe, Grundriss des Hauptgebäudes.
„ 14 K. k. Wilhelminen-Spital in Wien, Grundriss des Erdgeschosses bez. I. u. II. Stocks
„ 15 Hospital in Edinburgh [illegible], Grundriss des Erdgeschosses.
„ 16 Hospital zu [illegible], Grundriss des Erdgeschosses.
„ 17 Jüdisches Krankenhaus in Berlin, Grundriss des Erdgeschosses
„ 18 Provisorisches Krankenhaus zu Hamburg, Grundriss.
„ 19 Dasselbe, Querschnitt
„ 20 [illegible] in [illegible], Grundriss des Erdgeschosses.
„ 21 Städtisches Krankenhaus zu [illegible], Lageplan
„ 22 Dasselbe, Grundriss des Erdgeschosses
„ 23 Kranken- und Siechenhaus in [illegible], Grundriss des Erdgeschosses
„ 24 Dasselbe, Grundriss des Kellergeschosses
„ 25 Allgemeines Kaiser Franz Joseph-Krankenhaus in [illegible], Lageplan
„ 26 Dasselbe, Grundriss des Hauptgebäudes
„ 27 Dasselbe, Pavillon für 18 ansteckende Kranke
„ 28 Cottage Hospital zu [illegible] Green, Grundriss des Erdgeschosses
„ 29 Cottage Hospital zu St. Paul's Cray, Grundriss des Erdgeschosses.
„ 30 Dasselbe, Grundriss des I. Stocks
„ 31 Allgemeines Kaiser Franz Joseph-Spital in [illegible], Lageplan
„ 32 Neues Krankenhaus zu [illegible], Lageplan
„ 33 Städtisches Krankenhaus in [illegible], Lageplan
„ 34 Städtisches Krankenhaus im Friedrichshain in Berlin, Lageplan
„ 35 Städtisches Krankenhaus am Urban in Berlin, Lageplan
„ 36 Neues Allgemeines Krankenhaus in Hamburg-Eppendorf, Lageplan
„ 37 Neues städtisches Krankenhaus [illegible] in Hannover, Lageplan
„ 38 St. Thomas-Hospital in London, Lageplan
„ 39 Herbert Hospital in Woolwich, Lageplan
„ 40 Hospital zu [illegible], Lageplan
„ 41 [illegible] Epidemie-Hospital, Lageplan
„ 42 Hospital Lariboisière in Paris, Lageplan
„ 43 Civil- und Militärkrankenhaus zu Montpellier, Lageplan
„ 44 Civilhospital in Antwerpen, Lageplan
„ 45 Johns Hopkins-Hospital in Baltimore, Lageplan

Fig. [illegible] [illegible] Krankenhaus im [illegible] zu Berlin, Grundriß der [illegible] Pavillons.
" [illegible] [illegible] Pavillon des städtischen Krankenhauses [illegible] in Hannover, Grundriß des Erdgeschosses.
" [illegible] Derselbe, Schnitt.
" [illegible] [illegible] Krankenpavillon des Allgemeinen Krankenhauses Hamburg-Eppendorf, Grundriß des Erdgeschosses.
" [illegible] [illegible] Krankenpavillon des städtischen Krankenhauses am Urban zu Berlin, Grundriß des Erdgeschosses.
" [illegible] Derselbe, Längsschnitt.
" [illegible] Derselbe, Querschnitt.
" [illegible] Grundriß | [illegible] Pavillon des städtischen Krankenhauses zu Frankfurt a. M.
" [illegible] Querschnitt |
" [illegible] Civil Hospital in Antwerpen, Grundriß eines Krankenpavillons.
" [illegible] St. Thomas-Hospital in London, Grundriß vom 1. Stock eines Krankenpavillons.
" [illegible] Querschnitt | [illegible] Pavillon des [illegible] Hospitals in London.
" [illegible] Längsschnitt |
" [illegible] Hôpital Lariboisière in Paris, Grundriß eines Krankenpavillons.
" [illegible] Grundriß | [illegible] Krankenpavillon des Allgemeinen Kaiser Franz Joseph Spitals in [illegible].
" [illegible] Querschnitt |
" [illegible] Pavillon der städtischen Krankenanstalt [illegible] in Magdeburg.
" [illegible] [illegible] derselben.
" [illegible] [illegible] Krankenhaus in [illegible], Grundriß des [illegible] Pavillons.
" [illegible] John Hopkins Hospital in Baltimore, Grundriß des [illegible] Pavillons.
" [illegible] Derselbe, Grundriß des [illegible] Pavillons.
" [illegible] Derselbe, Schnitt durch den [illegible] Pavillon.
" [illegible] Grundriß des [illegible] Pavillons im [illegible] zu Wien.
" [illegible] [illegible] Grundriß des [illegible] eines allgemeinen Krankenpavillons.
" [illegible] Derselbe, Grundriß des Erdgeschosses.
" [illegible] Pavillon im [illegible] zu [illegible], Querschnitt.
" [illegible] Krankensaal des alten Allgemeinen Krankenhauses in Hamburg [illegible].
" [illegible] [illegible] des neuen Allgem. Krankenhauses in Hamburg [illegible].
" [illegible] Pavillon im [illegible] zu [illegible], Grundriß des Erdgeschosses.
" [illegible] [illegible] in Wien, Krankensaal.
" [illegible] Krankensaal [illegible] System [illegible], Querschnitt [illegible].
" [illegible] [illegible] Längsschnitt [illegible].
" [illegible] [illegible] Querschnitt [illegible].
" [illegible] [illegible] Querschnitt [illegible].
" [illegible] [illegible] eines [illegible] im Civil- und Militär-Hospital zu [illegible].
" [illegible] Querschnitt desselben.
" [illegible] Ansicht auf Grundriß | [illegible] im K. K. Kaiser Franz Joseph Spital in Wien.
" [illegible] Querschnitt |
" [illegible] Ansicht | der [illegible] von [illegible] & Klay.
" [illegible] Querschnitt |
" [illegible] Grundriß |
" [illegible] [illegible] | der [illegible]-Konstruktion von [illegible] & Klay.
" [illegible] [illegible] |
" [illegible] [illegible] |
" [illegible] [illegible] |
" [illegible] [illegible] eines großen Pavillons im Hamburg-Eppendorfer Krankenhause.
" [illegible] [illegible] von [illegible], Querschnitt.
" [illegible] Dazugl. Grundriß.
" [illegible] [illegible] in Verbindung mit einem [illegible], Schnitt.
" [illegible] Dazugl. Grundriß.
" [illegible] Querschnitt |
" [illegible] Ansicht | der [illegible].
" [illegible] [illegible] |
" [illegible] [illegible] |
" [illegible] Grundriß des Erdgeschosses | eines großen Pavillons im Hamburg-Eppendorfer Krankenhause.
" [illegible] Längsschnitt |
" [illegible] Querschnitt |
" [illegible] Querschnitt | des [illegible] in den [illegible] Pavillons zu Hamburg-Eppendorf.
" [illegible] Längsschnitt |
" [illegible] [illegible] des chirurgischen Pavillons im städtischen Krankenhause zu Frankfurt a. M.

Fig. [illegible] Innere Ansicht eines Kranken-Pavillons nach dem System Tollet (Flurverbindung)
" [illegible] Längenschnitt } des allgemeinen Krankenpavillons im John Hopkins-Hospital
" [illegible] Querschnitt } zu Baltimore.
" [illegible] Ansicht }
" [illegible] Schnitt } der Frischluft-Zuführung zu den Krankensälen im John Hopkins-Hospital zu Baltimore
" [illegible] [illegible]
" [illegible] [illegible] Antwerpen
" [illegible] Längenschnitt }
" [illegible] Grundriss d. Erdgeschoss } des [illegible] Hospitals.
" [illegible] " d. Obergeschoss }
" [illegible] Grundriss } eines Pavillons im [illegible] zu Hamburg
" [illegible] Längenschnitt }
" [illegible] Grundriss d. Erdgeschoss [illegible] } des [illegible] zu [illegible].
" [illegible] Querschnitt }
" [illegible] Längenschnitt } eines [illegible]-Apparats im [illegible] zu [illegible] in Berlin.
" [illegible] Querschnitt }
" [illegible] Schema d. [illegible] im Krankenhause zu Hamburg-Eppendorf
" [illegible] Schema einer [illegible] mit [illegible]-Apparat
" [illegible] Querschnitt } eines [illegible] mit [illegible]-Apparat
" [illegible] Ansicht }
" [illegible] Grundriss } des Badehauses im Hamburg-Eppendorf
" [illegible] Schnitt }
" [illegible] [illegible] des Frigidarium.
" [illegible] Querschnitt } eines [illegible] mit [illegible]
" [illegible] Grundriss }
" [illegible] [illegible]
" [illegible] [illegible]
" [illegible] [illegible]
" [illegible] [illegible] } im [illegible] Hamburg-Eppendorf
" [illegible] [illegible] }
" [illegible] [illegible] im Krankenhause Hamburg-Eppendorf
" [illegible] [illegible]
" [illegible] [illegible]
" [illegible] [illegible]
" [illegible] Querschnitt } eines [illegible] in Verbindung mit [illegible] Dampf [illegible]
" [illegible] Ansicht }
" [illegible] [illegible]
" [illegible] [illegible]
" [illegible] [illegible] von O. Jennings
" [illegible] [illegible]
" [illegible] Grundriss des [illegible] Pavillons des Krankenhauses in [illegible]
" [illegible] Operationsgebäude des städtischen Krankenhauses zu Frankfurt a. M.
" [illegible] Operationsgebäude des Hamburg-Eppendorfer Krankenhauses, Grundriss.
" [illegible] Dasselbe, Querschnitt.
" [illegible] Innere Ansicht eines Operationssaales d. Hamburg-Eppendorfer Krankenhauses.
" [illegible] [illegible] des städtischen Krankenhauses zu [illegible] a. M.
" [illegible] Verwaltungsgebäude des Kaiser Franz Joseph-Spitals in [illegible], Grundriss des Erdgeschosses
" [illegible] Verwaltungsgebäude des Hamburg-Eppendorfer Krankenhauses, Grundriss des Erdgeschosses
" [illegible] Innere Ansicht der Dampf-Kochküche des Hamburg-Eppendorfer Krankenhauses
" [illegible] [illegible] und Waschmaschine von O. Schimmel, Längenschnitt
" [illegible] Dieselbe, Querschnitt
" [illegible] [illegible] von [illegible] in [illegible], Ansicht bei [illegible]
" [illegible] Dieselbe, [illegible] Querschnitt.
" [illegible] [illegible] Waschmaschine von O. Schimmel
" [illegible] [illegible]
" [illegible] [illegible]
" [illegible] [illegible] von O. Schimmel
" [illegible] [illegible] von O. Schimmel
" [illegible] [illegible] von O. Schimmel
" [illegible] [illegible] von O. Schimmel

Fig. [illegible] [illegible]
" [illegible] [illegible] Hamburg-Eppendorf, Grundriß.
" [illegible] Dieselben, Längsschnitt.
" [illegible] Dieselben, Querschnitt.
" [illegible] [illegible]
" [illegible] [illegible] von Schäffer & Walcker.
" [illegible] [illegible] von [illegible] & [illegible] mit [illegible]
" [illegible] [illegible] von Schäffer & Walcker mit [illegible] ([illegible])
" [illegible] [illegible] Hamburg-Eppendorf, Lageplan.
" [illegible] Dieselben, [illegible]
" [illegible] Dieselben, Querschnitt.
" [illegible] [illegible] von [illegible]
" [illegible] [illegible] im Hamburg-Eppendorfer Krankenhause [illegible]
" [illegible] [illegible], Grundriß.
" [illegible] Dieselben, Querschnitt.
" [illegible] Dieselben, Längsschnitt.
" [illegible] [illegible] System, Grundriß.
" [illegible] Dieselben, Querschnitt.
" [illegible] [illegible], Grundriß.
" [illegible] Dieselben, Querschnitt.
" [illegible] [illegible] Hamburg-Eppendorfer Krankenhauses, Grundriß.
" [illegible] Dieselben, Längsschnitt.
" [illegible] [illegible] Hamburg-Eppendorfer Krankenhauses.
" [illegible] [illegible]
" [illegible] [illegible], Ansicht.
" [illegible] Dieselben, Querschnitt.
" [illegible] Dieselben, [illegible]
" [illegible] [illegible]
" [illegible] [illegible]
" [illegible] [illegible]
" [illegible] [illegible]
" [illegible] [illegible] Hamburg-Eppendorfer Krankenhause.
" [illegible] [illegible]
" [illegible] [illegible]
" [illegible] [illegible] in Berlin.
" [illegible] [illegible] Hamburg-Eppendorfer Krankenhause.
" [illegible] [illegible]
[illegible] [illegible]
" [illegible] [illegible]
" [illegible] [illegible] Hamburg-Eppendorfer Krankenhauses.
" [illegible] [illegible] London, Lageplan.
" [illegible] [illegible] Grundriß des unteren Geschosses.
" [illegible] Dasselbe, Grundriß des oberen Geschosses.
" [illegible] Dasselbe, Ansicht.
[illegible] [illegible] Hospital [illegible] Tyne-Flusses, Ansicht.
[illegible] Dasselbe, Grundriß.
[illegible] [illegible] Hospital [illegible] auf dem Tyne-Fluß, [illegible]
[illegible] Dasselbe, [illegible] Ansicht.
" [illegible] [illegible] Hospital auf dem Tyne-Fluß, [illegible]
[illegible] Dasselbe. [illegible]
[illegible] Dasselbe, Querschnitt [illegible]
[illegible] Dasselbe, Längsschnitt [illegible]
[illegible] Dasselbe, Grundriß der [illegible]
. [illegible] [illegible], Lageplan.
[illegible] Dasselbe. [illegible]
" [illegible] Dasselbe, Querschnitt der [illegible]
[illegible] Dasselbe, Grundriß der [illegible]
" [illegible] Dasselbe, Querschnitt [illegible]
" [illegible] Dasselbe, Grundriß [illegible]
" [illegible] Dasselbe, Querschnitt [illegible]
" [illegible] Dasselbe, Grundriß [illegible]
" [illegible] Dasselbe, [illegible]
[illegible] [illegible], Lageplan.

Fig. [illegible] [illegible] Krankenhaus für [illegible] [illegible]. [illegible] des [illegible]pavillons.
" [illegible] Derselbe, Grundriss des [illegible]pavillons.
" [illegible] Derselbe, Grundriss des Verwaltungsgebäudes.
" [illegible] Epidemiehospital [illegible] bei Kopenhagen, Lageplan.
" [illegible] Epidemiehospital [illegible] bei Kopenhagen, Lageplan.
" [illegible] Epidemiehospital in Stockholm, Lageplan.
" [illegible] Dasselbe, Grundriss des Verwaltungsgebäudes.
" [illegible] Dasselbe, Grundriss des Wasch- und [illegible]gebäudes.
" [illegible] St. [illegible]-Epidemiehospital in Budapest, Lageplan.
" [illegible] [illegible] für [illegible] Epidemiehospitäler in [illegible], Ansicht.
" [illegible] Derselbe, Grundriss.
" [illegible] Derselbe, Querschnitt.
" [illegible] Das Koch'sche Institut für Infektionskrankheiten in Berlin, Lageplan.
" [illegible] Das K. K. Kaiser Franz Joseph-Spital in Wien, Lageplan.
" [illegible] [illegible]-Hospital in New York, Grundriss des [illegible].
" [illegible] Epidemie[illegible] in Stockholm, Grundriss des [illegible]pavillons.
" [illegible] Derselbe, Querschnitt des [illegible]pavillons.
" [illegible] Derselbe, [illegible]-Grundriss eines Krankenpavillons.
" [illegible] Derselbe, Grundriss des [illegible] vom Krankenpavillon.
" [illegible] Derselbe, Querschnitt des Krankenpavillons.
" [illegible] [illegible] Infektionshospital zu [illegible], Grundriss des Isolierpavillons.
" [illegible] Friedrich[illegible] [illegible] in [illegible], Grundriss des Isolierhauses.
" [illegible] Epidemie[illegible] zu [illegible], Grundriss des [illegible]pavillons.
" [illegible] Derselbe, Grundriss des Krankenpavillons.
" [illegible] Städtisches Krankenhaus im Friedrichshain in Berlin, Grundriss des [illegible] [illegible]gebäudes.
" [illegible] Allgemeines Krankenhaus in Hamburg-Eppendorf, Querschnitt des kleinen Isolierpavillons.
" [illegible] Derselbe, Grundriss des kleinen Isolierpavillons.
" [illegible] Koch'sches Institut für Infektionskrankheiten in Berlin, Grundriss der Krankenbaracke C.
" [illegible] Dasselbe, Grundriss der Krankenbaracke A.
" [illegible] K. K. Kaiser Franz Joseph-Spital in Wien, Grundriss des Pavillons für 20 Infektionskranke.
" [illegible] Krankenhaus in [illegible], Grundriss des Infektionspavillons.
" [illegible] Stadtkrankenhaus in [illegible] a. M., Grundriss des [illegible].
" [illegible] Kaiser Franz Joseph-Spital in [illegible], Grundriss des Infektionspavillons.
" [illegible] Grundriss des [illegible] für [illegible] Kranke bei der Königl. Charité zu Berlin.
" [illegible] Querschnitt desselben.
" [illegible] Querschnitt eines Pavillons im Koch'schen Institut zu Berlin.
" [illegible] [illegible] des Pavillons im [illegible] der Königl. Charité.
" [illegible] Barackenanlage auf dem Tempelhofer Felde bei Berlin, Lageplan.
" [illegible] Dieselbe, Grundriss einer Krankenbaracke.
" [illegible] Dieselbe, Querschnitt.
" [illegible] Dieselbe, Grundriss einer [illegible] Krankenbaracke.
" [illegible] Dieselbe, Querschnitt.
" [illegible] } Grundriss-Typen der Cholerabaracken zu Hamburg.
" [illegible] Querschnitt derselben.
" [illegible] Klappbett in den Cholerabaracken zu Hamburg.
" [illegible] } Waschtisch in den Cholerabaracken zu Hamburg. Ansicht, Schnitt und Grundriss.
" [illegible] } [illegible] der Cholerabaracken an der [illegible] in Hamburg, Querschnitt und Grundriss.
" [illegible] } Musterbaracke der Freiwilligen Rettungs-Gesellschaft in Wien, Ansicht, Querschnitt und Grundriss.
" [illegible] } [illegible] von L. [illegible] & Co. in Berlin, Querschnitt, Längsschnitt und Grundriss.
" [illegible] } [illegible] von [illegible] (Berlin), Äussere und innere Ansicht.
" [illegible] Querschnitt durch eine [illegible] mit [illegible]

[illegible]

Fig. [illegible]. Wellblechbaracke mit Cementdielenverkleidung in [illegible].
" [illegible]. Fussbodenconstruktion einer Baracke.
" [illegible]. Epidemiespital der Gemeinde Wien im 3. Bezirk, Lageplan.
" [illegible] } Dieselbe, Grundriss, Querschnitt und Konstruktionsdetail einer Baracke.
" [illegible] } Krankenbaracke von L. Stromeyer & Co. (verbessertes Döcker'sches System), Längenschnitt, Querschnitt, Grundriss und Ansicht
" [illegible]. Verbindung der Rahmen bei den Döcker'schen Baracken
" [illegible] } Krankenzelt von L. Stromeyer & Co., Querschnitt, Grundriss und Ansicht
" [illegible]. Zelt- und Barackenlazarett in Hamburg.
" [illegible]. Baracken-Hospital in Laibach

Register.

[illegible]

[illegible] Lit. [illegible]
v. [illegible]
[illegible] des K[illegible] [illegible]
[illegible]
[illegible], F., [illegible]
[illegible], Lit. [illegible]
[illegible]
— [illegible], Lit. [illegible]
Halle, Krkh. in [illegible]
Hamburg-Eppendorf, Krkh. in [illegible]
[illegible], Krkh. in [illegible]
Heidelberg, Krkh. in [illegible]
Heizung der Krkh. [illegible] ff.
— [illegible]
— [illegible]
— [illegible]
— [illegible]
— [illegible]
[illegible], J., Lit. [illegible]
Hospital [illegible]
Hôtel Dieu [illegible]
Hufeisenform der Krkh. [illegible]
[illegible], Lit. [illegible]
[illegible] s. [illegible]
Isolierkrankenhäuser [illegible] ff.
— in Deutschland [illegible]
— in England [illegible]
— in [illegible]
— in Kopenhagen [illegible]
— in [illegible]
— in [illegible]
[illegible]
[illegible]
Jäger [illegible]
[illegible], Lit. [illegible]
[illegible]
[illegible]
Johns Hopkins Hospital [illegible]
John Howard [illegible]
Jüdisches Krkh. (Berlin) [illegible]
Kaiser Franz Joseph-Spital (Wien) [illegible]
[illegible]
Kanalisation der Krkh. [illegible]
[illegible]
v. [illegible], Lit. [illegible]
[illegible]
Kinderkrankenhaus der Charité [illegible]
[illegible]
[illegible], Lit. [illegible]
[illegible]
[illegible]
— Krkh. in [illegible]
[illegible], Lit. [illegible]
[illegible]
[illegible] der Krkh. [illegible]
[illegible] Krkh. [illegible]
Krankenhäuser [illegible]
— [illegible] der [illegible]
— im Altertum [illegible]
— im Mittelalter [illegible]
— in [illegible]
Krankenhäuser in [illegible]
— in Bordeaux [illegible]
— in [illegible]
— in Deutschland [illegible]
— in England [illegible]
— in Frankreich [illegible]
— in Hamburg [illegible]
— in Halle [illegible]
— in [illegible]
— in [illegible]
— in London [illegible]
— in [illegible]
— in [illegible]
— in Paris [illegible]
— in Plymouth [illegible]
— in [illegible]
— in Wien [illegible]
— in [illegible]
— in Würzburg [illegible]
— Kosten der [illegible]
— [illegible]
— s. a. Hospital
— [illegible]
[illegible]
[illegible]
— [illegible]
— [illegible]
— Fenster [illegible]
— [illegible]
— [illegible]
— [illegible]
— [illegible]
— [illegible]
[illegible]
— in Hamburg [illegible]
— in London [illegible]
— in Wien [illegible]
[illegible]
[illegible]
[illegible]
[illegible], Lit. [illegible]
[illegible], Lit. [illegible]
[illegible], Hospital in [illegible]
[illegible], Krkh. in [illegible]
[illegible]
[illegible] Krkh. in [illegible]
[illegible]
[illegible] Krkh. in [illegible]
[illegible], Lit. [illegible]
[illegible]
[illegible]
[illegible] der Krkh. [illegible]
Literatur der Krkh. [illegible]
[illegible]
[illegible]
Lüftung der Krkh. [illegible]
[illegible] der Krkh. [illegible]
Mängel der Korridorsysteme [illegible]
[illegible] Krkh. in [illegible]
[illegible]
[illegible]
v. [illegible]
Martin [illegible]
— [illegible]
[illegible]

[illegible] 214.
[illegible], Lit. 239.
[illegible], W., Lit. 15. 146.
[illegible] 195. Lit. 177.
[illegible] 31.
[illegible] 39.
[illegible], Krkh. 200.
[illegible] 172.
[illegible], Krkh. in 68. 78. 43.
[illegible] Lit. 238.
[illegible] 15. Lit. 238.
[illegible] 241.

[illegible], Lit. 231.
[illegible] Krkh. in 42. 238.
New York, Krkh. in 231.
[illegible], Lit. 223.
[illegible], Lit. 237.
Nightingale, Fl., 8. 11. 15, Lit. 248.
Nottingham, Krkh. in 12. 71. 231.

[illegible] Krkh. [illegible] 143.
Offenbach a. M., Krkh. in 30. 138. 240.
Operationsraum 143.
[illegible] 215.
Oppert, F., Lit. 10. 14. 18. 237.

[illegible]-Hospital (London) 73.
Pavillon, die ersten 8.
— [illegible], Abstand und Orientierung derselben 16 ff.
Pavillonsystem 16 ff.
[illegible] 18.
[illegible] 8.
[illegible], H., 118. Lit. 238.
[illegible] Lit. 14. 215.
[illegible], H., 36. Lit. 15. 166.

[illegible] 215 ff.

[illegible] Lit. 209.
[illegible] Lit. 231.
[illegible] auf [illegible], Denkschrift von 132.
[illegible] 13.
[illegible] von 238.
[illegible] in 241.
[illegible] Lit. 15. 238.
[illegible], Krkh. in 41.
[illegible] 143.
[illegible] 3.
[illegible], Lit. 219.
le Roy 4.
[illegible] H. Lit. 15. 238.
Rudolf-Stiftung in Wien 1.
[illegible] 71.

[illegible], Lit. 13. 15. 19. 241.
[illegible], Lit. 15. 238.
[illegible] und W[illegible], [illegible] von 115.
[illegible] 200.
[illegible] 215.
[illegible], G., [illegible] von 143.
[illegible] F., Lit. 238.
[illegible], Lit. 15. 215.
[illegible], Lit. 238.
[illegible], Lit. 14. 239.
[illegible] 215 ff.
[illegible] und [illegible], [illegible] von 219.
[illegible] 146.
[illegible] 177.
[illegible], Lit. 224.
[illegible] 71.
[illegible] 144.
St. [illegible], Krkh. in 71.
St. Thomas Hospital (London) 5. 31. 73.
[illegible] 218.
[illegible] Krkh. in 230. 238.
[illegible] von 218.
[illegible], Lit. 238.

[illegible] 124.
[illegible] in Krkh. 36.
[illegible] in 239.
— [illegible] in 177.
Tenon 4. 5.
[illegible] 144.
Thomas Hospital s. St. Thomas-Hospital
Tollet, 31. Lit. 10. 15. 238.
— System 31 ff. 143.
[illegible] Lit. 238.
[illegible] 118.
[illegible] 18. 31. Lit. 15. 238.
[illegible] der [illegible] 16 ff.
[illegible] 42.

[illegible] der Krkh. 19
[illegible], Krkh. 12. 73. 68

[illegible] s. Lüftung
[illegible] 15 ff.
[illegible] 124
[illegible] 104 ff.
[illegible] Krkh. in 31.
[illegible] Lit. 15. 215.
— [illegible] 239.

[illegible] 143.
[illegible] 104.
[illegible] Anforderung an 143.
Waring, H., Lit. 238.
[illegible] 133 ff.
[illegible] 211
[illegible] 141.
[illegible] 124.
Wasserversorgung d. Krkh. 123.
[illegible] 200.
[illegible], Lit. 213.
Wieden (Wien), Krkh. in 67.
Wilhelminenspital in Wien 42.
[illegible], Krkh. in 43.
[illegible] Krkh. in 119.
Wirtschaftsbetrieb 125.
[illegible], A., Lit. 232
[illegible] Krkh. in 41.

[illegible] 200.

[illegible] 133 ff.
[illegible] und Koppel, Lit. 238.
Zürich, Krkh. in 43.
[illegible] 67.

[illegible] in Jena — [illegible]

www.ingramcontent.com/pod-product-compliance
Lightning Source LLC
Chambersburg PA
CBHW021512210326
41599CB00012B/1229
* 9 7 8 3 7 4 4 6 3 2 2 1 8 *